AUTODESK.

BIMChina 柏慕中国
建 筑 梦 想 现 实

全国高校建筑类专业数字技术系列教材 Autodesk 官方推荐教程系列 ATC 推荐教程系列

BIM 结构设计 Revit 基础教程

REVIT BASIC COURSE: STRUCTURE DESIGN BY BIM

主 编 刘 杰 邵新刚
副主编 单永娟 朱 翔 程晓林

中国建筑工业出版社

图书在版编目（CIP）数据

BIM 结构设计 Revit 基础教程 / 刘杰，邵新刚主编．—北京：中国建筑工业出版社，2019.9（2022.7 重印）

全国高校建筑类专业数字技术系列教材 Autodesk 官方推荐教程系列 ATC 推荐教程系列

ISBN 978-7-112-23961-0

Ⅰ．① B… Ⅱ．①刘…②邵… Ⅲ．①建筑结构－结构设计－计算机辅助设计－应用软件－高等学校－教材 Ⅳ．① TU318-39

中国版本图书馆 CIP 数据核字（2019）第 137900 号

《BIM 结构设计 Revit 基础教程》总共分为 9 个章节，从结构体系的介绍到具体的工程案例演示，从理论概论到实际操作，全流程讲解在 BIM 结构设计过程中 Revit 软件以及柏慕 2.0 产品的运用，不仅有模型创建、荷载输入，还有配有软件在操作过程中一些参数的建议设定，满足读者在设计过程中的基本需求。

责任编辑：陈 桦 柏铭泽
责任校对：张 颖

全国高校建筑类专业数字技术系列教材
Autodesk 官方推荐教程系列
ATC 推荐教程系列

BIM 结构设计 Revit 基础教程

主 编 刘 杰 邵新刚
副主编 单永娟 朱 翔 程晓林

*

中国建筑工业出版社出版、发行（北京海淀三里河路 9 号）
各地新华书店、建筑书店经销
北京雅盈中佳图文设计公司制版
北京云浩印刷有限责任公司印刷

*

开本：787×1092 毫米 1/16 印张：16¼ 字数：350 千字
2019 年 9 月第一版 2022 年 7 月第二次印刷
定价：49.00 元

ISBN 978-7-112-23961-0
（34210）

前　言

随着 BIM 技术的应用推广，高校的 BIM 教育也日渐普及，各类 BIM 教材也陆续出版发行。如何使得我们的高校教育能够和 BIM 技术的发展与时俱进；同时能够学以致用参与到真实项目中，创造更多的社会价值；如何使 BIM 教学与实践及科研密切结合，培养更多符合社会发展需求的 BIM 应用型人才？这三方面都成为高校 BIM 教育急需解决的问题。

北京柏慕进业工程咨询有限公司（以下简称柏慕），作为教育部协同育人项目合作单位，是历年中国 Revit 官方教材编写单位，中国第一家 BIM 咨询培训企业和 BIM 实战应用及创业人才的黄埔军校，针对以上三个高校 BIM 教育需求，组织开展了以下三个方面的工作，寻求推动高校 BIM 教育的可持续发展！

第一方面，在高校教育与 BIM 技术发展的与时俱进上：BIM 技术发展到今天，已经形成了正向设计全专业出图，自动生成国标实物工程量清单，同时可以应用模型信息进行设计分析，施工四控管理及运维管理的建筑全生命周期的应用体系，而不再是简单的 Revit 建模可视化和管线综合应用。

实现 BIM 技术的体系化应用，不仅需要模型的标准化创建，还需要实现模型信息的标准化管理。针对国家 BIM 标准只是指明了模型信息的应用方向，采用例举法说明了信息的各项应用。但是在具体工程应用中信息参数需要逐项枚举，才能保证信息统一。因此柏慕与清华大学的马智亮教授及其博士毕业生联合成立了 BIM 模型 MVD 数据标准的研发团队，建立建筑信息在各阶段应用的数据管理框架结构，并采用枚举法逐项例举信息参数命名。此研究成果对社会完全开放；在模型的标准化上，柏慕历经七年完成的国标建筑材料库及民用建筑全专业通用族库也面向社会开放。

BIM 标准化体系化的应用更需要高校教育的参与！所以柏慕与中国建筑工业出版社携手合作，组织了全国 170 余所高校教师参与了本套教材的编写审稿工作，以柏慕历年的实操经典案例结合教师专家团队的专业知识讲解，在建模规则上采用国内 BIM 应用先进企业普遍认同的三道墙（基墙与内外装饰墙体分别绘制），三道楼板（建筑面层与结构楼板及顶棚做法分别绘制）的建模规则，在建筑材料和构件的选用上调用柏慕族库，保证了 BIM 模型的标准统一及体系化应用的基础！ BIM 模型的出图算量与数据管理的有机统一，保证了高校 BIM 教育的技术先进性！技术应用的先进性也保证了学生学习与就业的质量！

本套教材第一批出版的五本属于基础教材系列，包含建筑、结构、设备、园林景观、装修五大部分，同时配有完整操作的视频教程。视频总计 80 个学时，建议全部学习，可以根据不同学校的情况分别设为必修课、选修课或课后作业等，也可以结合毕业设计开展多专业协同。同时本系列教材包括识图、制图实操及专业基础知识等，可以作为其他专业教材的实操辅助训练。此外，全部学完此系列基础教材，完成作业，即可具备参与柏慕组织的各类有偿社会实践项目的资格。

第二方面，如何能够使高校师生学以致用参与到真实项目中创造更多社会价值？

本系列教材的出版只是实现了技术普及，工科教育的项目实践环节至关重要！在项目实践方面，现代师徒制的传帮带体系很重要。

对高校的 BIM 项目实践，作为使用本系列教材的后续支持，柏慕提供了两种解决方案。对有条件开展项目实训的学校，柏慕派驻项目经理驻校半年到一年，帮助学校建立 BIM 双创中心，柏慕每年提供一定数量的真实项目，带领学生进行真题假做训练及真题真做或者毕业设计协同的项目实训，组织同学进行授课训练，在学校内外开展宣传，组织各类研讨活动，开展 BIM 认证辅导培训，项目接洽及合同谈判，真题真做的项目计划及团队分工协作及管理等各类 BIM 项目经理能力培养；对没有条件开展项目实训的学校，柏慕与高校合作开展各类师生 BIM 培训，发现有志于创业的优秀学员，选送柏慕总部实训基地集中培养半年到一年，学成后派回原学校开展 BIM 创业。每个创业团队都可以带 20~50 名学生参与项目实践，几年下来，以项目实践为基础的现代师徒制传帮带的体系就可以在高校生根发芽，蓬勃发展！

授人鱼不如授人以渔。柏慕提供的 BIM 人才培养模式使得高校的 BIM 教育具备了自我再生造血的机制，从而实现可持续发展！

高校对创新创业团队具备得天独厚的吸引力：上有国家政策支持，下有场地，有设备，更有一大批求知实践欲望强烈的学生和老师。BIM 技术的人才缺口，正好给大家提供了良好的机遇！

第三方面，如何使 BIM 教学与实践及科研密切结合，培养更多符合社会发展需求的 BIM 应用型人才？

通过本系列高校 BIM 教材的推广使用及推进高校 BIM 双创基地建设，我们在全国各地就具备了一大批能够参与 BIM 项目实践的团队。全国大学每年毕业生有七百多万，全国建筑类院校有两千多所每年的毕业生也是近百万，如何加强学校间的内部交流学习，与社会企业的横向课题研究及项目合作包括就业创业也都需要一个项目平台来维系。BIM 作为一个覆盖整个建筑产业的新技术，柏慕工场——BIM 项目外包服务平台应运而生！它包括发布项目、找项目、柏慕课堂、人才招聘及就业、创业工作室等几大版块，通过全国 BIM 项目共享，开展全国大赛、各地研讨会及人才推荐会，为高校 BIM 教育的产学研合作搭建桥梁。

总而言之，我们希望通过本系列 BIM 教材的出版、材料库及构件库及数据标准共享，实现统一的模型及数据标准，从而实现全行业协同及异地协同；通过帮助高校建立 BIM 双创基地，引入项目实践必需的现代师徒制的传帮带体系，使得高校的 BIM 教育具备了自我再生造血的机制，从而实现可持续发展；再通过柏慕工场项目外包平台实现聚集效应，实现品牌、技术、项目资源、就业及创业的资源整合和共享，搭建学校与企业之间的项目及人才就业合作桥梁！

互联网共享经济时代的来临，面对高校 BIM 教育的机遇和挑战，谨希望以此系列教材的出版，以及后续高校 BIM 双创基地建设和柏慕工场的平台支持，推动中国 BIM 事业的共享、共赢、携手同行！

黄亚斌
2019 年 5 月

目 录

第 1 章　Autodesk Revit 及柏慕软件简介

1.1　Autodesk Revit 简介

Autodesk Revit（简称 Revit）是 Autodesk 公司一套系列软件的名称。Revit 系列软件是专为建筑信息模型（BIM）构建的，可以帮助设计师更好地设计、建造和维护建筑，使其质量更好、能效更高。Revit 是我国建筑业 BIM 体系中使用最广泛的软件之一。

1.1.1　Revit 软件

Revit 是提供支持建筑设计、MEP 工程设计和结构设计的软件工具。

Revit 软件可以按照建筑师的思考方式进行设计，因此，有助于提供更高质量、更加精确的建筑设计。通过使用专为支持建筑信息模型工作流而构建的 Revit 工具，其强大的建筑设计能力可帮助使用者捕捉和分析概念，以及保持从设计到建造的各个阶段信息的一致性。

Revit 向暖通、电气和给排水（MEP）工程师提供工具，可以设计出复杂的建筑设备系统。Revit 支持建筑信息建模（BIM），可以从更复杂的建筑系统导出概念到精确设计、分析文档等数据，使用信息丰富的模型在整个建筑生命周期中支持建筑系统。它也是为暖通、电气和给排水（MEP）工程师构建的工具，可帮助使用者设计和分析高效的建筑设备系统以及为这些系统编档。

Revit 软件也为结构工程师提供了工具，可以更加精确地设计和建造高效的建筑结构系统。为支持建筑信息建模（BIM）而构建的 Revit 可帮助大家掌握智能模型，通过模拟和分析深入了解项目，并在施工前预测性能。使用智能模型中固有的坐标和一致信息，提高文档设计的精确度。

1.1.2　Revit 样板

项目样板文件在实际设计过程中起到非常重要的作用，它统一的标准设置为设计提供了便利，在满足设计标准的同时大大提高了设计师的效率。

项目样板文件提供项目的初始状态。每一个Revit软件中都提供几个默认的样板文件，也可以创建自己的样板。基于样板的任意新项目均继承来自样板的所有族、设置（如单位、填充样式、线样式、线宽和视图比例）以及几何图形。样板文件是一个系统性文件，其中的很多内容来源于设计过程中的日积月累。

Revit样板文件以.Rte为扩展名。使用合适的样板，有助于快速开展项目。国内比较通用的Revit样板文件，例如Revit中国本地化样板，它有集合国家规范化标准和常用族等优势。

1.1.3 Revit族库

Revit族库就是把大量Revit族按照特性、参数等属性分类归档而成的数据库。相关行业企业或组织随着项目的开展和深入，都会积累一套自己独有的族库。在以后的工作中，可直接调用族库数据，并根据实际情况修改参数，提高工作效率。Revit族库可以说是一种无形的知识生产力。族库的质量，是相关行业企业或组织的核心竞争力的一种体现[1]。

1.2 柏慕软件简介

1.2.1 柏慕软件产品介绍及特点

柏慕软件——BIM标准化应用系统产品是Revit软件的一款插件，是一款非功能型软件，固化并集成了柏慕BIM标准化技术体系，经过数十个项目的测试研究，基本实现了BIM材质库、族库、出图规则、建模命名规则、国标清单项目编码以及施工运维的各项信息管理的有机统一，它提供了一系列功能，涵盖了IDM过程标准，MVD数据标准，IFD编码标准，并且包含了一系列诸如工作流程、建模规则、编码规则、标准库文件等，使得Revit支持我国建筑工程设计规范，且可以大幅度提升设计人员工作效率，初步形成BIM标准化应用体系，并具备以下5个突出的功能特点：

1. 全专业施工图出图；
2. 国标清单工程量；
3. 导出中国规范的DWG；
4. 批量添加数据参数；
5. 施工、运维信息标准化管理。

1.2.2 柏慕标准化库文件介绍

柏慕标准化库文件共四大类，分别为“柏慕材质库”“柏慕贴图库”“柏慕构件族库”“柏慕系统族库”。

1. 柏慕材质库

柏慕材质库对常用的材质和贴图进行了梳理分类，形成柏慕土建材质库、柏慕设备材质库和柏慕贴图库。柏慕材质库中土建部分所有的材质都添加了物理和热度参数，此参数参考了 AEC 材质、《民用建筑热工设计规范》GB50176—2016[2] 和鸿业负荷软件中材质编辑器中的数据。材质参数中对材质图形和外观进行了设置，同时根据国家节能相关资料中的材料表重点增加物理和热度参数，便于节能和冷热负荷计算，如图 1-1 所示。

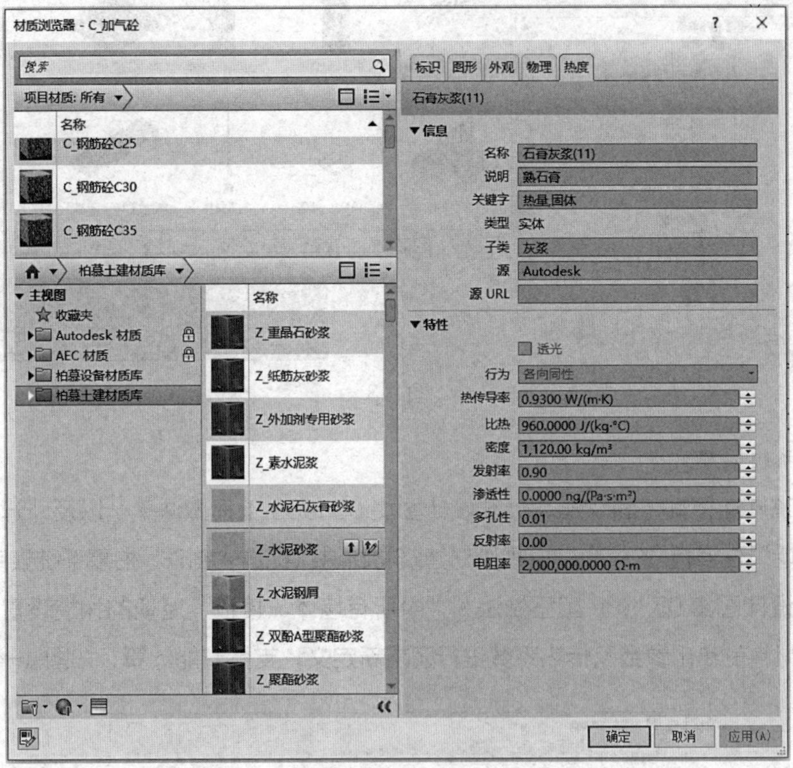

图1-1

2. 柏慕贴图库

柏慕贴图库按照不同的用途划分，为柏慕材质库提供了效果支撑，便于后期渲染及效果表现，如图 1-2 所示。

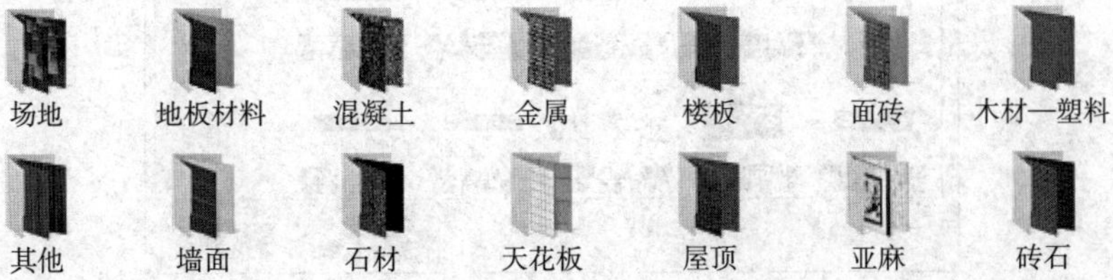

图1-2

3. 柏慕构件族库

柏慕构件族库依据《建筑工程工程量清单计价规范》GB50500—2013[3] 对族进行了重新分类，并为族构件添加项目编码，所有族构件依托《建筑结构荷载规范》GB50009—2012[4] 及 MVD 数据标准添加设计、施工、运维阶段标准化共享参数数据，为打通全生命周期提供了有力的数据支撑。

柏慕族库实现云存储，由专业团队定期更新族库，规范族库标准，如图 1-3 所示。

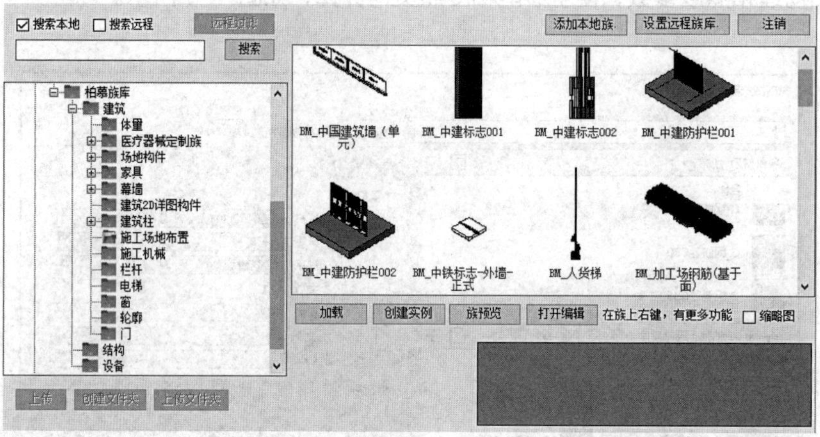

图1-3

4. 柏慕系统族库

柏慕系统族库依据《国家建筑标准设计图集 05J909 工程做法》[5] 以及“建筑、结构双标高”“三道墙”“三道板”的核心建模规则对建筑材料进行标准化制作。柏慕系统族库涵盖了《国家建筑标准设计图集 05J909 工程做法》[5] 中所有墙体、楼板、屋顶的构造设置，同时依据图集对所有材料的热阻参数及传热系数进行了重新定义，支持节能计算，如图 1-4 所示。

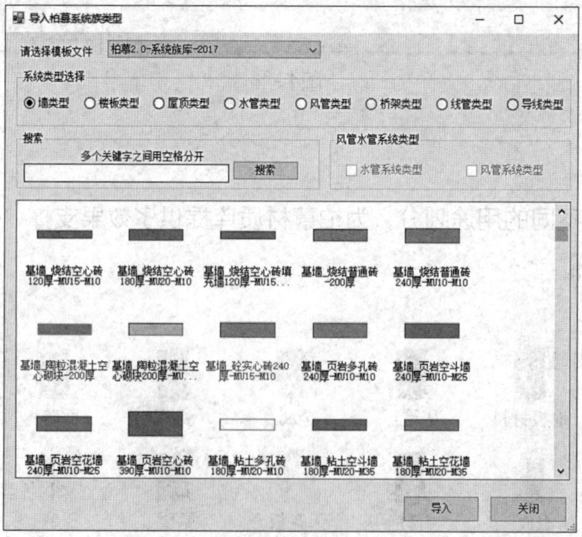

图1-4

柏慕系统族库中包含有标准化"水管类型""风管类型""桥架类型""电气线管类型"以及"导线类型"，并包含相应系统类型，为设备模型搭建提供标准化材料依据，如图 1-5 所示。

图1-5

1.2.3　柏慕软件工具栏介绍

1. 新建项目

柏慕软件中包含三个已制定好的项目样板文件,分别为"全专业样板""建筑结构样板""设备综合样板"。在插件命令中可以新建基于此样板为基础的项目文件，样板中包含了一系列统一的标准底层设置，为设计提供了便利，在满足设计标准的同时大大提高了设计师的效率，如图 1-6 所示。

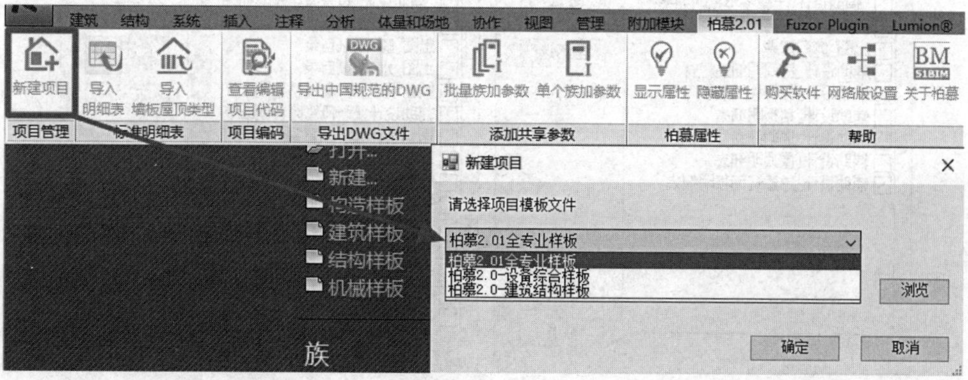

图1-6

2. 导入明细表功能

“导入明细表”功能中，设置四大类明细表，分别为“国标工程量清单明细表”“柏慕土建明细表”“柏慕设备明细表”“施工运维信息应用明细表”共创建了165个明细表，如图1-7所示。

明细表应用：

1）柏慕土建明细表及柏慕设备明细表应用于设计阶段，主要有“图纸目录”“门窗表”“设备材料表”及“常用构件”等用来辅助设计出图。

2）国标工程量清单明细表主要应用于算量。依据《建筑工程工程量清单计价规范》GB50500—2013[3]，优化Revit扣减建模规则，规范Revit清单格式。

施工运维信息应用明细表主要是结合“施工”“运维阶段”所需信息，通过添加“共享参数”，应用于施工管理及运营维护阶段。

图1-7

3. 导入墙板屋顶类型功能

导入柏慕系统族类型中，土建系统族类型共 3 种，分别为“墙类型”“楼板类型”“屋顶类型”，设备系统族类型中，共有 5 种，分别为“水管类型”“风管类型”“桥架类型”“线管类型”以及“导线类型”，如 1-8 所示。

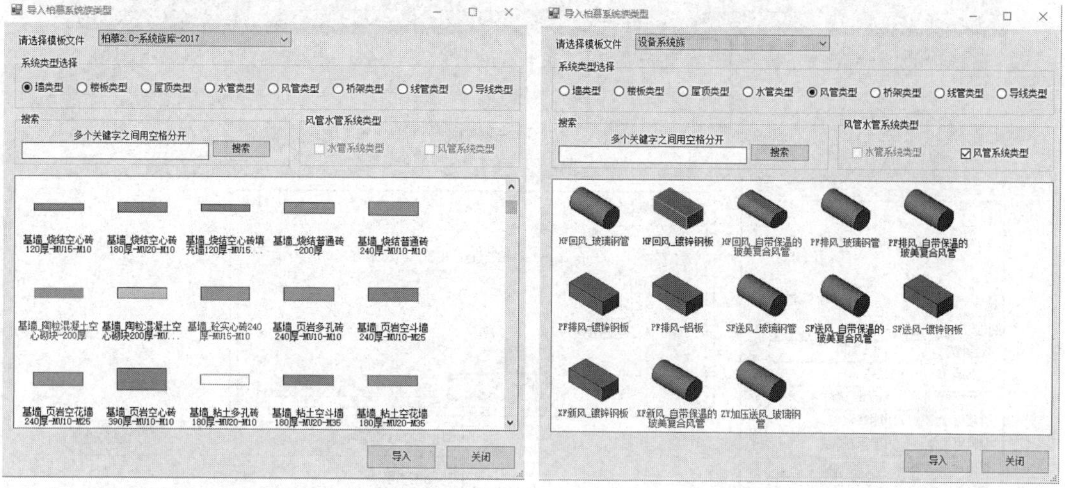

图1-8

4. 查看编辑项目代码

柏慕构件库中，所有构件均包含 9 位项目编码，但每个项目或多或少都需要制作一些新的族构件，通过“查看编辑项目代码”这一命令，查看当前构件的项目编码，且可以进行替换和添加新的项目编码，如图 1-9 所示。

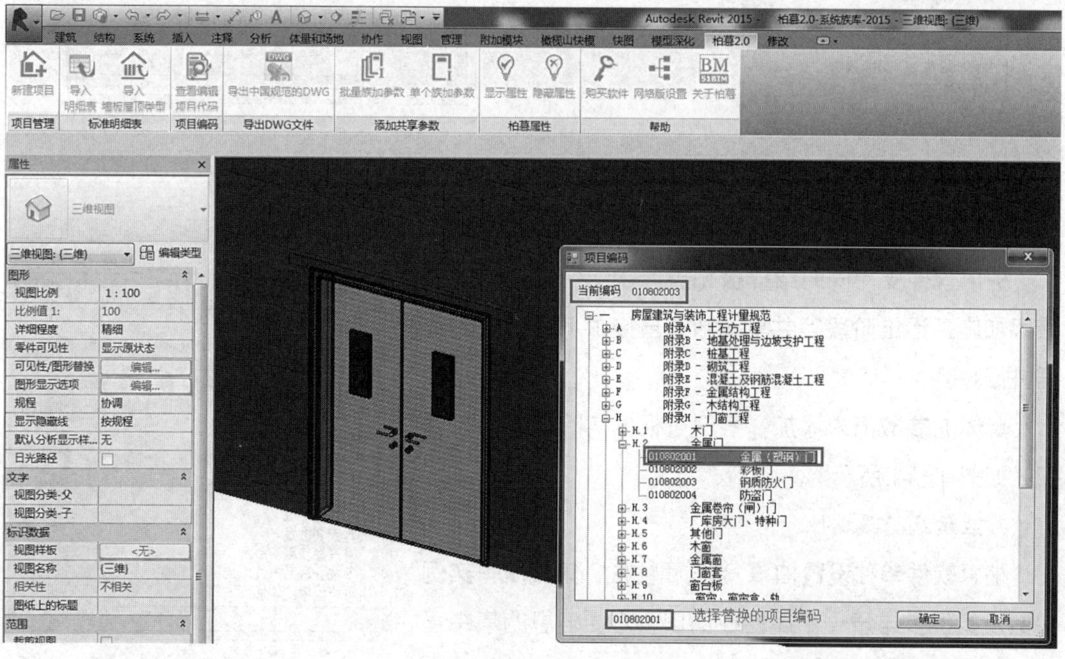

图1-9

5. 导出中国规范的DWG

柏慕软件参考国家出图标准及天正等其他软件，设置“导出中国规范的 DWG”这一功能，直接导出符合中国制图标准的 DWG 文件，如图 1-10 所示。

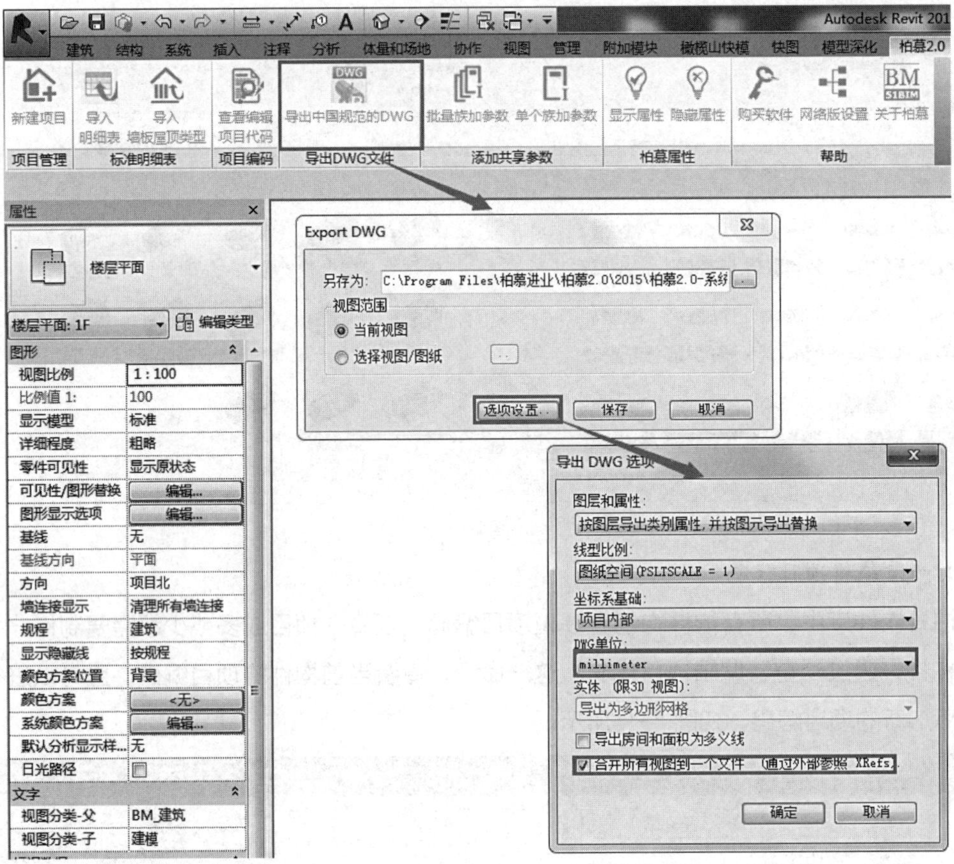

图1-10

6. 批量族加参数

柏慕软件支持同时给样板和族库中给所有的构件批量添加施工运维阶段等共享参数，直接跟下游行业的数据进行对接。

具体的参数值未添加，客户可根据实际项目自行添加，如图 1-11 所示。

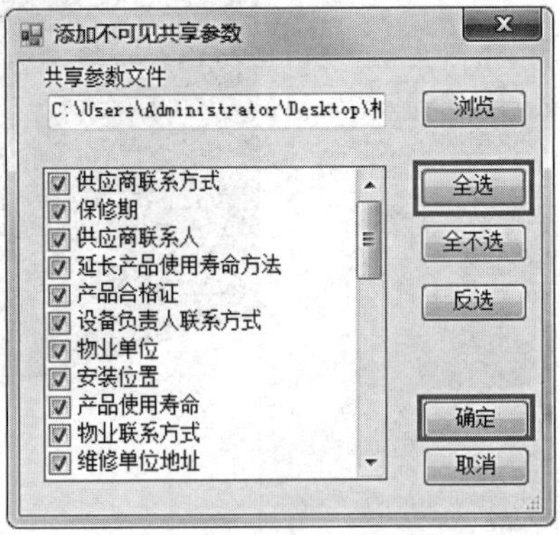

图1-11

7. 显示及隐藏属性

柏慕软件单独设置柏慕 BIM 属性栏，集成所有实例参数及类型参与于一个属性栏窗口，方便信息的集中管理，如图 1-12 所示。

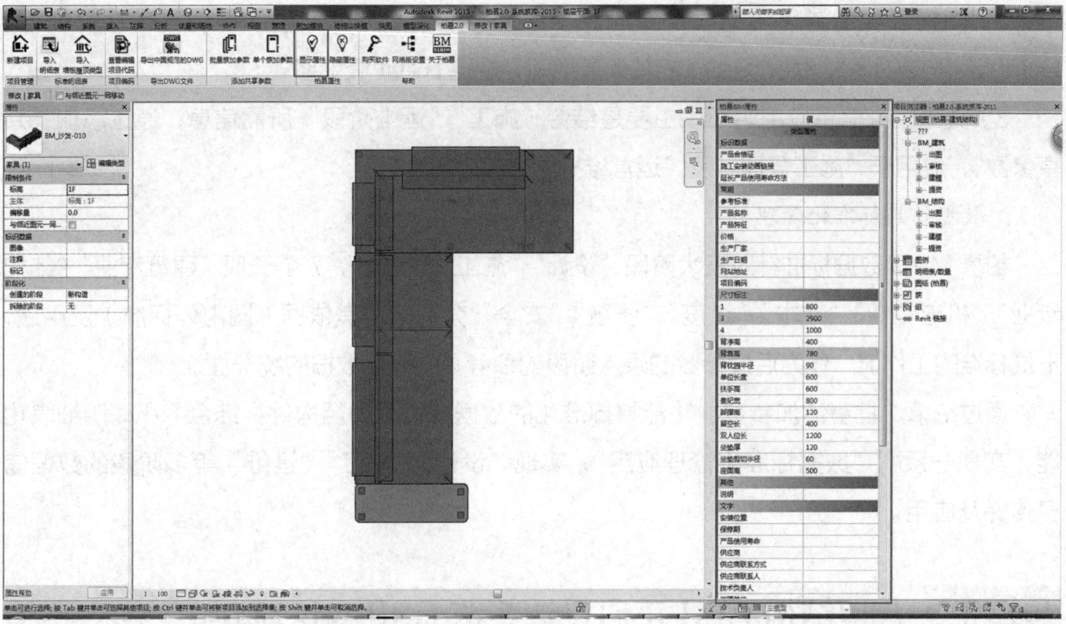

图1-12

1.2.4 柏慕 BIM 标准化应用

1. 全专业施工图出图

柏慕标准化技术体系支持 Revit 模型与数据深度达到 LOD500，建筑、结构、设备各系统分开，分层搭建，满足各应用体系对模型和数据的要求。设计模型满足各专业出施工图、管线综合、室内精装修。标准化模型及数据具备可传递性，支持对模型深化应用，包括但不限于幕墙深化设计、钢结构深化设计，机电安装图、施工进度模拟等应用。同时直接对接下游行业（如概预算、施工、运维）模型应用需求。

1）设计数据：直接出统计报表和计算书；

2）数据深化应用：模型构件均包含项目编码、产品信息、建造信息、运维信息等，直接对接下游行业（如概预算、施工、运维）信息管理需求；

3）出图与成果：各专业施工图；

4）建筑：平、立、剖面，部分详图等；

5）结构：模板图、梁、板、柱、墙钢筋施工图；

6）设备（水、暖、电）：平面图、部分详图；

7）专业综合：优化设计（包括碰撞检查、设计优化、管线综合等）。

2. 国标工程量清单

1）柏慕 2.0 设备明细表及柏慕 2.0 土建明细表主要应用于设计阶段，主要有“图纸目录”“门窗表”“设备材料表”及“常用构件”等用来辅助设计出图。

2）国标工程量清单明细表主要应用于算量。依据《建筑工程工程量清单计价规范》GB50500—2013[3]，优化 Revit 扣减建模规则，规范 Revit 清单格式。

3）施工运维信息应用明细表主要是结合“施工”“运维阶段”所需信息，通过添加“共享参数”，应用于“施工管理”及“运营维护阶段”。

3. 数据信息标准化管理

柏慕 MVD 数据标准针对三大阶段“设计”“施工”“运维”，7 个子项“建筑专业”“结构专业”“机电专业”“成本”“进度”“质量”“安全”分别归纳其依据（国内外标准）及用途，形成标准的工作流，作为后续参数的录入阶段的参考，以确保数据的统一性。

通过柏慕“批量添加参数”功能将标准化的数据批量添加至构件，结合 Revit 明细表功能，实现一系列“数据标准化管理应用”，实现“设计”“施工”“运维”等多阶段的数据信息传递及应用。

1.3 广厦结构 BIM 正向设计系统 GSRevit 简介

GSRevit 是广厦科技有限公司和广东省建筑设计研究院在 Revit 上开发的结构 BIM 正向设计系统，在 Revit 上完成墙、柱、梁、板以及荷载和设计属性的输入，其形成的 Revit 模型可以直接进行结构计算，并在 Revit 上自动生成墙梁板柱施工图，另外 GSRevit 还可以进行装配式的结构计算和设计。

1.3.1 GSRevit 系统流程

采用 GSRevit 进行结构设计只需要建立一次模型。结构设计人员初步设计时建立三维模型，平面剖切形成的模板图用于初步设计，添加荷载和设计属性即可用于结构计算（柏慕结构构件均已添加荷载及容重等设计属性，柏慕技术体系所建立的结构模型可直接用于结构计算），添加钢筋信息用于绘制施工图，三维模型可直接用于碰撞检查，最后把模型运用于算量、施工和运营维护。

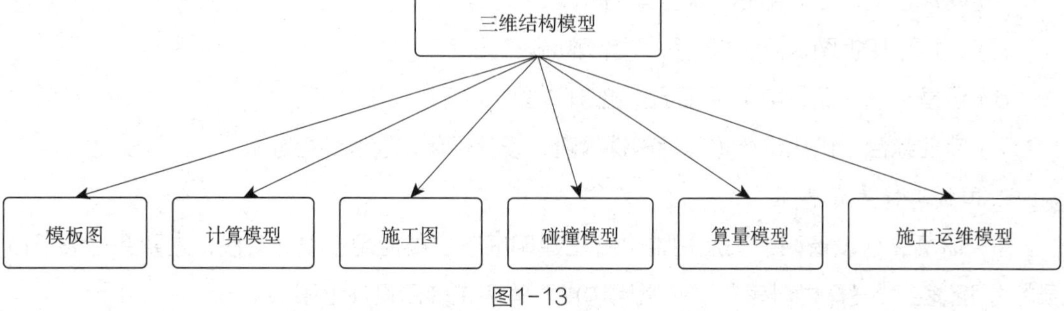

图1-13

1.3.2 结构 BIM 一体化解决方案

1. Revit 模型于 GSSAP、SATAP、YJK 和 ETABS 计算模型双向互导；
2. 接力 GSSAP、SATAP 和 YJK 计算后生成 Revit 结构施工图；
3. 也可以接力生成 DWG 图纸，导入广联达钢筋算量、混凝土算量和 BIM5D。

1.3.3 GSRevit 系统流程

1. 在 Revit 上直接建模、进行结构计算和生成施工图；
2. 计算支持广厦 GSSAP、SATWE、YJK 和 ETABS，Revit 模型和计算模型双向无缝互导；
3. 开放 200 多个参数满足全国设计单位各种结构施工图绘图习惯的要求；
4. 同步生成 AutoCAD 结构施工图，生成广联达钢筋算量接口，再导入广联达混凝土算量和 BIM5D。

1.3.4 GSRevit 系统性能

1. 快速建模：在 Revit 上快速输入柱梁墙板及其荷载和设计属性。软件操作和显示方式符合设计人员传统习惯。
2. 直接计算：Revit 上的结构模型可直接进行结构计算。
3. 施工图快速生成：支持快速生成模型的施工图，也可以很好地支持大模型（例如：数万平方米的地下室）的施工图生成。
4. 简单易用：简单易用，自动化程度高，自动生成的施工图基本可用。
5. 可定制功能：软件支持定制功能，用户可定义自己的施工图生成策略，存为施工图习惯，通过施工图习惯单位可统一其施工图生成风格。

1.3.5 GSRevit 应用场景

1. 从计算模型得到 Revit 模型，用于碰撞检查和管综。

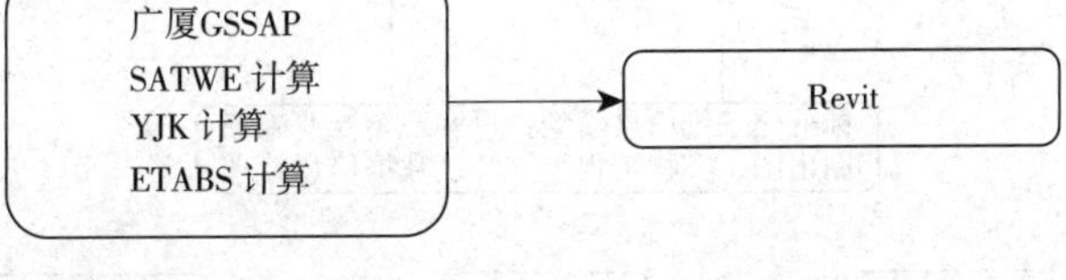

2. 采用传统结构计算模型，自动生成 Revit 结构施工图。

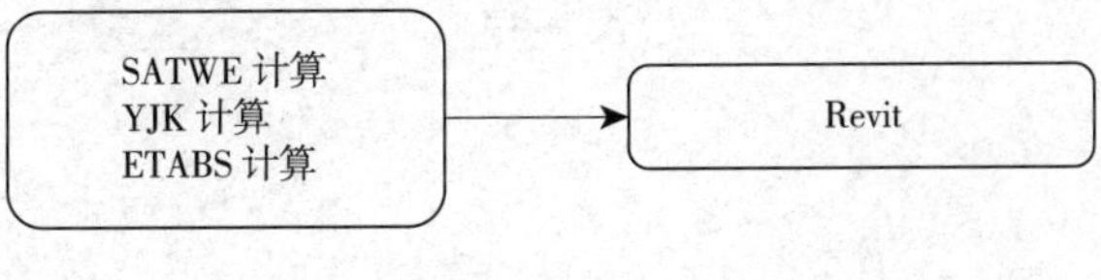

3. 采用 Revit 模型进行方案设计，直接计算，利用 AutoCAD 生成结构图。

4. 采用 Revit 模型进行方案设计，直接计算，利用 AutoCAD 修改后，采用 Revit 生成结构施工图。

1.4 BIM 结构设计推荐方法

除本书介绍的广厦 GSRevit 软件外，其他公司的结构计算软件也均可以与 Revit 软件结合应用，以使用更加广泛和专业的建设要求，常用的有国内 PKPM、YJK 等，国外 ETABS、STAAD、Robot 等。

我们进行 BIM 设计时，当使用其他结构设计软件进行结构设计、仅利用 Revit 建立结构 BIM 模型并出图时，使用 Revit+ 柏慕体系；应用 Revit 模型直接进行结构计算并出图时，推荐使用广厦结构设计软件 GSRevit。

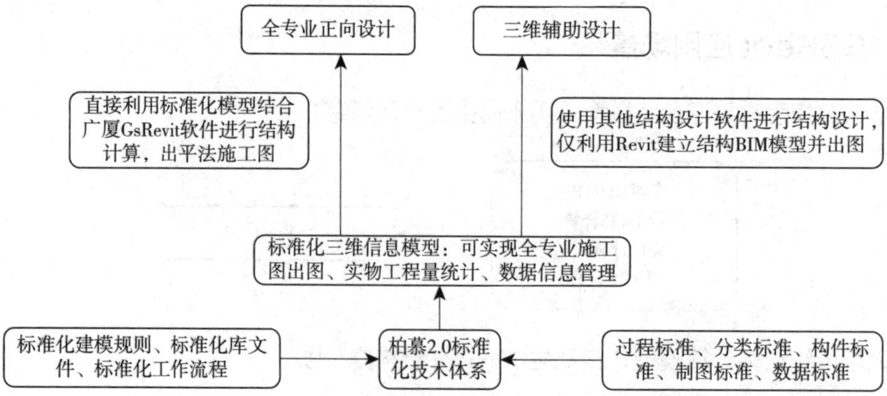

图1-14

第 2 章　结构概论

2.1　结构概论

21 世纪，城市建筑以其独特的方式传承着文化，散播着生活的韵味，不断地渗透进人们的日常生活中，为人们营造一个和谐安宁的精神家园。当前我国处于建设阶段，建筑行业的发展迅猛，如火如荼，建筑风格新颖多样。尤其是一些公共建筑，以其独特的造型和结构彰显出城市特有的个性与风采，也因此成为了一个城市的地标性建筑物，代表了该地区独特魅力。建筑行业的发展也同时成为我国经济发展的重要支柱。房屋结构一般是指其建筑的承重结构部分。房屋在建设之前，根据其建筑的层数、造价、施工等来决定其结构类型及其基础选型。各种结构的房屋其耐久性、抗震性、安全性和空间使用性能是不同的。本书对常见的建筑结构形式和基础形式做简要介绍。

2.2　常见的建筑结构体系

2.2.1　混合结构

1. 砖混结构

砖混结构是指建筑物中竖向承重结构的墙采用砖或者砌块砌筑，构造柱以及横向承重的梁、楼板、屋面板等采用钢筋砼结构。也就是说砖混结构是以小部分钢筋砼及大部分砖墙承重的结构。砖混结构是混合结构的一种，是采用砖墙来承重，钢筋砼梁、板、柱等构件构成的混合结构体系。适合开间、进深效小，房间面积小，多层（4 ~ 7 层）或低层（1 ~ 3 层）的建筑，对于承重墙体不能改动。如图 2-1 所示。

2. 底框结构

底框结构是我国现阶段经济条件下特有的一种结构。也是混合结构的一种，在城市规划设计中，往往要求临街的住宅、办公楼等建筑在底层设置商店、饭店、邮局或银行等，而一些旅馆因使用功能上的要求，也往往要在底层设置门厅、食堂、会议室等。这样，房

图2-1

图2-2

屋的上面几层为纵横墙较多的砌体承重结构，而底层则因使用要求上需要大空间的原因采用框架结构形成了砖混底层框架结构。由于底框结构上部砖房的重量较大，底部重量相对较轻，在“头重脚轻”的情况下再加上平面布置不对称的情况下易发生扭转破坏。针对以上情况，规范规定对此类结构的底层不能采用纯框架结构，一定要在两个方向设置抗震墙，成为框架——抗震墙结构。至于抗震墙的材料，抗震烈度为 6 度且总层数不超过四层的底层框架—抗震墙砌体房屋，应允许采用嵌砌于框架之间的约束普通砖砌体或小砌块砌体的砌体抗震墙，但应计入砌体墙对框架的附加轴力和附加剪力并进行底层的抗震验算，且同一方向不应同时采用钢筋砼抗震墙和约束砌体抗震墙；其余情况，8 度时应采用钢筋砼抗震墙，6、7 度时应采用钢筋砼抗震墙或配筋小砌块砌体抗震墙，如图 2-2 所示。

2.2.2 钢筋砼结构

1. 框架结构

框架结构是指由梁和柱以钢筋相连接而成，构成承重体系的结构，即由梁和柱组成框架共同抵抗使用过程中出现的水平荷载和竖向荷载。框架结构的房屋墙体不承重，仅起到围护和分隔作用，一般用预制的加气混凝土、膨胀珍珠岩、空心砖或多孔砖、浮石、蛭石、陶粒等轻质板材砌筑或装配而成。框架结构空间分隔灵活、自重轻、节省材料，具有可以较灵活地配合建筑平面布置的优点。混凝土框架结构广泛用于学校、办公楼，也有根据需要对混凝土梁或板施加预应力，以适用于较大的跨度；预应力框架结构常用于大跨度的公共建筑和一些特殊用途的建筑物中，如剧场、商场、体育馆、火车站、展览厅等，如图 2-3 所示。

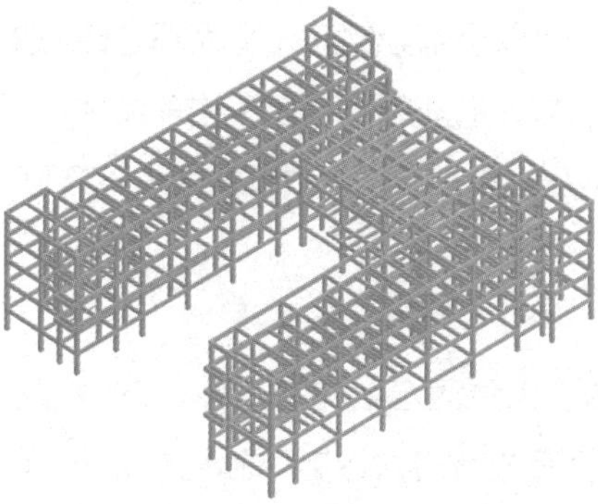

图2-3

2. 框剪结构

框架—剪力墙结构，俗称为框剪结构。主要结构是框架，由梁柱构成，小部分是剪力墙。墙体全部采用填充墙体，由密柱高梁空间框架或空间剪力墙所组成，是在水平荷载作用下起整体空间作用的抗侧力构件。剪力墙主要承受水平荷载，竖向荷载由框架承担。适用于平面或竖向布置繁杂、水平荷载大的高层建筑。它具有框架结构平面的布置灵活，有较大空间的优点，又具有侧向刚度较大的优点，如图 2-4 所示。

3. 剪力墙结构

剪力墙结构是用钢筋砼墙板代替框架结构中的梁柱，能承担各类荷载引起的内力，并能有效控制结构的水平力，这种用钢筋砼墙板来承受竖向和水平力的结构称为剪力墙结构。剪力墙结构的主要承重结构为结构墙。当墙体处于建筑物中合适的位置时，它们能形成一种有效抵抗水平作用的结构体系，同时，又能起到对空间的分割作用。结构墙的高度一般与整个房屋的高度相等，自基础直至屋顶，高达几十米或 100 多米；其宽度则视建筑平面的布置而定，一般为几米到十几米。相对而言，它的厚度则很薄，一般仅 200~300mm，最小可达 160mm。因此，结构墙在其墙身平面内的抗侧移刚度很大，而其墙身平面外刚度却很小，一般可以忽略不计。这种结构在高层住宅房屋中被大量运用，如图 2-5 所示。

4. 核心筒结构

核心筒结构，属于高层建筑结构。简单的来讲就是外围由梁柱构成的框架受力体系，而中间是筒体（如电梯井），提高高层建筑物抗震性能。框架—核心筒结构因其良好的受力性能和内部空间的灵活性成为目前国际超高层建筑中采用的主流结构形式，在超高层建筑中有着广泛的应用，如图 2-6 所示。

5. 框支剪力墙结构

框支剪力墙指的是结构中的局部或部分剪力墙因建筑要求不能落地，直接落在下层框架梁上，再由框架梁将荷载传至框架柱上，这样的梁就叫框支梁，柱就叫框支柱，上面的墙就

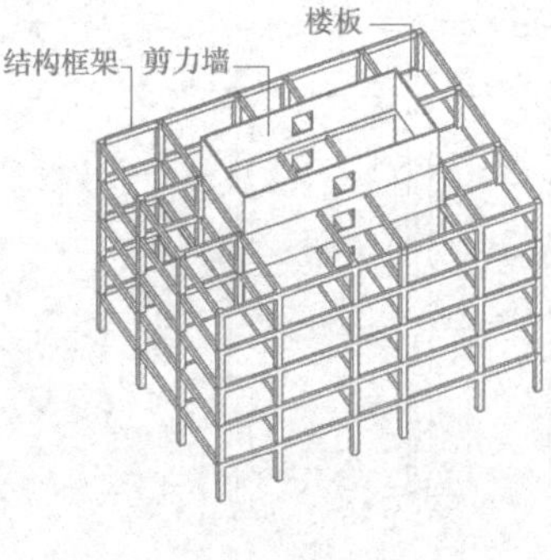

图2-4

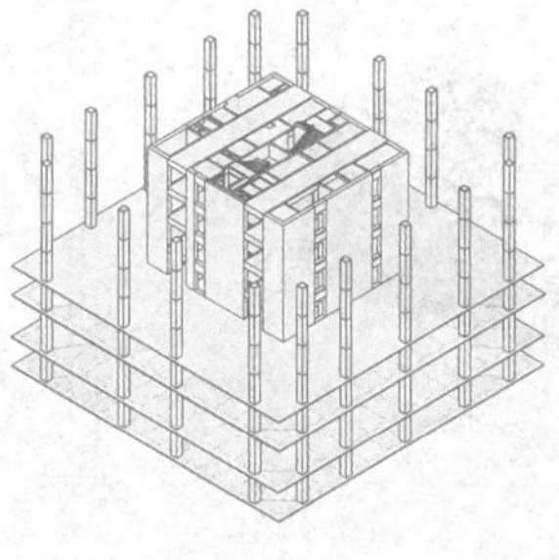
图2-5

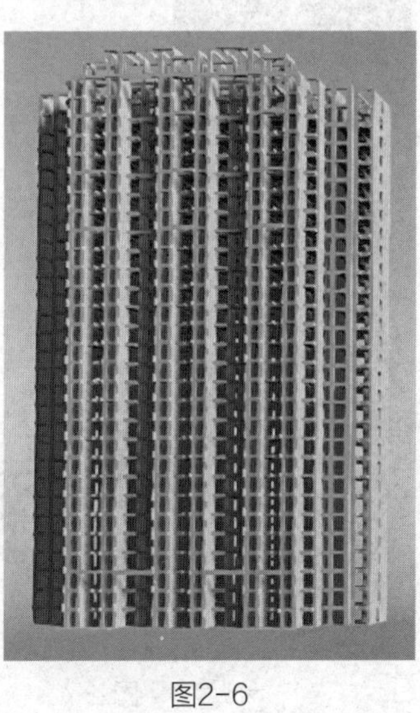
图2-6

叫框支剪力墙。这是一个局部的概念，因为结构中一般只有部分剪力墙会是框支剪力墙，大部分剪力墙一般都会落地。框支剪力墙结构常用于高层住宅建筑中，底部几层由于建筑功能的要求需要形成大开间的高层建筑，如图 2-7 所示。

6. 无梁楼盖结构

无梁楼盖结构是指楼盖平板（或双向密肋板）直接支承在柱子上，而不设主梁和次梁，楼面荷载直接通过柱子传至基础。无梁楼盖是由楼板、柱和柱帽组成的板柱结构体系，楼面荷载直接由板传给柱及柱下基础。这种结构缩短了传力路径，增大了楼层净空，并且节约了施工模板，但楼板较厚，楼盖材料用量较多；楼盖的抗弯刚度较小，柱子周边的剪应力集中，可能会引起板的冲切破坏。由于无梁楼盖结构改善了采光、通风和卫生条件，常用于冷库、商场、仓库、书库等大空间、大柱网的多层建筑。无梁楼盖高新建筑技术，是在现浇钢筋砼楼盖结构中，采取埋芯（非抽芯）成孔工艺，在楼盖内每隔一定间距，放置圆形或方形或梯形或异形 GBF 高强复合薄壁管（盒），然后浇灌混凝土，从而形成了类似无数小工字梁受力的现浇多孔空心板或以密肋形式受力的现浇空心板，如图 2-8 所示。

2.2.3 木结构

1. 普通木结构

普通木结构指承重构件采用方木或原木制作的单层或多层木结构。木结构自重较轻，木

图2-7

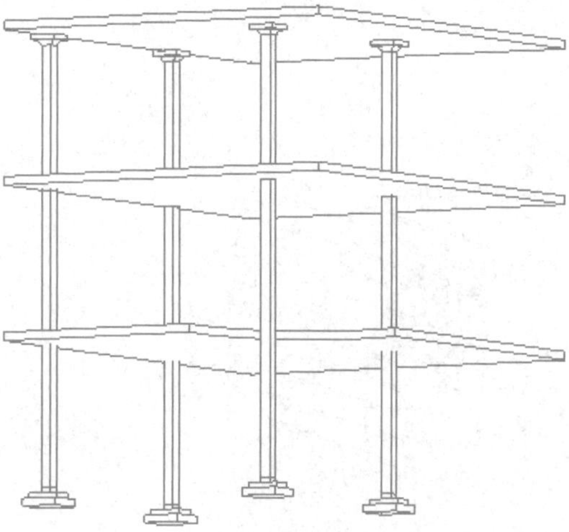

图2-8

构件便于运输、装拆，能多次使用，故广泛地用于房屋建筑中，也还用于桥梁和塔架。我国是最早应用木结构的国家之一。根据实践经验采用梁、柱式的木构架，扬木材受压和受弯之长，避其受拉和受剪之短，并具有良好的抗震性能。建于辽代（1056 年）的山西省应县木塔，充分体现了结构自重轻、能建造高耸结构的特点，如图 2-9 所示。

2. 胶合木结构

胶合木结构是指用胶粘方法将木料或木料与胶合板拼接成尺寸与形状符合要求而又具有整体木材效能的构件和结构。胶合木结构于 1907 年首先在德国问世，至 20 世纪 40 年代中期已发展成为现代木结构的一个重要分支，广泛应用于各种工程上，如图 2-10 所示。

图2-9

3. 轻型木结构

轻型木结构是指主要由木构架墙、木楼盖和木屋盖系统构成的结构体系，适用于三层及三层以下的民用建筑。当采用轻型木结构时，应满足当地自然环境和使用环境对建筑物的要求，并应采取可靠措施，防止木构件腐蚀或被虫蛀。确保结构达到预期的设计使用年限，如图 2-11 所示。

图2-10

图2-11

2.2.4 钢结构

1. 门式刚架结构

门式刚架是一种传统的结构体系，该类结构的上部主构架包括刚架斜梁、刚架柱、支撑、檩条、系杆、山墙骨架等。门式刚架轻型房屋钢结构具有受力简单、传力路径明确、构件制作快捷、便于工厂化加工、施工周期短等特点，因此广泛应用于工业、商业及文化娱乐公共设施等工业与民用建筑中。门式刚架轻型房屋钢结构起源于美国，经历了近百年的发展，已成为设计、制作与施工标准相对完善的一种结构体系，如图 2-12 所示。

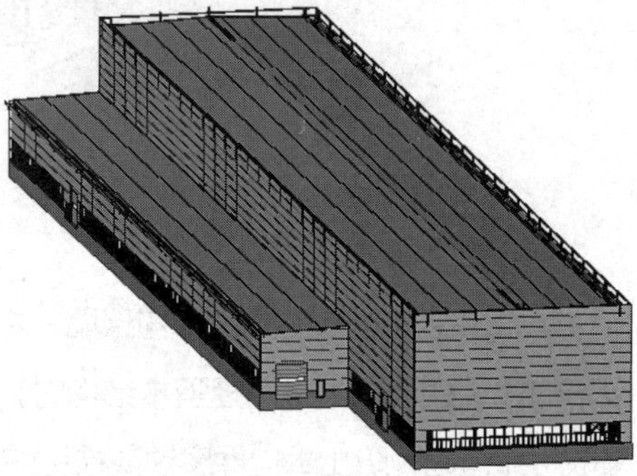

图2-12

2. 钢框架结构

钢框架结构是由钢梁和钢柱组成的能承受垂直和水平荷载的结构。用于大跨度或高层或荷载较重的工业与民用建筑。民用高层建筑和大跨度厅堂等钢框架，其杆件可为实腹式也可为构架式。国外的高层建筑采用钢框架较多，工期较长及构件截面和重量较大。如美国纽约帝国大厦和芝加哥西尔斯大厦。工业用的跨度较大和重型桥式吊车的厂房，刚架的钢柱为单阶和双阶柱，以支承吊车梁。吊车轨道以上部分的柱多为实腹式截面，以下部分为格构式截面，如图 2-13 所示。

2.2.5 空间结构

1. 网架结构

网架结构是由许多连续的杆件按照一定规律组成的网状结构，在接触处加上球状以便加

图2-13

大链接。杆件主要承受轴力，能充分发挥材料的强度，节省钢材，结构自重小。网架结构具有空间受力小、重量轻、刚度大、抗震性能好等优点；可用作体育馆、影剧院、展览厅、候车厅、体育场看台雨篷、飞机库、双向大柱距车间等建筑的屋盖。缺点是汇交于节点上的杆件数量较多，制作安装较平面结构复杂，如图 2-14 所示。

图2-14

2. 悬索结构

悬索结构是由柔性受拉索及其边缘构件所形成的承重结构，主要应用于建筑工程和桥梁工程。其索的材料可以采用钢丝束、钢丝绳、钢绞线、链条、圆钢，以及其他受拉性能良好的线材。悬索结构能充分利用高强材料的抗拉性能，可以做到跨度大、自重小、材料省、易施工。近代的悬索结构，除用于大跨度桥梁工程外，还在体育馆、飞机库、展览馆、仓库等大跨度屋盖结构中应用，如图 2-15 所示。

图2-15

3. 壳体结构

壳体结构是由空间曲面型板或加边缘构件组成的空间曲面结构。壳体的厚度远小于壳体的其他尺寸，因此壳体结构具有很好的空间传力性能，能以较小的构件厚度形成承载能力高、刚度大的承重结构，能覆盖或维护大跨度的空间而不需要空间支柱，能兼承重结构和围护结构的双重作用，从而节约结构材料，如图 2-16 所示。

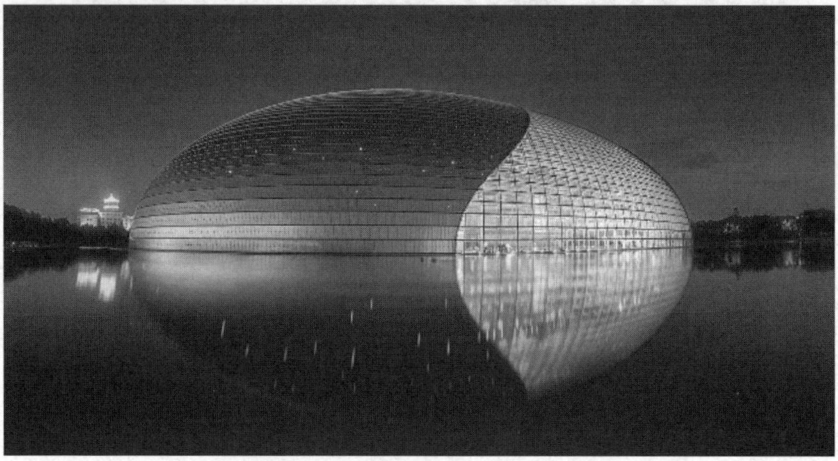

图 2-16

4. 管桁架结构

管桁架结构是指由钢管制成的桁架结构体系，因此又称为管桁架或管结构。只要是利用钢管的优越受力性能和美观的外部造型构成独特的结构体系，满足钢结构的最新设计观念，集中使用材料、承重与稳定作用的构件组合以发挥空间作用。与网架结构相比，管桁架结构省去下弦纵向杆件和网架的球节点，可满足各种不同建筑形式的要求，尤其是构筑圆拱和任意曲线形状比网架结构更有优势。其各向稳定性相同，节省材料用量。钢管桁架结构是在网架结构的基础上发展起来的，与网架结构相比具有其独特的优越性和实用性，结构用钢量也较经济，如图 2-17 所示。

5. 膜结构

膜结构是 20 世纪中期发展起来的一种新型建筑结构形式，是由多种高强薄膜材料及加强构件（钢架、钢柱或钢索）通过一定方式使其内部产生一定的预张应力以形成某种空间形状，作为覆盖结构，并能承受一定的外荷载作用的一种空间结构形式。膜结构可分为充气膜结构和张拉膜结构两大类，充气膜结构是靠室内不断充气，使室内外产生一定压力差（一般在 10 ~ 30mm 水柱之间），室内外的压力差使屋盖膜布受到一定的向上的浮力，从而实现较大的跨度。张拉摸结构则通过柱及钢架支承或钢索张拉成型，其造型非常优美灵活，如图 2-18 所示。

图2-17

图2-18

6. 折板结构

折板结构是由若干狭长的薄板以一定角度相交连成折线形的空间薄壁体系。跨度不宜超过 30m，适宜于长条形平面的屋盖，两端应有通长的墙或圈梁作为折板的支点。常用有 V 形、梯形等形式。我国常用为预应力混凝土 V 形折板，具有制作简单、安装方便与节省材料等优点，最大跨度可达 27m，如图 2-19 所示。

图2-19

2.2.6 巨型结构

整幢结构用巨柱、巨梁和巨型支撑等巨型杆件组成空间桁架，相邻立面的支撑交汇在角柱，形成巨型空间桁架结构。从平面整体上看。巨型结构的材料使用正好满足了尽量开展的原则，可以充分发挥材料性能（结构构件的开展面积越大，相应的结构构件惯性矩及刚度也就越大，对结构抗震有利）；从结构角度看，巨型结构是一种超常规的具有巨大抗侧刚度及整体工作性能的大型结构，是一种非常合理的超高层结构形式；从建筑角度看。巨型结构可以满足许多具有特殊形态和使用功能的建筑平立面要求。使建筑师们的许多天才想象得以实施。巨型结构作为高层或超高层建筑的一种崭新体系。由于其自身的优点及特点，已越来越被人们重视，并越来越多地应用于工程实际，是一种很有发展的结构形式，如图 2-20 所示。

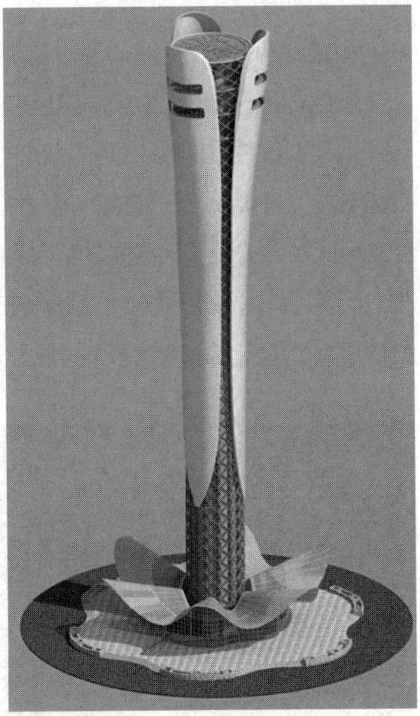

图2-20

2.3 常见的建筑基础形式

2.3.1 扩展基础

扩展基础是指上部结构通过墙、柱等承重构件传递的荷载，在其底部横截面上引起的压强通常远大于地基承载力。故需在墙、柱下设置水平截面向下扩大的基础等，以便将墙或柱荷载扩散分布于基础底面，使之满足地基承载力和变形的要求。扩展基础包括柱下独立基础和墙、柱下条形基础等。

1. 独立基础

建筑物上部结构采用框架结构或单层排架结构承重时，基础常采用圆柱形和多边形等形式的独立式基础，这类基础称为独立式基础，也称单独基础。独立基础分三种：阶形基础、坡形基础、杯形基础。一般只坐落在一个十字轴线交点上，有时也跟其他条形基础相连，但是截面尺寸和配筋不尽相同。独立基础如果坐落在几个轴线交点上承载几个独立柱，叫作联合独立基础。基础之内的纵横两方向配筋都是受力钢筋，且长方向的一般布置在下面，如图 2-21 所示。

图2-21

图2-22

2. 条形基础

条形基础是指基础长度远远大于宽度的一种基础形式。按上部结构分为墙下条形基础和柱下条形基础。基础的长度大于或等于 10 倍基础的宽度。条形基础的特点是，布置在一条轴线上且与两条以上轴线相交，有时也和独立基础相连，但截面尺寸与配筋不尽相同。另外横向配筋为主要受力钢筋，纵向配筋为次要受力钢筋或者是分布钢筋。主要受力钢筋布置在下面，如图 2-22 所示。

2.3.2 筏形基础

筏形基础（筏基）又有平板式和肋梁式之分，是指当建筑物上部荷载较大而地基承载能力又比较弱时，用简单的独立基础或条形基础已不能适应地基变形的需要，这时常将墙或柱下基础连成一片，使整个建筑物的荷载承受在一块整板上，这种满堂式的板式基础称筏形基础。筏形基础由于其底面积大，故可减小基底压强，同时也可提高地基土的承载力，并能更有效地增强基础的整体性，调整不均匀沉降。筏形基础分为平板式和梁板式，一般根据地基土质、上部结构体系、柱距、荷载大小及施工条件等确定。

1. 平板式筏形基础

平板式筏形基础的底板是一块厚度相等的钢筋砼平板。板厚一般在 0.5~2.5m 之间。平板式基础适用于柱荷载不大、柱距较小且等柱距的情况，其特点是施工方便、建造快，但混凝土用量大。底板的厚度按升一层加 50mm 初步确定，然后校核板的抗冲切强度。底板厚度不得小于 200mm。通常 5 层以下的民用建筑，板厚不小于 250mm；6 层及以上民用建筑的板厚不小于 300mm，如图 2-23 所示。

2. 梁板式筏形基础

当柱网间距大时，一般采用梁板式筏形基础。根据肋梁的设置分为单向肋和双向肋两种形式。单向肋梁板式筏形基础是将两根或两根以上的柱下条形基础中间用底板连接成一

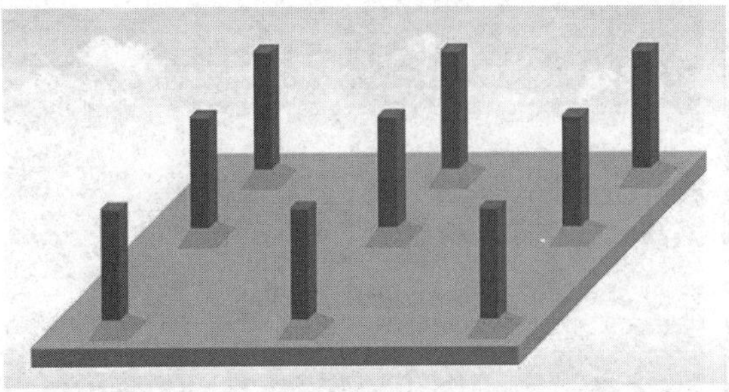

图2-23

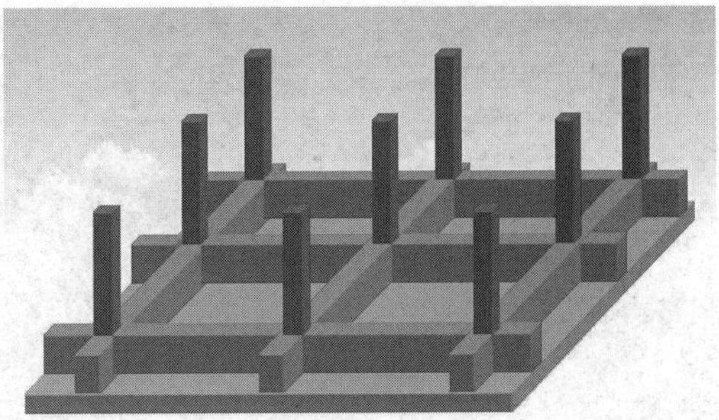

图2-24

个整体，以扩大基础的底面积并加强基础的整体刚度。双向肋梁板式筏形基础是在纵、横两个方向上的柱下都布置肋梁，有时也可在柱网之间再布置次肋梁以减少底的厚度，如图 2-24 所示。

2.3.3 箱形基础

箱形基础是指由底板、顶板、钢筋砼纵横隔墙构成的整体现浇钢筋砼结构。箱形基础具有较大的基础底面、较深的埋置深度和中空的结构形式，开挖基础而卸去的土的重量，减轻了上部结构的部分荷载。与一般的实体基础比较，箱形基础首先具有很大的刚度和整体性，因而能有效的调整基础的不均匀沉降，常用于上部荷载较大、地基软弱且分布不均的情况；其次箱形基础具有较好的抗震效果，因为箱形基础将上部结构较好的嵌固于基础，基础埋置得又较深，因而可降低建筑物的重心，从而增加建筑物的整体性。在地震区，对抗震、人防和地下室有要求的高层建筑，宜采用箱形基础。

2.3.4 桩基础

桩基础是通过承台把若干根桩的顶部连接成整体，共同承受动静荷载的一种深基础，而桩是设置于土中的竖直或倾斜的基础构件，其作用在于穿越软弱的高压缩性土层或水，将桩所承受的荷载传递到更硬、更密实或压缩性较小的地基持力层上，我们通常将桩基础中的桩称为基桩，如图 2-25 所示。桩基础有许多不同的类型，它们可以从不同的方面按照不同的方法进行分类。如根据承台与地面相对位置的不同，分为低承台与高承台桩基。当桩承台底面位于地面以下时，称为低承台桩基；当桩承台底面高出地面以上时，称为高承台桩基。在房屋建筑中最常用的都是低承台桩基，而高承台桩基常用于港口、码头、海洋工程及桥梁工程中。桩基础按成桩方法分类，非挤土桩、部分挤土桩和挤土桩。

1. 非挤土桩

在成桩过程中将相应于桩身体积的土挖出来，因而桩周和桩底土有应力松弛现象，常见的非挤土桩有挖孔桩、钻孔桩等，如图 2-26 所示。

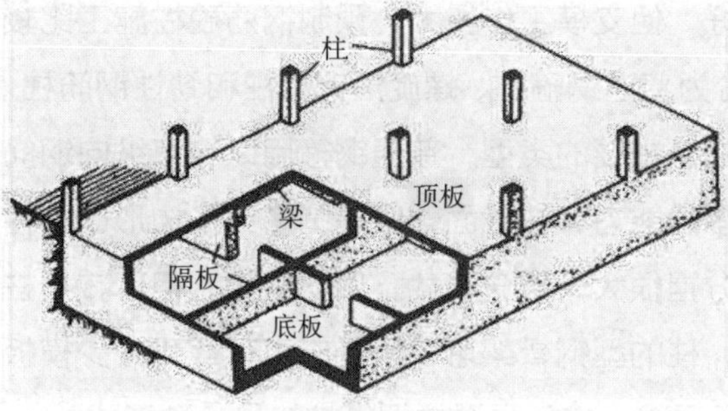

图2-25

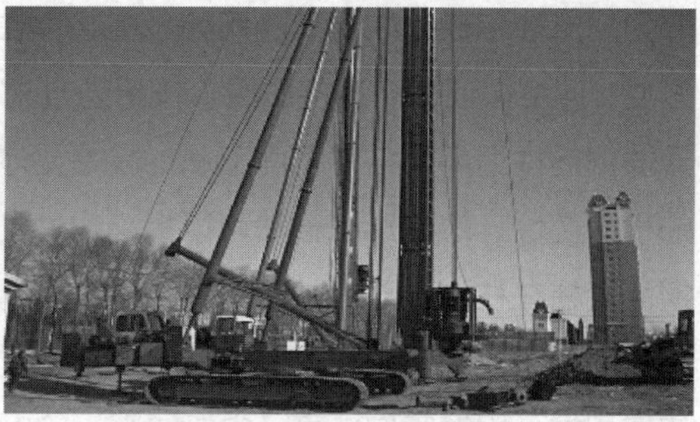

图2-26

2. 部分挤土桩

部分挤土桩也称为小量排土桩或微排土桩，在成桩过程中，桩周围的土仅受到轻微的扰动，土的原始结构和工程性质变化不大。由原状土测得的物理力学性质指标一般可用于估算部分挤土桩的承载力和沉降。这类桩主要有：打入的小截面的 I 型和 H 型钢桩、钢板桩、开口式钢管桩或预应力钢筋砼管桩、螺旋桩等，如图 2-27 所示。

3. 挤土桩

挤土桩在成桩过程中，造成大量挤土，使桩周围土体受到严重挠动，土的工程性质有很大改变。挤土过程引起的挤土效应主要是地面隆起和土体侧移，对周边环境影响较大。常见的挤土桩有打入或压入的预制混凝土桩、封底钢管桩、混凝土管桩和沉管式灌注桩。这种成桩方法以及在成桩过程中产生的此种挤土效应的桩称为挤土桩，如图 2-28 所示。

图2-27

图2-28

2.4 常见的建筑结构构件

2.4.1 钢筋砼柱

钢筋砼柱是用钢筋砼材料制成的柱。是房屋、桥梁、水工等各种工程结构中最基本的承重构件，常用作楼盖的支柱、桥墩、基础柱、塔架和桁架的压杆。按照制造和施工方法分为现浇柱和预制柱。现浇钢筋砼柱整体性好，但支模工作量大。预制钢筋砼柱施工比较方便，但要保证节点连接质量。按配筋方式分为普通钢箍柱、螺旋形钢箍柱和劲性钢筋柱。普通钢箍柱适用于各种截面形状的柱是基本的、主要的类型，普通钢箍用以约束纵向钢筋的横向变位。螺旋形钢箍柱可以提高构件的承载能力，柱载面一般是圆形或多边形。劲性钢筋砼柱在柱的内部或外部配置型钢，型钢分担很大一部分荷载，用钢量大，但可减小柱的断面和提高柱的刚度；在未浇灌混凝土前，柱的型钢骨架可以承受施工荷载和减少模板支撑用材。用钢管作外壳，内浇混凝土的钢管混凝土柱，是劲性钢筋柱的另一种形式。

2.4.2 钢筋砼梁

钢筋砼梁是用钢筋砼材料制成的梁。钢筋砼梁既可作为独立梁，也可与钢筋砼板组成整体的梁—板式楼盖，或与钢筋砼柱组成整体的单层或多层框架。钢筋砼梁形式多种多样，是房屋建筑、桥梁建筑等工程结构中最基本的承重构件，应用范围极广。

钢筋砼梁按其截面形式，可分为矩形梁、T 形梁、工字梁、槽形梁和箱形梁。按其施工方法，可分为现浇梁、预制梁和预制现浇叠合梁。按其配筋类型，可分为钢筋砼梁和预应力混凝土梁。按其结构简图，可分为简支梁、连续梁、悬臂梁、主梁和次梁等。

2.4.3 钢筋砼板

钢筋砼板，用钢筋砼材料制成的板，是房屋建筑和各种工程结构中的基本结构或构件，常用作屋盖、楼盖、平台、墙、挡土墙、基础、地坪、路面、水池等，应用范围极广。钢筋砼板按平面形状分为方板、圆板和异形板。按结构的受力作用方式分为单向板和双向板。最常见的有单向板、四边支承双向板和由柱支承的无梁平板。板的厚度应满足强度和刚度的要求。

2.4.4 构造柱

构造柱可增强建筑物的整体性和稳定性，多层砖混结构建筑的墙体中还应设置钢筋砼构造柱，并与各层圈梁相连接，形成能够抗弯抗剪的空间框架，它是防止房屋倒塌的一种有效措施。构造柱的设置部位在外墙四角、错层部位横墙与外纵墙交接处、较大洞口两侧，大房间内外墙交接处等。此外，房屋的层数不同、地震烈度不同，构造柱的设置要求也不一致。构造柱的最小截面尺寸为 240mm × 180mm，竖向钢筋多为 4 根 12ϕ，箍筋间距不大于 250mm，随烈度和层数的增加建筑四角的构造柱可适当加大截面和钢筋强度等级。

2.4.5 圈梁

圈梁是为防止地基的不均匀沉降或较大振动荷载等对房屋的不利影响，一般应在墙体中设置钢筋砼圈梁或钢筋砖圈梁，以增强砖石结构房屋的整体刚度。圈梁道数的设置应根据房屋的结构和构造情况确定。对空间较大的单层房屋，如车间、仓库、食堂，当墙厚等于或小于一砖时，檐口标高为 5 ~ 8m 时，应设置圈梁一道，当檐口标高大于 8m 时，宜增设圈梁一道；对有电动桥式吊车或较大振动设备的单层工业厂房，除在檐口或窗顶设置钢筋砼圈梁外，尚宜在吊车梁标高处或墙中适当位置增设一道圈梁；对多层民用房屋，如宿舍、办公楼等，当墙厚等于或小于一砖，且层数不少于三层时，宜设圈梁一道，当超过四层时，可适当增设。圈梁应连续设置在墙的同一水平上，并尽可能地形成封闭圈并与横向墙柱适当连接，当圈梁为门窗洞口切断不能通过时，应在洞口上部砌体中设置一道附加圈梁。钢筋砼圈梁的宽度一般应与墙厚相同，当墙厚大于一砖时，圈梁不宜小于 2/3 墙厚，钢筋砼圈梁的高度应等于砌体每皮砖厚度的倍数。钢筋砖圈梁应采用不低于 M5.0 砂浆砌筑，圈梁高度一般为 4 ~ 6 皮砖，分上下两层设置。钢筋砼圈梁一般采用现浇，但也可以采用预制装配现浇接头方式。

2.4.6　系杆

系杆拱桥中承受拱端水平推力的拉杆称为系杆。它使拱端支座不产生水平推力，成为无推力拱，按照系杆与拱肋刚度的比较，可分为刚性系杆和柔性系杆。刚性系杆既受拉力也受压力，柔性系杆只受拉，如图 2-29 所示。

2.4.7　柱间支撑

柱间支撑是为保证建筑结构整体稳定、提高侧向刚度和传递纵向水平力而在相邻两柱之间设置的连系杆件，如图 2-30 所示。

2.4.8　螺栓球

螺栓球多数用于网架结构，主要结构特点是：一个球上开多个有内丝的孔，用来连接多个杆件于一点。螺栓球主要应用于无油管井下采油装置、套管爆炸扩径器、油管通径规等领域。还可应用与网架钢结构中，杆件与杆件的衔接，如图 2-31 所示。

图2-29

图2-30

2.4.9 焊接球

焊接球节点钢网架结构具有大跨距，强度大，重量轻，造型美观，无需支撑等特点。广泛应用于各种体育馆，大宾馆，大饭店及休闲娱乐场馆。焊接球节点钢网架结构是由钢制空心球或管与钢管焊接而成，它的焊缝包括球节点和管节点两种。目前市场出现大直径的焊接球节点，此节点现广泛使用在管桁架工程中，作为大跨度，大型箱型梁和 H 型梁的节点，如图 2-32 所示。

2.4.10 牛腿

牛腿，是梁托的别名。其作用是在混合结构中，梁下面的一块支撑物，它的作用是将梁支座的力分散传递给下面的承重物，因为一面集中力太大，容易压坏墙体。

图2-31

图2-32

2.4.11 檩条

檩条亦称檩子、桁条，垂直于屋架或椽子的水平屋顶梁，用以支撑椽子或屋面材料，檩条是横向受弯（通常是双向弯曲）构件，一般都设计成单跨简支檩条。常用的檩条有实腹式和轻钢桁架式两种。

第 3 章　结构模型的创建

本章主要通过实际案例的操作，讲解使用 Revit 软件创建结构模型的方法和步骤，案例为“地下车库—结构模型”，要求掌握创建结构模型的方法。

3.1　标高与轴网的创建

创建结构模型之前，需要确定模型主体之间的定位关系。其定位关系主要借助于标高和轴网。本节主要讲解如何绘制项目案例需要的标高和轴网。

3.1.1　新建项目

首先打开 Revit2017 软件，在功能区中选择柏慕软件并打开，新建项目选择柏慕全专业样板，浏览选择保存的位置，文件名：地下车库—结构模型，保存为“.rvt”文件，确定，如图 3-1 所示。

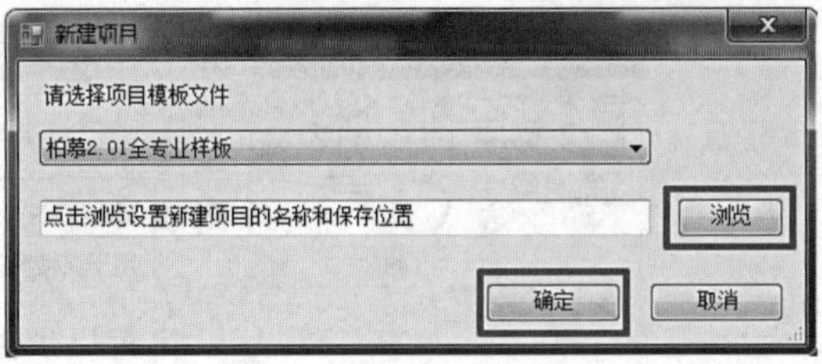

图3-1

3.1.2　标高的创建

1. 建筑标高与结构标高

在绘制 Revit 模型时，建筑标高与结构标高是区分开的。为方便后期应用，一般来说会创建两套标高，如图 3-2 所示。

绘制模型时，结构构件（如结构柱）是从结构标高到结构标高，而建筑构件（内饰面墙）则是从建筑标高到建筑标高，否则会出现如图 3-3 所示的情况，结构与建筑混乱。

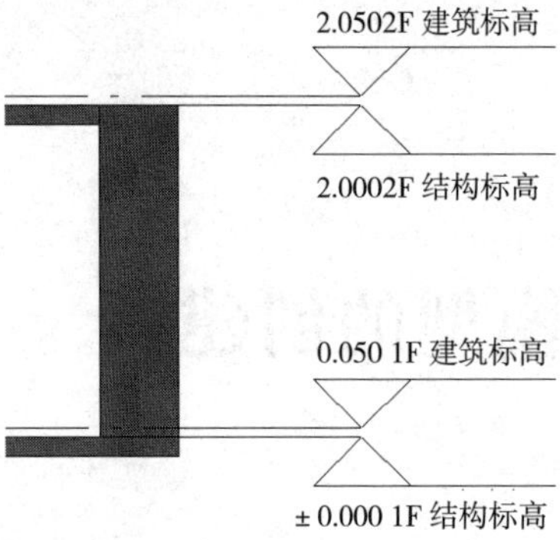

图3-2

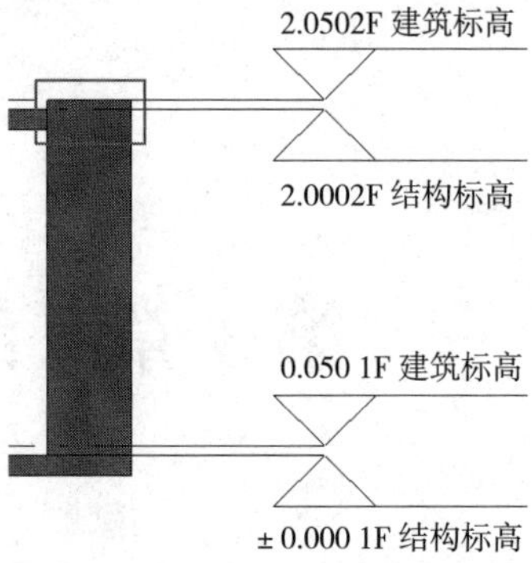

图3-3

在此项目中，仅搭建结构模型，因此只绘制结构标高，不单独表示建筑标高。

2. 创建标高

在“项目浏览器”→“BIM_ 结构”→“建模”→“立面”→“结构 - 东”视图，删除“Delete”立面标高，只保留 1F、2F 标高，选择“2F”标高，将标高“1F”与“2F”之间的临时尺寸标注修改为“4000”，并按“Enter”键完成，如图 3-4 所示（标高可以在任一立面和剖面视图中绘制）。

3. 标高的锁定

选择所有的标高，单击“修改 | 标高”选项卡“修改”面板中“锁定”工具（或使用快捷键 PN），锁定绘制完成的标高，如图 3-5 所示。

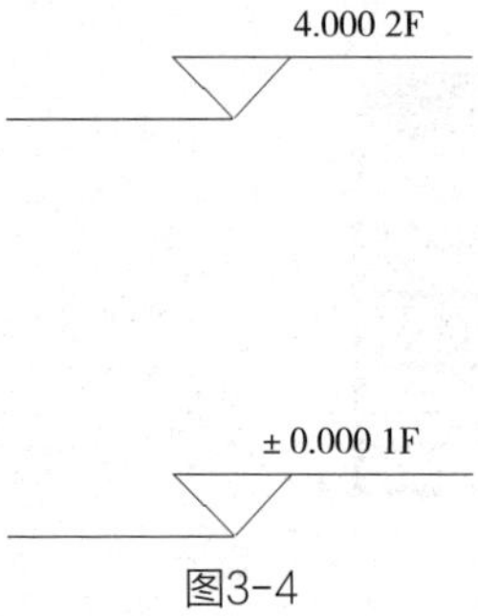

图3-4

图3-5

3.1.3 轴网的创建

1. 楼层平面创建

“项目浏览器”→“视图”→“BIM_ 建筑”→“建模”→“楼层平面”选中相应的视图平面，在“属性”→“文字”点选修改视图分类—父：“BIM_ 结构”，视图分类—子：“建模”，如图 3-6 所示。

2. 导入 CAD 底图

轴网是通过导入相关的 CAD 图，并以 CAD 图原有轴网为依据来创建。在项目浏览器的“BM_结构”→“建模”→“楼层平面”1F，进入 1F 的平面视图。单击“插入”选项卡下“导入”面板中的“导入 CAD”，单击打开“导入 CAD 格式”对话框，在本教材附带的配套课件中选择“地下车库平面图_基础”DWG 文件。

具体设置如下:勾选“仅当前视图”,“图层”选择“可见”,“导入单位”选择“毫米”,“定位”选择“自动 - 原点到原点”，放置于选择“1F”,其他选项选择默认设置,单击“打开”,如图 3-7 所示。

导入 CAD 图后，Revit 会自动锁定导入的 CAD 图。

3. 创建轴网

将视图中文字指北针轴网删除，只保留四个立面视图，单击“建筑”选项卡下“基准”面板中的“轴网”工具（或使用快捷键 GR），选择“拾取线”命令，依次单击 CAD 图中各轴线，并修改轴号、创建轴网，如图 3-8 所示。

轴网创建完成之后，单击“视图”→“可见性 / 图形”（或使用快捷键 VV），弹出可见性图形设置对话框。单击“导入的类别”选项，取消勾选“地下车库平面图 - 基础”，如图 3-9 所示。

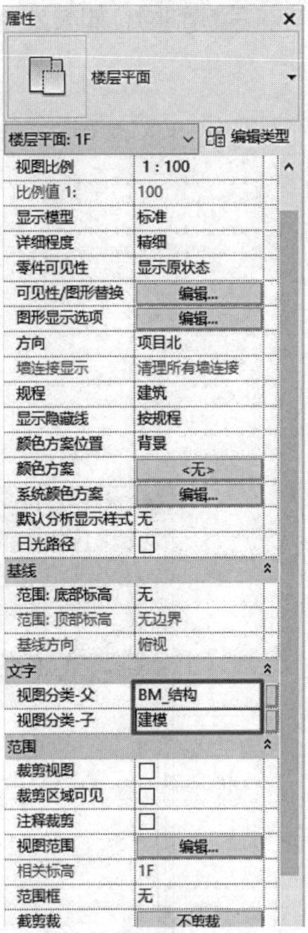

图3-6

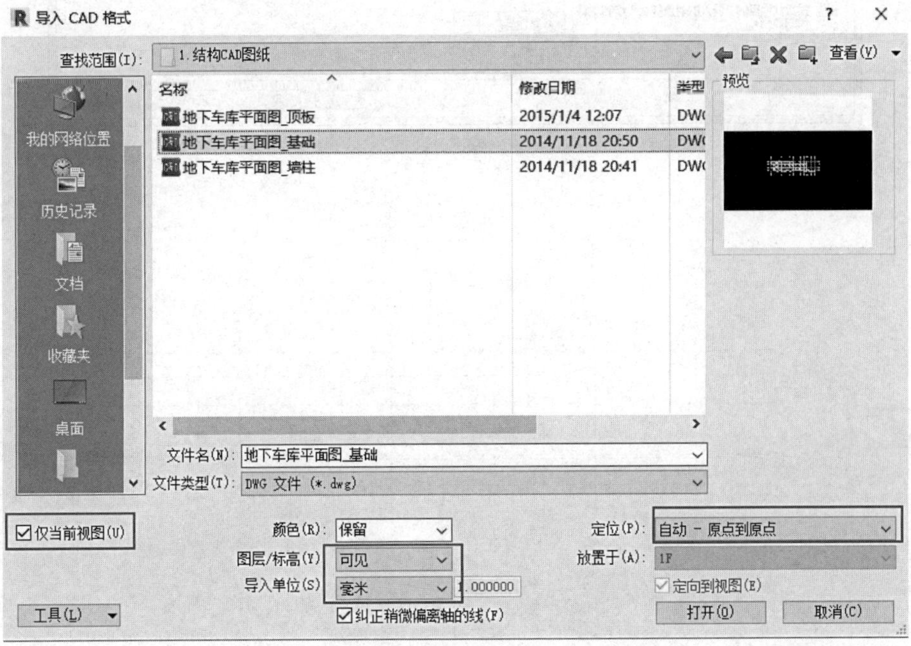

图3-7

完成轴网，如图 3-10 所示（将立面视图移动到轴网四周）。

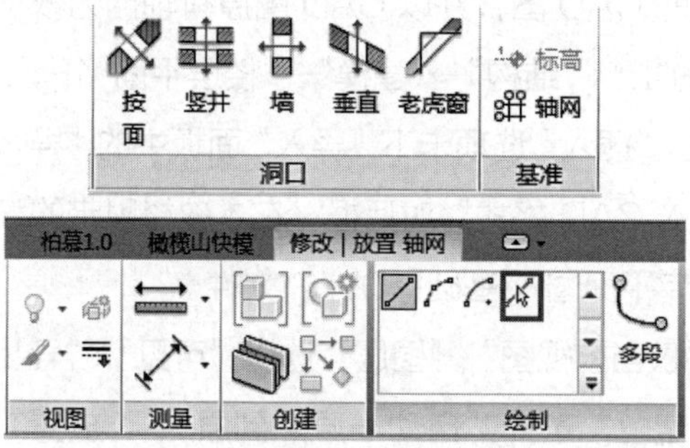

图3-8

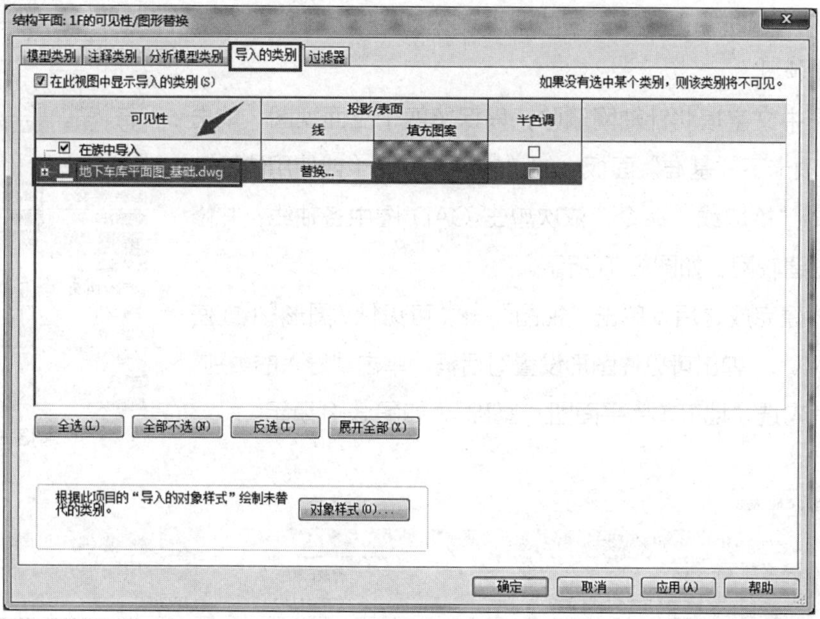

图3-9

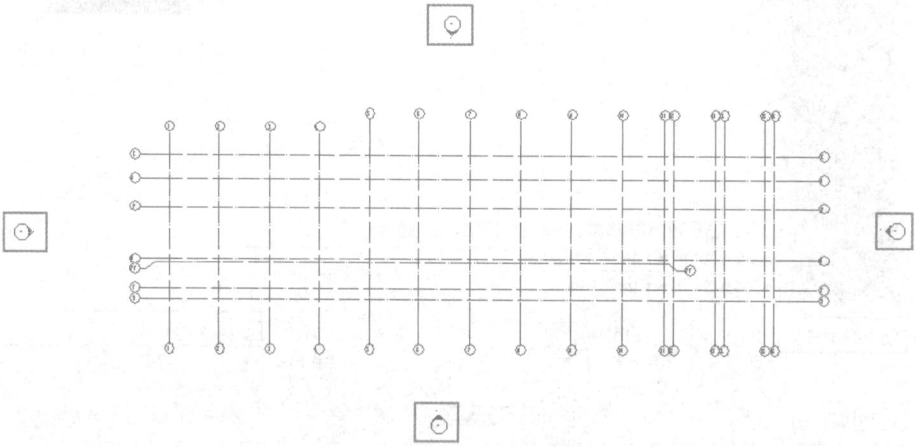

图3-10

4. 轴网的锁定

选择所绘制的轴网，单击“修改 | 轴网”上下文选项卡“修改”面板中“锁定”工具（或使用快捷键 PN），锁定绘制的轴网，单击“保存”。

3.2　柱的创建

3.2.1　打开文件

接上节练习，打开文件“地下车库－结构模型”单击“应用程序菜单”依次单击“打开”→“项目”在弹出的对话框中，选择“地下车库－结构模型”文件，单击“打开”。

3.2.2　导入底图

在项目浏览器的“BM_ 结构”→“建模”→“楼层平面”1F，进入 1F 的平面视图。单击“插入”选项卡下“导入”面板中的“导入 CAD”，单击打开“导入 CAD 格式”对话框，在本课件附带的相关资料中选择“地下车库平面图 _ 墙柱”DWG 文件。

具体设置如下：勾选“仅当前视图”，“图层”选择“可见”，“导入单位”选择“毫米”，“定位”选择“自动－原点到原点”，放置于选择“1F”，其他选项选择默认设置，单击“打开”，如图 3-11 所示。

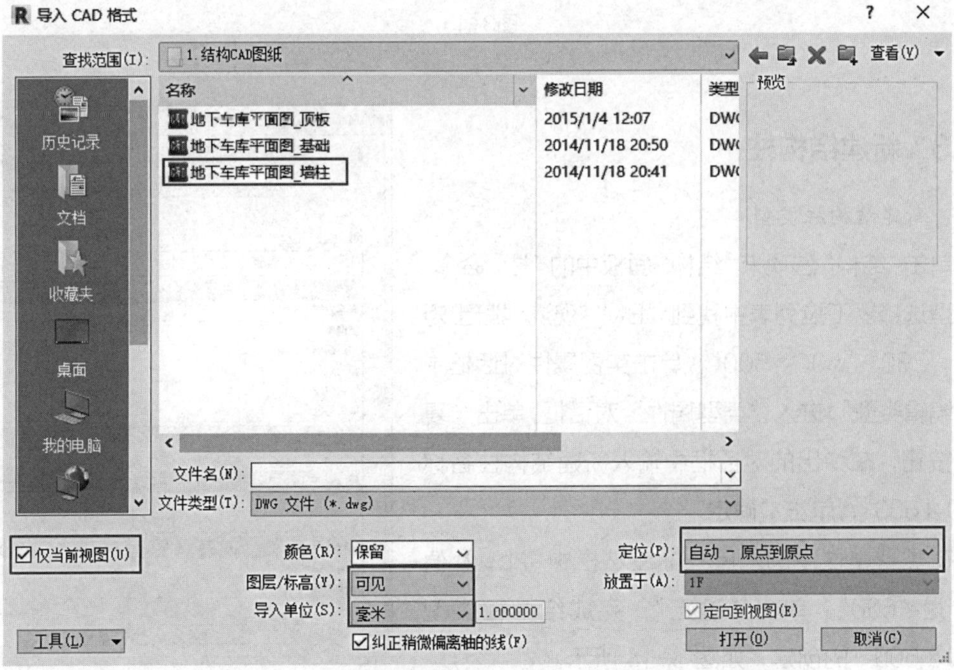

图3-11

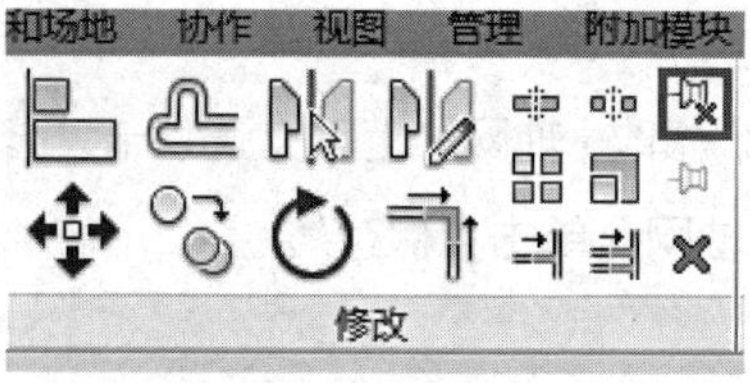

图3-12

导入CAD之后，需要将CAD与项目轴网对齐。选择刚刚导入的“地下车库平面图＿墙柱”，单击修改面板下的解锁，如图3-12所示。解锁之后选择修改面板下的对齐命令，将CAD底图与项目轴网对齐并锁定，完成结果如图3-13所示。

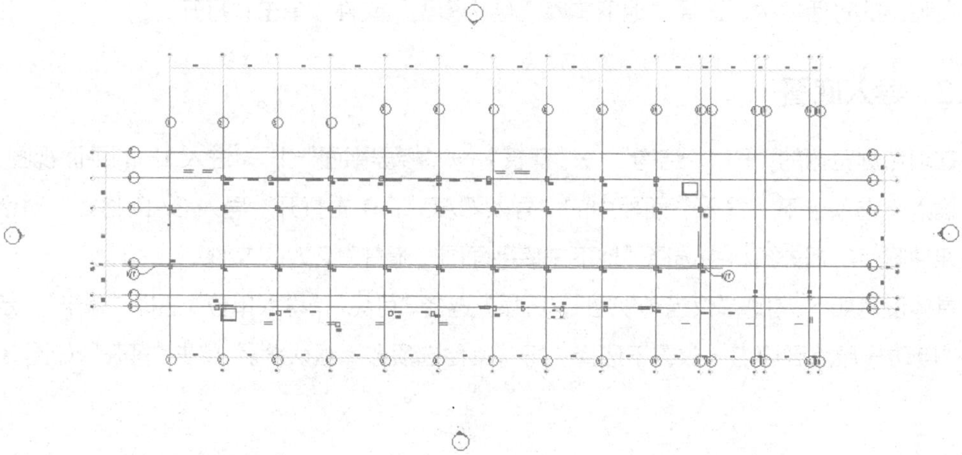

图3-13

3.2.3 新建结构柱

1. 新建结构柱类型

单击“结构”选项卡“结构”面板中的“柱”命令，在类型选择器下拉列表中找到“BM＿现浇混凝土矩形柱＿C30”“500×500”，单击实例属性对话框中的“编辑类型”，进入“类型属性”对话框，单击“复制”按钮，在弹出的对话框中输入新建结构柱名称“600×600”，单击“确定”

在类型属性中的“尺寸标注”栏中将b、h值均改为“600”，单击“确定”，完成结构柱类型“600×600”的创建，如图3-14所示。

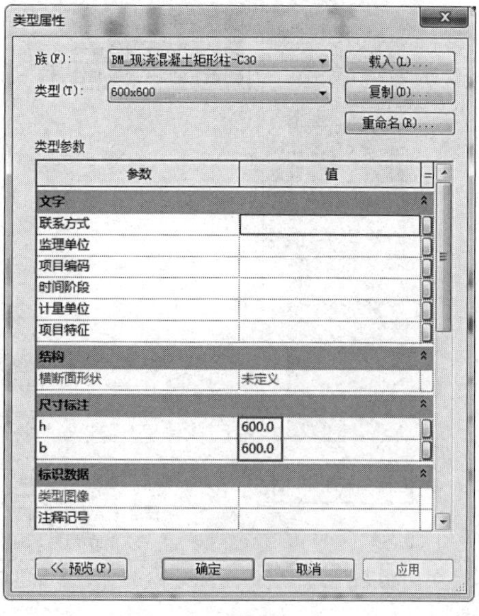

图3-14

2. 绘制结构柱

在类型选择器中选择合适的结构柱类型,选好后,修改放置方式为“垂直柱”,在选项栏“修改 | 放置结构柱”设置中选择“高度”“2F”按图 3-15 所示对结构柱进行设置之后,把鼠标移动到绘图区域,在 CAD 图中标记柱子的地方单击放置柱子。

使用相同的操作方法,完成所有结构柱的绘制,结果如图 3-16 所示。

图3-15

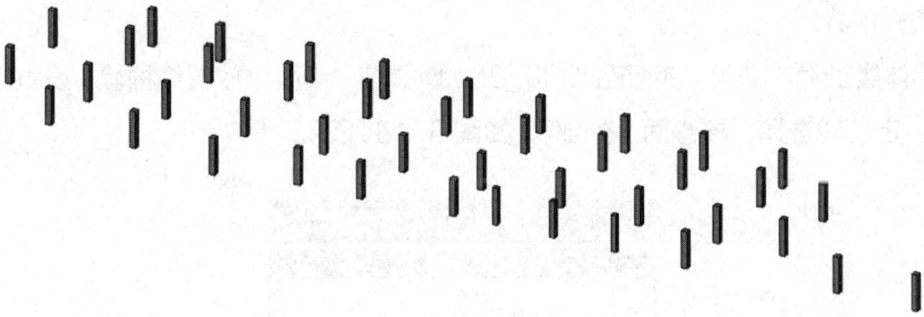

图3-16

3.3 墙的创建

1. 选择墙体类型

在本项目案例中有宽度为 200mm、250mm 和 300mm 三种宽度的墙体,对应项目中剪力墙类型为“基墙 _ 钢筋砼 C30_200 厚”“基墙 _ 钢筋砼 C30_250 厚”“基墙 _ 钢筋砼 C30_300 厚”。

单击“结构”选项卡“构建”面板下的“墙”命令，在类型选择器下拉列表中找到“基墙 _ 钢筋砼 C30_300 厚”，单击实例属性对话框中的“编辑类型”，进入“类型属性”对话框，单击“复制”按钮，在弹出的对话框中输入新建结构墙名称“基墙 _ 钢筋砼 C30_200 厚”，单击“确定”。单击结构后的编辑，弹出“编辑部件”对话框，将材质为“C_ 钢筋砼 C30”的厚度“300”修改为“200”单击“确定”，再次“确定”。完成结构墙“基墙 _ 钢筋砼 C30_200 厚”的创建，如图 3-17 所示。

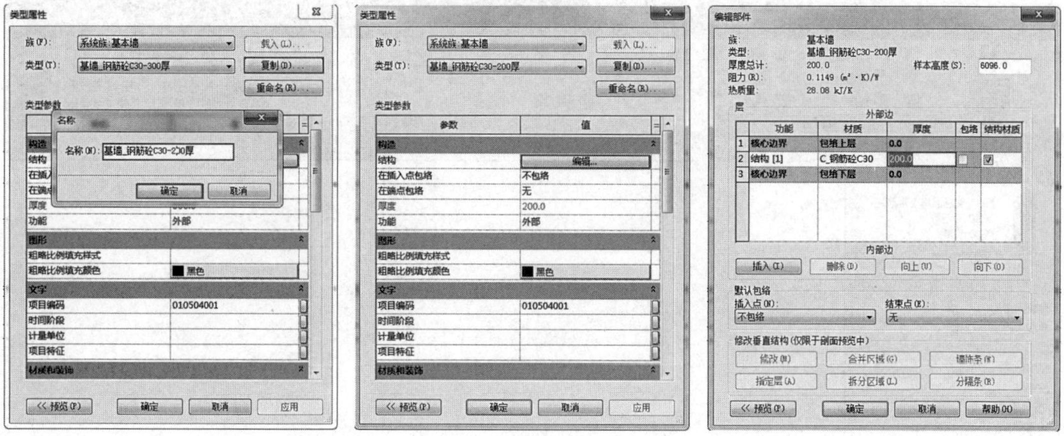

图3-17

同样方法新建结构墙“基墙 _ 钢筋砼 C30_250 厚”。

2. 设置墙体属性

选择墙体类型为“基墙 _ 钢筋砼 C30_300 厚”,在“修改 | 放置结构墙”设置中选择“高度”“2F”，定位线选择“核心面 : 外部”，如图 3-18 所示。

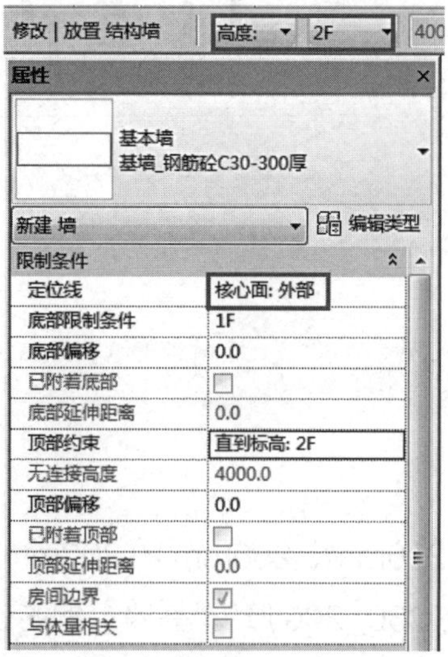

图3-18

3. 绘制墙体

在弹出的“放置 | 结构墙”选项卡中的“绘制”面板中选择“直线”命令，鼠标左键单击确定墙体的起点再一次单击确定墙体的终点，按顺时针方向沿 CAD 墙体外边缘绘制墙体。也可用“绘制”面板中的“拾取线”命令，拾取 CAD 图中的墙体边线，创建墙体，如图 3-19 所示，完成之后单击保存。

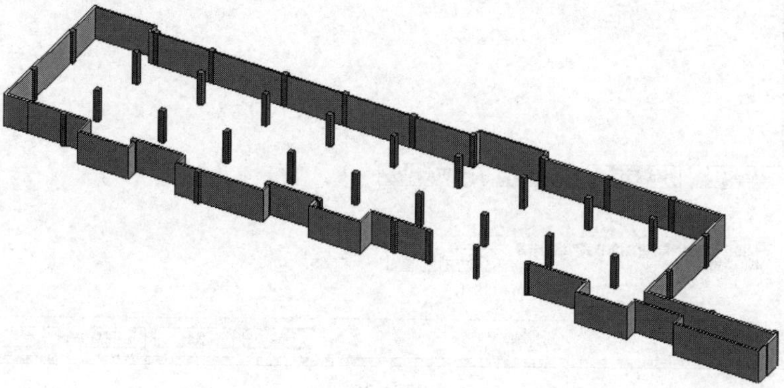

图3-19

3.4 梁的创建

本案例中梁主要有基础地梁和顶板框架梁，其中基础地梁有 700mm × 700mm、600mm × 900mm 和 700mm × 900mm 三种尺寸类型，顶板框架梁有 500mm × 950mm、600mm × 950mm、600mm × 750mm、300mm × 600mm、200mm × 600mm、250mm × 500mm 六种尺寸类型。需要新建这九种尺寸的梁来完成本节梁的绘制。

在 CAD 图中已对各种梁进行了标注，在绘制梁时要严格按照 CAD 图中标注的梁尺寸进行绘制。

3.4.1 绘制基础梁

1. 打开文件

接上节练习，单击“应用程序菜单”，依次单击“打开”→“项目”，在弹出的对话框中，选择“地下车库 - 结构模型”文件，单击“打开”。

平面视图的可见性设置

在项目浏览器的“BM_ 结构”→“建模”→“楼层平面”1F, 进入“1F”的平面视图。单击“视图”→“可见性 / 图形”(快捷键 vv)，弹出可见性图形设置对话框。单击“导入的类别”选项，取消勾选“地下车库平面图 - 墙柱”，勾选“地下车库平面图 _ 基础”，如图 3-20 所示。

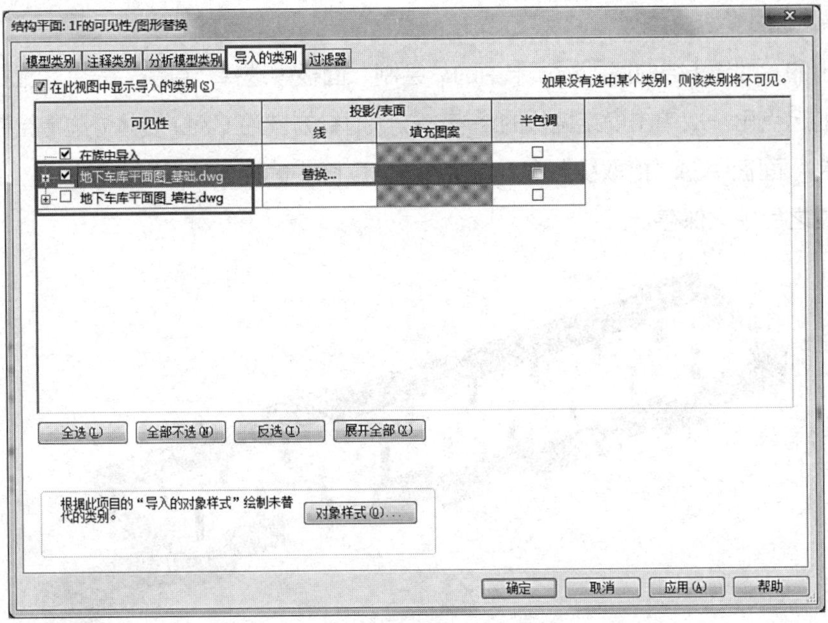

图3-20

单击“模型类别”选项，取消勾选“墙”，单击“确定”，如图 3-21 所示。

图3-21

2. 新建梁类型

在“结构”选项卡下，单击“结构”面板中“梁”命令，在类型选择器下拉列表中选择“BM_ 现浇混凝土矩形梁 -C30”的“图元属性”，在弹出的实例属性对话框中单击“编辑类型”，进入类型属性，单击“复制”按钮，在弹出的对话框中输入新建结构梁类型名称“700×700”

单击“确定”。在类型属性中的“尺寸标注”栏中将 b、h 值均改为“700”，单击“确定”，完成梁类型的创建，如图 3-22 所示。

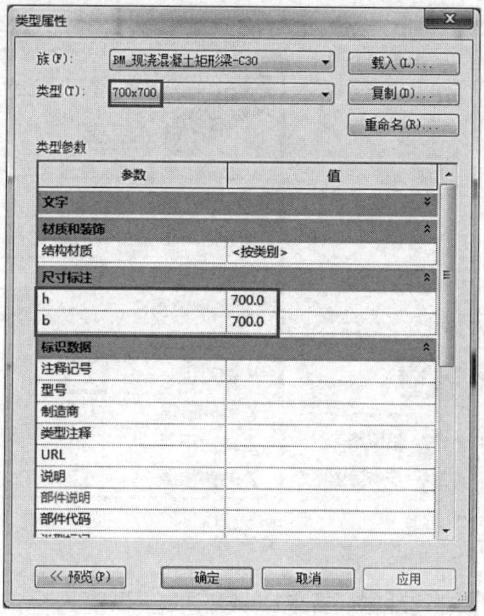

图3-22

同样方法新建梁类型“600×900”。

3. 绘制梁

在梁绘制状态下，将放置平面设置为“标高：1F”，“Y 轴对正”的值设置为“左”如图 3-23 所示。设置完成之后移动鼠标到绘图区域，依据 CAD 图中梁的位置，单击确定梁的边界线起点，再一次单击确定梁边界线的终点，绘制基础梁。

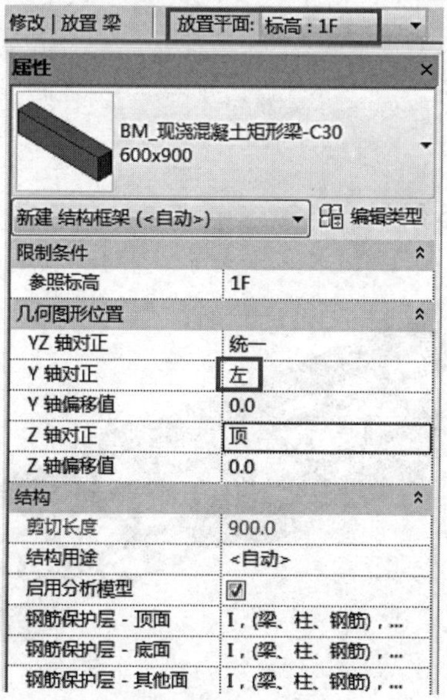

图3-23

也可以通过拾取线命令直接拾取 CAD 中的线来进行梁的绘制。在梁的属性面板中，调整"Y 轴对正"的值为"左"，然后拾取梁的左边线即可，如图 3-24 所示。

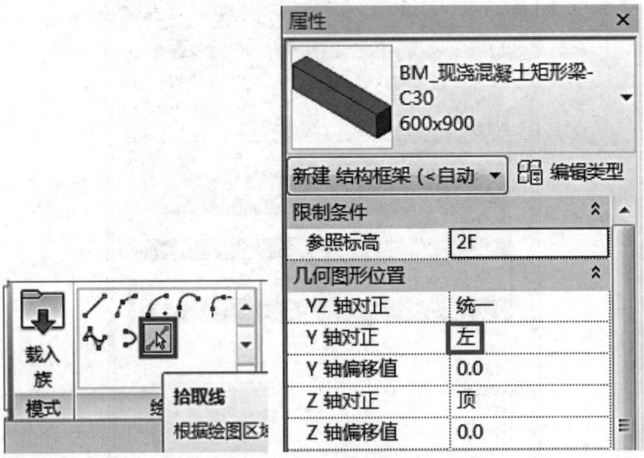

图3-24

注意：在实例属性中设置的参照标高是以梁的顶部高度为标准。

绘制完成之后，可以采用对齐命令调整位置偏离的梁，如图 3-25 所示。

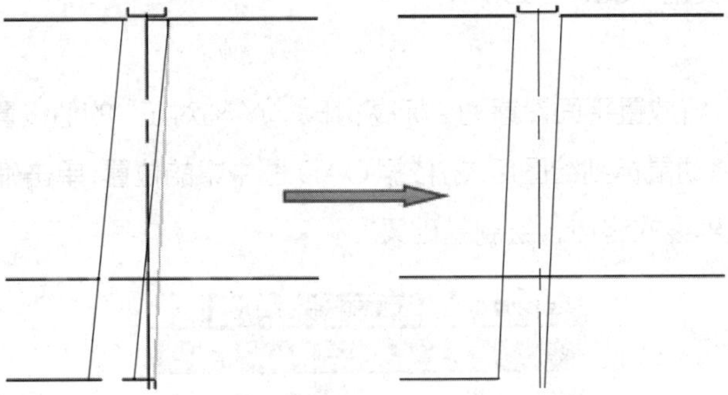
图3-25

完成基础梁模型如图 3-26 所示。

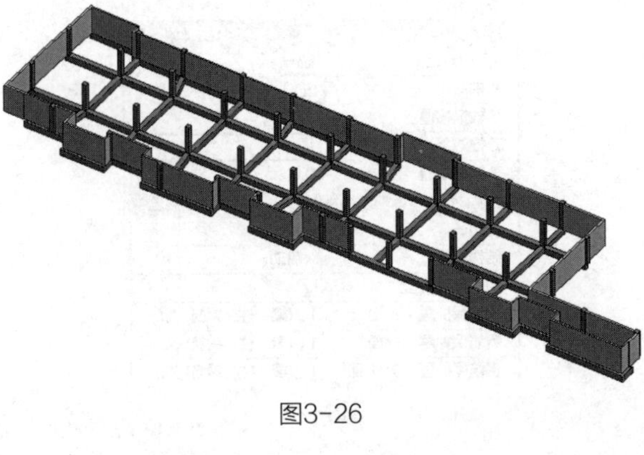
图3-26

3.4.2 绘制顶板梁

1. 导入 CAD 底图

在项目浏览器中，双击“楼层平面”下的视图“2F”，进入“2F”的平面视图。单击“插入”选项卡下“导入 CAD”命令，在打开的“导入 CAD 格式”对话框中，选择 DWG 文件“地下车库平面图 _ 顶板”。

具体设置如下：勾选“仅当前视图”，“图层”选择“可见”，“导入单位”选择“毫米”，“定位”选择“自动 - 原点到原点”，“放置于”选择“2F”，其他选项选择默认设置，单击“打开”。

2. 新建梁类型

在“结构”选项卡下，单击“结构”面板中“梁”工具，在打开的“放置梁”选项卡中选择“BM_ 现浇混凝土矩形梁 -C30”，单击“类型属性”，新建梁类型 500mm × 950mm、600mm × 950mm、600mm × 750mm、300mm × 600mm、200mm × 600mm、250mm × 500mm，创建方法与基础梁相同。

3. 绘制梁

在梁绘制状态下，将放置平面设置为“标高：2F”，“Y 轴对正”的值设置为“左”，如图 3-27 所示。设置完成之后移动鼠标到绘图区域，依据 CAD 图中梁的位置进行顶板梁的绘制，绘制方法同基础梁。

完成顶板梁模型如图 3-28 所示。

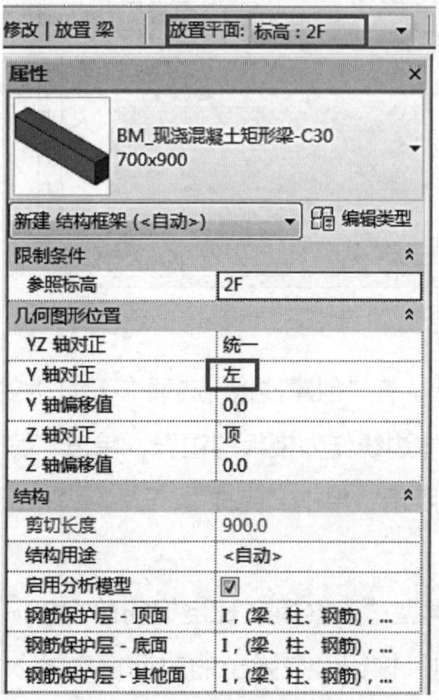

图3-27

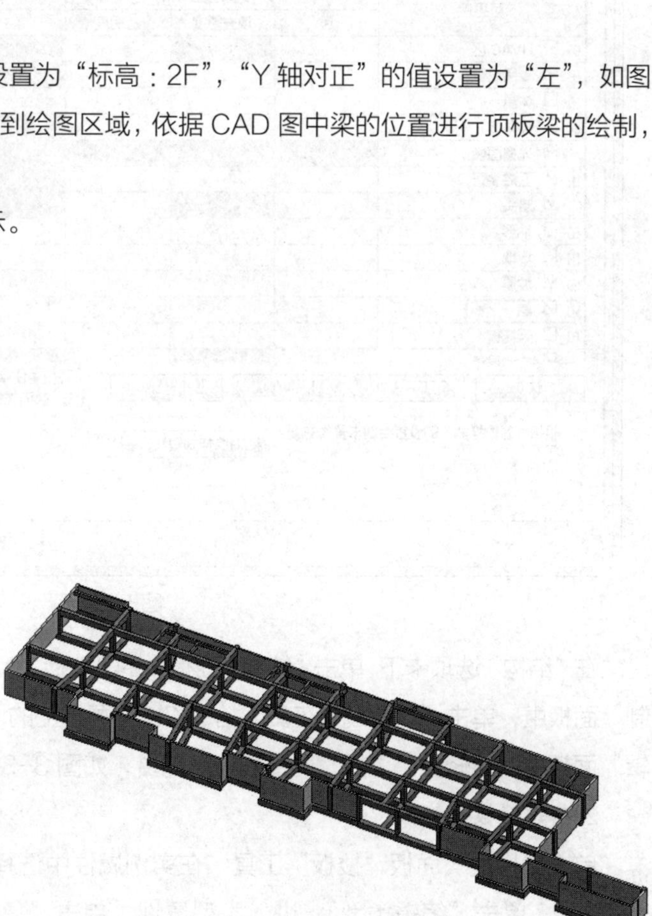

图3-28

3.5 楼板的创建

3.5.1 楼层底板的创建

1. 绘制楼板轮廓

在项目浏览器中，双击“楼层平面”下的视图“1F”，进入“1F”的平面视图。单击“视图”→“可见性 / 图形”（快捷键 vv），弹出可见性图形设置对话框。单击“模型类别”选项，勾选“墙”，单击“确定”，如图 3-29 所示。

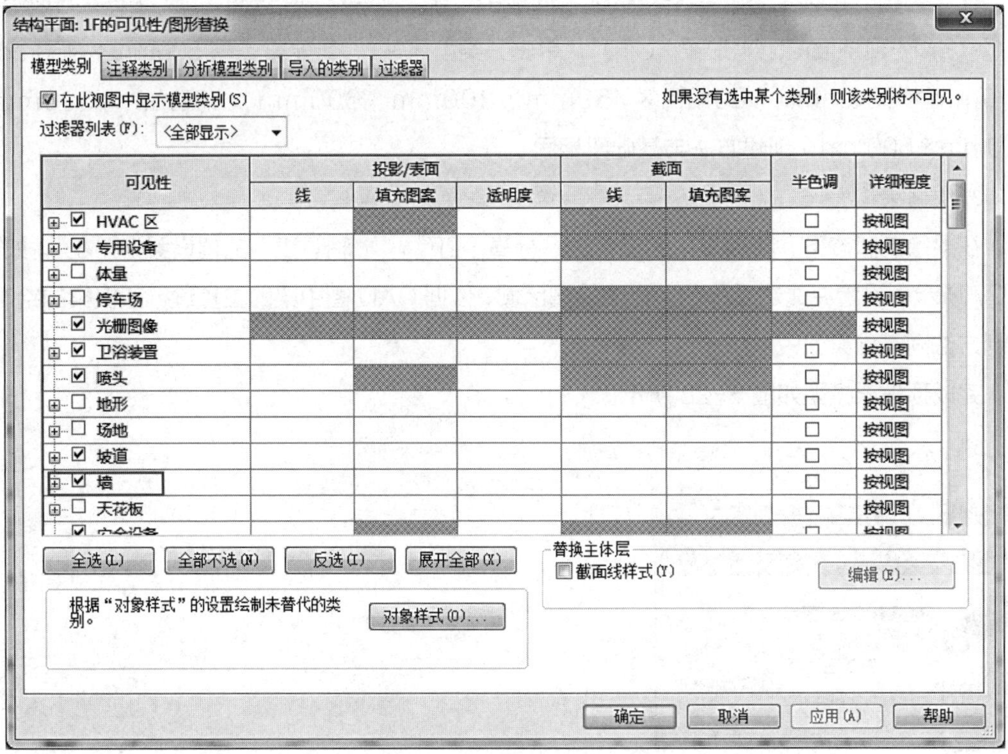

图3-29

在“结构”选项卡下，单击“结构”面板中的“楼板”工具。在“创建楼板”选项卡下的“绘制”面板中，单击“拾取线”工具，拾取 CAD 图纸上的墙体边线作为楼板的边界，单击“编辑”面板中的“修剪”工具，使楼板边界闭合，如图 3-30 所示，单击“完成”。

2. 新建楼板类型

单击“构建”面板“楼板”工具，在实例属性中选择类型“无梁板 - 现浇钢筋砼 C30-100 厚”，单击“编辑类型”，进入类型属性，单击“复制”按钮，在弹出的对话框中输入新建楼板名称“基础筏板 _ 现浇钢筋砼 C45-600 厚”，单击“确定”，如图 3-31 所示。

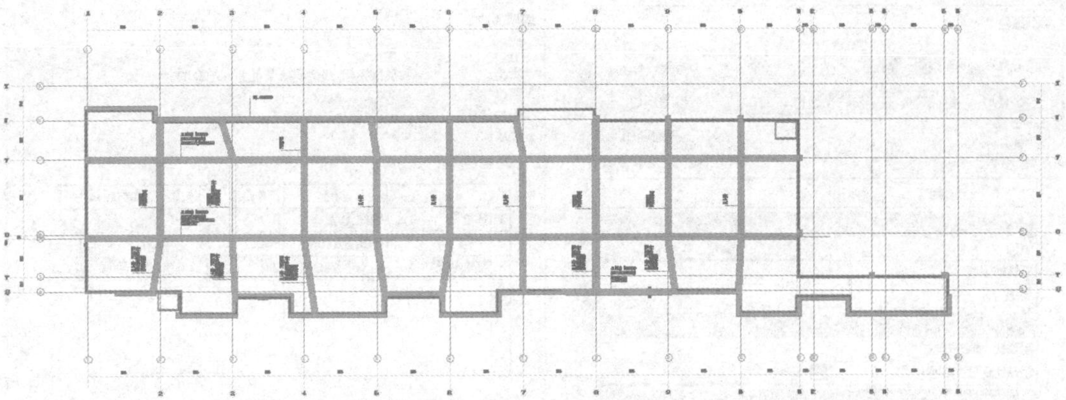

图3-30

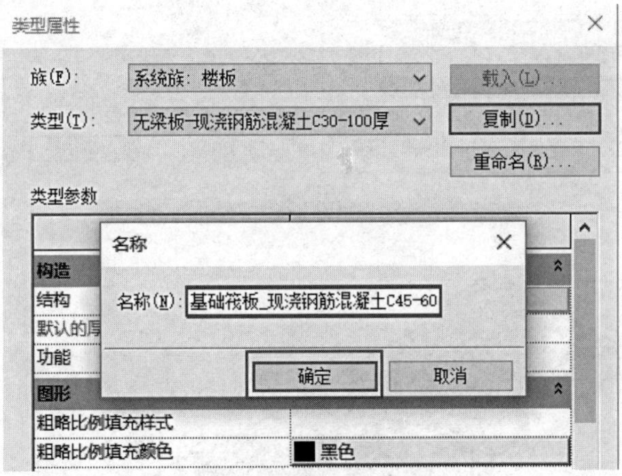

图3-31

3. 编辑楼板属性

单击“结构”后的“编辑”，弹出“编辑部件”对话框，将材质“C_ 钢筋砼 C30”修改为“C_ 钢筋砼 C45”厚度“100”改为“600”，如图 3-32 所示。

在“实例属性”对话框中设置底板标高为“1F”相对标高设为“0”，单击“确定”。回到视图中，单击“楼板”面板中“完成楼板”工具，完成楼层底板的创建，如图 3-33 所示。

3.5.2　为模型添加两个通风竖井

通过柏慕导入新的墙体类型，单击“柏慕”选项卡下“导入墙板屋顶类型”弹出“导入柏慕系统族类型”对话框，选择“柏慕 2.0- 系统族库”模板文件，系统类型选择“墙类型”，输入关键字“普通砖”单击搜索，选择“基墙 _ 烧结普通砖 -200 厚”单击“导入”如图 3-34（a）所示，最后单击“关闭”结束操作。

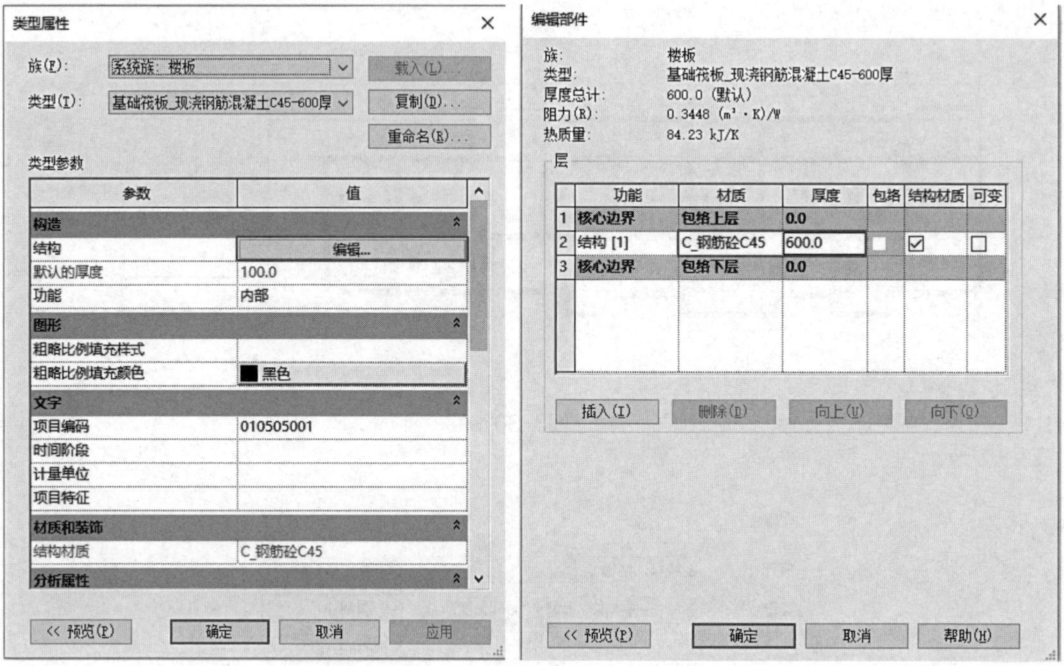

图3-32

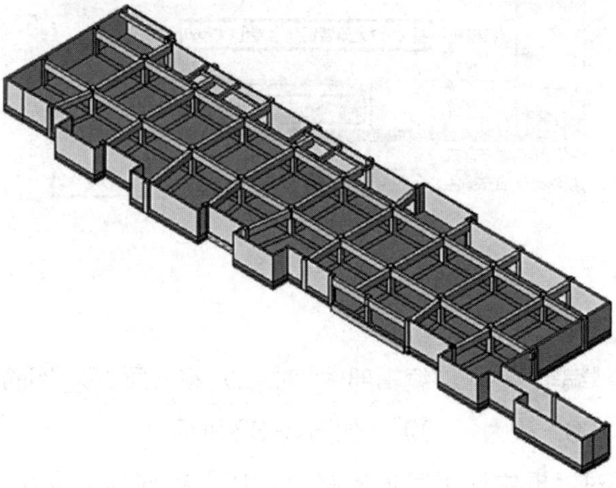

图3-33

单击“建筑”选项卡下的“墙”，在下拉选项卡中选择“基墙 _ 烧结普通砖 -200 厚”，单击“编辑类型”，进入类型属性，单击“复制”按钮，在弹出的对话框中输入新建墙体名称“基墙 _ 烧结普通砖 -150 厚”，如图 3-34（b）所示。最后单击“确定”结束操作。

单击“结构”后的“编辑”，弹出“编辑部件”对话框，将材质为“M_ 烧结普通砖”的厚度“200”改为“150”，如图 3-34（c）所示，最后单击“确定”结束操作。

进入“实例属性”，高度限制设置为“无”，无连接高度设置为“8000”。竖井长度为“2300”，“宽度为 1800”，如图 3-34（d）所示。

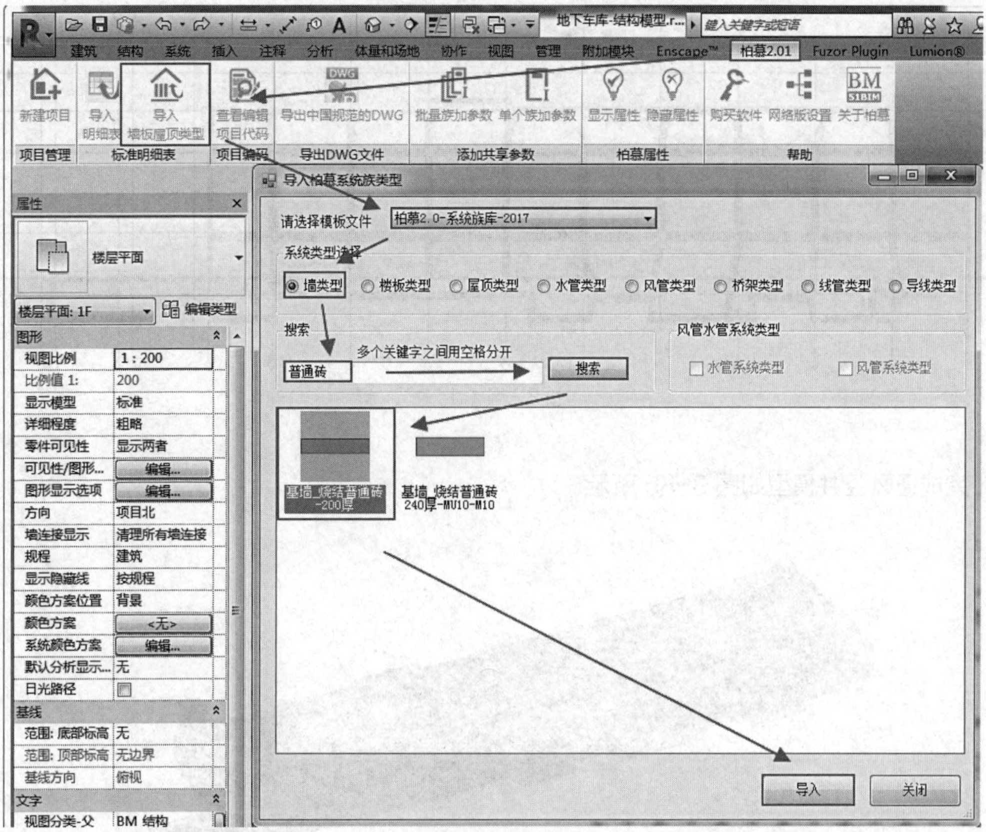

图3-34（a）

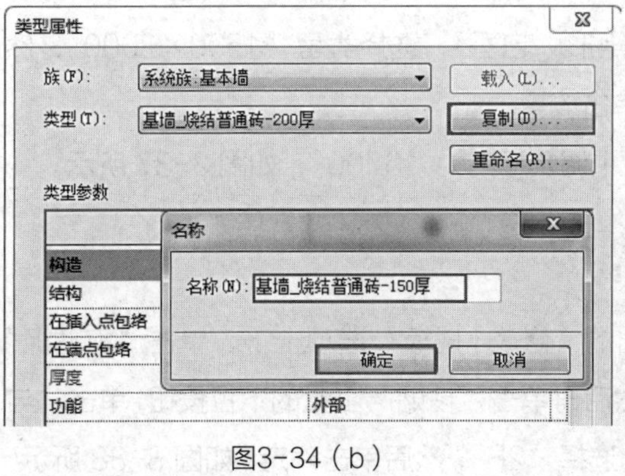

图3-34（b）

图3-34（c）

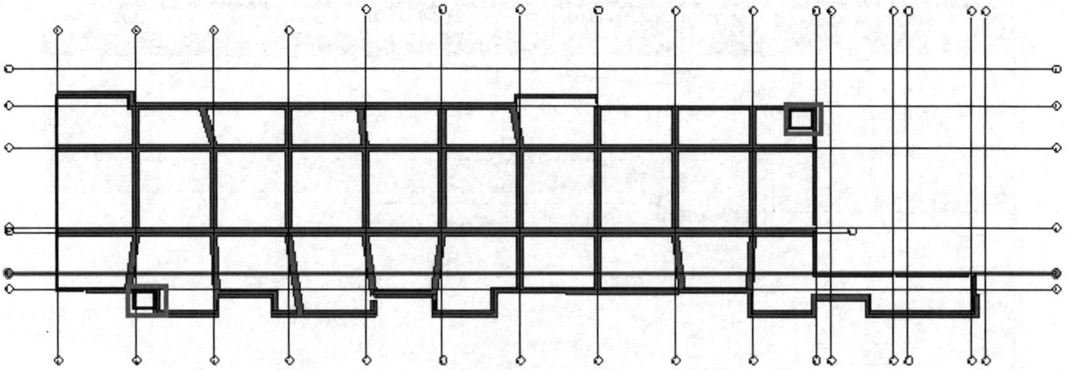

图3-34（d）

完成通风竖井模型如图 3-35 所示。

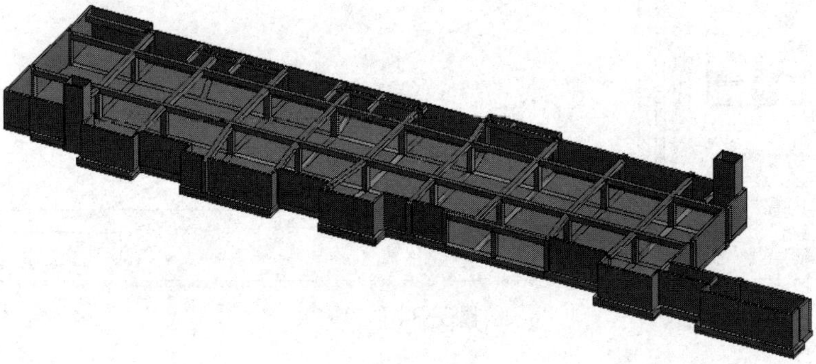

图3-35

3.5.3 添加百叶窗

为两个竖井的墙壁添加百叶窗。在“插入”选项卡，“从库中载入”面板“载入族”命令找到“BM_百叶窗_矩形_自垂”，单击打开，如图 3-36（a）所示。

“BM_百叶窗_矩形”自垂在“系统”选项卡下，单击“HVAC”面板中“风道末端”工具，在类型选择器下拉列表中找到“BM_百叶窗_矩形_自垂”，选择类型“1500×2000”，然后拾取通风井的墙面，如图 3-36（b）所示，单击放置。

完成之后选择刚刚放置的百叶窗，在属性栏中调整标高为“6700”，如图 3-37 所示。

3.5.4 楼层顶板的创建

选择绘制的 1F 楼层底板，在系统自动弹出的“修改 | 楼板”选项卡下，单击“剪贴板”面板中的“复制到剪贴板”工具，复制该楼板，然后再单击“粘贴”工具的下拉按钮，单击“与选定的标高对齐”，在弹出的选择标高对话框中，选择“2F”，然后单击确定，如图 3-38 所示。

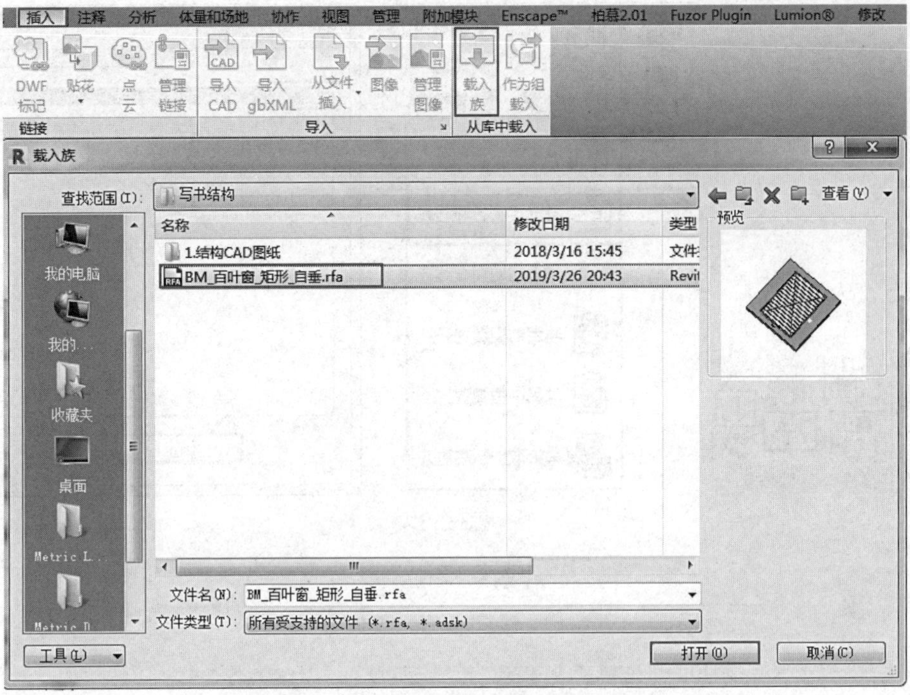

图3-36（a）

图3-36（b）

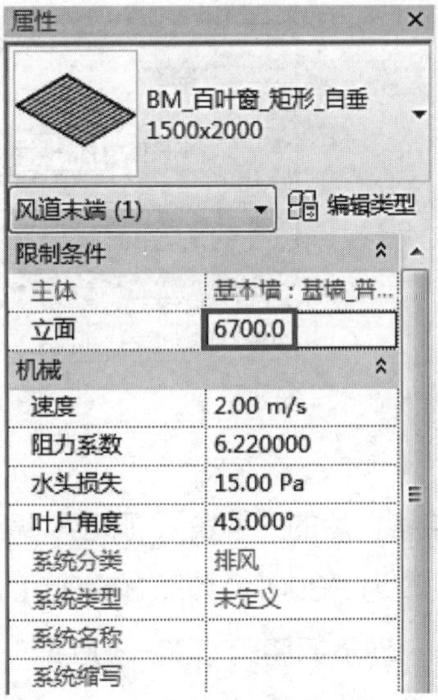

图3-37

选择复制到“2F”的楼板，编辑楼板边界，在右上角竖井处为竖井开一个竖井洞口，楼板属性中选择其类型为“无梁板 - 现浇钢筋砼 C30-100 厚”，单击“编辑类型”，进入类型属性，单击“复制”按钮，在弹出的对话框中输入新建楼板名称“有梁板 - 现浇钢筋砼 C30-300 厚”，单击“确定”，如图 3-39（a）所示。

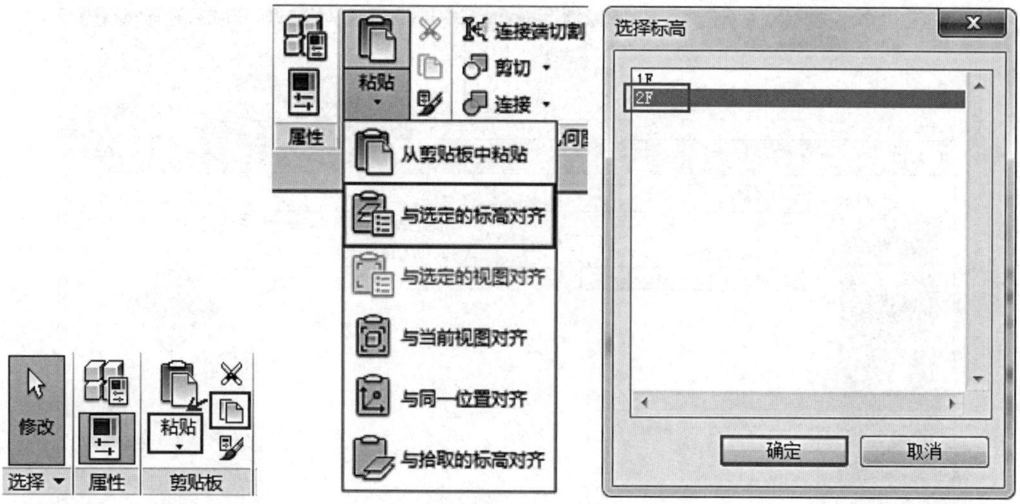

图3-38

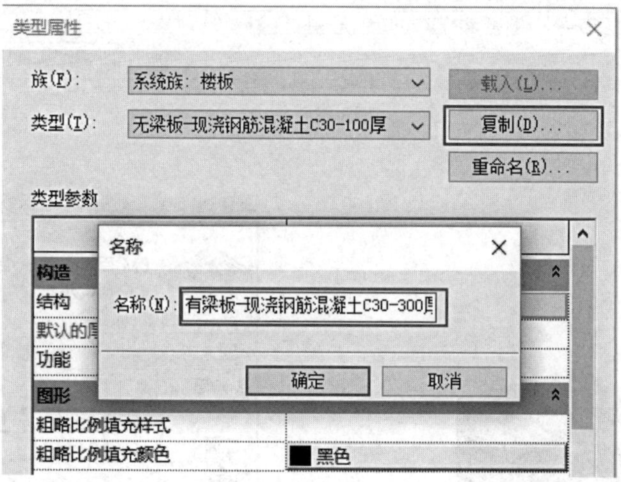

图3-39（a）

单击“结构”后的“编辑”，弹出“编辑部件”对话框，将材质为“C_ 钢筋砼 C30”的厚度“100”改为“300”，如图 3-39（b）所示。

“有梁板 - 现浇钢筋砼 C30-300 厚”，在实例属性中设置其标高为 2F，相对标高为 0，单击确定，如图 3-39（c）所示。

3.5.5　竖井顶板的绘制

在“1F”绘制洞口形状楼板，楼板边界为洞口尺寸，楼板类型选择“无梁板 - 现浇钢筋砼 C30-100 厚”，绘制完成后将其顶部偏移设置为竖井高度即 8000mm，如图 3-40 所示。

至此整个结构模型已经完成，如图 3-41 所示，保存文件。

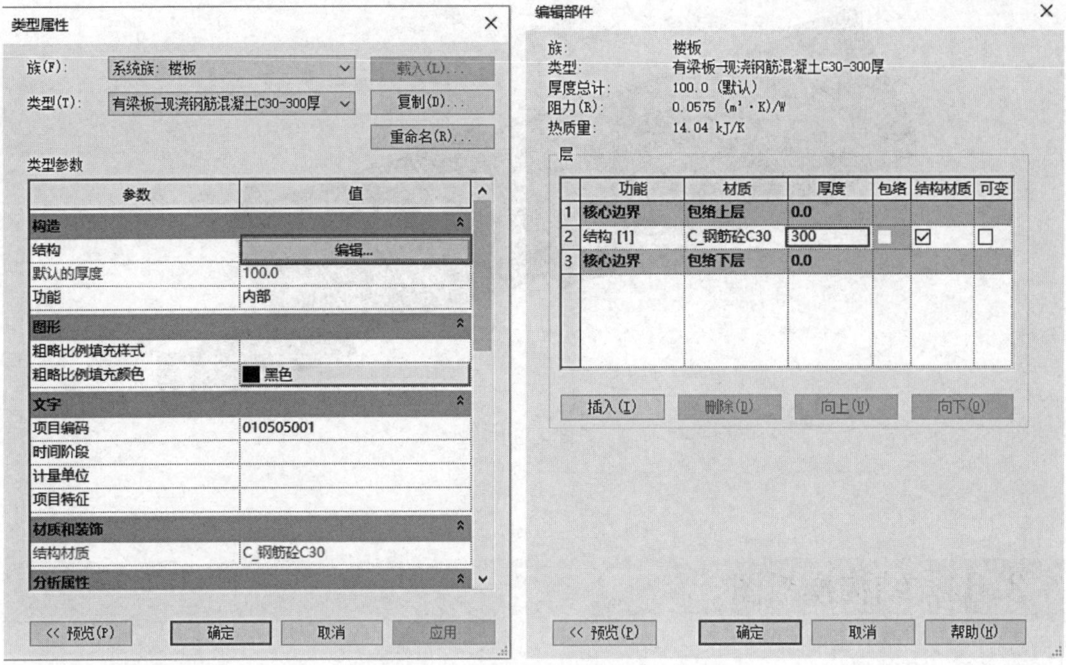

图3-39（b）

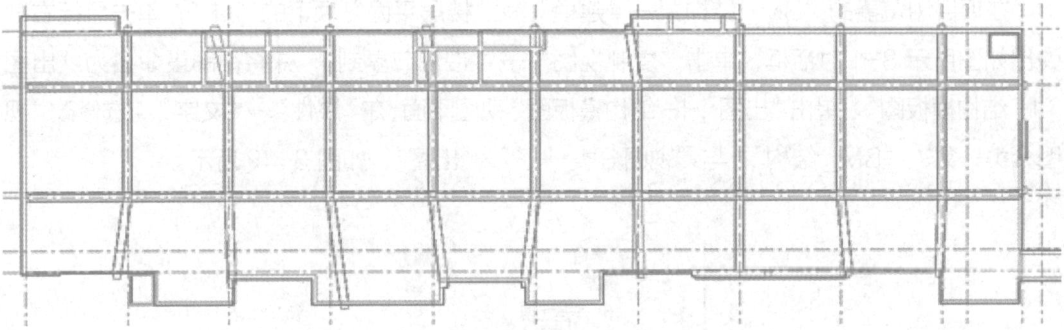

图3-39（c）

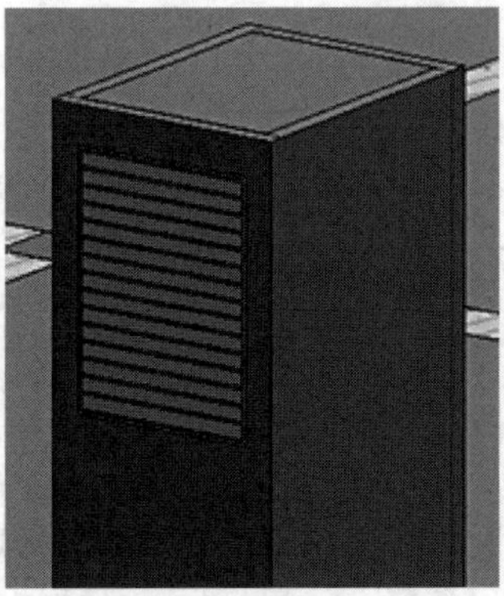

图3-40

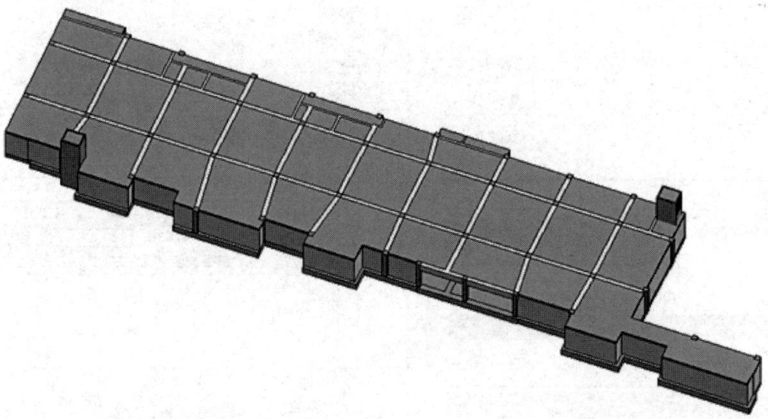

图3-41

3.6 结构模板图

结构模板图需要标注轴网尺寸，柱截面尺寸及定位，梁截面尺寸及定位，以及楼板洞口尺寸及定位。

在项目浏览器的“BM_结构”→“建模”→“楼层平面”项下的“1F”，单击鼠标右键弹出如图所示3-1对话框，单击“复制视图”→“带细节复制”，并将视图重命名为“出图_1-结构模板图”。单击“出图_1-结构模板图”视图平面,在“属性”→“文字”点选修改“视图分类—父”:“BM_结构”，与“视图分类—子”:“出图”，如图3-42所示。

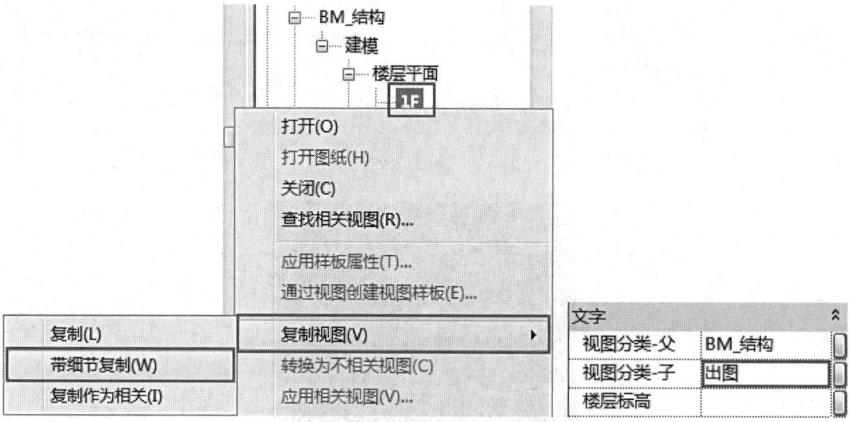

图3-42

选择出图平面，在项目浏览器中右击，单击“应用样板属性”，如图3-43所示，在运用视图样板对话框中选择“BM_结-模板图”，如图3-44所示。

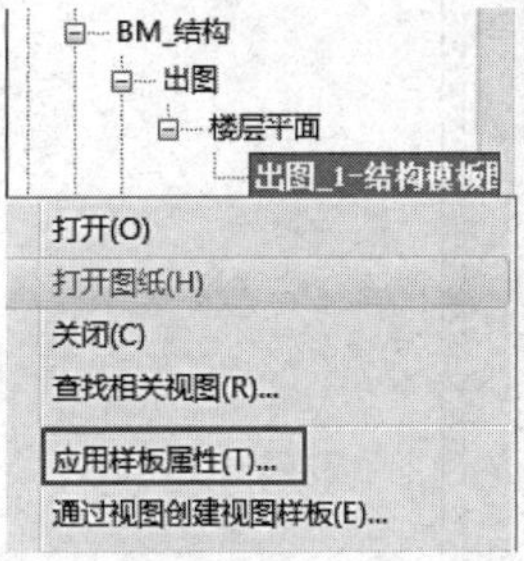

图3-43

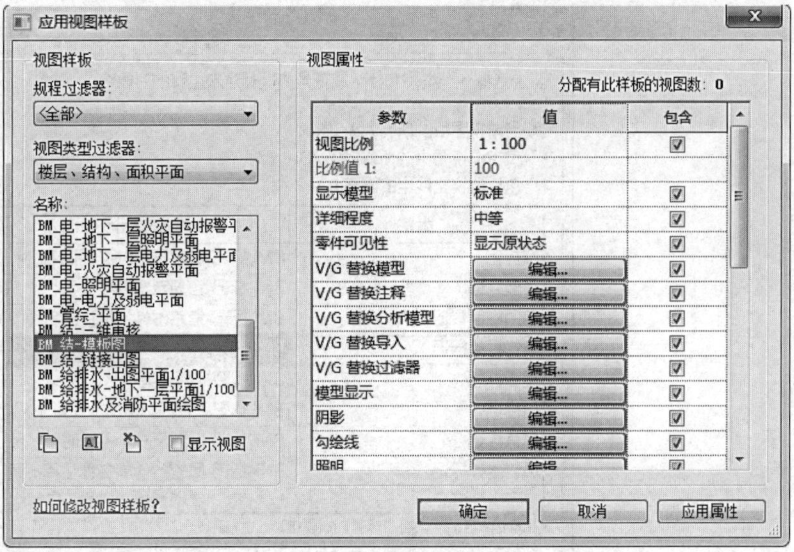

图3-44

单击“注释”→“对齐”，在属性栏选择“3- 长仿宋 -0.8（左下）”，依次选择 S 轴至 X 轴标准轴网尺寸，如图 3-45 所示。用同样的方法标注① ~⑯ 轴网。

接下来对模板图结构框架梁进行标记。在“插入”选项卡，“从库中载入”面板“载入族”命令找到“BM_ 结构框架标记”，单击“打开”，如图 3-46（a）所示。单击“注释”→“全部标记”，选择“当前视图中的所有对象”，选择“BM_ 结构框架标记”，“勾选引线”，引线长度为 5mm，如图 3-46（b）所示。

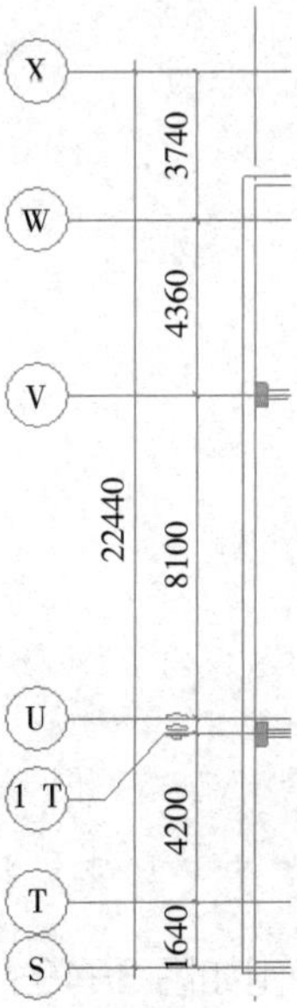

图3-45

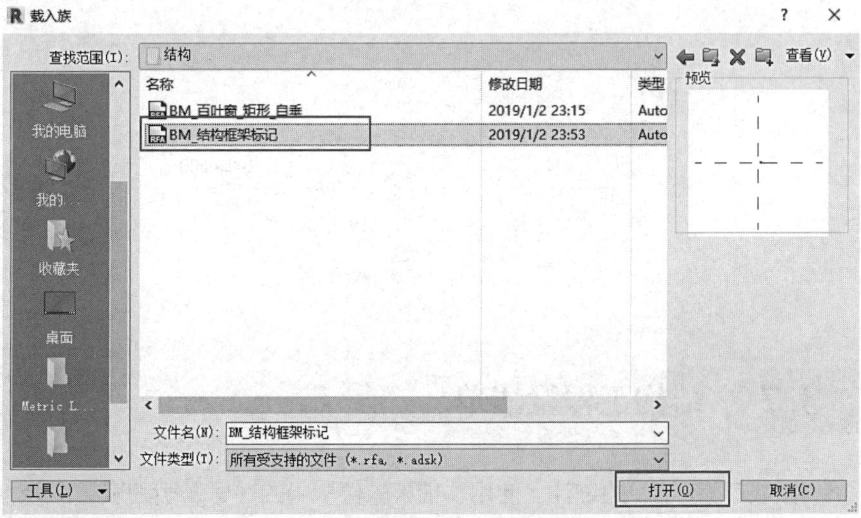

图3-46（a）

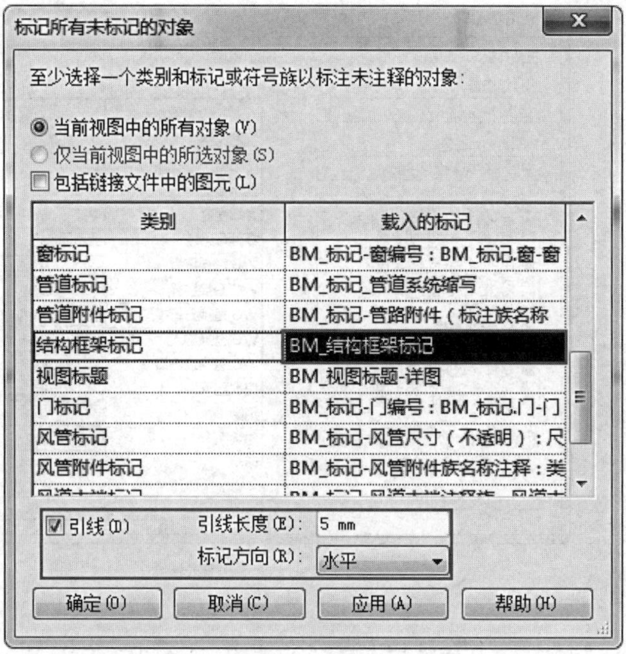

图3-46（b）

标注完结果如图 3-47 所示。

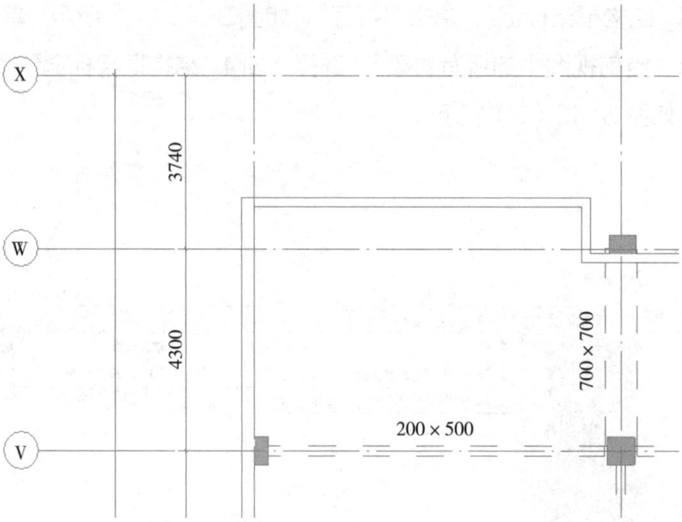

图3-47

3.7 结构工程量清单

结构工程量清单的统计。使用“柏慕软件”中的“导入明细表”命令，弹出如图 3-48~图 3-50 所示对话框，选择需要的明细表清单。

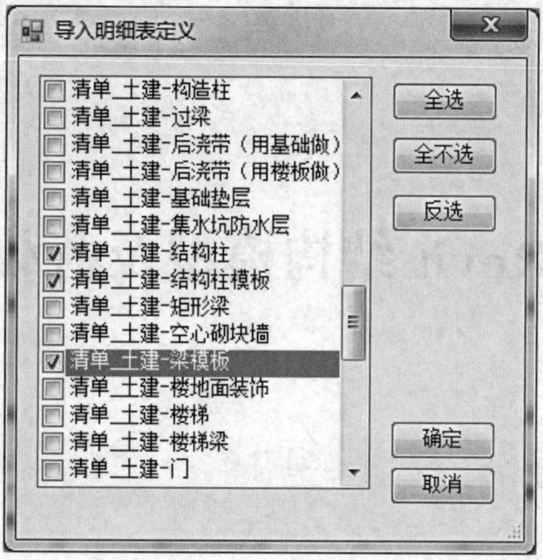

图3-48

<清单_土建-矩形梁>

A	B	C	D	E
项目编码	项目名称	族与类型（项目特征）	计量单位	工程量
010503002	BM_现浇混凝土矩形梁-C30	BM_现浇混凝土矩形梁-C30: 200x600	m³	0.33
010503002	BM_现浇混凝土矩形梁-C30	BM_现浇混凝土矩形梁-C30: 250x500	m³	2.31
010503002	BM_现浇混凝土矩形梁-C30	BM_现浇混凝土矩形梁-C30: 300x600	m³	5.83
010503002	BM_现浇混凝土矩形梁-C30	BM_现浇混凝土矩形梁-C30: 500x950	m³	75.22
010503002	BM_现浇混凝土矩形梁-C30	BM_现浇混凝土矩形梁-C30: 600x750	m³	57.27
010503002	BM_现浇混凝土矩形梁-C30	BM_现浇混凝土矩形梁-C30: 600x900	m³	81.31
010503002	BM_现浇混凝土矩形梁-C30	BM_现浇混凝土矩形梁-C30: 600x950	m³	15.65
010503002	BM_现浇混凝土矩形梁-C30	BM_现浇混凝土矩形梁-C30: 700x700	m³	52.16
010503002	BM_现浇混凝土矩形梁-C30	BM_现浇混凝土矩形梁-C30: 700x900	m³	140.53
总计: 94				430.61

图3-49

<清单_土建-结构柱>

A	B	C	D	E
项目编码	项目名称	族与类型（项目特征）	计量单位	工程量
010502001	BM_现浇混凝土矩形柱-C30	BM_现浇混凝土矩形柱-C30: 500x500	m³	3.00
010502001	BM_现浇混凝土矩形柱-C30	BM_现浇混凝土矩形柱-C30: 600x600	m³	55.39
总计: 43				58.39

图3-50

第 4 章 Revit 结构模型及荷载输入概述

4.1 功能简介

设计行业的 BIM 设计选择了 Autodesk Revit 软件平台，故在 Revit 软件中结构模型可直接建模、计算和自动出图是大势所趋。为此广厦在 Revit 软件上开发了：广厦结构 BIM 正向设计系统 GSRevit，包括了模型及荷载输入、生成有限元计算模型、自动成图、装配式设计、基础设计等功能。其中模型及荷载输入模块解决了 Revit 软件中结构模型输入和直接计算的问题，可使采用 Revit 建模得到的计算结果和广厦、PKPM、YJK 建模得到的计算结果保持一致。

Revit 软件是一个通用平台，采用它本身提供的方式建立结构模型并不高效；它的荷载模型不具备通用性、表达繁琐、种类不多；它缺少大量的总计算参数控制，提供的梁柱墙板也缺少结构属性控制，因此如此建立的模型并不能应用于结构计算。要使得 Revit 结构模型可以直接计算，大致需要解决以下几个问题：

1. 结构模型输入要简单、快速；
2. 需要输入设计的总体信息和各层信息；
3. 需要输入或修改墙柱梁板的设计属性；
4. 方便输入各种结构设计荷载，包含其工况、荷载类型和荷载方向。

4.1.1 七个主要功能

GSRevit 是在 Revit 软件上二次开发的产品，它可输入：混凝土直墙、混凝土弧墙、砖墙、各截面柱、各截面梁、多边形板及其设计属性和荷载。为此 GsRevit 为 Revit 增加了如下图所示的 7 个子菜单：模型导入、结构信息、轴网轴线、构件布置、荷载输入、模型导出和装配式输入，如图 4-1 所示。

7 个子菜单完成如下 7 个主要功能：

1. 把已建立的广厦、PKPM 或 YJK 计算模型导入到 Revit；
2. 输入各层信息和总体信息；

图4-1

3. 完成正交轴网和圆弧轴网的输入；

4. 按轴线布置和按两点布置墙、柱和梁，以梁墙为边自动形成板；

5. 输入墙柱梁板上的 10 种常用荷载工况、16 种荷载类型和 6 个荷载方向；

6. 指定叠合板、叠合梁、预制柱和预制墙编号、用于装配式结构计算；

7. 导出计算模型用于广厦 GSSAP、SATWE 和 YJK 计算。

4.1.2 GSRevit 具有如下 6 个特点：

1. 提供了常用结构计算软件（广厦和 YJK）的接口；

在 Revit 的 .rvt 文件中存储了所有计算信息包括各层信息和总体信息，如图 4-2 所示。

2. 墙柱梁板截面管理和布置方式符合设计习惯，设计师不必了解 Revit 复杂的族概念也能快速输入模型；

墙、柱、梁、板的荷载管理和布置方式符合设计习惯，弥补了 Revit 输入荷载的不足，如图 4-3 所示。

3. 提供了墙、柱、梁、板设计属性的修改，如图 4-4 所示。

4. 提供了多层修改的功能，如图 4-5 所示。

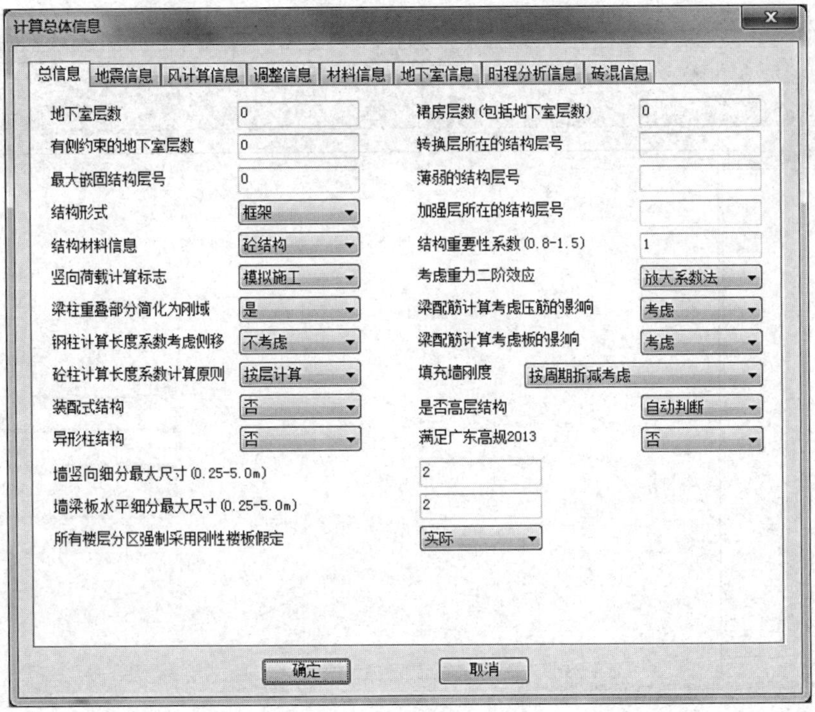
计算总体信息
总信息
地震信息
风计算信息
调整信息
材料信息
地下室信息
时程分析信息
砖混信息
地下室层数 0
裙房层数(包括地下室层数) 0
有侧约束的地下室层数 0
转换层所在的结构层号
最大嵌固结构层号 0
薄弱的结构层号
结构形式 框架
加强层所在的结构层号
结构材料信息 砼结构
结构重要性系数(0.8-1.5) 1
竖向荷载计算标志 模拟施工
考虑重力二阶效应 放大系数法
梁柱重叠部分简化为刚域 是
梁配筋计算考虑压筋的影响 考虑
钢柱计算长度系数考虑侧移 不考虑
梁配筋计算考虑板的影响 考虑
砼柱计算长度系数计算原则 按层计算
填充墙刚度 按周期折减考虑
装配式结构 否
是否高层结构 自动判断
异形柱结构 否
满足广东高规2013 否
墙竖向细分最大尺寸(0.25-5.0m) 2
墙梁板水平细分最大尺寸(0.25-5.0m) 2
所有楼层分区强制采用刚性楼板假定 实际
确定
取消

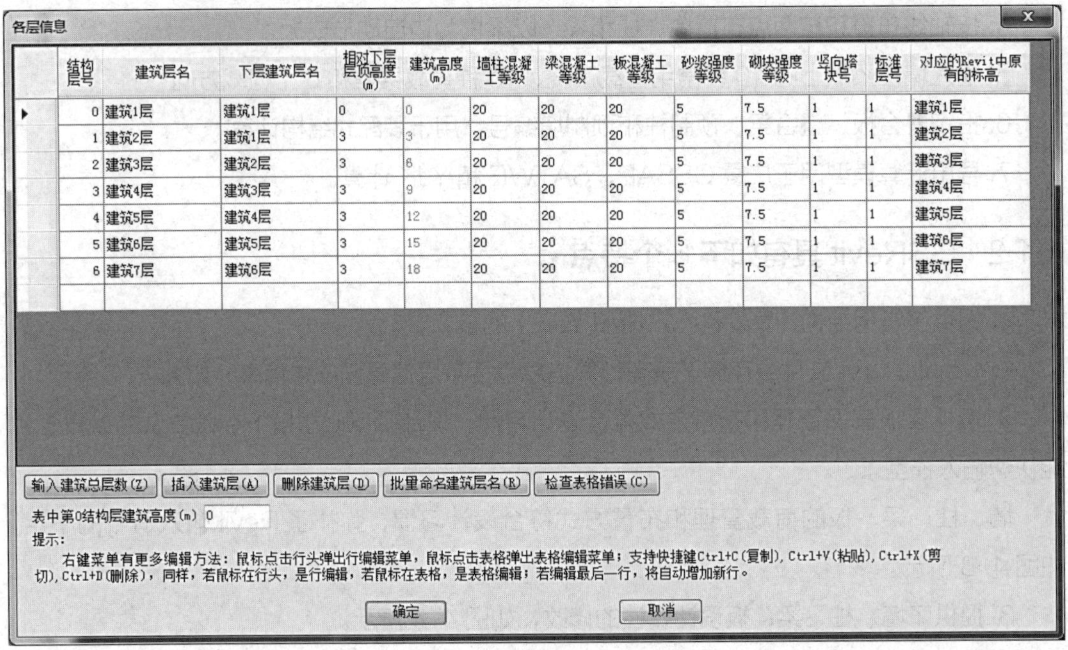
各层信息
结构层号 | 建筑层名 | 下层建筑层名 | 相对下层层顶高度(m) | 建筑高度(m) | 墙柱混凝土等级 | 梁混凝土等级 | 板混凝土等级 | 砂浆强度等级 | 砌块强度等级 | 竖向搭块号 | 标准层号 | 对应的Revit中原有的标高
0 | 建筑1层 | 建筑1层 | 0 | 0 | 20 | 20 | 20 | 5 | 7.5 | 1 | 1 | 建筑1层
1 | 建筑2层 | 建筑1层 | 3 | 3 | 20 | 20 | 20 | 5 | 7.5 | 1 | 1 | 建筑2层
2 | 建筑3层 | 建筑2层 | 3 | 6 | 20 | 20 | 20 | 5 | 7.5 | 1 | 1 | 建筑3层
3 | 建筑4层 | 建筑3层 | 3 | 9 | 20 | 20 | 20 | 5 | 7.5 | 1 | 1 | 建筑4层
4 | 建筑5层 | 建筑4层 | 3 | 12 | 20 | 20 | 20 | 5 | 7.5 | 1 | 1 | 建筑5层
5 | 建筑6层 | 建筑5层 | 3 | 15 | 20 | 20 | 20 | 5 | 7.5 | 1 | 1 | 建筑6层
6 | 建筑7层 | 建筑6层 | 3 | 18 | 20 | 20 | 20 | 5 | 7.5 | 1 | 1 | 建筑7层
输入建筑总层数(Z)
插入建筑层(A)
删除建筑层(D)
批量命名建筑层名(B)
检查表格错误(C)
表中第0结构层建筑高度(m) 0
提示:
右键菜单有更多编辑方法:鼠标点击行头弹出行编辑菜单,鼠标点击表格弹出表格编辑菜单;支持快捷键Ctrl+C(复制),Ctrl+V(粘贴),Ctrl+X(剪切),Ctrl+D(删除),同样,若鼠标在行头,是行编辑,若鼠标在表格,是表格编辑;若编辑最后一行,将自动增加新行。
确定
取消

图4-2

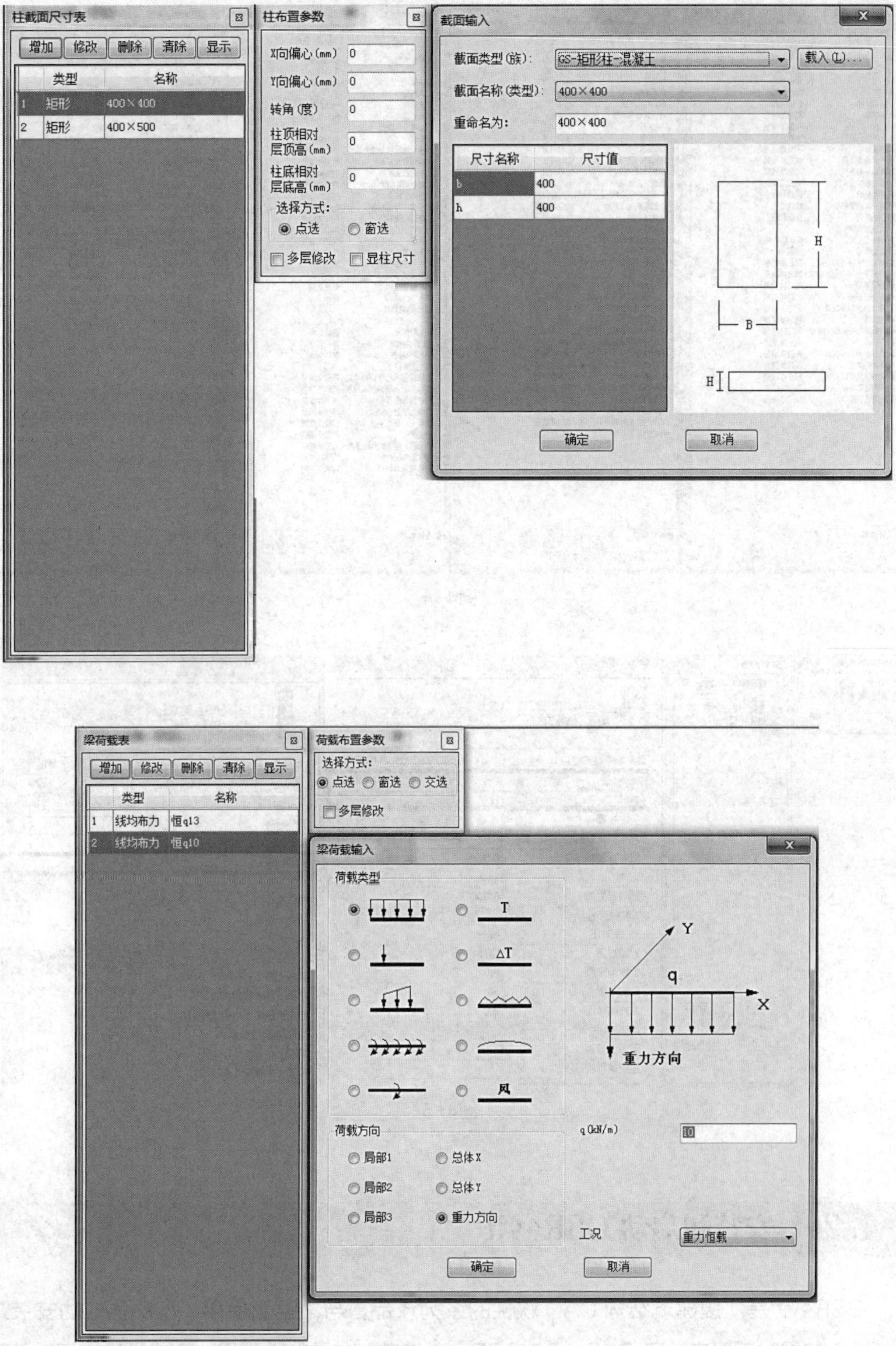
柱截面尺寸表
增加
修改
删除
清除
显示
类型
名称
1 矩形 400×400
2 矩形 400×500
柱布置参数
X向偏心(mm) 0
Y向偏心(mm) 0
转角(度) 0
柱顶相对层顶高(mm) 0
柱底相对层底高(mm) 0
选择方式：
点选
窗选
多层修改
显柱尺寸
截面输入
截面类型(族)：
GS-矩形柱-混凝土
载入(L)...
截面名称(类型)：
400×400
重命名为：
400×400
尺寸名称
尺寸值
b 400
h 400
H
B
确定
取消
梁荷载表
增加
修改
删除
清除
显示
类型
名称
1 线均布力 恒q13
2 线均布力 恒q10
荷载布置参数
选择方式：
点选
窗选
交选
多层修改
梁荷载输入
荷载类型
T
ΔT
风
Y
q
X
重力方向
荷载方向
局部1
局部2
局部3
总体X
总体Y
重力方向
q(kN/m)
10
工况
重力恒载
确定
取消

图4-3

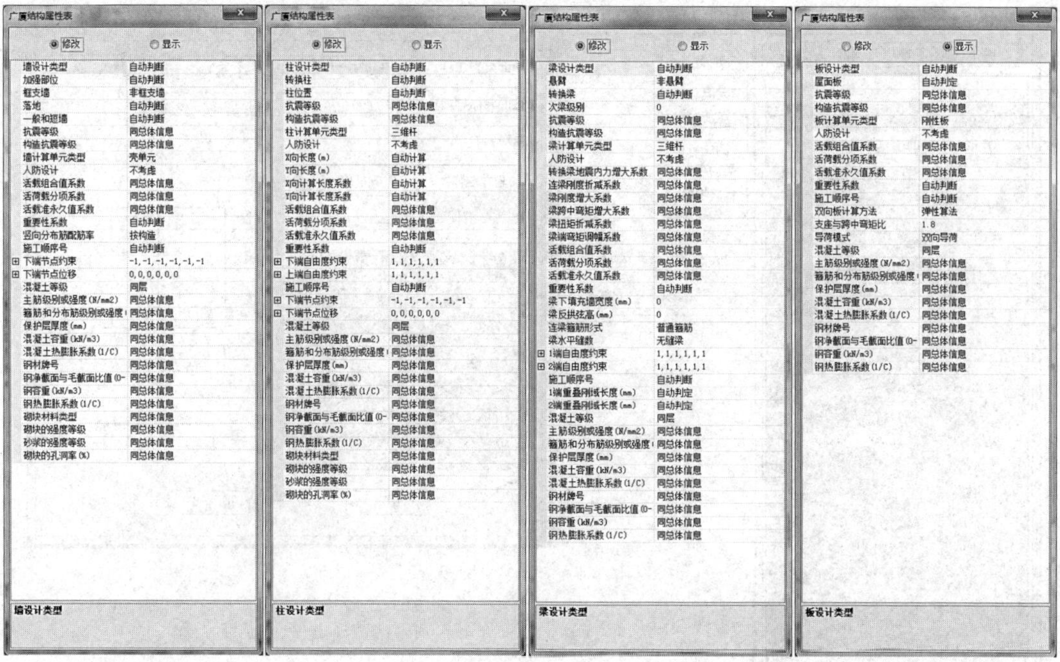

图4-4

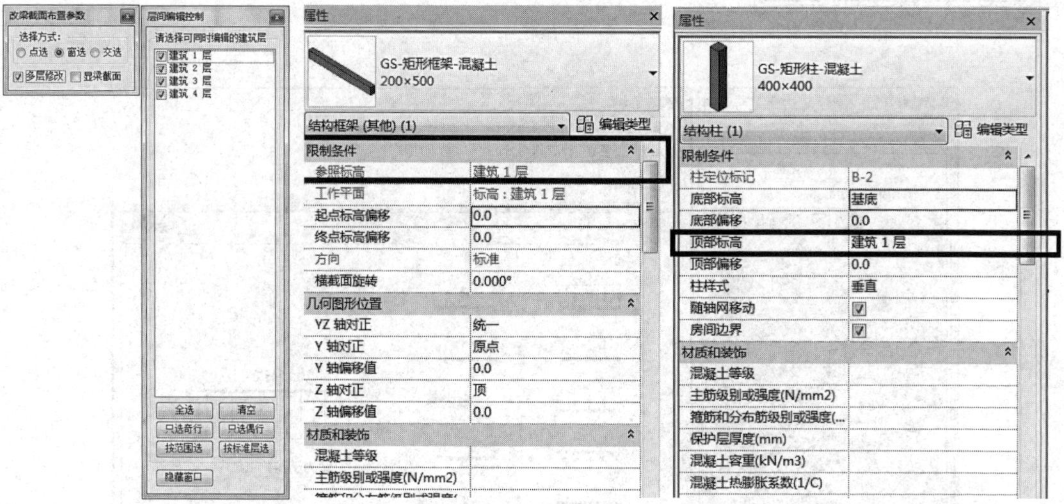

图4-5

4.2 安装和启动 GSRevit

GSRevit 是广厦建筑结构 CAD 软件的系列产品，与之配套使用。用户在成功安装广厦 CAD 的同时就已安装了 GSRevit，GSRevit 与其他广厦软件共用一个软件狗。同时使用 GsRevit 需要安装 Autodesk Revit 软件。目前 GsRevit 支持 Revit2016 ~ 2018 版本。

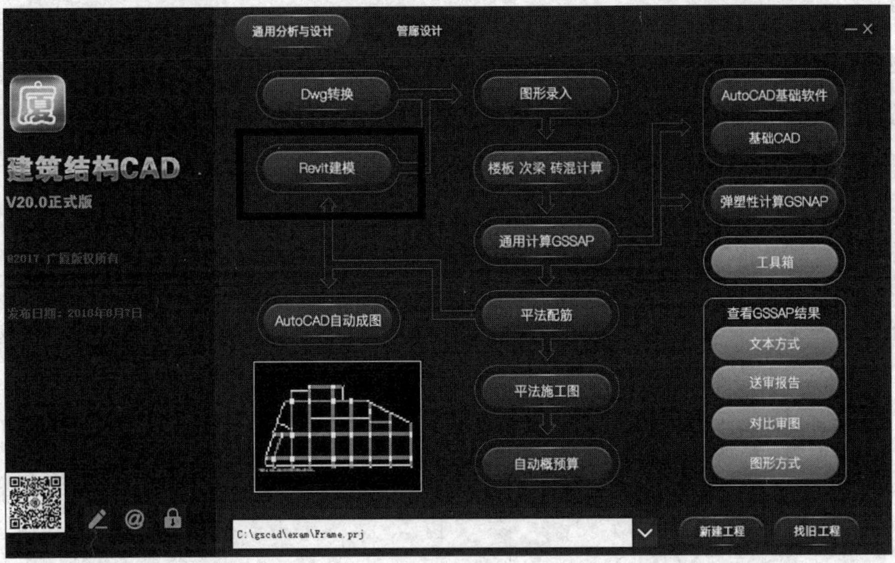

图4-6

在广厦主控菜单中点按的“Revit 建模”按钮即可启动 GSRevit，如图 4-6 所示。

4.3 如何掌握 GSRevit

第 1 次进行 GSRevit 结构模型及荷载输入前可按照“第 5 章结构模型和荷载的输入一快速入门”，学习在 Revit 中的结构模型及荷载输入。

每个菜单命令中，Revit 左下角会显示操作提示。

4.4 GSRevit 的楼层构件和空间构件

为方便楼层编辑，GSRevit 把 Revit 的墙柱梁板构件分两类：楼层构件和空间构件。

其中对于空间构件，空间梁要求设计属性的设计类型为斜梁或梯梁；空间板要求设计属性的设计类型为斜板或梯板；空间柱的上下两端坐标的 X 或 Y 值相差应大于 1m、或者其设计属性的设计类型为斜柱、人字或 V 形中心支撑、十字或单斜杆中心支撑、偏心支撑、上弦杆、下弦杆、腹杆、有填充墙梯柱或无填充墙梯柱。

墙都是楼层构件。

4.5 GSRevit 按建筑层管理墙柱梁板

注意：Revit 中没有标准层的概念，每一结构层都实际存在。故下图所示各层信息对话框中，楼层信息统一按建筑层来管理：结构层从“0”层开始，逐层对应基底和其他相应的建筑平面。软件通过 Revit 中梁、板的限制条件的参照标高来判断楼层梁和楼层板属于哪一个建筑层；通过 Revit 中墙、柱的限制条件的顶部标高来判断楼层墙、柱属于哪一个建筑层（墙柱没有顶部标高时按底部标高判断），如图 4-7 所示。

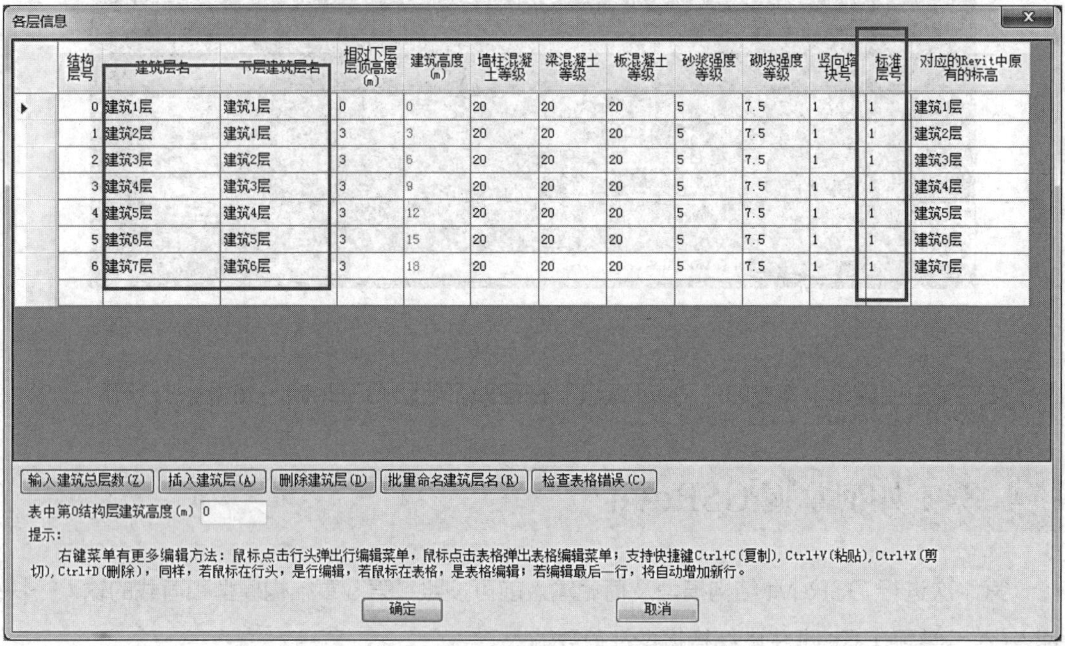
各层信息
结构层号 建筑层名 下层建筑层名 相对下层层顶高度(m) 建筑高度(m) 墙柱混凝土等级 梁混凝土等级 板混凝土等级 砂浆强度等级 砌块强度等级 竖向塔块号 标准层号 对应的Revit中原有的标高
0 建筑1层 建筑1层 0 0 20 20 20 5 7.5 1 1 建筑1层
1 建筑2层 建筑1层 3 3 20 20 20 5 7.5 1 1 建筑2层
2 建筑3层 建筑2层 3 6 20 20 20 5 7.5 1 1 建筑3层
3 建筑4层 建筑3层 3 9 20 20 20 5 7.5 1 1 建筑4层
4 建筑5层 建筑4层 3 12 20 20 20 5 7.5 1 1 建筑5层
5 建筑6层 建筑5层 3 15 20 20 20 5 7.5 1 1 建筑6层
6 建筑7层 建筑6层 3 18 20 20 20 5 7.5 1 1 建筑7层
输入建筑总层数(Z)
插入建筑层(A)
删除建筑层(D)
批量命名建筑层名(R)
检查表格错误(C)
表中第0结构层建筑高度(m) 0
提示：
右键菜单有更多编辑方法：鼠标点击行头弹出行编辑菜单，鼠标点击表格弹出表格编辑菜单；支持快捷键Ctrl+C(复制)，Ctrl+V(粘贴)，Ctrl+X(剪切)，Ctrl+D(删除)，同样，若鼠标在行头，是行编辑，若鼠标在表格，是表格编辑；若编辑最后一行，将自动增加新行。
确定
取消

图4-7

在工程师所习惯的传统结构建模中，标准层的最大优点在于编辑一个标准层就相当于同时编辑了其对应的多个结构层。为此 GsRevit 中模拟了效果，在上图所示的对话框中，仍然保留了标准层号输入。注意，此处输入的标准层号仅仅是一个标识符号，它同时需要配合下图所示多层输入选择栏来达到按标准层来控制多层一起修改的目的，如图 4-8 所示。

4.6 GSRevit 如何实现计算模型和施工图模型的统一

GSRevit 自动维护计算模型和施工图模型的统一，不需要设计人员干预。计算模型中梁和墙与其构件相连都要被打断，而施工图模型中主梁和直墙段为一跨，GSRevit 在生成钢筋施工图时，会自动把主梁和直墙段按施工图要求合并为一跨，梁的共享参数“连续梁编号”和墙的“墙身编号”有值时，GSRevit 建模时不会自动打断该梁和墙，生成的计算模型才自动打断，可在“广厦录入”中可查看生成的计算模型。

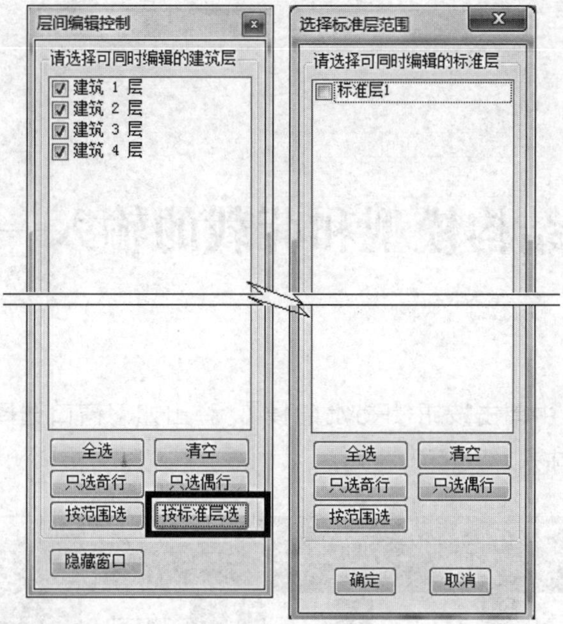

图4-8

GSRevit 建模命令中，"轴点建柱"、"轴线建梁"、"轴线建墙"、"自动布板"和"生成广厦录入数据"会自动判断是否打断梁墙，若梁墙不想被其他梁打断，可给梁的共享参数"连续梁编号"和墙的"墙身编号"赋值,如可赋"连续梁编号"为"L",赋"墙身编号"为"Q"。即使打断也没有关系，生成钢筋施工图时程序会自动判断合并。

4.7　GSRevit 的虚梁和虚板

Revit 的梁和板尺寸不能为零，GSRevit 中要求虚梁为矩形截面并且梁宽小于等于 1mm，没有开发楼梯、虚板的板厚小于等于 1mm。

4.8　GSRevit 待开发的功能

目前 GSRevit 没有开发楼梯、平面内塔和吊车荷载输入的功能，框架结构计算前请在广厦录入中输入楼梯，多塔结构请在广厦录入中输入平面内塔的定义，若有吊车荷载请在广厦录入墙柱荷载菜单下输入吊车荷载。广厦将在下一步的开发中逐步完善以上功能。

第 5 章　结构模型和荷载的输入—快速入门

在广厦主控菜单中单击按钮“Revit 建模”，弹出如下窗口选择“结构样板”，启动 GSRevit，如图 5-1 所示。

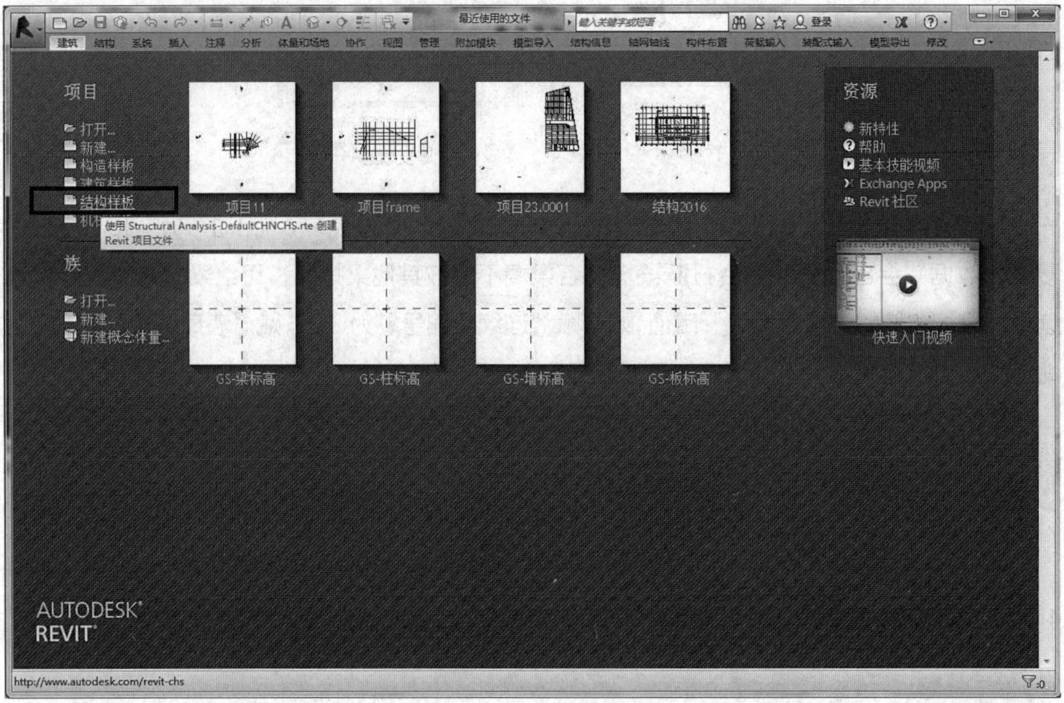

图5-1

在本章输入如图 5-2 所示二层结构模型：柱截面为 400mm×400mm，梁截面为 200mm×500mm，墙宽 200mm，板厚 100mm。

5.1　输入各层信息

单击菜单“结构信息 - 各层信息”，弹出如下对话框单击“输入建筑总层数”按钮，如图 5-3 所示。

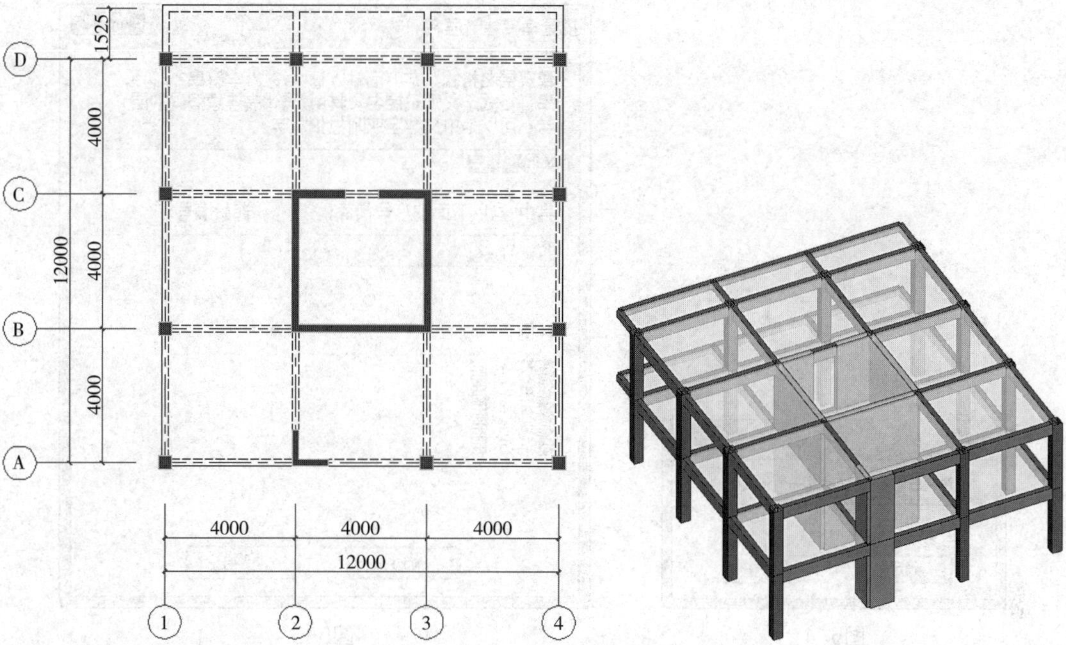

图5-2

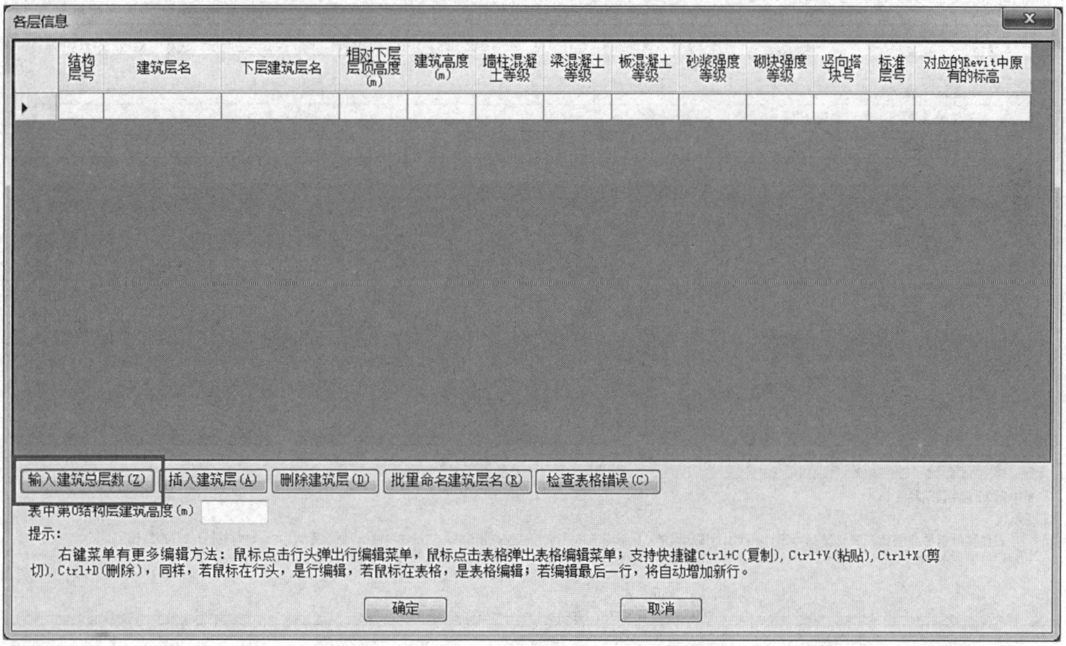

图5-3

弹出如下对话框输入建筑总层数为“3”，如图 5-4 所示。

确认后弹出如下对话框批量命名建筑层名，如图 5-5 所示。

各层信息对话框中显示如图 5-6 所示各建筑层名。

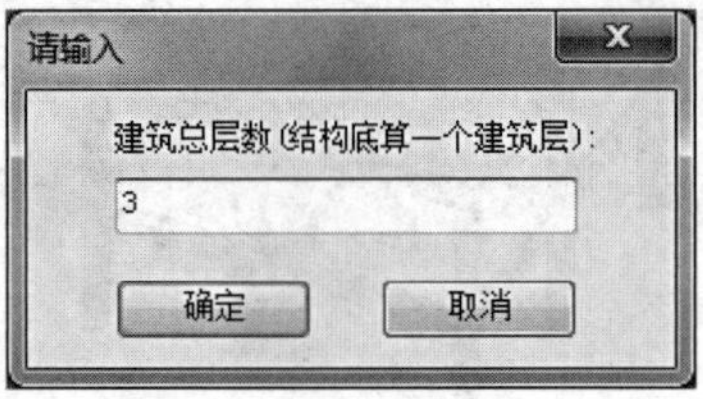

图5-4

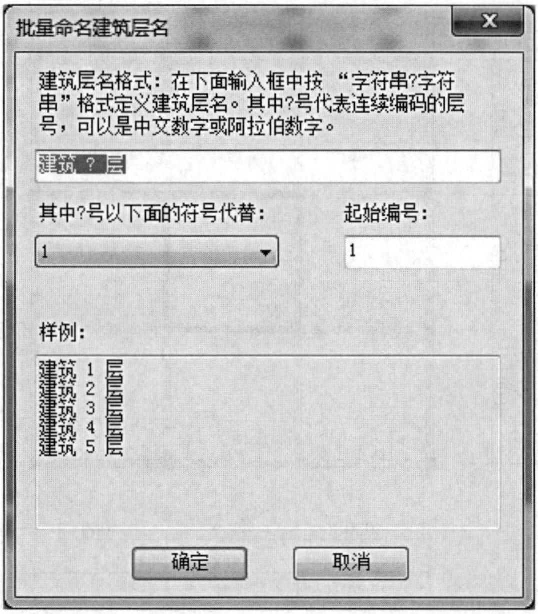

图5-5

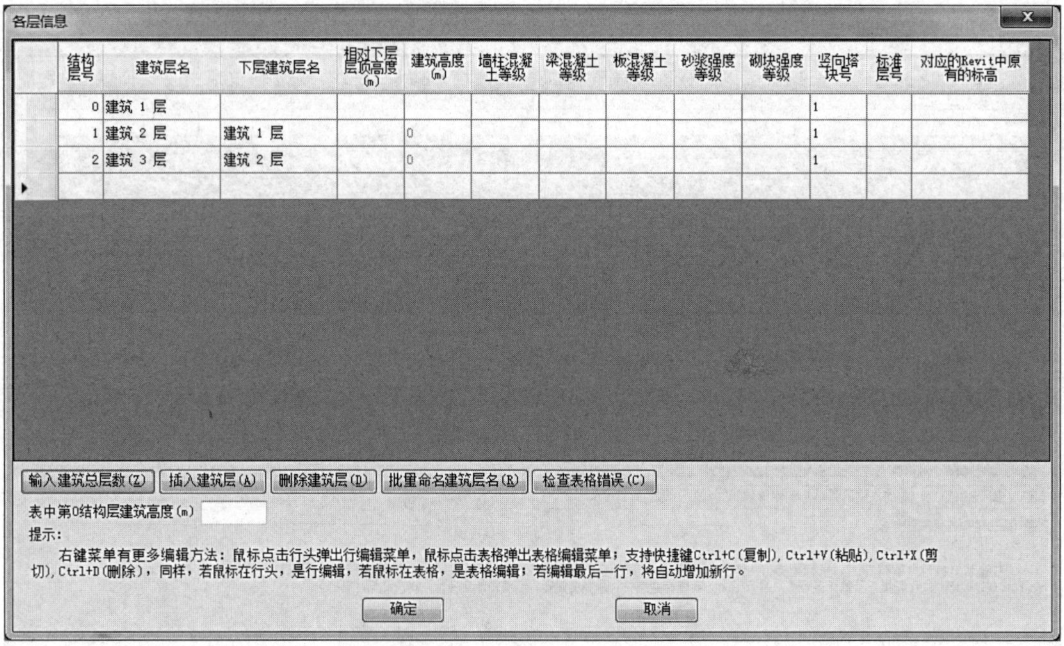

图5-6

1. 批量输入层高：按住鼠标左键不放可选择各层信息表中的多个窗格，选择“相对下层层顶高度”表格列，右键菜单，选择“修改数据...”，如图 5-7 所示，软件弹出“修改数据对话框”，如图 5-7 所示。

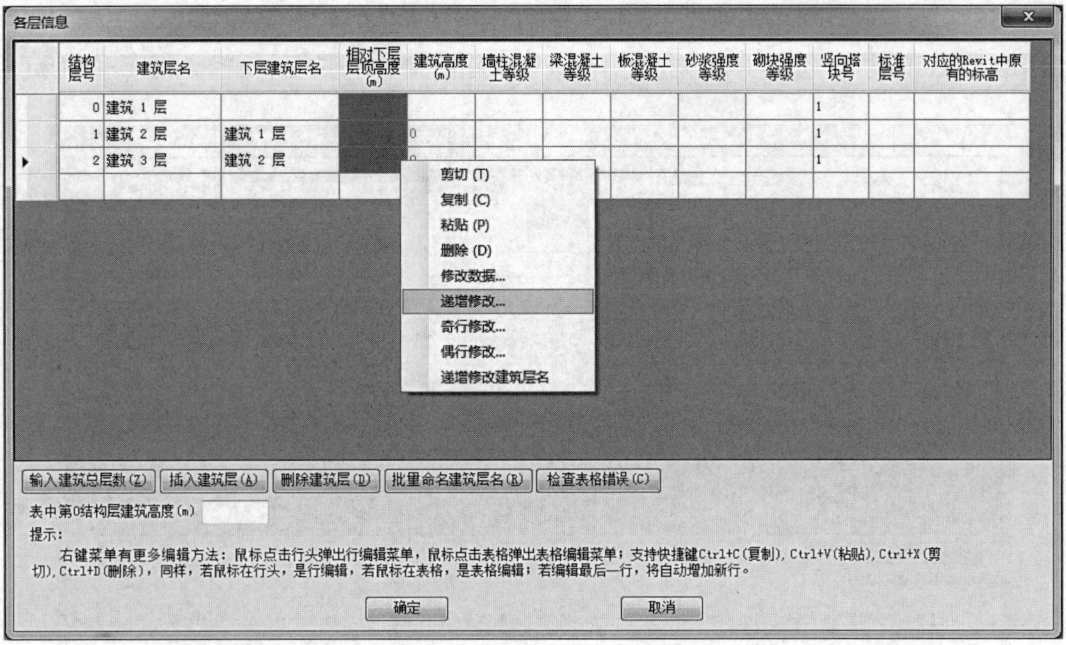

图5-7

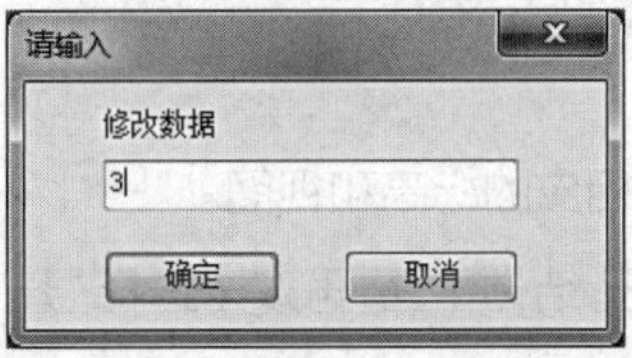

图5-8

在对话框中输入层高“3”，单击确定，如图 5-8 所示。修改后的效果，如图 5-9 所示。

2. 批量输入材料、塔块号和标准层号，与批量输入层高方法相同。

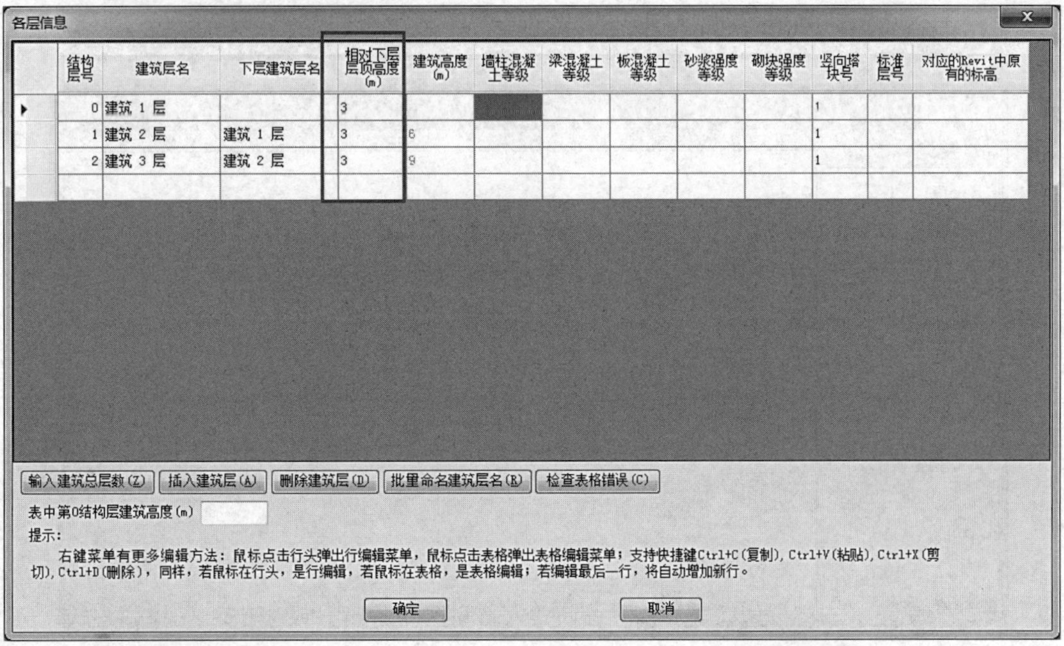

图5-9

3. 新建的 Revit 空白结构模型可能缺少原有的对应的标高，如果想修改原模型中对应的标高和建筑层名的对应关系，可在“对应的 Revit 中原有的标高”下拉框中选择，如图 5-10 所示。

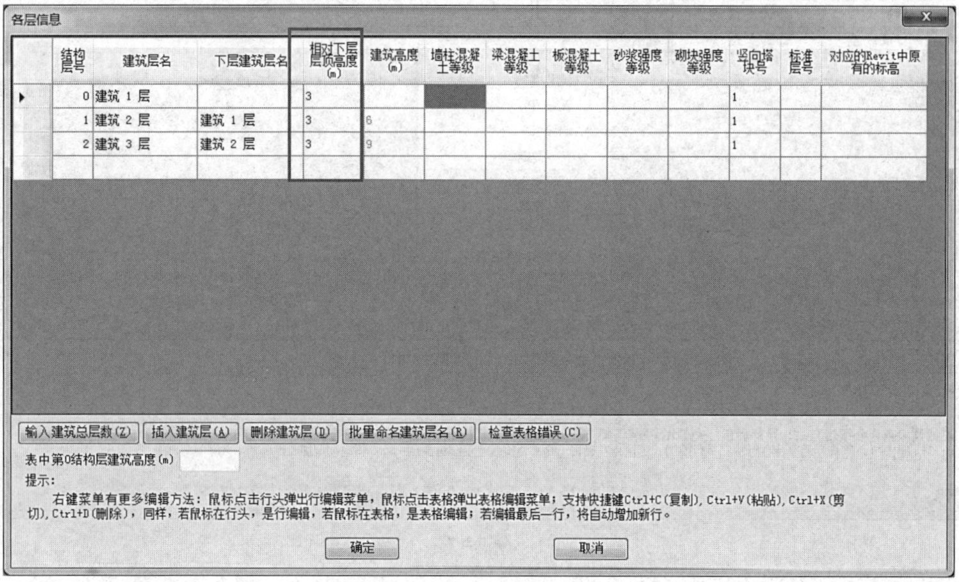

图5-10

单击“确认”按钮，关闭各层信息对话框，Revit 会自动生成相应的标高和视图。

单击 Revit 的“项目浏览器”，单击“结构平面”前的“+”显示所有结构平面，再双击选择“建筑 2 层”，设置当前窗口为建筑 2 层，如图 5-11 所示。

图5-11

5.2 输入轴网

单击菜单“轴网轴线—正交轴网”，弹出如下对话框输入上开间：4000，4000，4000，左进深：4000，4000，4000，如图 5-12 所示。

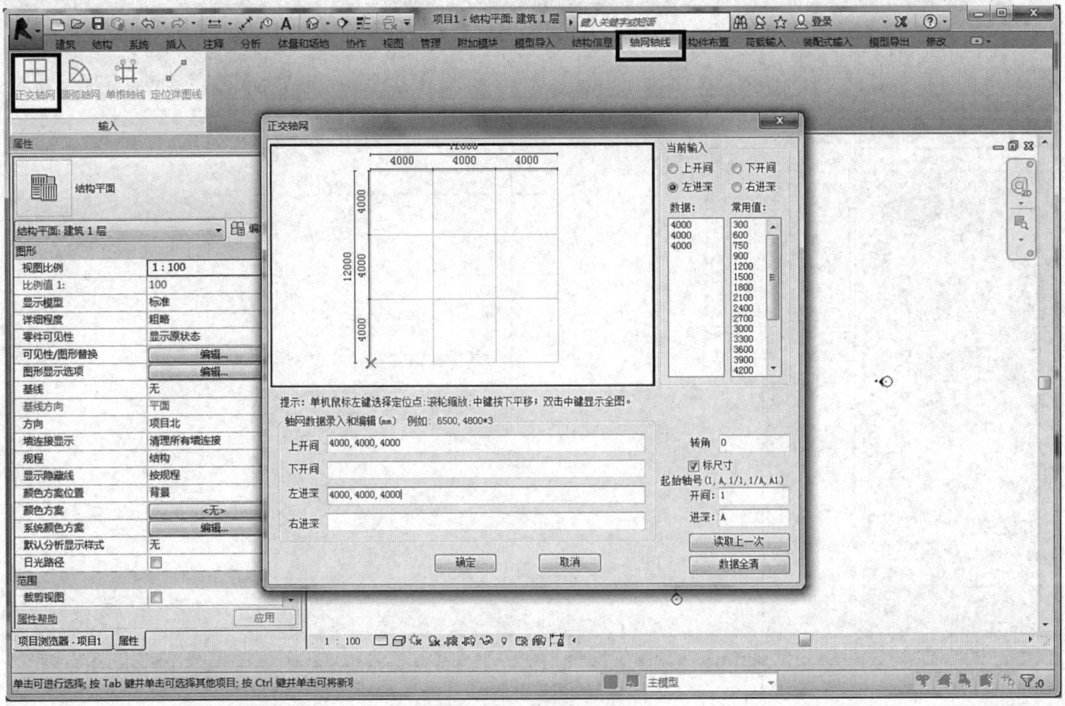

图5-12

单击“确定”按钮后，鼠标左键在绘图窗口选择一点作为轴网定位点，出现以下轴网，如图 5-13 所示。

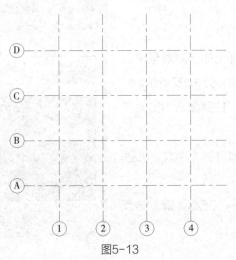

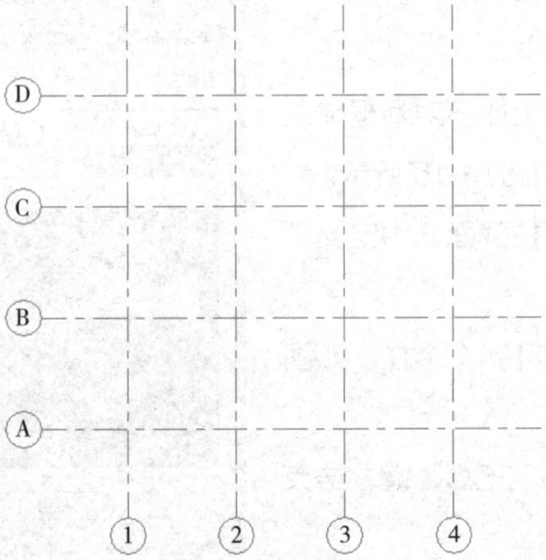

图5-13

5.3 输入柱

单击菜单“构件布置—轴点建柱”，弹出如下截面表定义柱截面，如图 5-14 所示。

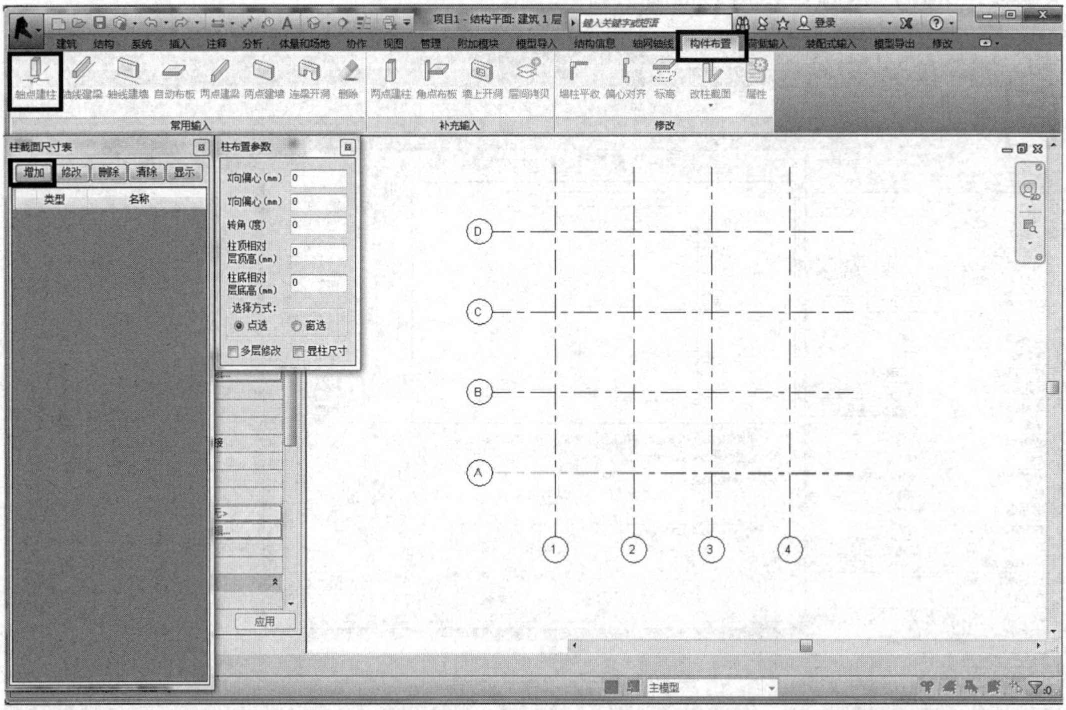

图5-14

单击“增加”按钮，弹出如下对话框输入柱截面 b=400，h=400，如图 5-15 所示。

单击“确定”按钮后，柱截面表中定义了“400×400”的截面尺寸。

框选轴网交点，布置如下 11 个柱，如图 5-16 所示。

布置完 11 个柱后，按“ESC”键，结束并退出“轴点建柱”命令。

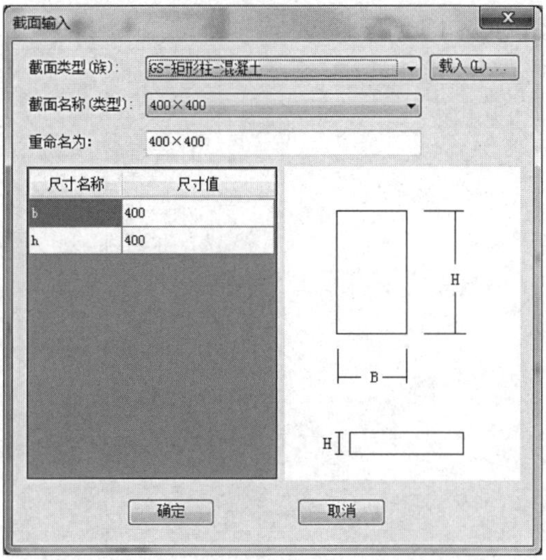

图5-15

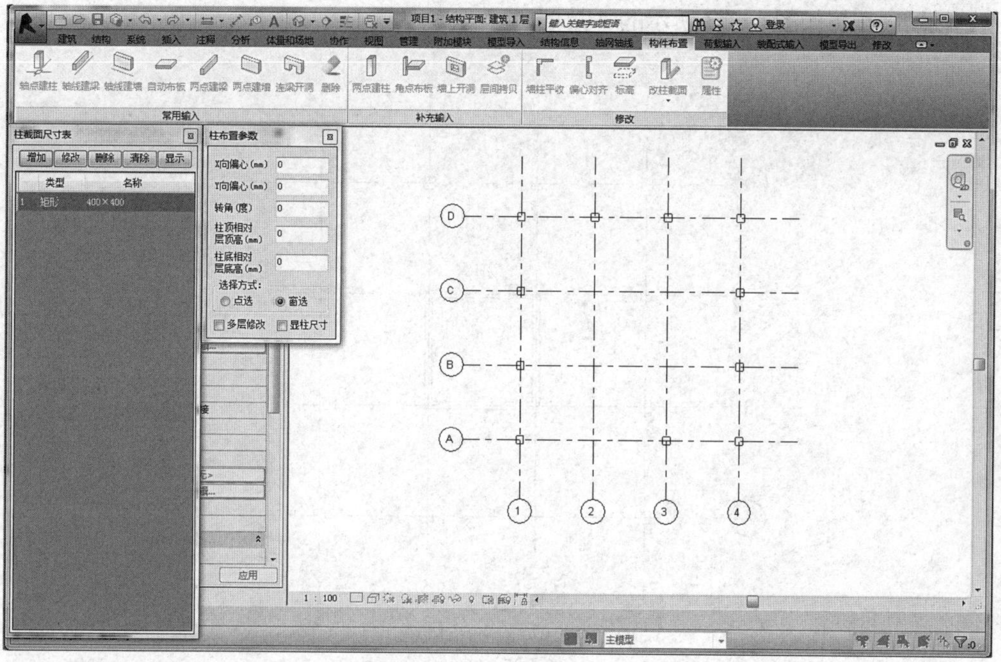

图5-16

5.4 输入墙

单击菜单“构件布置—轴线建墙”，弹出如下截面表定义墙截面，如图 5-17 所示。

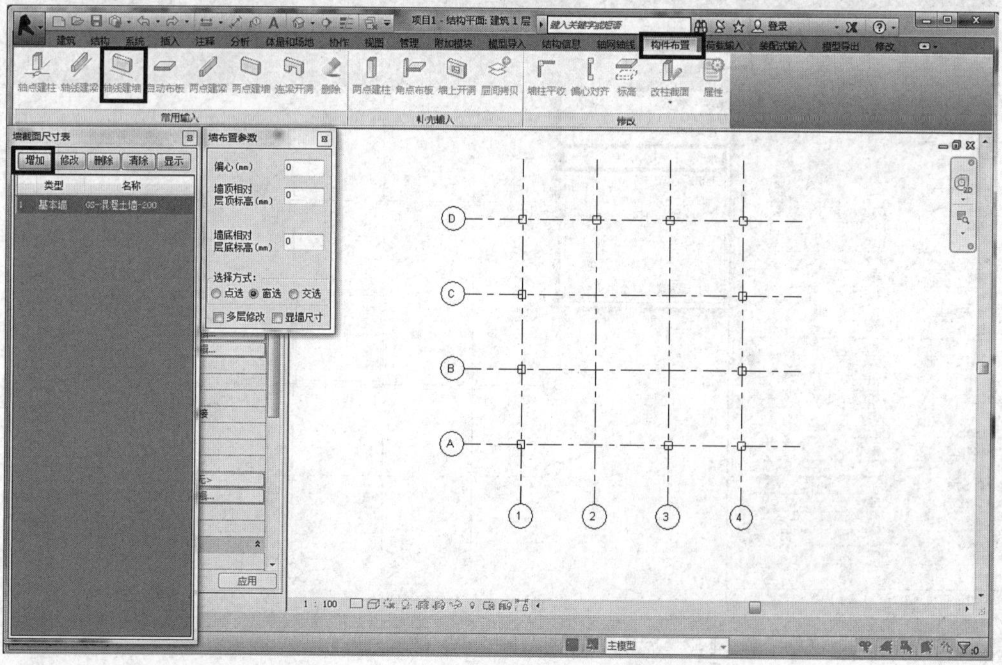

图5-17

选轴网，布置如图 5-18 所示的 4 片墙。

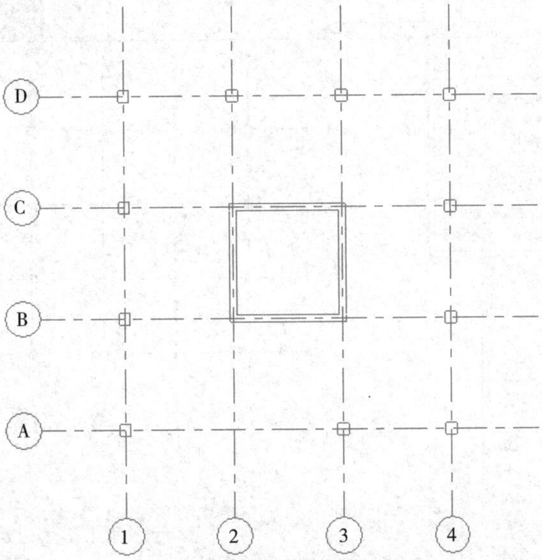

图5-18

布置完 4 片墙后，按“ESC”键，结束并退出“轴线建墙”命令。

单击菜单“构件布置—连梁开洞”，在如图 5-19 所示对话框中输入：连梁高度“500”。

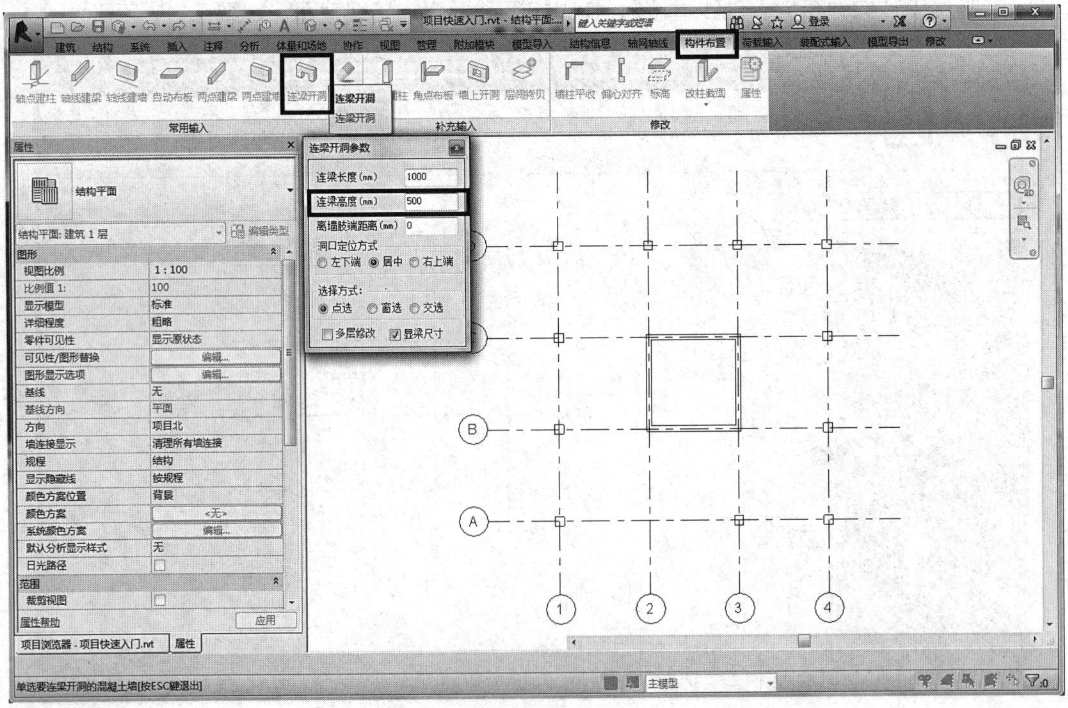

图5-19

点选墙，居中开洞布置一根梁，如图 5-20 所示。

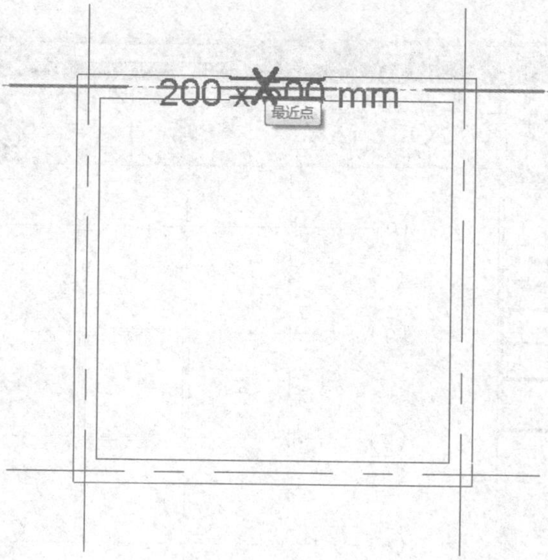

图5-20

按“ESC”键，结束并退出“连梁开洞”命令。

单击菜单“构件布置—两点建墙”，本命令为 Revit 自身命令，如图 5-21 所示。

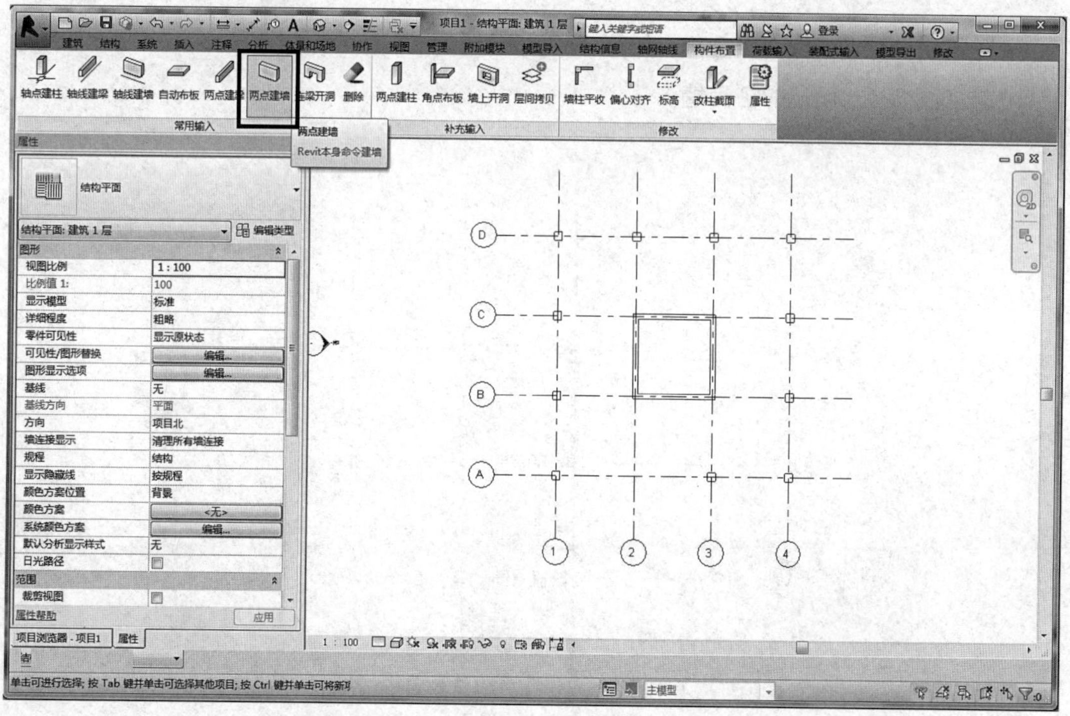

图5-21

弹出如下对话框，指定“深度”定义墙高模式，并在属性中设置底部限制条件为基底和底部偏移为“0”，顶部约束为直到标高：建筑 1 层，顶部偏移为“0”，如图 5-22 所示。

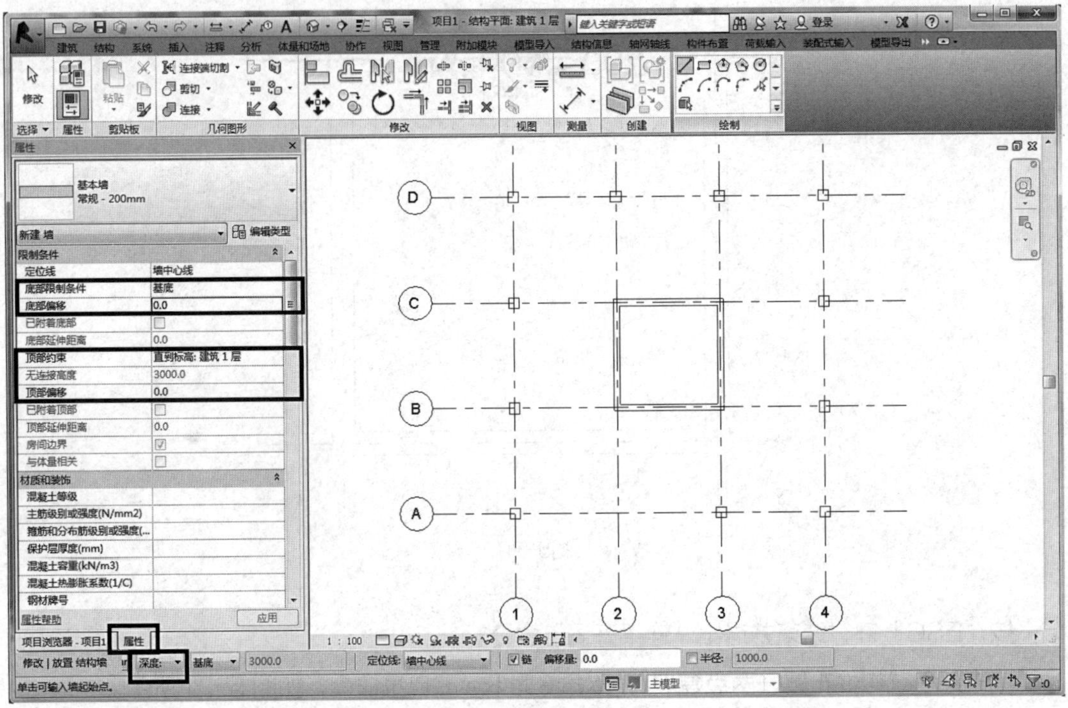

图5-22

在绘图窗口分别连续选择 3 点，如图 5-23 所示。

布置如图 5-24 所示的 2 片墙。

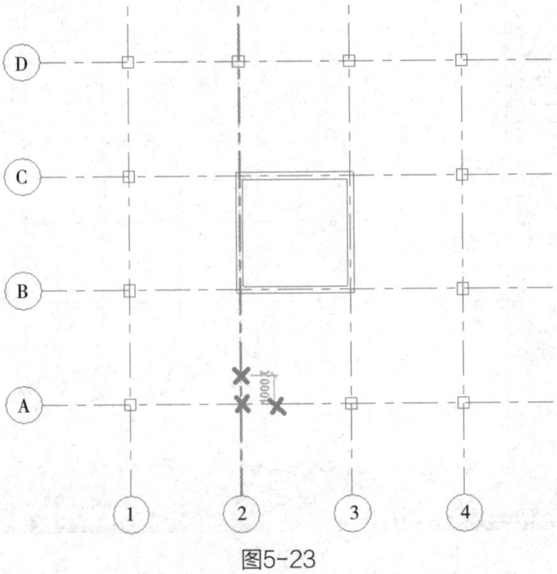

图5-23

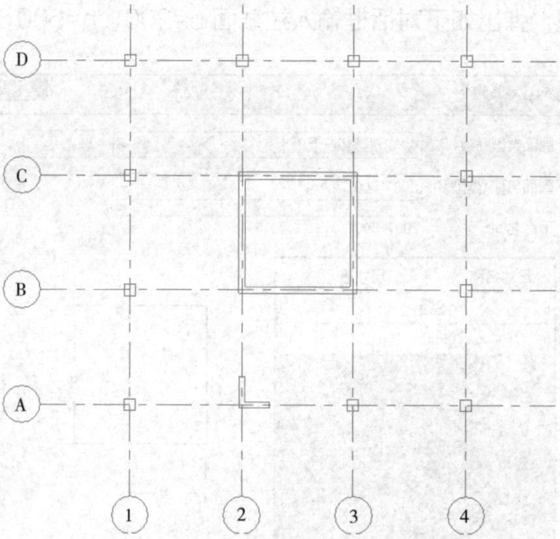

图5-24

布置完 2 片墙后，按“ESC”键，结束并退出“两点建墙”命令。

5.5 输入梁

单击菜单“构件布置—轴线建梁”，弹出如图 5-25 所示截面表定义梁截面。

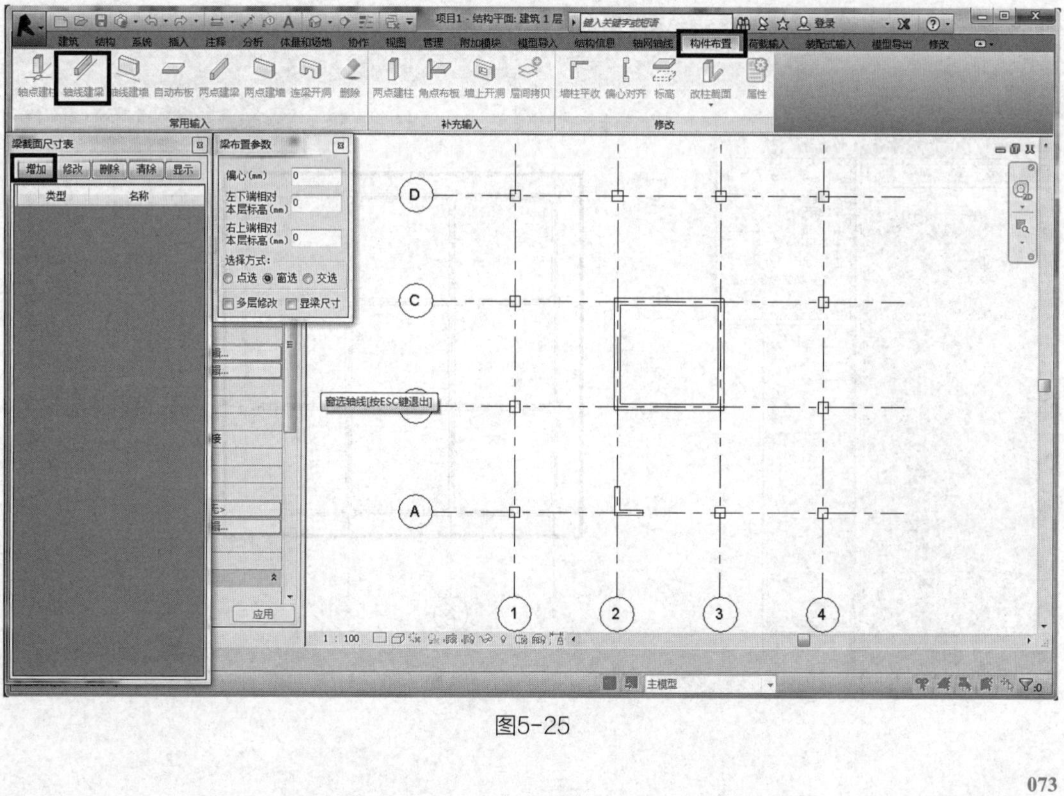

图5-25

单击“增加”按钮，弹出如下对话框输入柱截面 b=200，h=500，如图 5-26 所示。

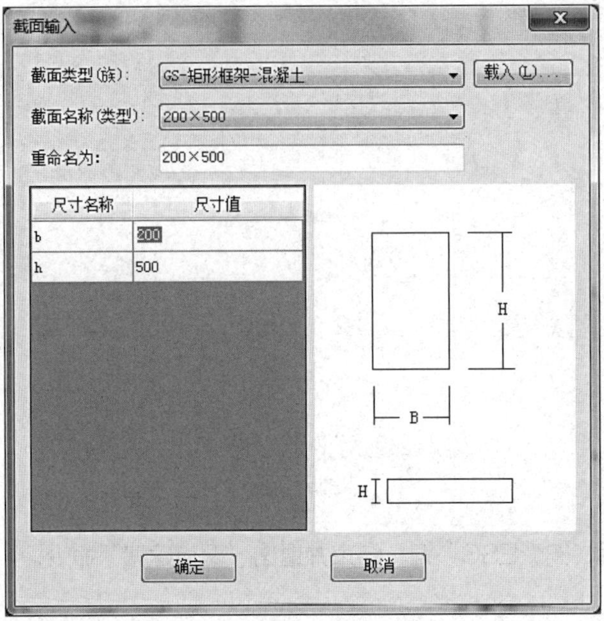

图5-26

单击“确定”按钮后，梁截面表中定义了“200×500”的截面尺寸。

框选轴网，布置如图 5-27 所示梁。

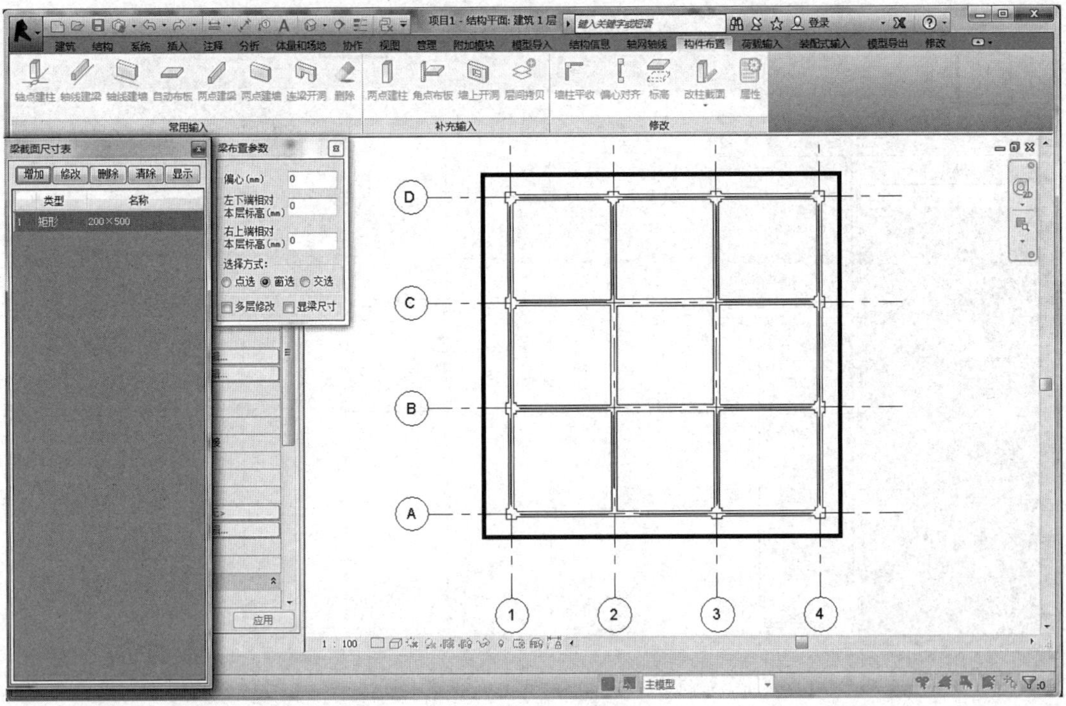

图5-27

按“ESC”键，结束并退出“轴线建梁”命令，如图 5-28 所示。

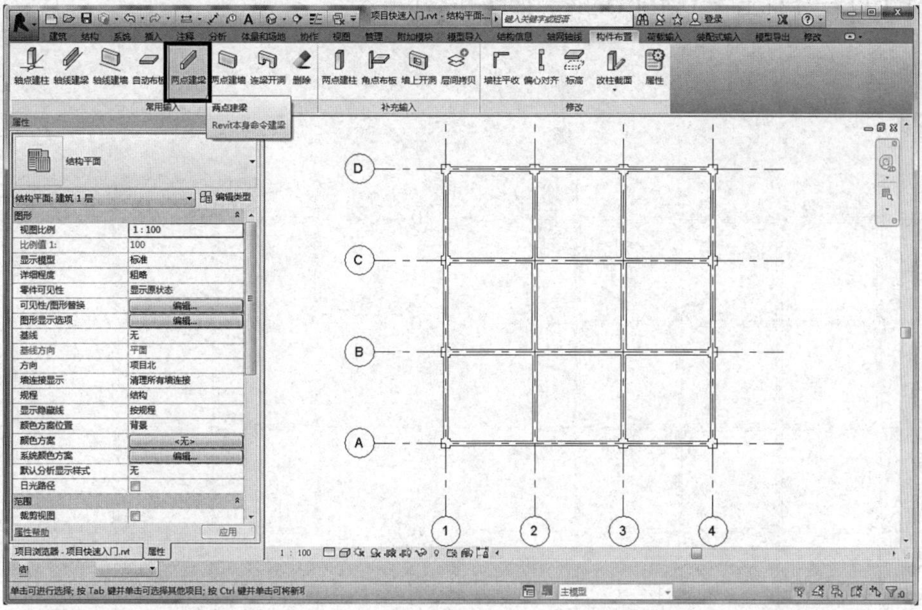

图5-28

单击菜单“构件布置—两点建梁”，该命令为 Revit 自身命令。

弹出如图 5-29 所示对话框，设置放置平面为：建筑 1 层，并在属性中梁截面选择为 200mm×500mm。此命令无设置梁标高功能，若梁标高不为零，需在布置完梁后，用“修改标高”命令修改梁标高。

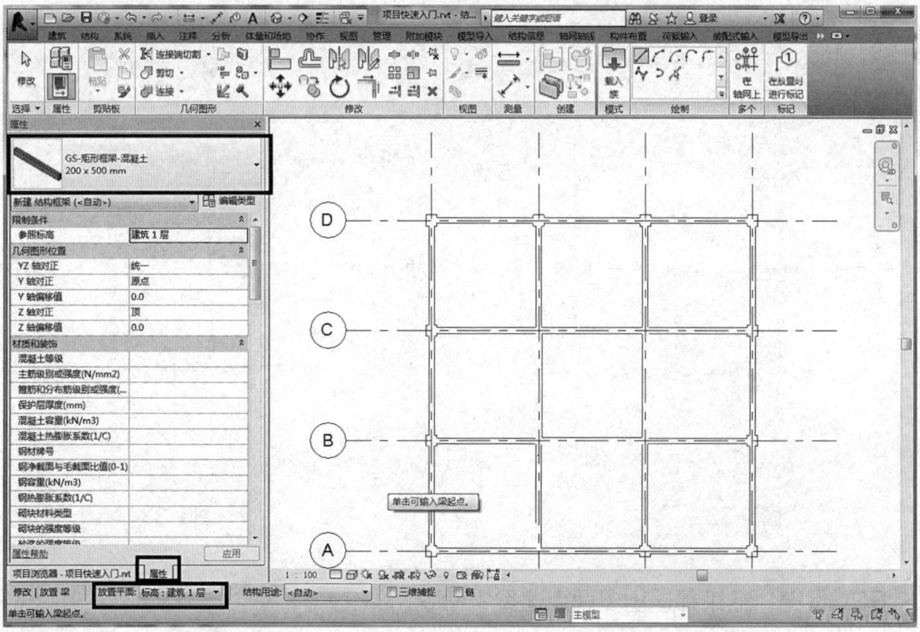

图5-29

在绘图窗口上选择如下两点，如图 5-30 所示。

布置如下一条挑出 1500mm 的梁，如图 5-31 所示。

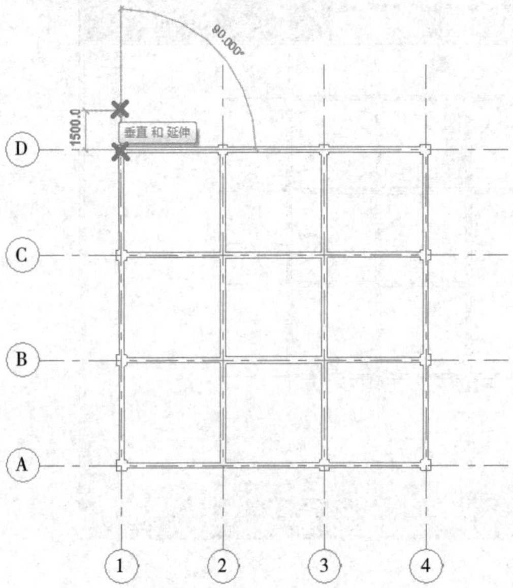

图5-30

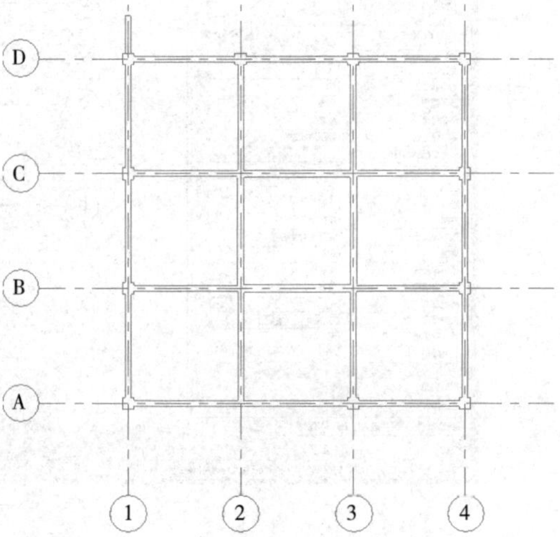

图5-31

同理布置如下 3 条梁，如图 5-32 所示。

选择两点布置如下封口梁，如图 5-33 所示。

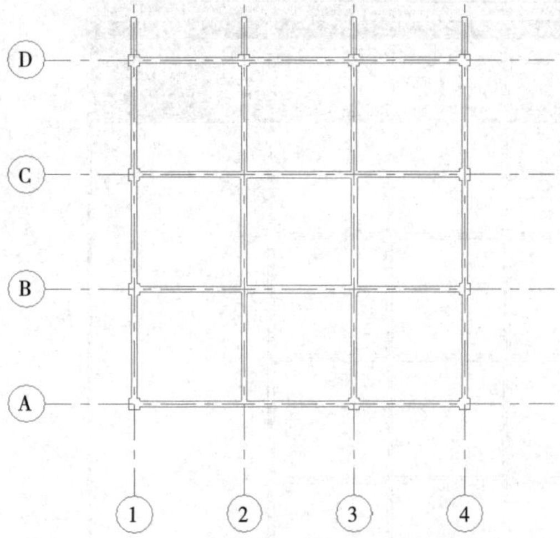

图5-32

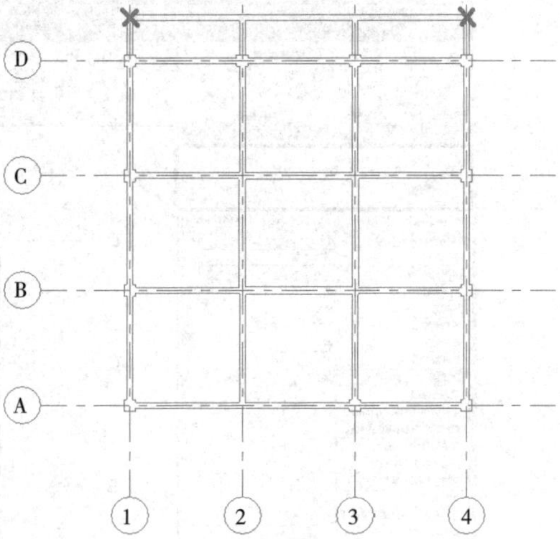

图5-33

按“ESC”键，结束并退出“两点建梁”命令。

单击“属性”菜单，如图 5-34 所示。

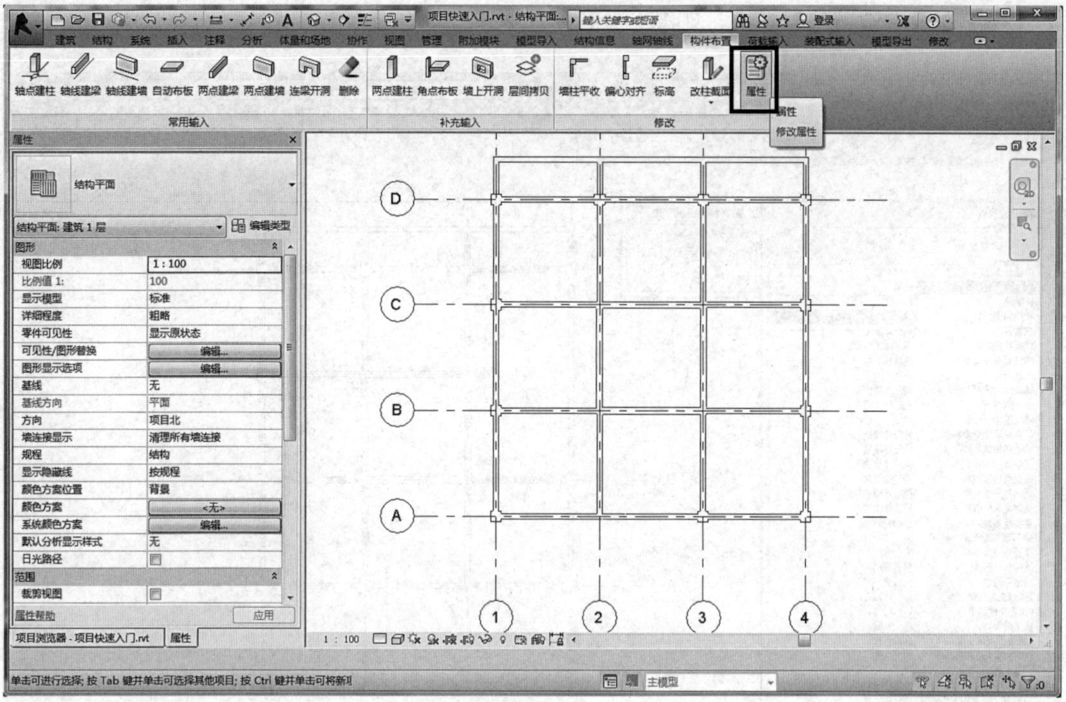

图5-34

点选窗口中的梁，在属性表中显示此梁的设计属性，如图 5-35 所示。

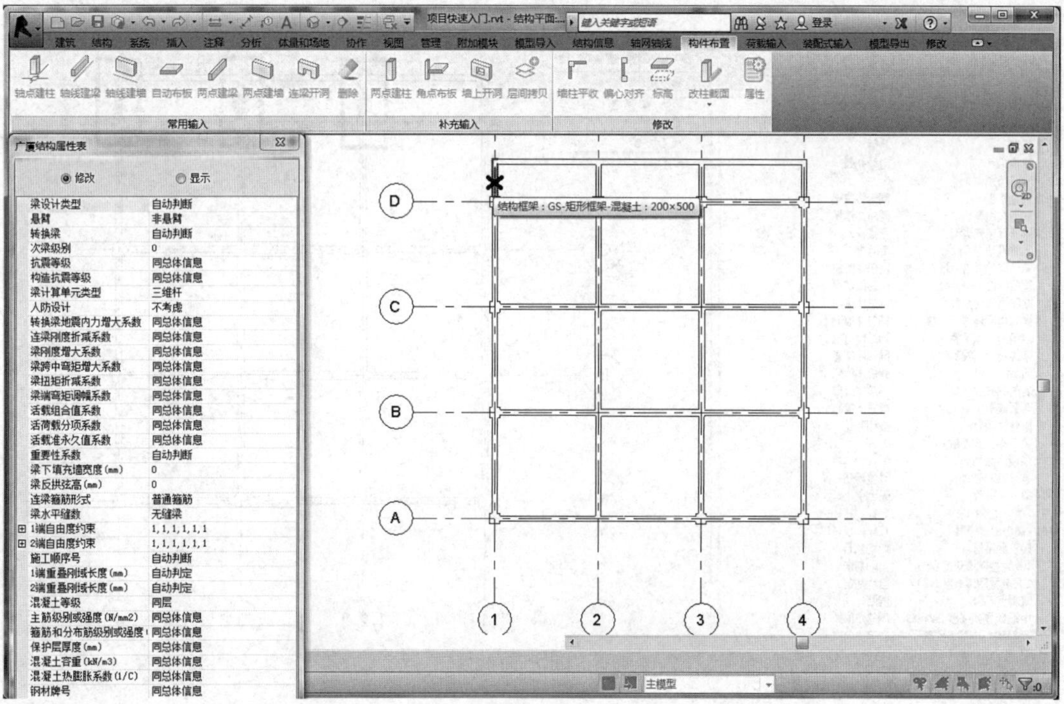

图5-35

在属性表中设置：悬臂梁，如图 5-36 所示。

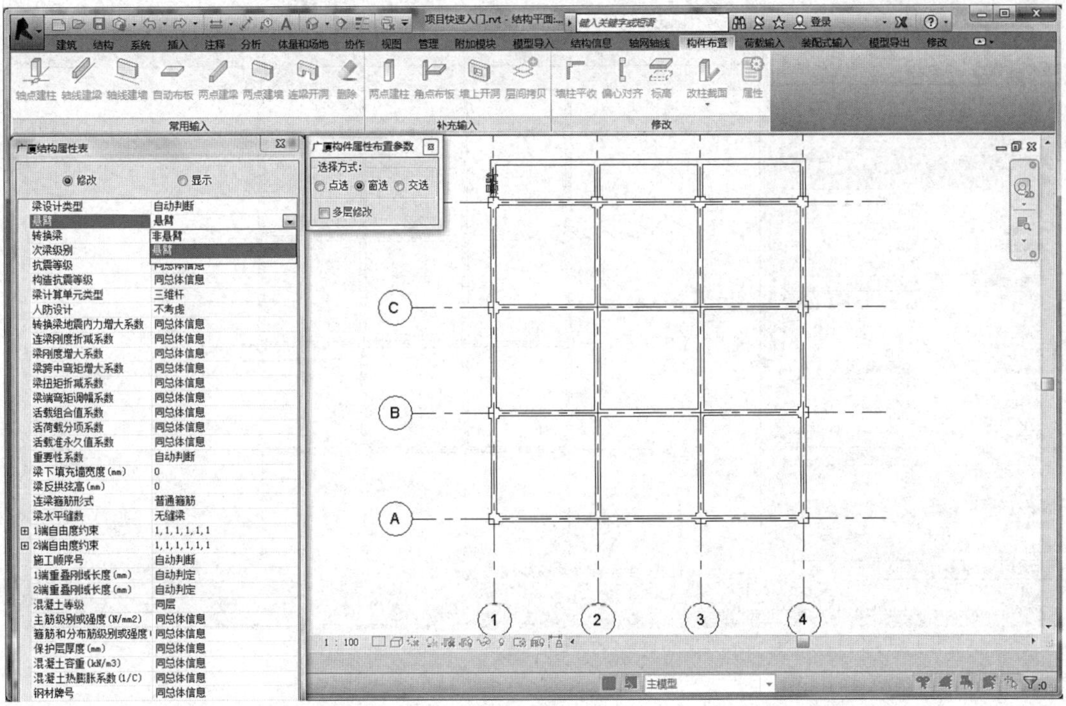

图5-36

窗选设置另 3 根悬臂梁，如图 5-37 所示。

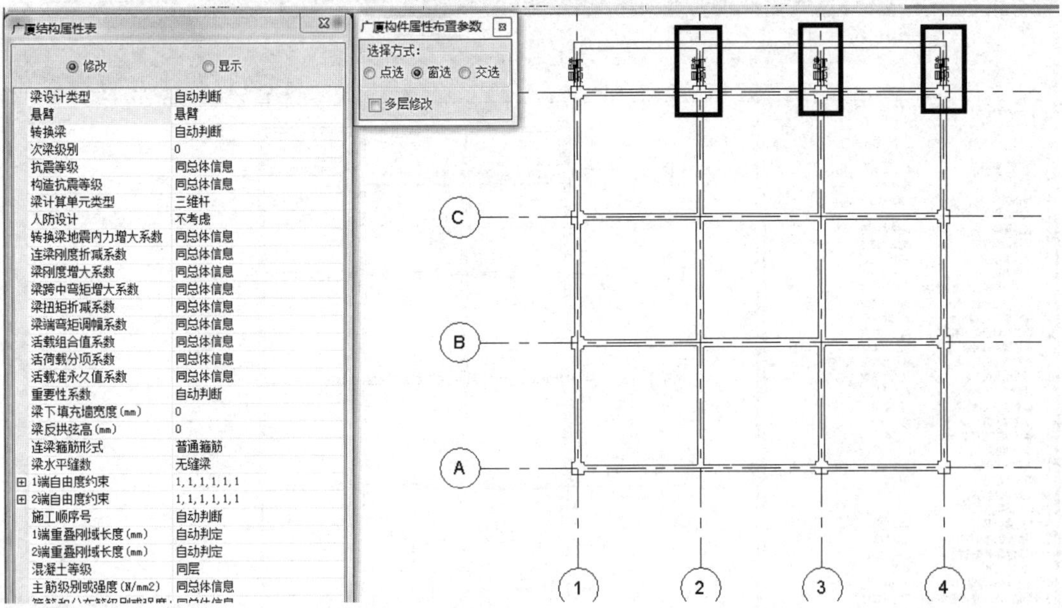

图5-37

按“ESC”键，结束并退出“属性”命令。

5.6　输入板

单击菜单“自动布板”，如图 5-38 所示。

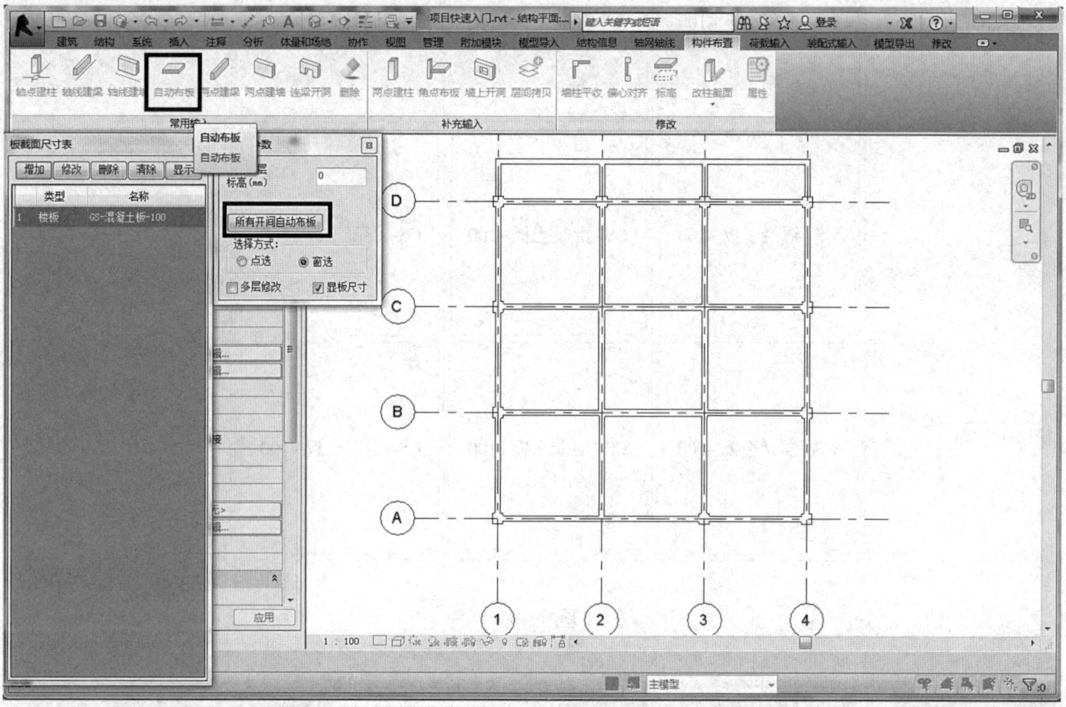

图5-38

单击菜单“所有开间自动布板”，弹出如下对话框，如图 5-39 所示。

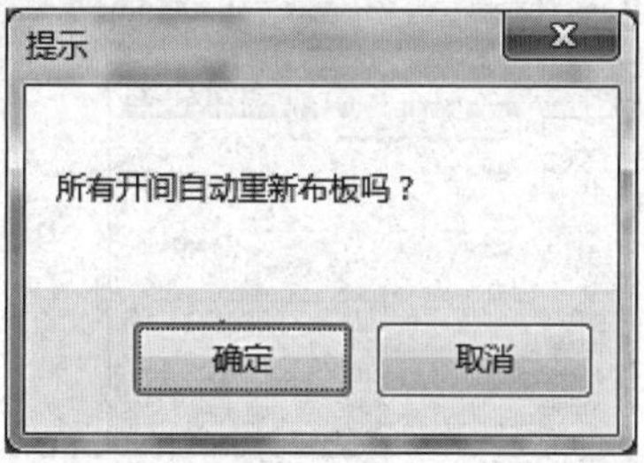

图5-39

单击“确定”按钮，柱梁墙互相打断，并形成所有梁墙围成的板，如图 5-40 所示。

按“ESC”键，结束并退出“自动布板”命令。

5.7　输入板荷载

单击菜单“荷载输入—楼板恒活”，如图 5-41 所示。

输入恒载“1.5”，活载“2”，如图 5-42 所示。

单击如上按钮“所有板自动布置恒活载”，弹出如下对话框，如图 5-43 所示。

单击“确定”按钮后，窗口中布置如图 5-44 所示恒活载。

按“ESC”键，结束并退出“楼板恒活”命令。

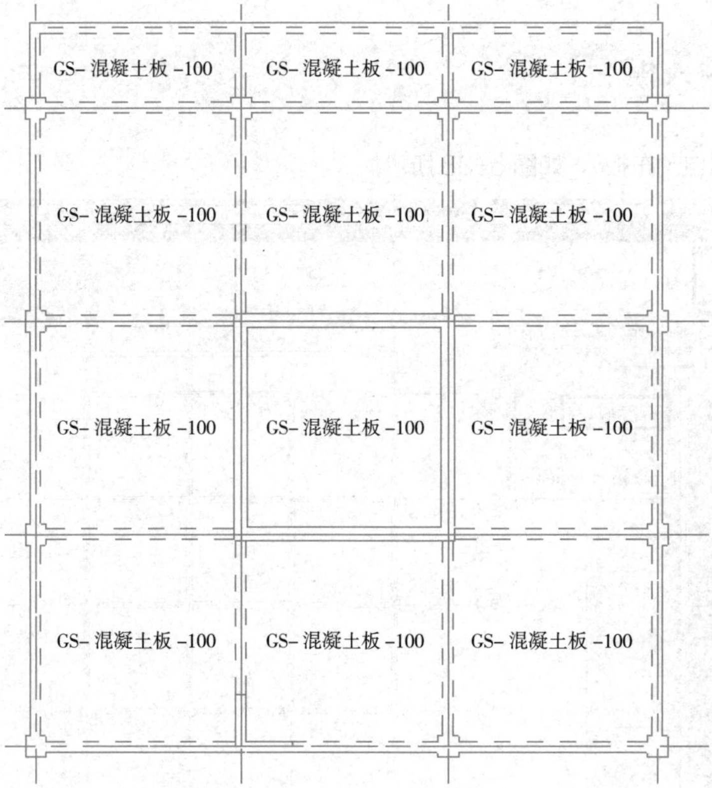
GS- 混凝土板 -100
GS- 混凝土板 -100
GS- 混凝土板 -100
GS- 混凝土板 -100
GS- 混凝土板 -100
GS- 混凝土板 -100
GS- 混凝土板 -100
GS- 混凝土板 -100
GS- 混凝土板 -100
GS- 混凝土板 -100
GS- 混凝土板 -100
GS- 混凝土板 -100

图5-40

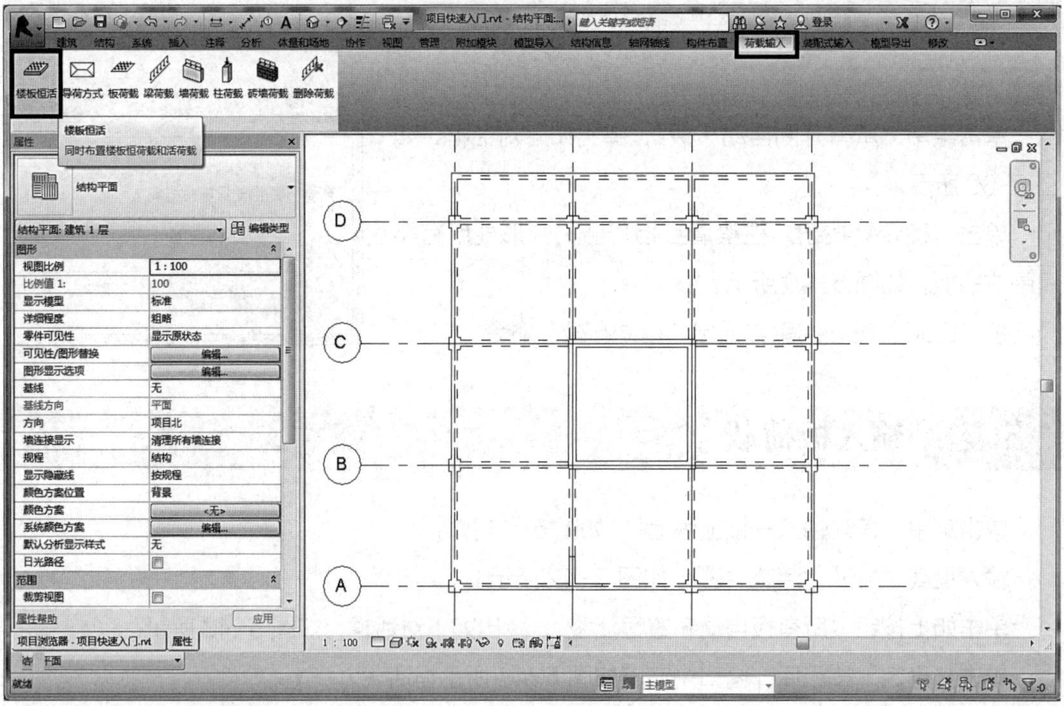
项目快速入门.rvt - 结构平面...
登录
建筑 结构 系统 插入 注释 分析 体量和场地 协作 视图 管理 附加模块 模型导入 结构信息 轴网轴线 构件布置 荷载输入 绕阻式输入 模型导出 修改
楼板恒活 导荷方式 板荷载 梁荷载 墙荷载 柱荷载 砖墙荷载 删除荷载
楼板恒活
同时布置楼板恒荷载和活荷载
属性
结构平面
结构平面: 建筑 1 层
编辑类型
图形
视图比例 1 : 100
比例值 1: 100
显示模型 标准
详细程度 粗略
零件可见性 显示原状态
可见性/图形替换 编辑...
图形显示选项 编辑...
基线 无
基线方向 平面
方向 项目北
墙连接显示 清理所有墙连接
规程 结构
显示隐藏线 按规程
颜色方案位置 背景
颜色方案 <无>
系统颜色方案 编辑...
默认分析显示样式 无
日光路径
范围
裁剪视图
属性帮助 应用
项目浏览器 - 项目快速入门.rvt 属性
平面
D
C
B
A
1 : 100
就绪
主模型

图5-41

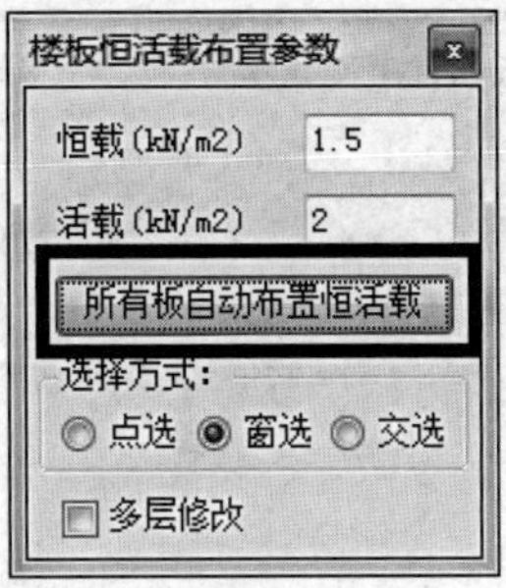

图5-42

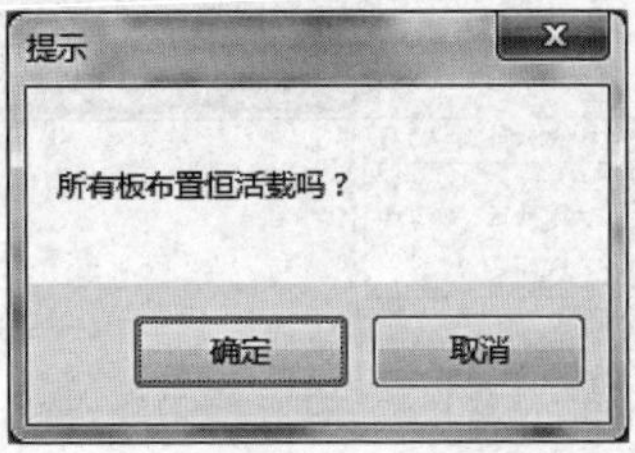

图5-43

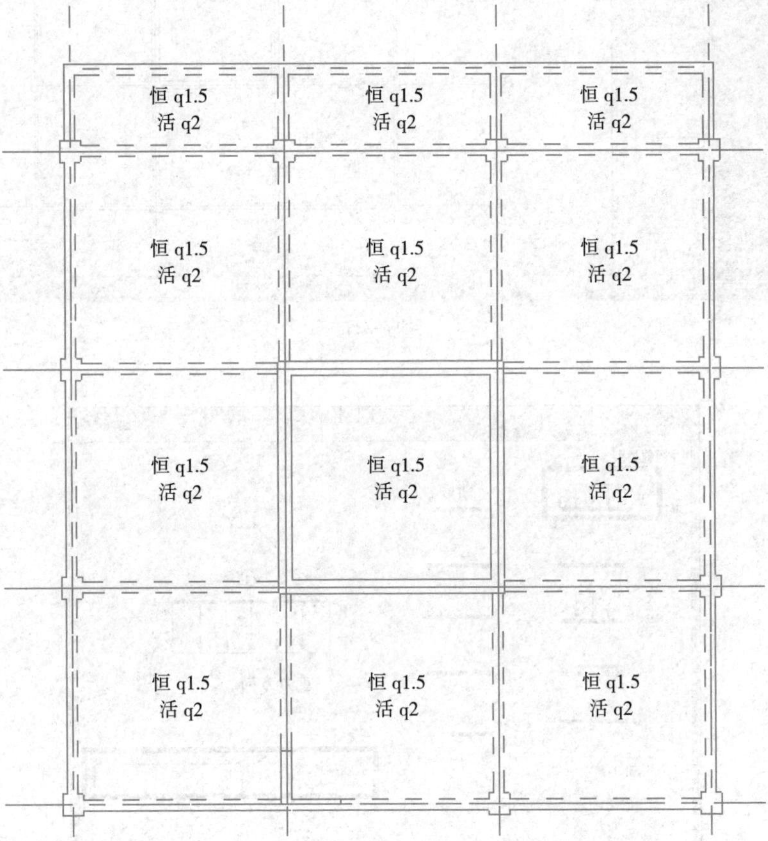

图5-44

5.8　输入梁荷载

单击菜单“梁荷载”，如图 5-45 所示。

单击“增加”按钮，弹出如下对话框输入梁荷载：荷载类型为“均布”，荷载方向为“重力方向”，q 选择“10”，工况为“重力恒载”，如图 5-46 所示。

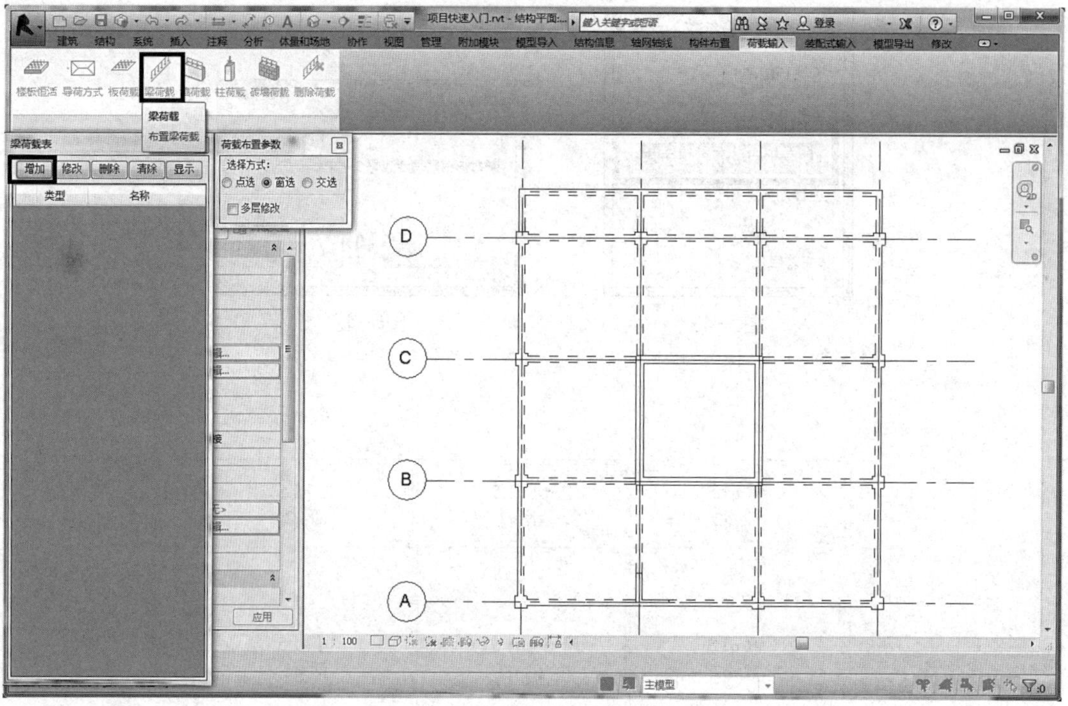

图5-45

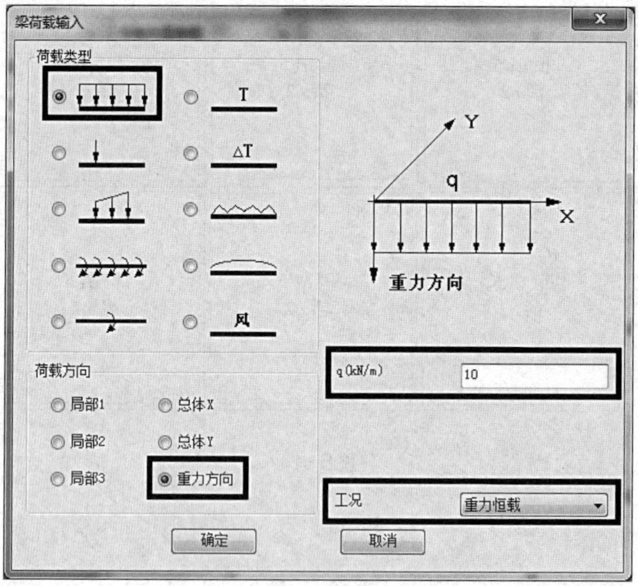

图5-46

单击“确定”按钮后，梁荷载表中定义了“400×400”的截面尺寸。

框选梁，布置如下梁荷载，如图 5-47 所示。

按“ESC”键，结束并退出“梁荷载”命令。

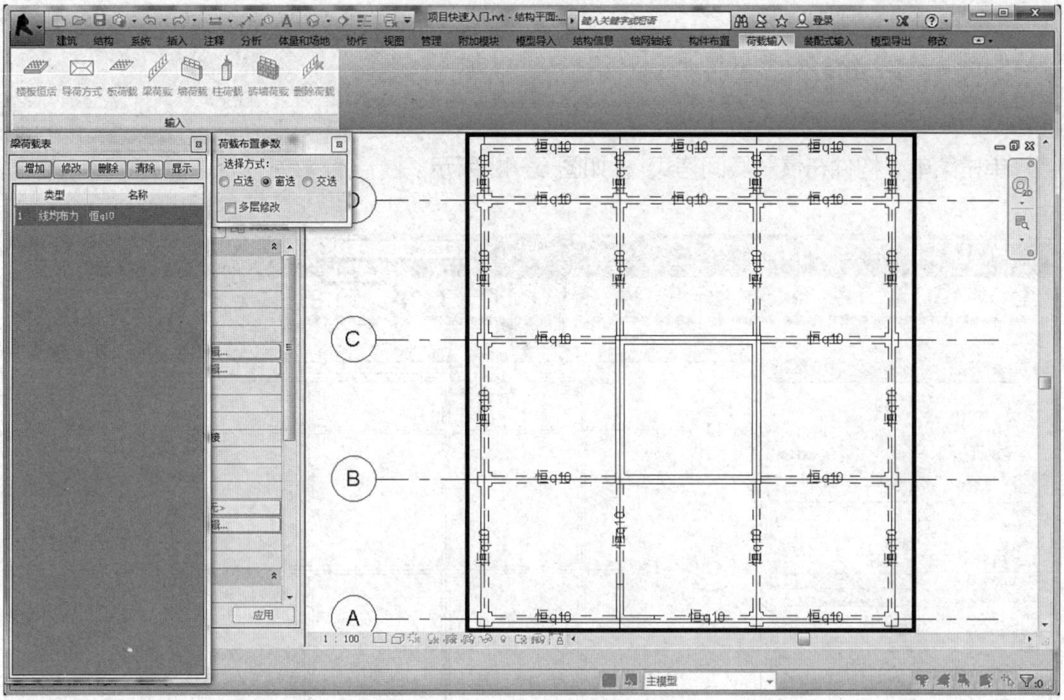

图5-47

单击“保存”，保存已输入的结构模型，如图 5-48 所示。

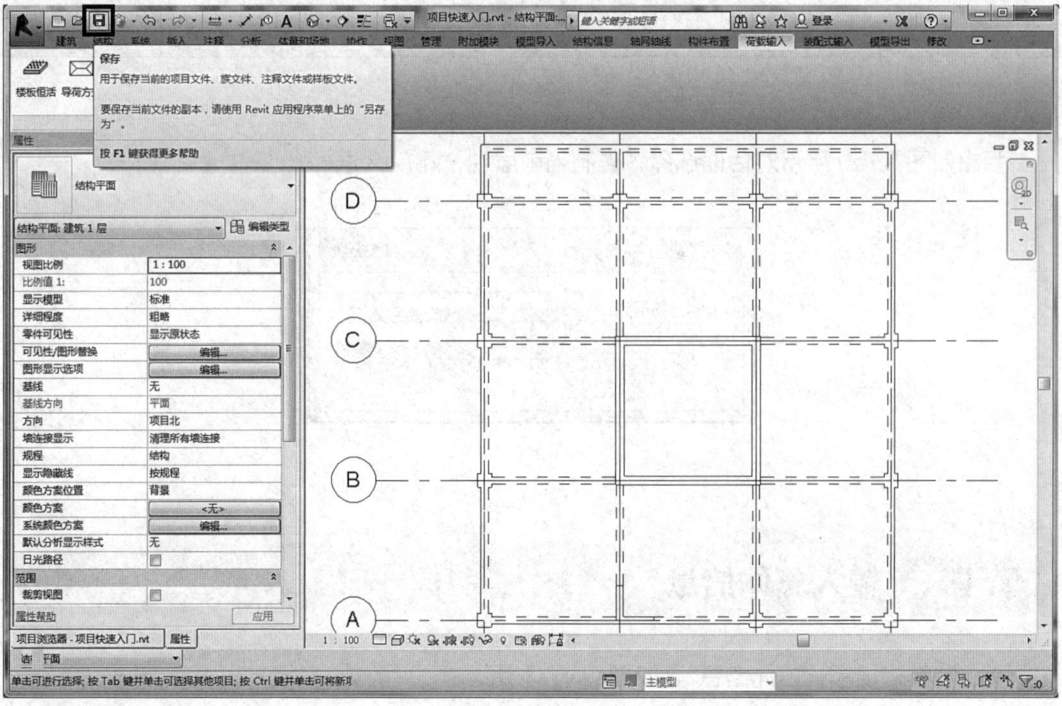

图5-48

5.9 层间拷贝

单击菜单“构件布置—层间拷贝”，如图 5-49 所示。

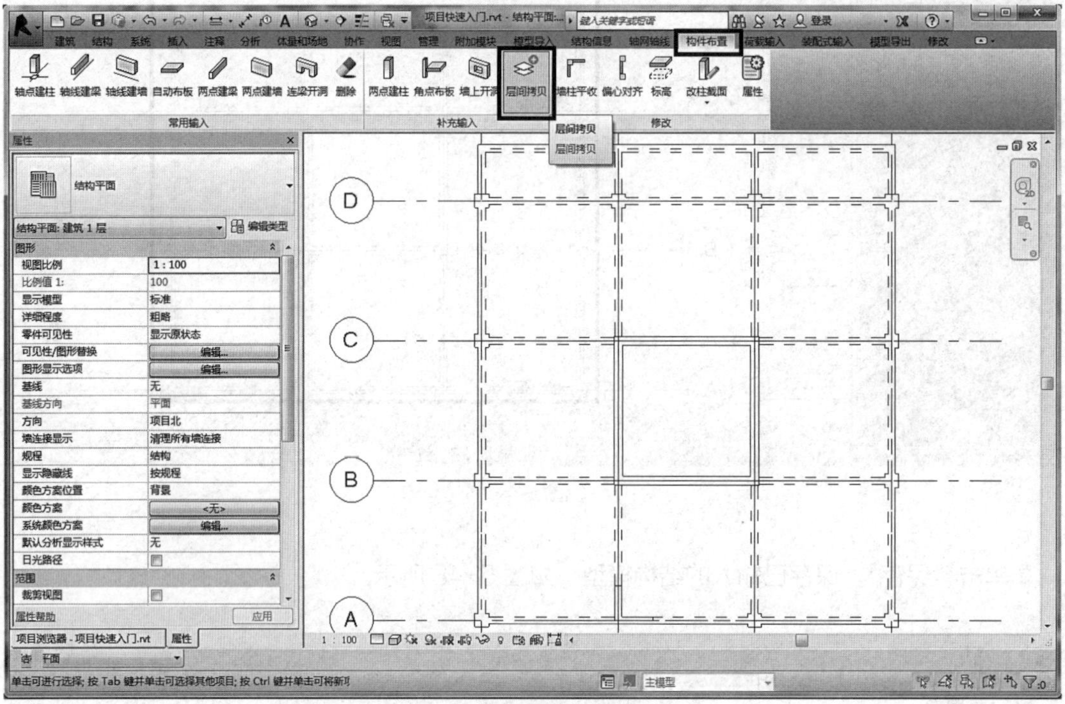

图5-49

弹出如图 5-50 所示对话框选择“复制当前层到：建筑 2 层”。

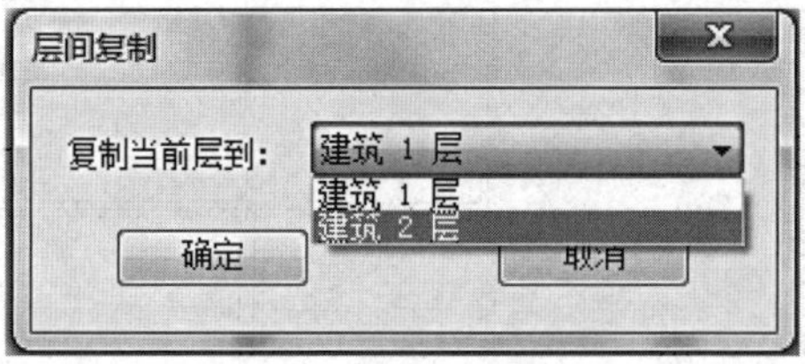

图5-50

5.10 输入总体信息

单击“结构信息—总体信息”，如图 5-51 所示。

弹出如下对话框设置总体信息，如图 5-52 所示。

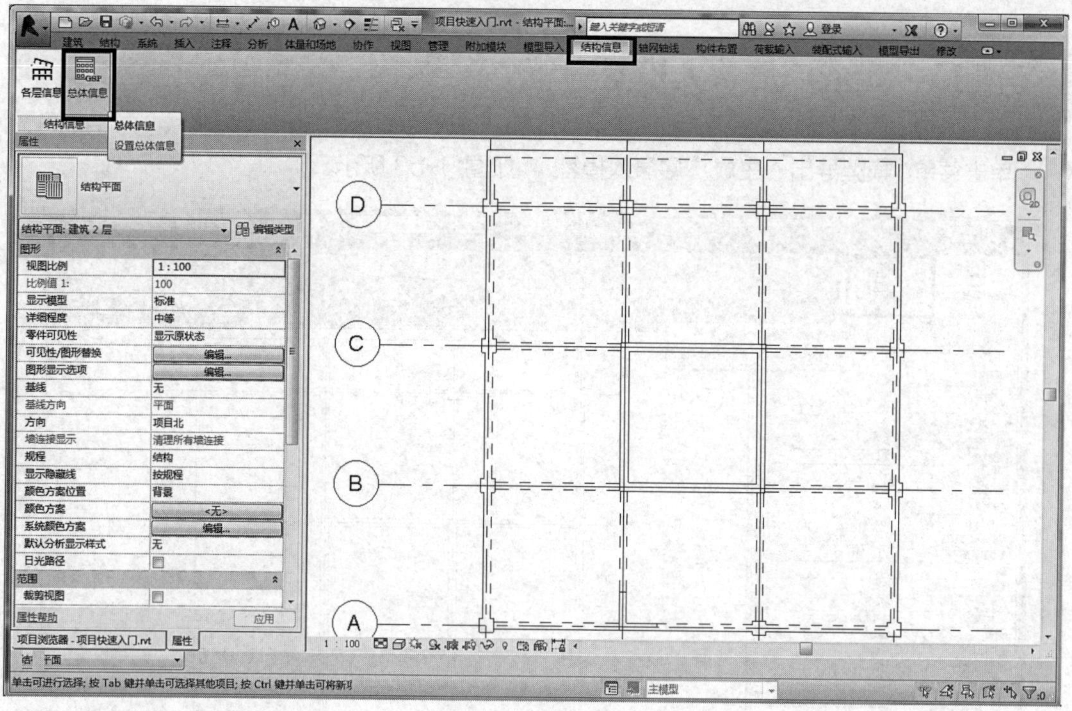

图5-51

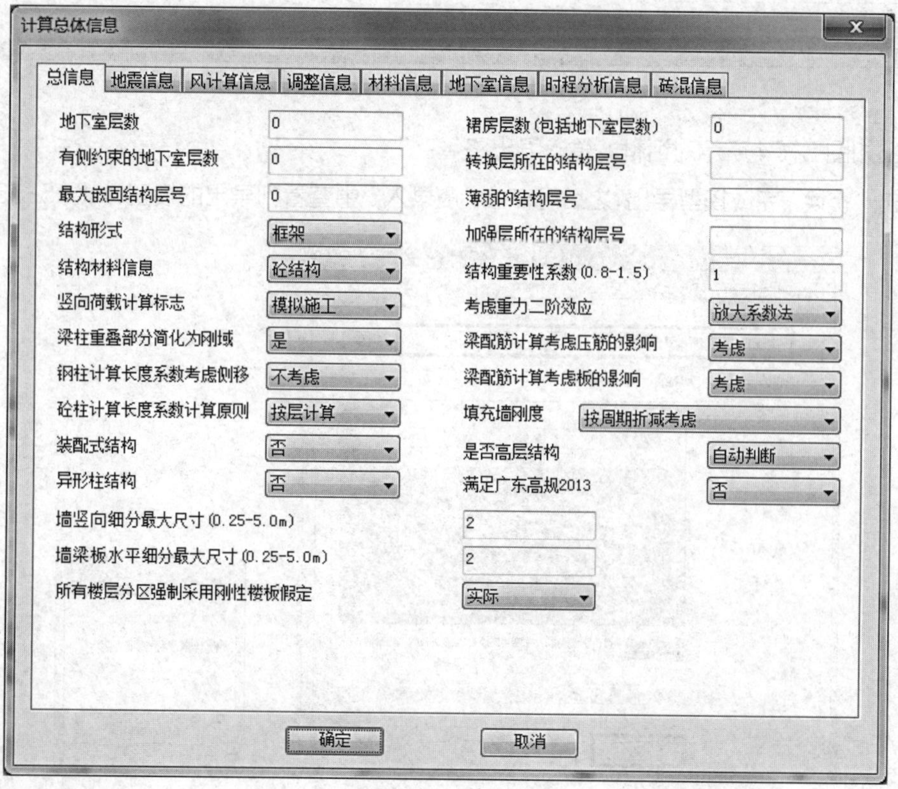

图5-52

5.11 生成广厦录入模型

单击菜单“模型导出—生成广厦录入模型”，如图 5-53 所示。

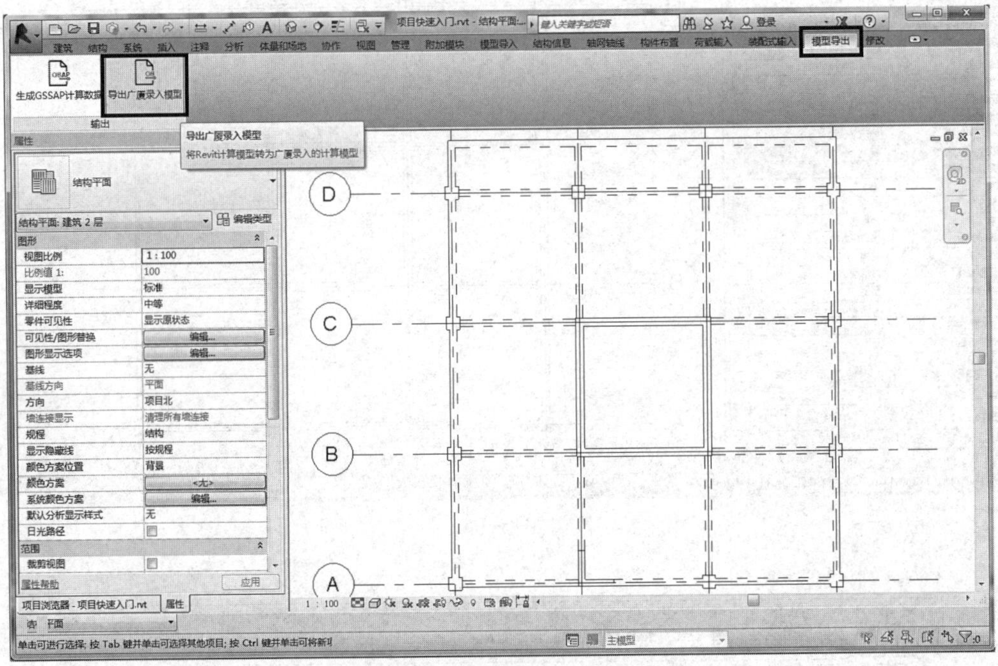

图5-53

弹出如图 5-54 所示对话框，输入导出路径。

单击“转换”完成模型导出，之后可在“广厦录入”中查看到导出的模型，如图 5-55 所示。

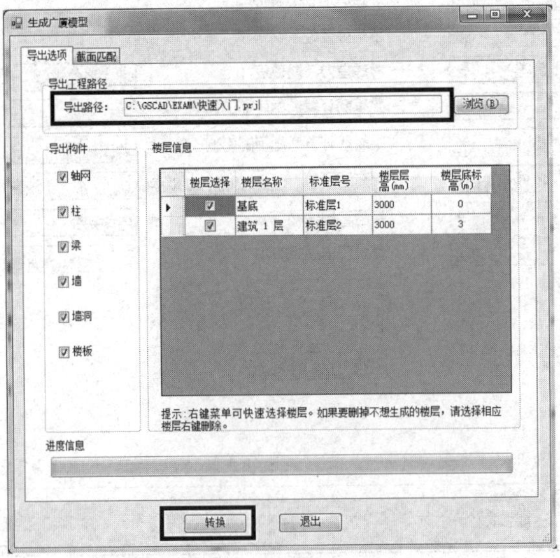

图5-54

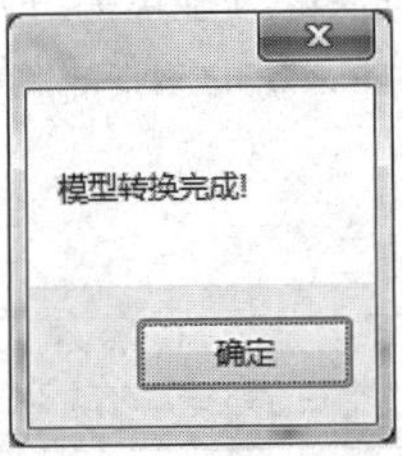

图5-55

第 6 章　结构模型和荷载的输入—详细功能

6.1　模型导入

6.1.1　导入广厦录入模型

在广厦主控菜单中单击按钮“Revit 建模”，弹出如下窗口选择“结构样板”，启动 GSRevit。

单击菜单“导入广厦模型”，把广厦录入的结构几何和荷载模型导入到 Revit 中，如图 6-1 所示。

弹出如图 6-2 所示对话框输入：地下室层数、建筑一层相对水平面的标高、广厦录入数据的工程文件等信息。

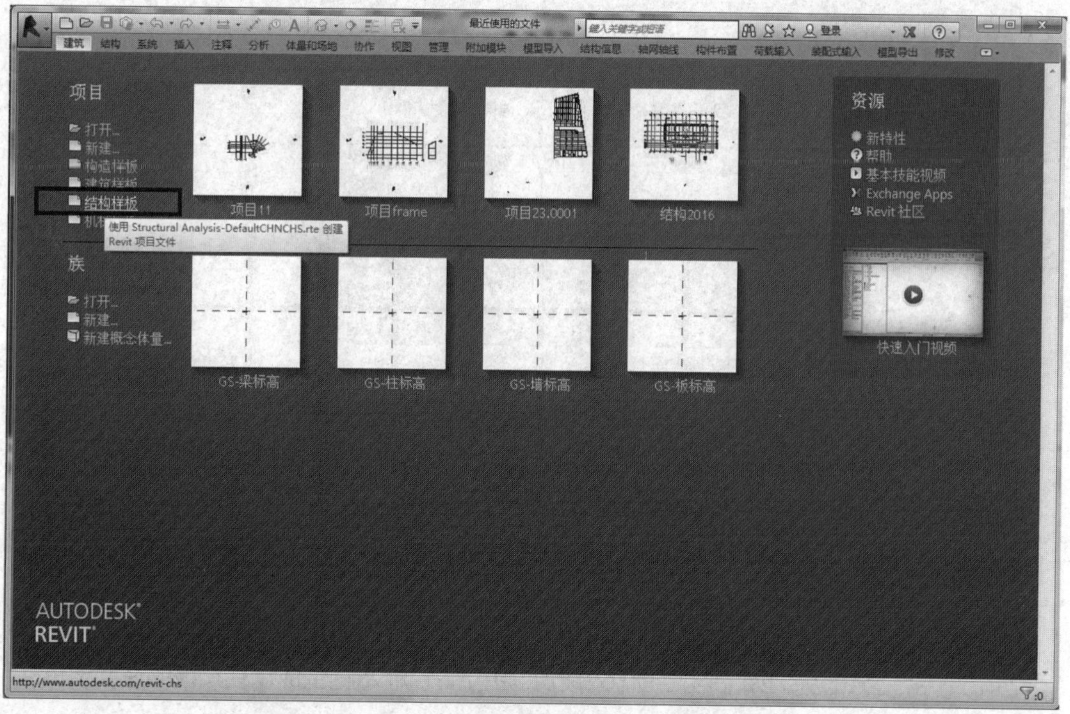

图6-1

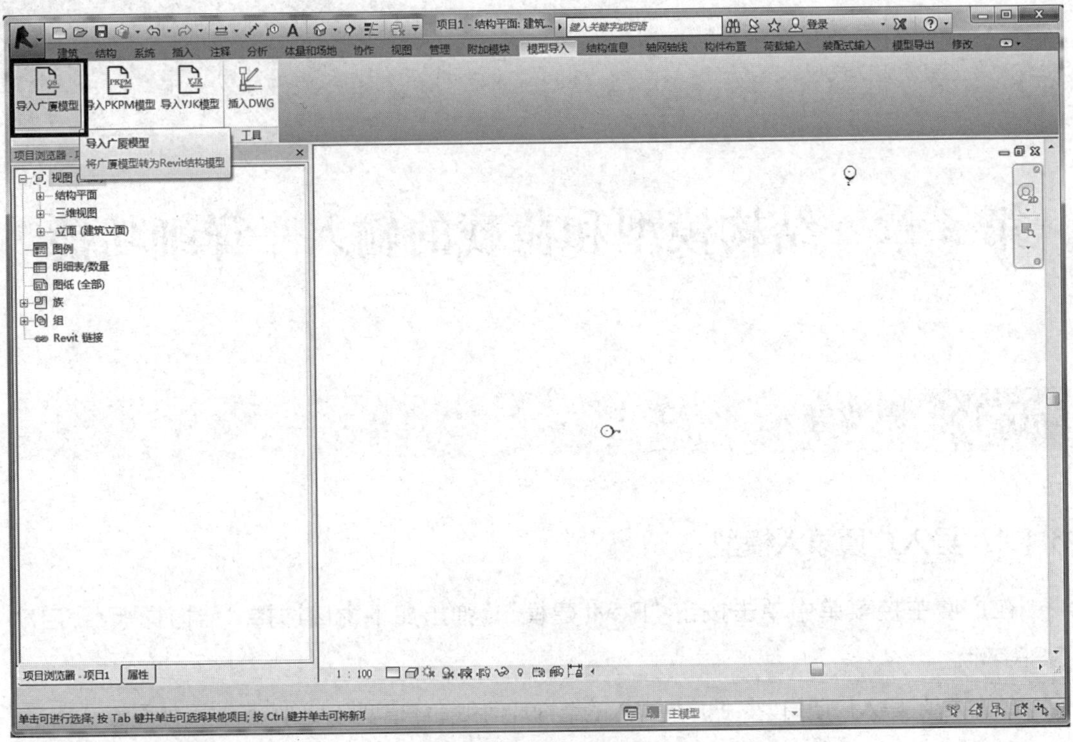

图6-1（续）

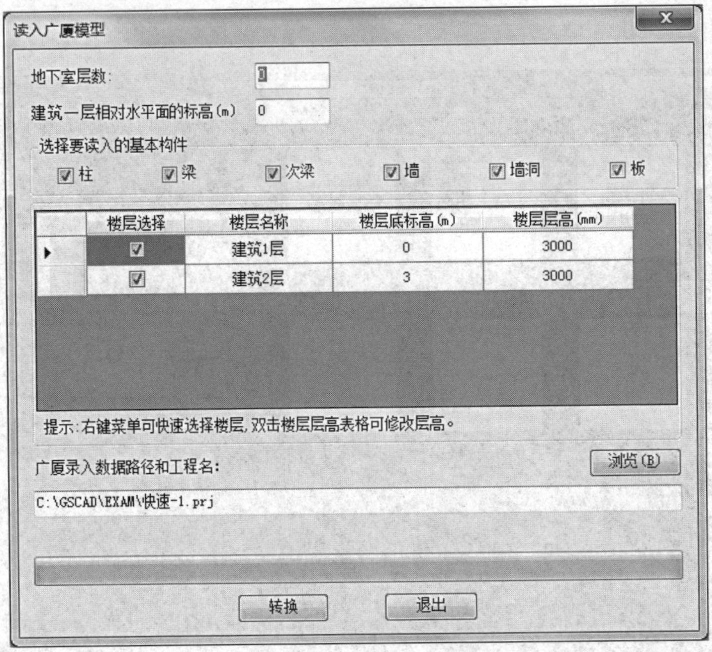

图6-2

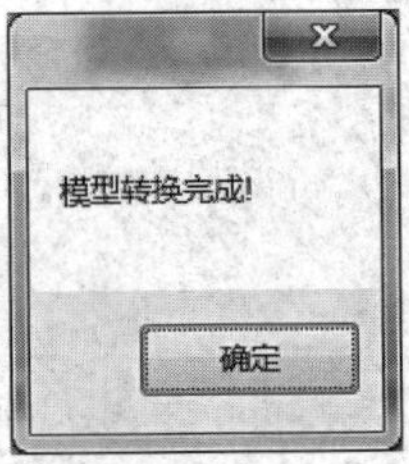

图6-3

单击“转换”按钮，弹出如下对话框导入成功。由于 Revit 本身生成墙柱梁板的速度比较慢，一个多层框架结构估计要一分钟左右，一个高层住宅要十几分钟左右，完成如图 6-3 所示。

6.1.2 导入 PKPM 模型

在广厦主控菜单中单击按钮“Revit 建模”，弹出如下窗口选择“结构样板”，启动 GSRevit，如图 6-4 所示。

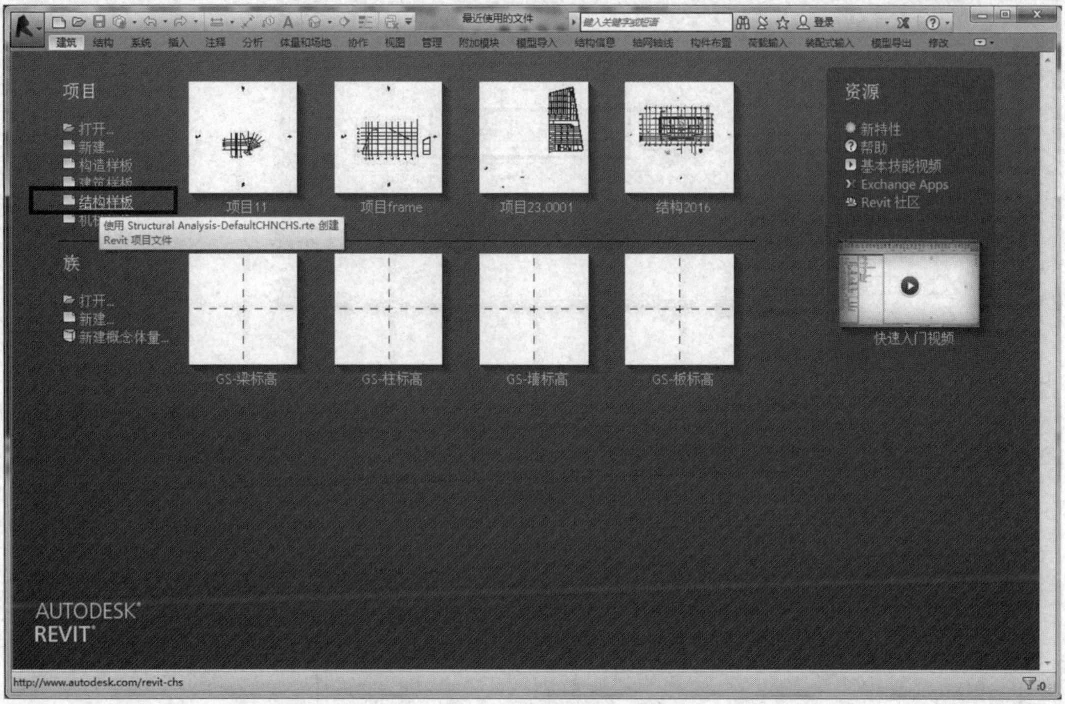

图6-4

单击菜单“读入 PKPM 模型”，把 PKPM 的结构几何和荷载模型导入到 Revit 中。操作过程如下，弹出如下对话框输入广厦工程名、PKPM 工程路径和名称，单击“一键导入 PKPM 生成 Revit 模型”，程序先把 PKPM 模型导成广厦模型，如图 6-5 所示。

再弹出如图 6-6 所示对话框输入：地下室层数、建筑一层相对水平面的标高、广厦录入数据的工程文件等信息。

单击“转换”，弹出如下对话框如图 6-7 所示，表示导入成功。由于 Revit 本身生成墙柱梁板的速度比较慢，一个多层框架结构估计要一分钟左右，一个高层住宅要十几分钟左右。

6.1.3 导入 YJK 模型

在广厦主控菜单中单击按钮“Revit 建模”，弹出如下窗口选择“结构样板”，启动 GSRevit，如图 6-8 所示。

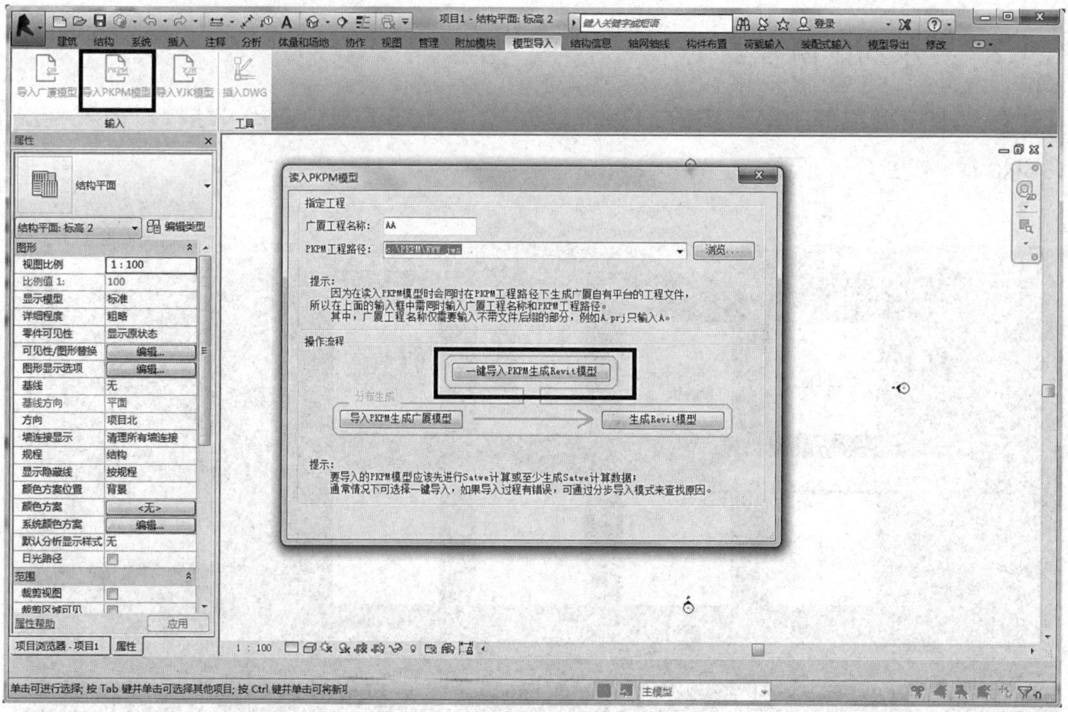

图6-5

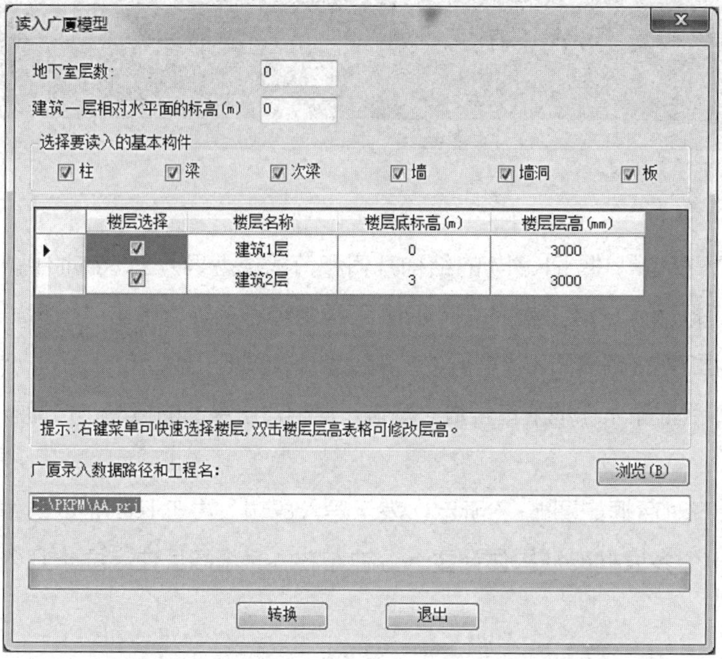

图6-6

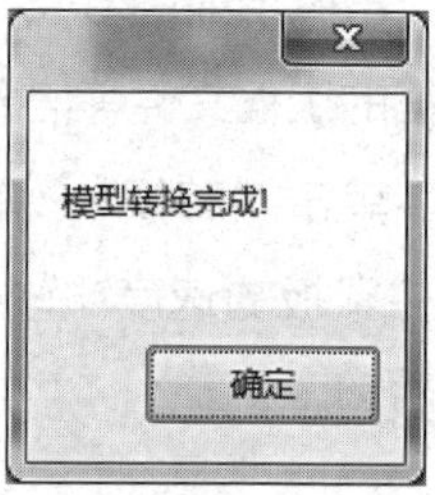

图6-7

单击菜单“导入YJK模型”,把YJK的结构几何和荷载模型导入导Revit中。操作过程如下,弹出如下对话框输入广厦工程名、YJK工程路径和名称,单击“一键导入YJK生成Revit模

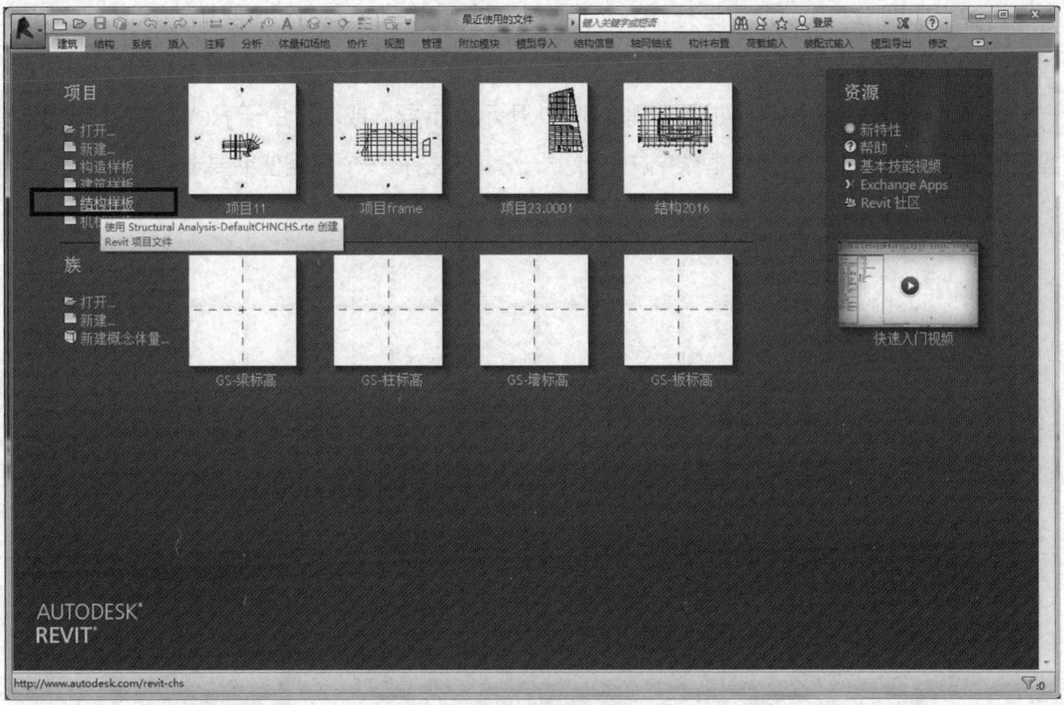

图6-8

型”，程序先把 YJK 模型导成广厦模型，如图 6-9 所示。

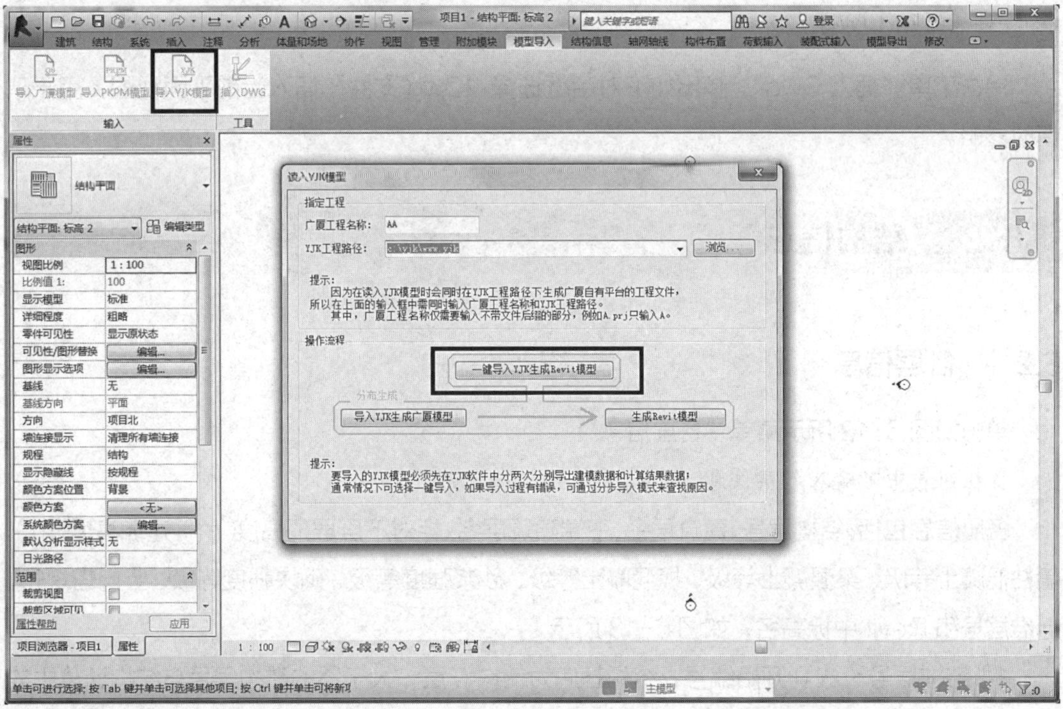

图6-9

再弹出如图 6-10 所示对话框输入：地下室层数、建筑一层相对水平面的标高、广厦录入数据的工程文件等信息。

单击“转换”，弹出如下对话框如图 6-11 所示表示导入成功。由于 Revit 本身生成墙柱梁板的速度比较慢，一个多层框架结构估计要一分钟左右，一个高层住宅要十几分钟左右。

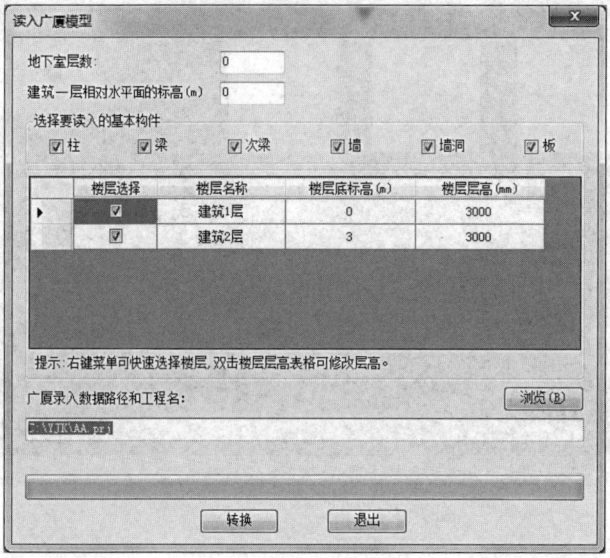

图6-10

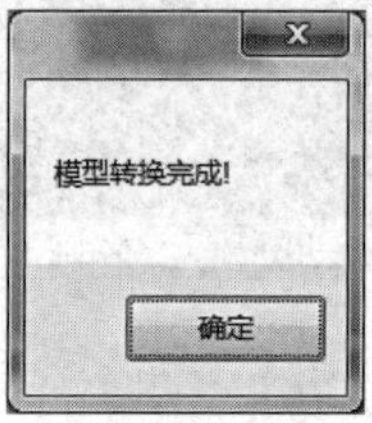

图6-11

6.1.4 插入 Dwg

单击菜单“插入 Dwg”，弹出如下对话框选择“Dwg 文件”插入当前平面视图，用于建模时参照。

6.2 结构信息

6.2.1 各层信息

单击如图 6-12 所示菜单“各层信息”。

1. 在列表中可输入各层信息

各层信息包括：结构层号、建筑层名、下端建筑层名、相对下层层顶高度(m)、建筑高度(m)、墙柱混凝土等级、梁混凝土等级、板混凝土等级、砂浆强度等级、砌块强度等级、竖向塔块号、标准层号和 Revit 中标高名，如图 6-13 所示。

1）结构层号：从 0 开始编号，结构基底为结构 0 层，大于零的结构层号与结构计算中的结构层号一一对应。

图6-12

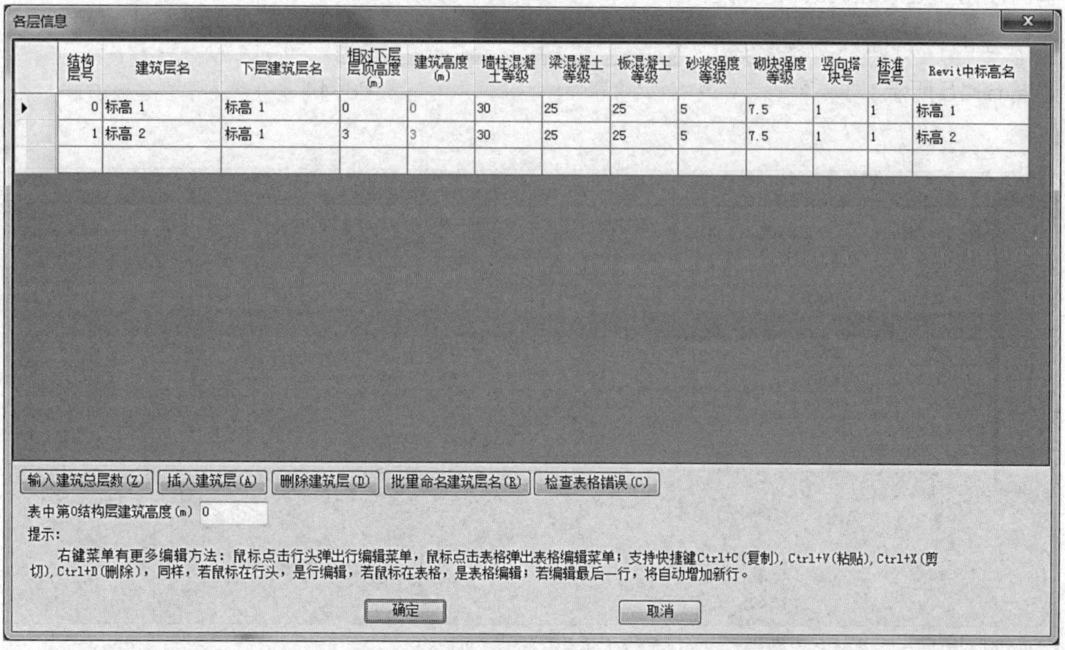

图6-13

2）建筑层名：Revit 中按建筑层来管理楼层数据，建筑层名为该楼层平面的建筑名称。

3）下端建筑层名：本行楼层平面对应的下端建筑平面的建筑名称。

4）相对下层层顶高度（m）：定义本层层高。

5）建筑高度（m）：建筑平面相对地面的高度，程序根据每层层高自动计算。

6）墙柱混凝土等级、梁混凝土等级、板混凝土等级、砂浆强度等级、砌块强度等级：每层缺省材料，与层材料不同时，可在构件属性中设置材料。

7）竖向塔块号：用于结构计算，体型不同的平面为不同的塔块号。

8）标准层号：方便与多层修改中快速选择哪些层同时修改，也是生成广厦录入模型时的缺省标准层设置。

9）Revit 中标高名：单击“确定”按钮后，若本行无对应的 Revit 中标高名，根据本行信息在 Revit 中新生成一个标高。

2. 输入建筑总层数

建筑总层数为建筑平面总数，包括结构底平面。如下若结构层总数 6，加上结构底平面，则建筑平面总数为 7。若扩展基础和桩基础面布置了地梁，需增加一个建筑平面，层高为地梁面到基础面距离，如图 6-14 所示。

3. 插入建筑层

点选黑框所在的列选择行，单击按钮“插入建筑层”，在光标所在的行后插入一建筑层，如图 6-15 所示。

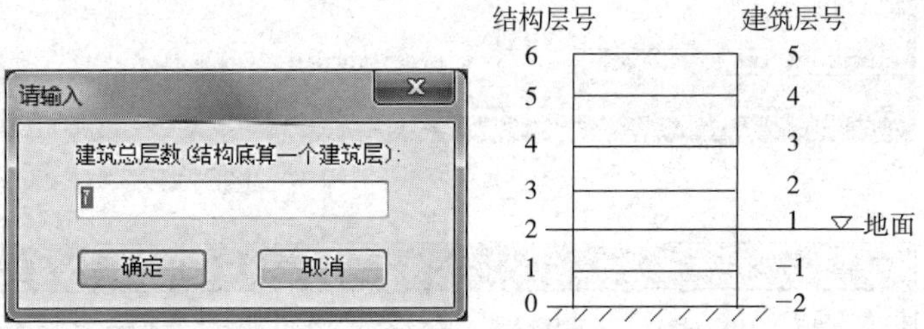
请输入
建筑总层数(结构底算一个建筑层):
7
确定
取消
结构层号
建筑层号
6
5
4
3
2
1
0
5
4
3
2
1
-1
-2
地面

图6-14

各层信息
结构层号
建筑层名
下层建筑层名
相对下层层顶高度(m)
建筑高度(m)
墙柱混凝土等级
梁混凝土等级
板混凝土等级
砂浆强度等级
砌块强度等级
竖向塔块号
标准层号
Revit中标高名
0 标高 1 0 0 30 25 25 5 7.5 1 1 标高 1
1 标高 2 标高 1 3 3 30 25 25 5 7.5 1 1 标高 2
2 标高 2 标高 1 3 3 30 25 25 5 7.5 1 1
3 标高 2 标高 1 3 3 30 25 25 5 7.5 1 1
4 标高 2 标高 1 3 3 30 25 25 5 7.5 1 1
5 标高 2 标高 1 3 3 30 25 25 5 7.5 1 1
6 标高 2 标高 1 3 3 30 25 25 5 7.5 1 1
输入建筑总层数(Z)
插入建筑层(A)
删除建筑层(D)
批量命名建筑层名(R)
检查表格错误(C)
表中第0结构层建筑高度(m) 0
提示：
右键菜单有更多编辑方法：鼠标点击行头弹出行编辑菜单，鼠标点击表格弹出表格编辑菜单；支持快捷键Ctrl+C(复制)，Ctrl+V(粘贴)，Ctrl+X(剪切)，Ctrl+D(删除)，同样，若鼠标在行头，是行编辑，若鼠标在表格，是表格编辑；若编辑最后一行，将自动增加新行。
确定
取消

图6-15

4. 删除建筑层

点选黑框所在的列选择行，单击按钮“删除建筑层”，删除建筑层。

5. 批量命名建筑层名

单击按钮“批量命名建筑层名”，弹出如下对话框输入建筑层名格式。

建筑层名格式:按“字符串？字符串”格式定义建筑层名。其中？号代表连续编码的层号，可以是中文数字或阿拉伯数字，如图 6-16 所示。

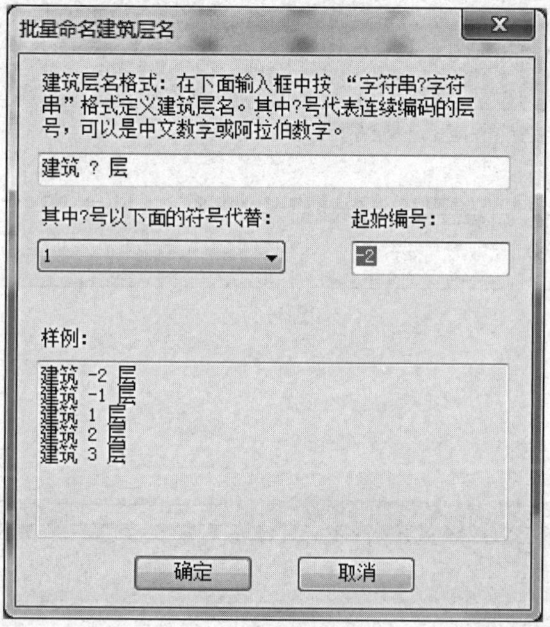

图6-16

6. 检查表格错误

单击按钮“检查表格错误”，表格中不合理的设置打“！”提示，如图 6-17 所示。

7. 表中第 0 结构层建筑高度（m）

输入结构底平面建筑高度，单位“m”。

6.2.2　总体信息

单击菜单“结构信息—总体信息”，修改计算总体信息。在建模前后都可修改，如图 6-18 所示。

弹出如图 6-19 所示对话框修改总体信息，共 8 页：总信息、地震信息、风计算信息、调整信息、材料信息、地下室信息、时程分析信息和砖混信息。详细的参数介绍见各计算软件说明书。

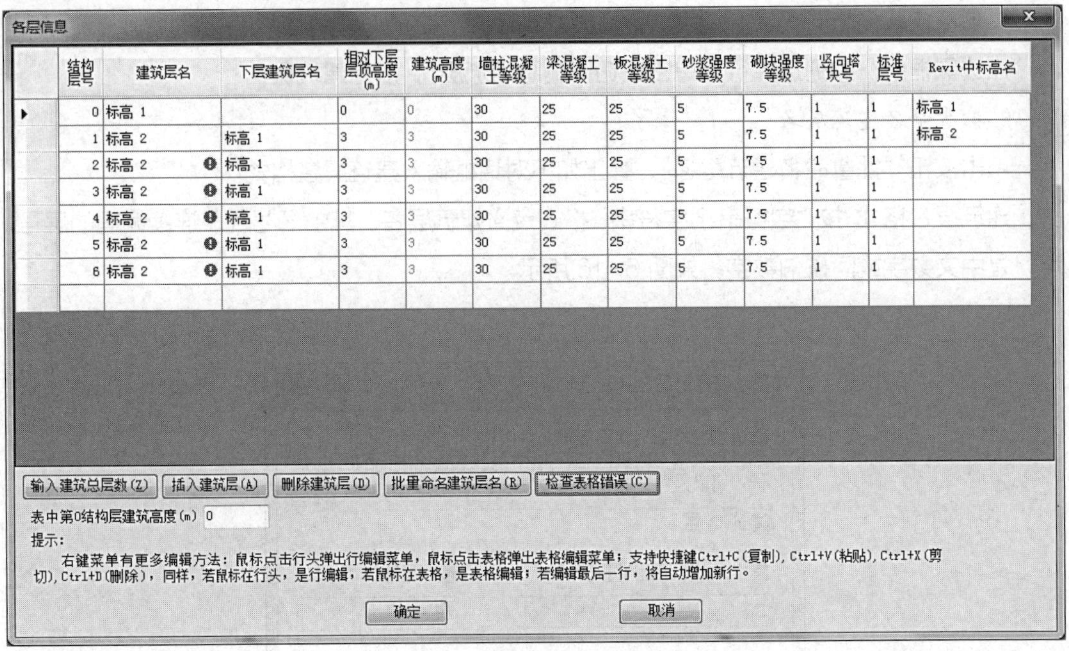

结构层号	建筑层名	下层建筑层名	相对下层层顶高度(m)	建筑高度(m)	墙柱混凝土等级	梁混凝土等级	板混凝土等级	砂浆强度等级	砌块强度等级	竖向搭块号	标准层号	Revit中标高名
0	标高 1		0	0	30	25	25	5	7.5	1	1	标高 1
1	标高 2	标高 1	3	3	30	25	25	5	7.5	1	1	标高 2
2	标高 2	标高 1	3	3	30	25	25	5	7.5	1	1	
3	标高 2	标高 1	3	3	30	25	25	5	7.5	1	1	
4	标高 2	标高 1	3	3	30	25	25	5	7.5	1	1	
5	标高 2	标高 1	3	3	30	25	25	5	7.5	1	1	
6	标高 2	标高 1	3	3	30	25	25	5	7.5	1	1	

图6-17

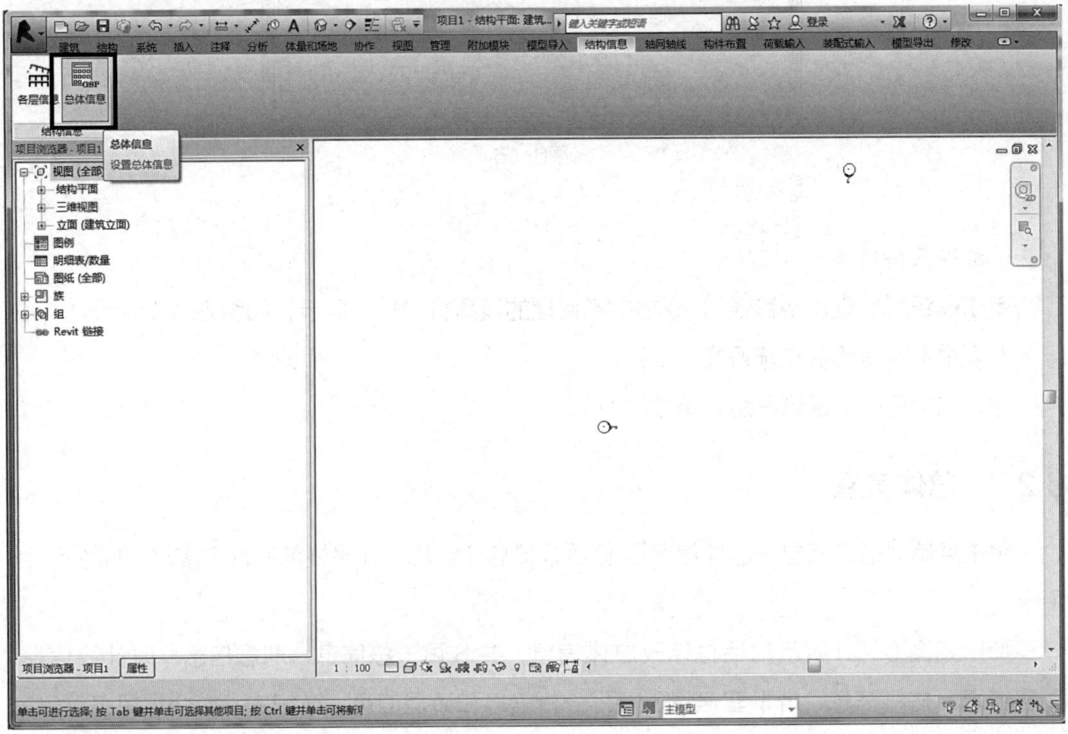

图6-18

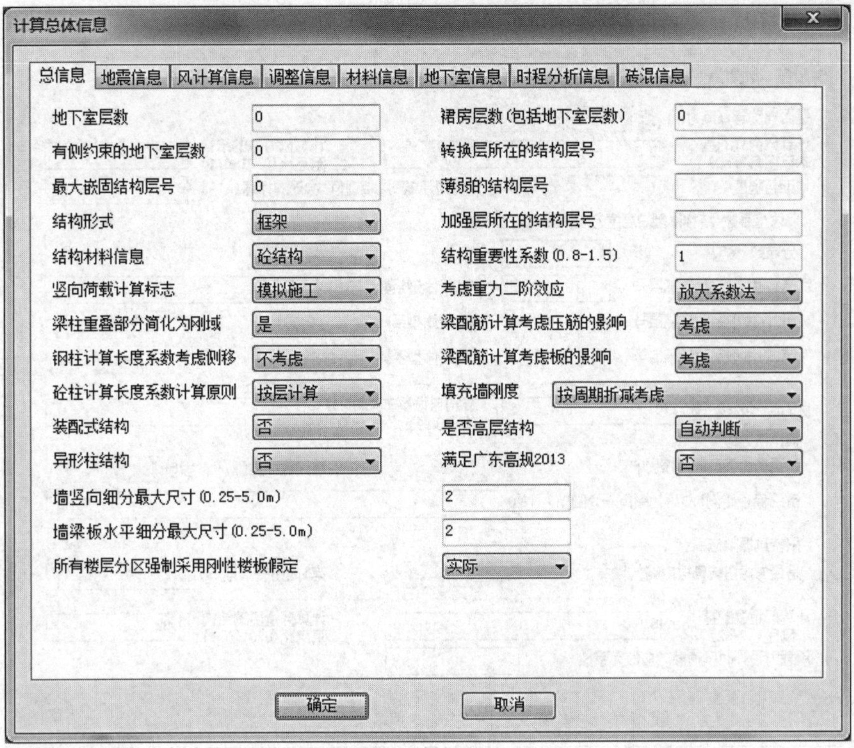
计算总体信息
总信息
地震信息
风计算信息
调整信息
材料信息
地下室信息
时程分析信息
砖混信息
地下室层数 0
有侧约束的地下室层数 0
最大嵌固结构层号 0
结构形式 框架
结构材料信息 砼结构
竖向荷载计算标志 模拟施工
梁柱重叠部分简化为刚域 是
钢柱计算长度系数考虑侧移 不考虑
砼柱计算长度系数计算原则 按层计算
装配式结构 否
异形柱结构 否
墙竖向细分最大尺寸(0.25-5.0m) 2
墙梁板水平细分最大尺寸(0.25-5.0m) 2
所有楼层分区强制采用刚性楼板假定 实际
裙房层数(包括地下室层数) 0
转换层所在的结构层号
薄弱的结构层号
加强层所在的结构层号
结构重要性系数(0.8-1.5) 1
考虑重力二阶效应 放大系数法
梁配筋计算考虑压筋的影响 考虑
梁配筋计算考虑板的影响 考虑
填充墙刚度 按周期折减考虑
是否高层结构 自动判断
满足广东高规2013 否
确定
取消

(a)

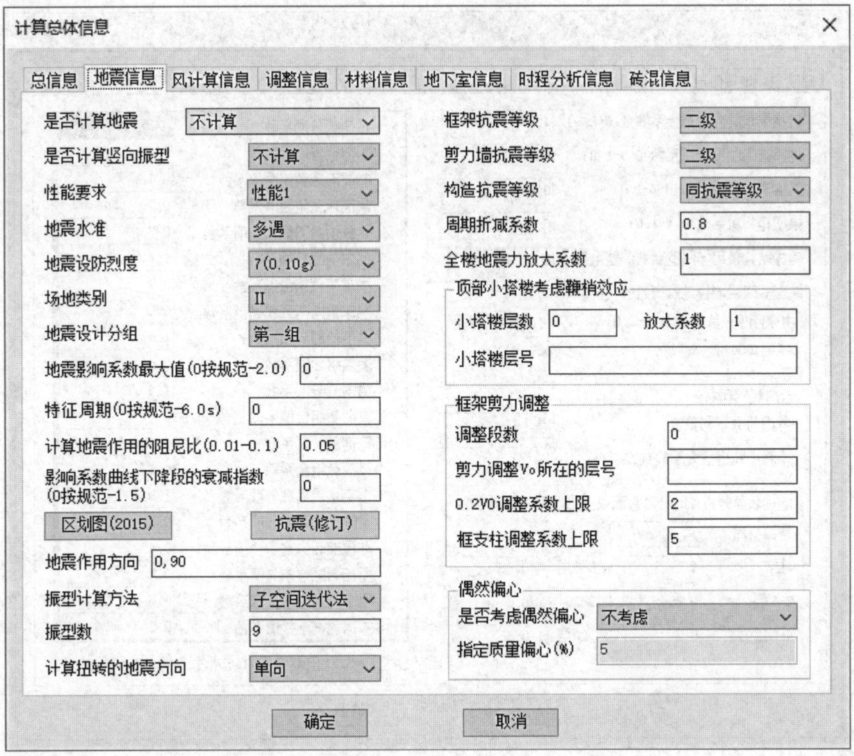
计算总体信息
总信息
地震信息
风计算信息
调整信息
材料信息
地下室信息
时程分析信息
砖混信息
是否计算地震 不计算
是否计算竖向振型 不计算
性能要求 性能1
地震水准 多遇
地震设防烈度 7(0.10g)
场地类别 II
地震设计分组 第一组
地震影响系数最大值(0按规范-2.0) 0
特征周期(0按规范-6.0s) 0
计算地震作用的阻尼比(0.01-0.1) 0.05
影响系数曲线下降段的衰减指数(0按规范-1.5) 0
区划图(2015)
抗震(修订)
地震作用方向 0,90
振型计算方法 子空间迭代法
振型数 9
计算扭转的地震方向 单向
框架抗震等级 二级
剪力墙抗震等级 二级
构造抗震等级 同抗震等级
周期折减系数 0.8
全楼地震力放大系数 1
顶部小塔楼考虑鞭梢效应
小塔楼层数 0
放大系数 1
小塔楼层号
框架剪力调整
调整段数 0
剪力调整V0所在的层号
0.2V0调整系数上限 2
框支柱调整系数上限 5
偶然偏心
是否考虑偶然偏心 不考虑
指定质量偏心(%) 5
确定
取消

(b)

图6-19

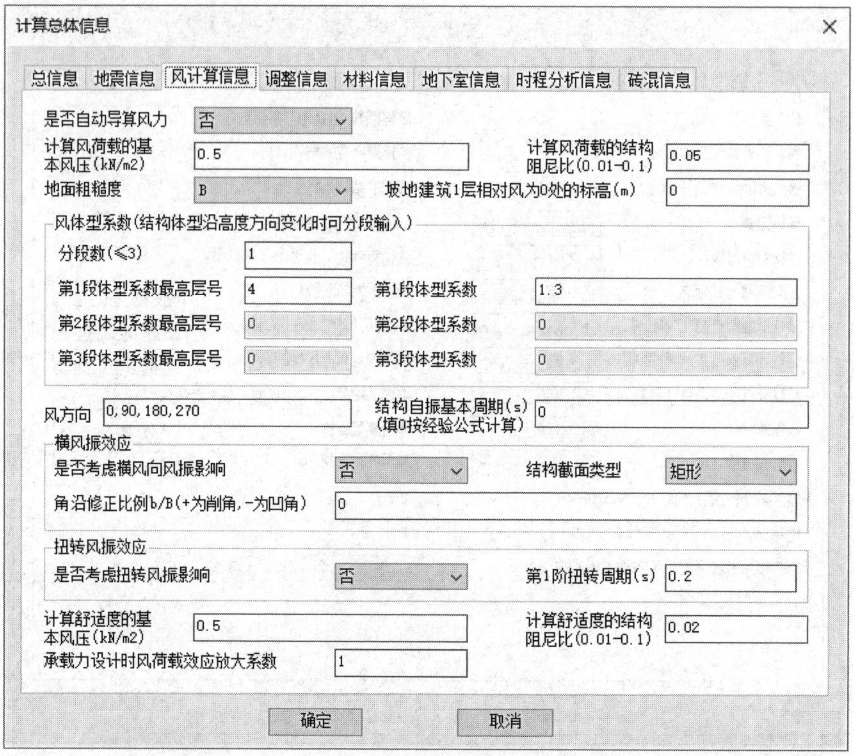
计算总体信息
总信息 地震信息 风计算信息 调整信息 材料信息 地下室信息 时程分析信息 砖混信息
是否自动导算风力 否
计算风荷载的基本风压(kN/m2) 0.5
计算风荷载的结构阻尼比(0.01-0.1) 0.05
地面粗糙度 B
坡地建筑1层相对风为0处的标高(m) 0
风体型系数(结构体型沿高度方向变化时可分段输入)
分段数(≤3) 1
第1段体型系数最高层号 4
第1段体型系数 1.3
第2段体型系数最高层号 0
第2段体型系数 0
第3段体型系数最高层号 0
第3段体型系数 0
风方向 0,90,180,270
结构自振基本周期(s)(填0按经验公式计算) 0
横风振效应
是否考虑横风向风振影响 否
结构截面类型 矩形
角沿修正比例b/B(+为削角,-为凹角) 0
扭转风振效应
是否考虑扭转风振影响 否
第1阶扭转周期(s) 0.2
计算舒适度的基本风压(kN/m2) 0.5
计算舒适度的结构阻尼比(0.01-0.1) 0.02
承载力设计时风荷载效应放大系数 1
确定
取消

(c)

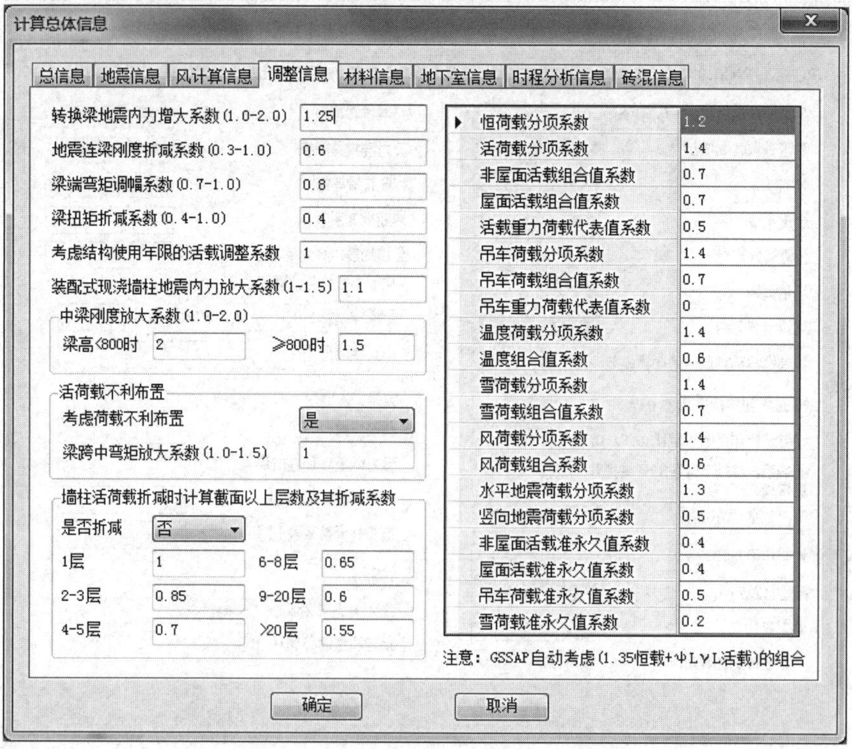
计算总体信息
总信息 地震信息 风计算信息 调整信息 材料信息 地下室信息 时程分析信息 砖混信息
转换梁地震内力增大系数(1.0-2.0) 1.25
地震连梁刚度折减系数(0.3-1.0) 0.6
梁端弯矩调幅系数(0.7-1.0) 0.8
梁扭矩折减系数(0.4-1.0) 0.4
考虑结构使用年限的活载调整系数 1
装配式现浇墙柱地震内力放大系数(1-1.5) 1.1
中梁刚度放大系数(1.0-2.0)
梁高<800时 2
≥800时 1.5
活荷载不利布置
考虑荷载不利布置 是
梁跨中弯矩放大系数(1.0-1.5) 1
墙柱活荷载折减时计算截面以上层数及其折减系数
是否折减 否
1层 1
6-8层 0.65
2-3层 0.85
9-20层 0.6
4-5层 0.7
>20层 0.55
恒荷载分项系数 1.2
活荷载分项系数 1.4
非屋面活载组合值系数 0.7
屋面活载组合值系数 0.7
活载重力荷载代表值系数 0.5
吊车荷载分项系数 1.4
吊车荷载组合值系数 0.7
吊车重力荷载代表值系数 0
温度荷载分项系数 1.4
温度组合值系数 0.6
雪荷载分项系数 1.4
雪荷载组合值系数 0.7
风荷载分项系数 1.4
风荷载组合系数 0.6
水平地震荷载分项系数 1.3
竖向地震荷载分项系数 0.5
非屋面活载准永久值系数 0.4
屋面活载准永久值系数 0.4
吊车荷载准永久值系数 0.5
雪荷载准永久值系数 0.2
注意：GSSAP自动考虑(1.35恒载+ψLγL活载)的组合
确定
取消

(d)

图6-19（续）

计算总体信息
总信息 地震信息 风计算信息 调整信息 材料信息 地下室信息 时程分析信息 砖混信息
混凝土构件的容重(kN/m3) 25
梁主筋级别(2,3)或强度(N/mm2) 360
梁箍筋级别(1,2,3,4冷轧带肋)或强度(N/mm2) 360
柱主筋级别(2,3)或强度(N/mm2) 360
柱箍筋级别(1,2,3,4冷轧带肋)或强度(N/mm2) 360
墙暗柱主筋级别(2,3)或强度(N/mm2) 360
墙水平分布筋级别(1,2,3,4冷轧带肋)或强度(N/mm2) 360
墙暗柱箍筋级别(1,2,3,4冷轧带肋)或强度(N/mm2) 360
板钢筋级别(1,2,3,4冷轧带肋)或强度(N/mm2) 360
梁保护层厚度(mm) 25
柱保护层厚度(mm) 30
墙保护层厚度(mm) 20
板保护层厚度(mm) 20
混凝土热膨胀系数(1/℃) 1.00E-005
钢构件容重(kN/m3) 78
钢构件牌号 Q235
型钢构件牌号 Q235
钢构件净截面和毛截面比值(≤1) 0.95
钢热膨胀系数(1/℃) 1.20E-005
注意：本版本保护层厚度应按2010混规输入
确定
取消

(e)

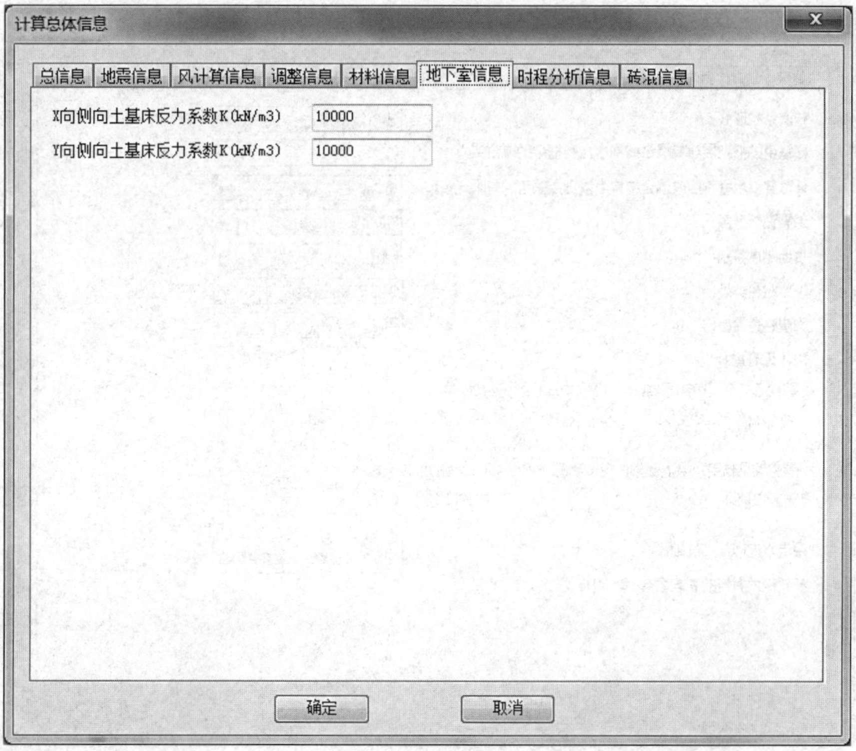
计算总体信息
总信息 地震信息 风计算信息 调整信息 材料信息 地下室信息 时程分析信息 砖混信息
X向侧向土基床反力系数K(kN/m3) 10000
Y向侧向土基床反力系数K(kN/m3) 10000
确定
取消

(f)

图6-19（续）

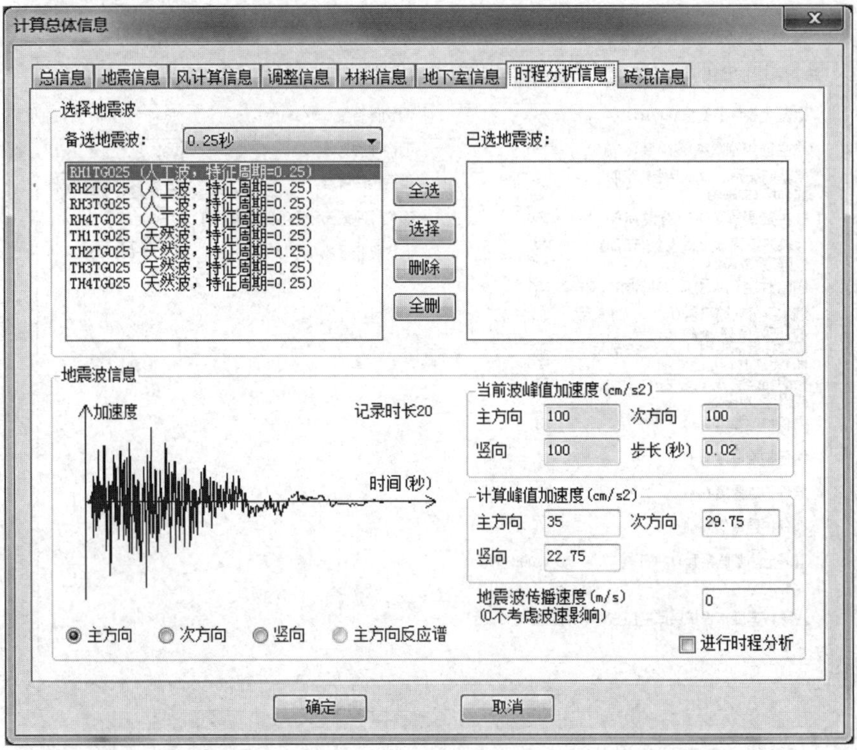
计算总体信息
总信息
地震信息
风计算信息
调整信息
材料信息
地下室信息
时程分析信息
砖混信息
选择地震波
备选地震波:
0.25秒
已选地震波:
RH1TG025 (人工波，特征周期=0.25)
RH2TG025 (人工波，特征周期=0.25)
RH3TG025 (人工波，特征周期=0.25)
RH4TG025 (人工波，特征周期=0.25)
TH1TG025 (天然波，特征周期=0.25)
TH2TG025 (天然波，特征周期=0.25)
TH3TG025 (天然波，特征周期=0.25)
TH4TG025 (天然波，特征周期=0.25)
全选
选择
删除
全删
地震波信息
加速度
记录时长20
时间(秒)
当前波峰值加速度(cm/s2)
主方向
100
次方向
100
竖向
100
步长(秒)
0.02
计算峰值加速度(cm/s2)
主方向
35
次方向
29.75
竖向
22.75
地震波传播速度(m/s)
(0不考虑波速影响)
0
主方向
次方向
竖向
主方向反应谱
进行时程分析
确定
取消

(g)

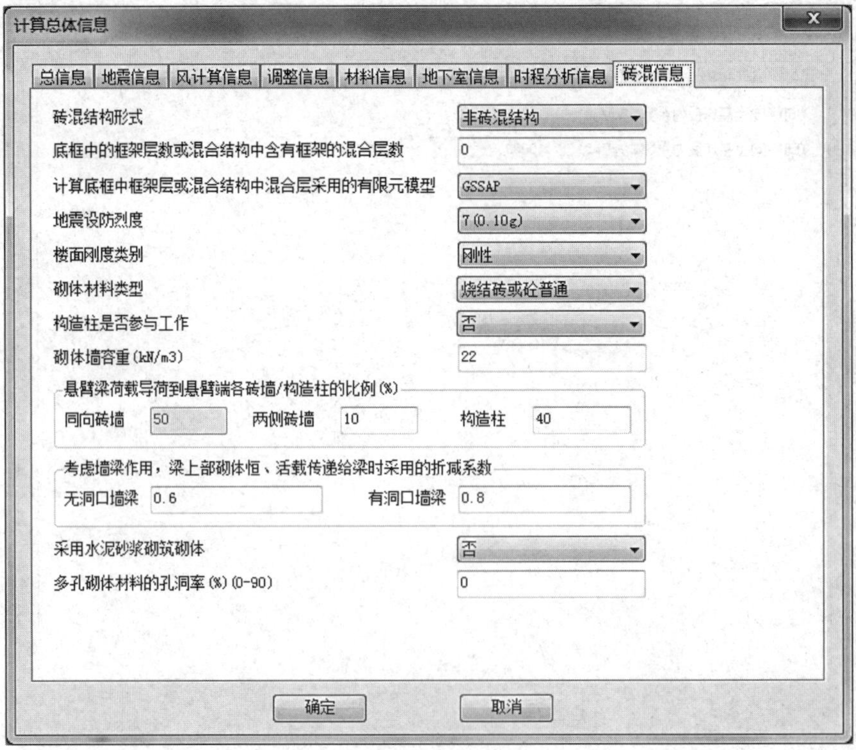
计算总体信息
总信息
地震信息
风计算信息
调整信息
材料信息
地下室信息
时程分析信息
砖混信息
砖混结构形式
非砖混结构
底框中的框架层数或混合结构中含有框架的混合层数
0
计算底框中框架层或混合结构中混合层采用的有限元模型
GSSAP
地震设防烈度
7(0.10g)
楼面刚度类别
刚性
砌体材料类型
烧结砖或砼普通
构造柱是否参与工作
否
砌体墙容重(kN/m3)
22
悬臂梁荷载导荷到悬臂端各砖墙/构造柱的比例(%)
同向砖墙
50
两侧砖墙
10
构造柱
40
考虑墙梁作用，梁上部砌体恒、活载传递给梁时采用的折减系数
无洞口墙梁
0.6
有洞口墙梁
0.8
采用水泥砂浆砌筑砌体
否
多孔砌体材料的孔洞率(%)(0-90)
0
确定
取消

(h)

图6-19(续)

6.3 轴网轴线

输入直线轴线和圆弧轴线，Revit 中轴线只输入一次，一般在第 1 结构层输入轴线，即可在所有建筑层用于定位，如图 6-20 所示。

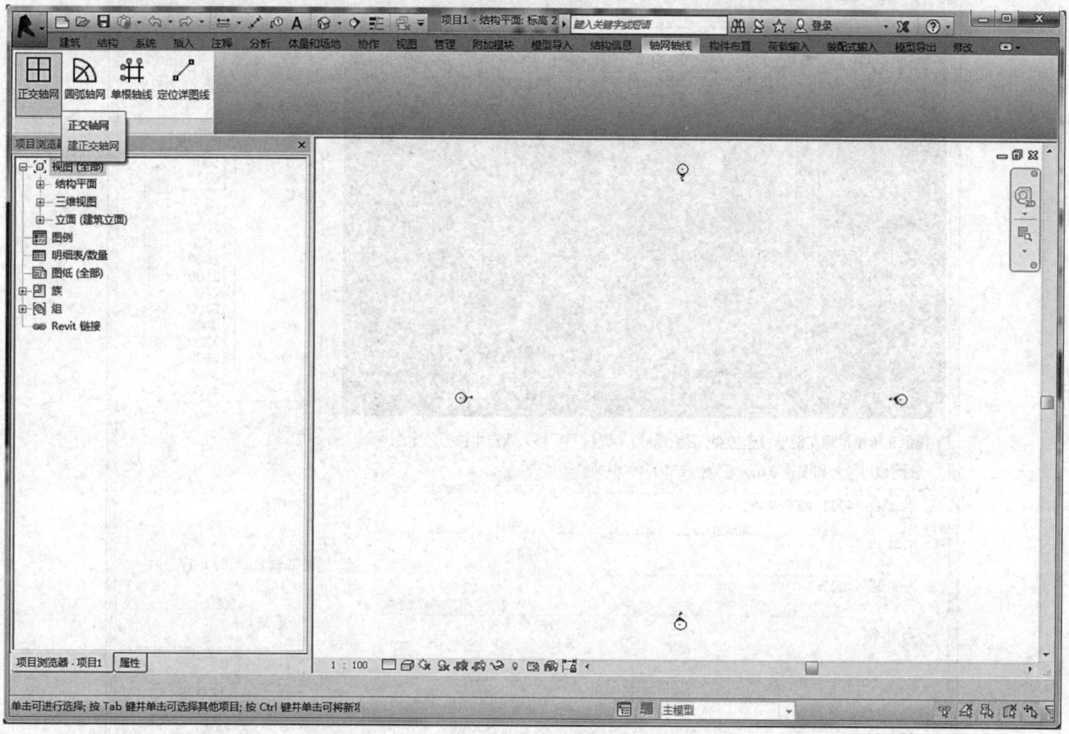

图6-20

Revit 中一般原则是：带轴号的按轴线输入，不在轴线上的梁和墙端可采用光标点相对于轴线和其他构件直接定位，如图 6-21 所示。

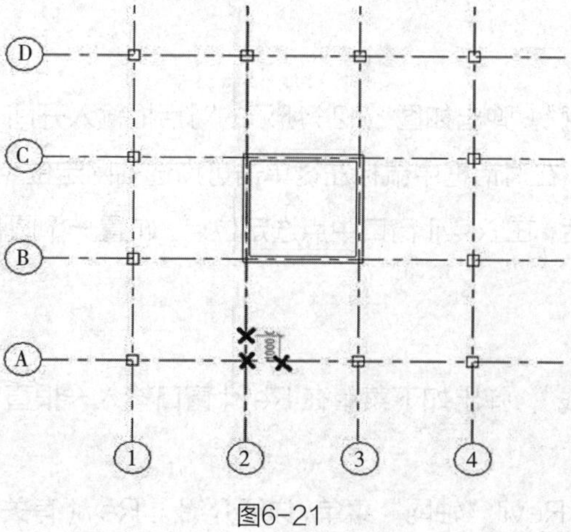

图6-21

6.3.1 正交轴网

单击菜单“正交轴网”，弹出如图 6-22 所示的对话框输入开间、进深、转角和轴号。在对话框中鼠标左键单击可点选轴网定位点。

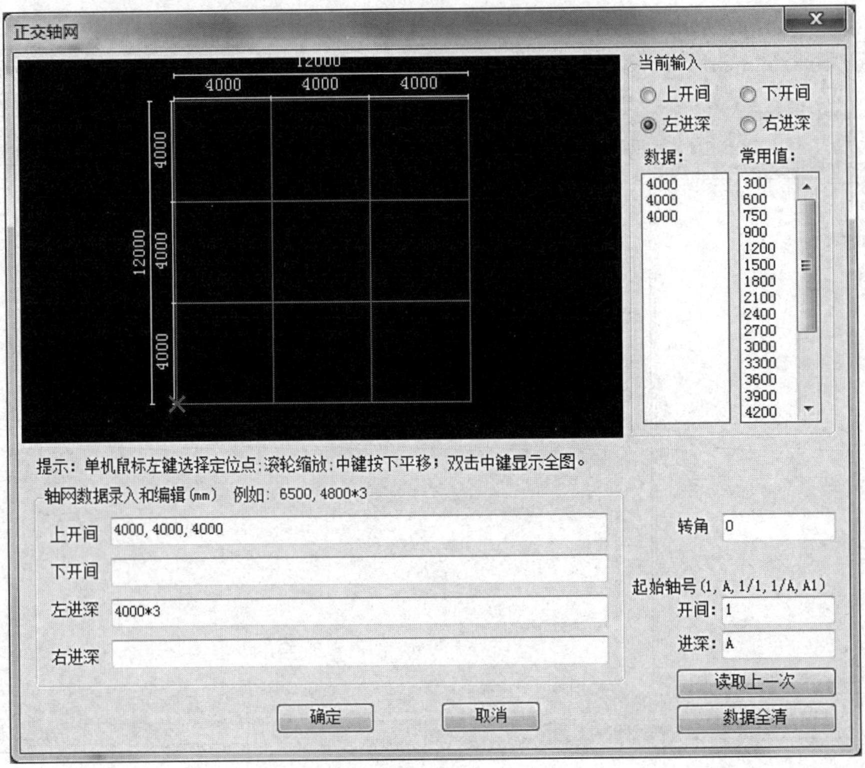

图6-22

单击“确定”按钮后，在 Revit 窗口中点选定位点，布置一个正交轴网，如图 6-23 所示。

6.3.2 圆轴网

单击菜单“圆弧轴网”，弹出如图 6-24 所示的对话框输入开间、进深、第 1 条弧线与圆心的距离、转角和轴号。在对话框中鼠标左键单击可点选轴网定位点。

单击“确定”按钮后，在 Revit 窗口中点选定位点，布置一个圆弧轴网，如图 6-25 所示。

6.3.3 单根轴线

单击菜单“单根轴线”，弹出如下菜单在 Revit 窗口输入一根直线轴线或圆弧轴线，如图 6-26 所示。

“单根轴线”菜单为 Revit“轴网”菜单，详细介绍见 Revit 有关说明书，如图 6-27 所示。

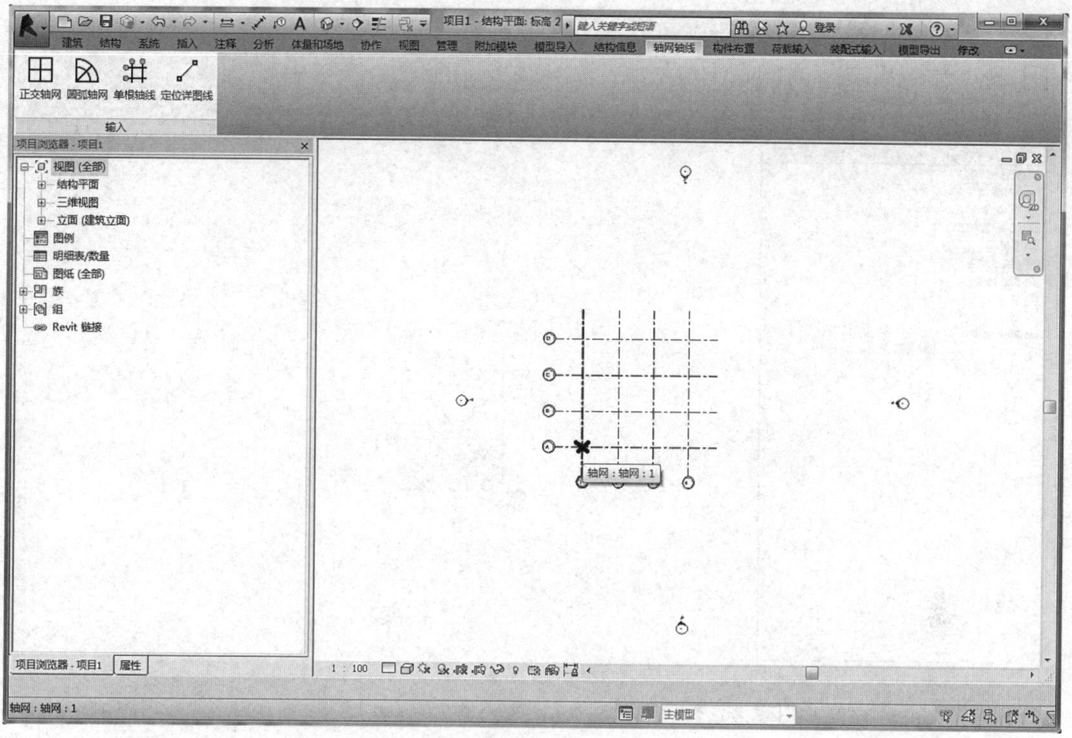

图6-23

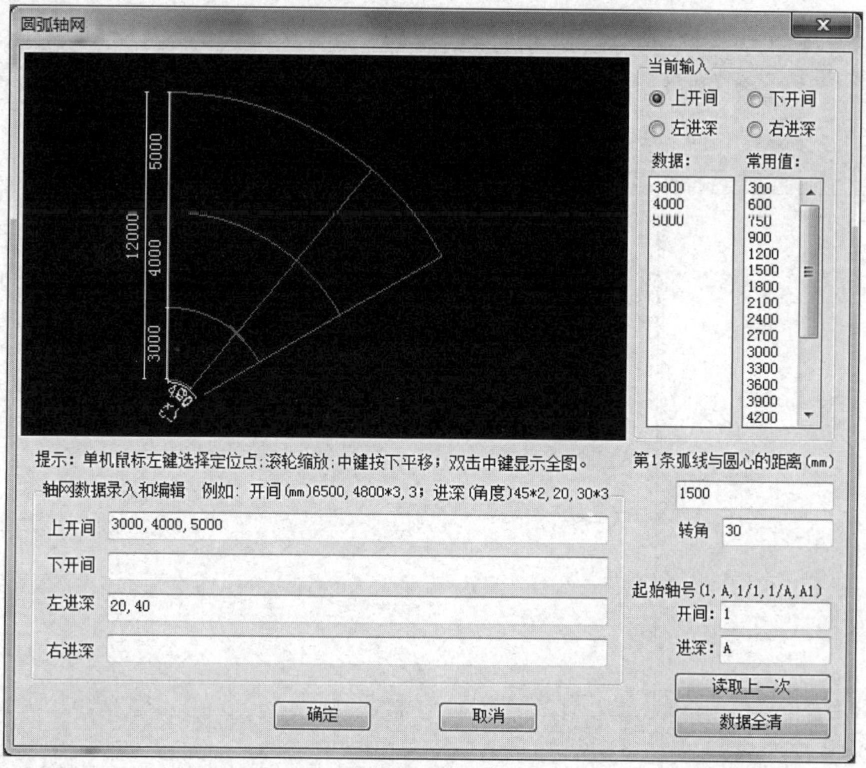
圆弧轴网
当前输入
上开间
下开间
左进深
右进深
数据:
常用值:
提示：单机鼠标左键选择定位点;滚轮缩放;中键按下平移；双击中键显示全图。
轴网数据录入和编辑 例如：开间(mm)6500,4800*3,3；进深(角度)45*2,20,30*3
上开间 3000,4000,5000
下开间
左进深 20,40
右进深
第1条弧线与圆心的距离(mm) 1500
转角 30
起始轴号(1,A,1/1,1/A,A1)
开间: 1
进深: A
读取上一次
数据全清
确定
取消

图6-24

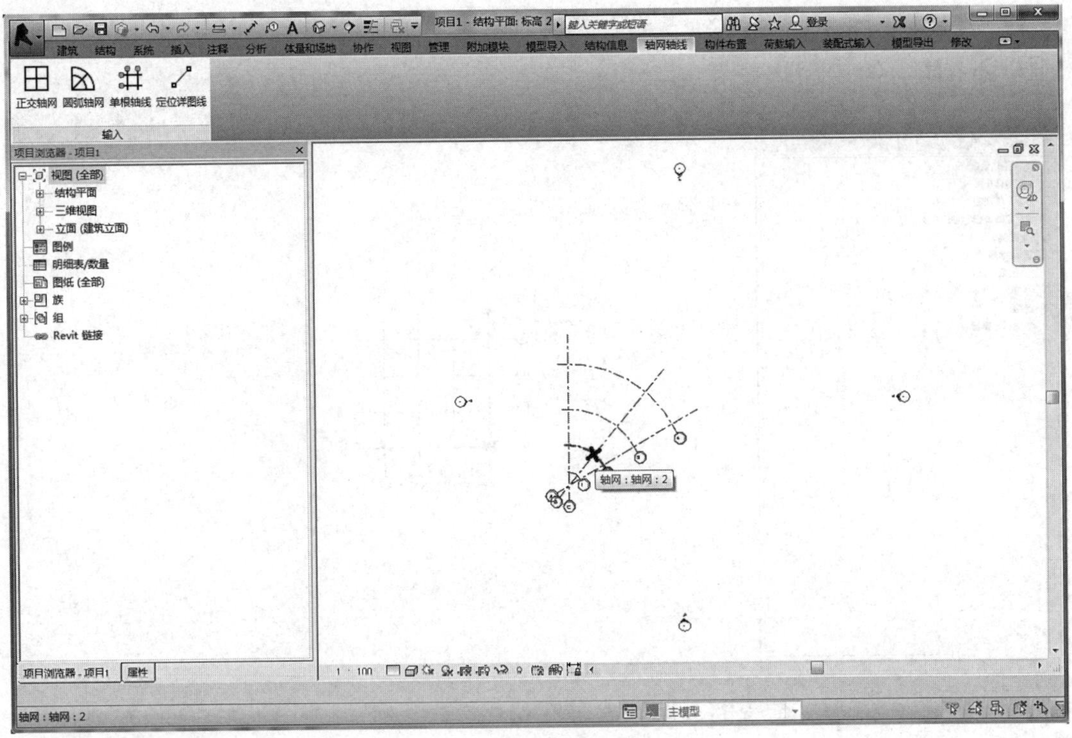

图6-25

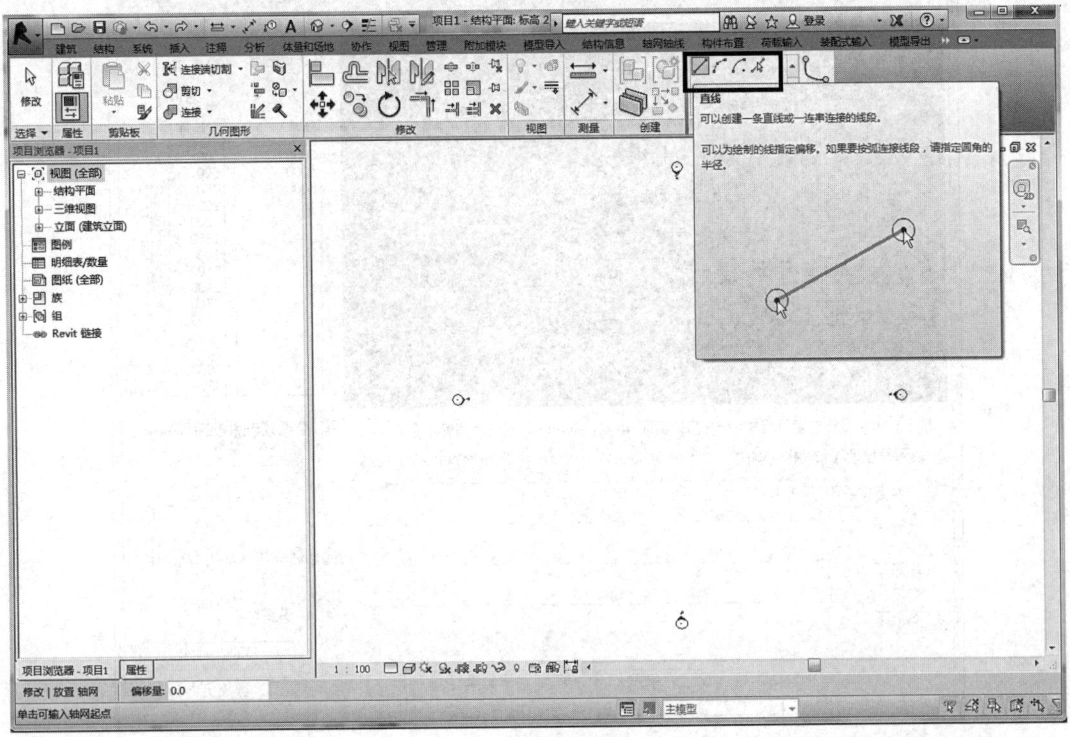

图6-26

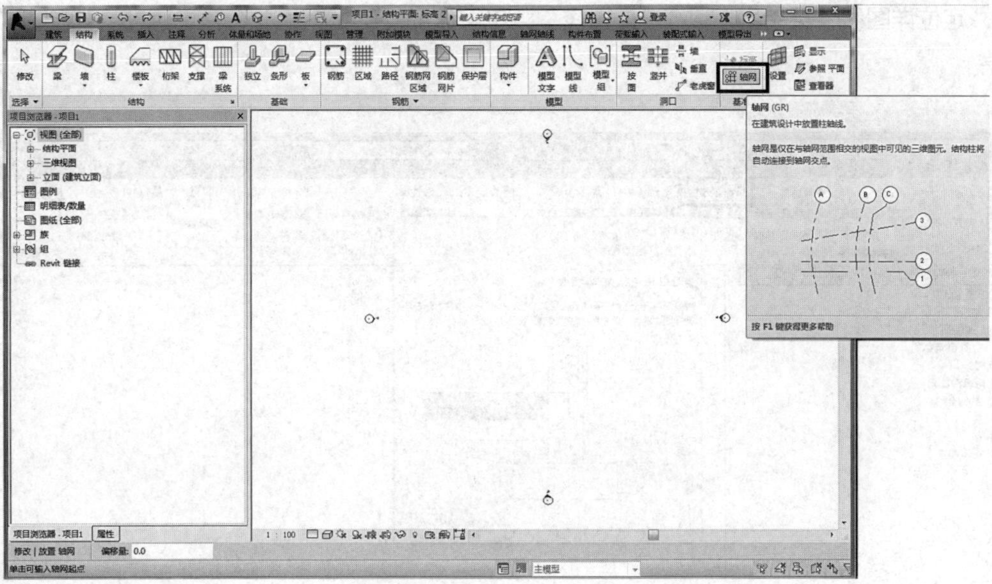

图6-27

6.3.4 定位详图线

单击菜单“定位详图线”，弹出如下菜单在 Revit 窗口输入一根详图直线或详图圆弧。Revit 中一般靠轴线和其他构件来定位新的墙柱梁板，如不能定位时，可绘制详图线来定位墙柱梁板，如图 6-28 所示。

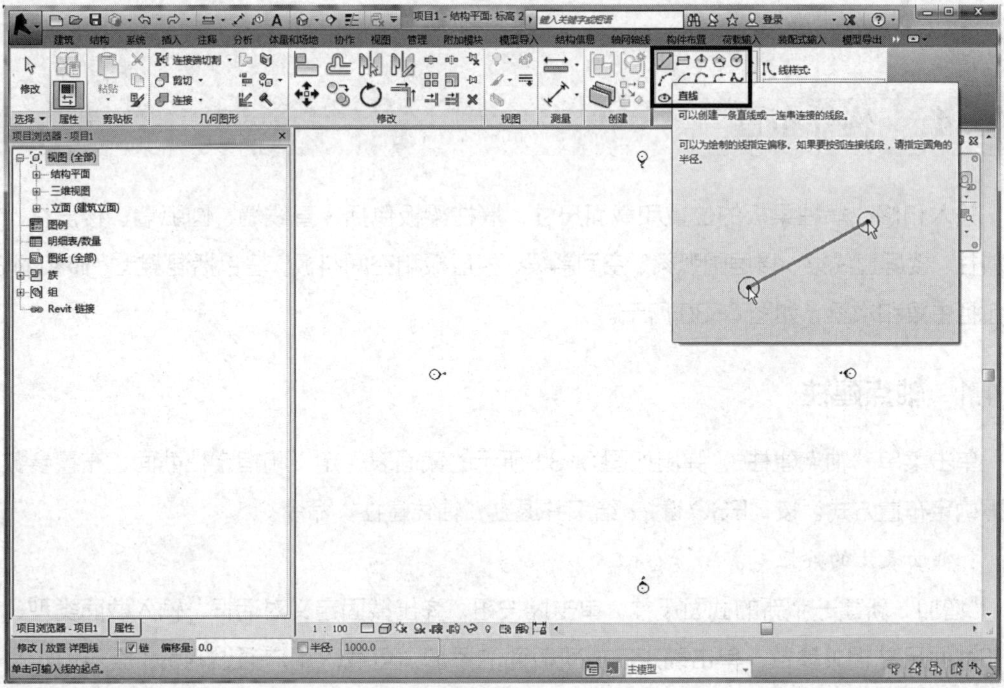

图6-28

“定位详图线”菜单为 Revit“详图线”菜单，详细介绍见 Revit 有关说明书，如图 6-29 所示。

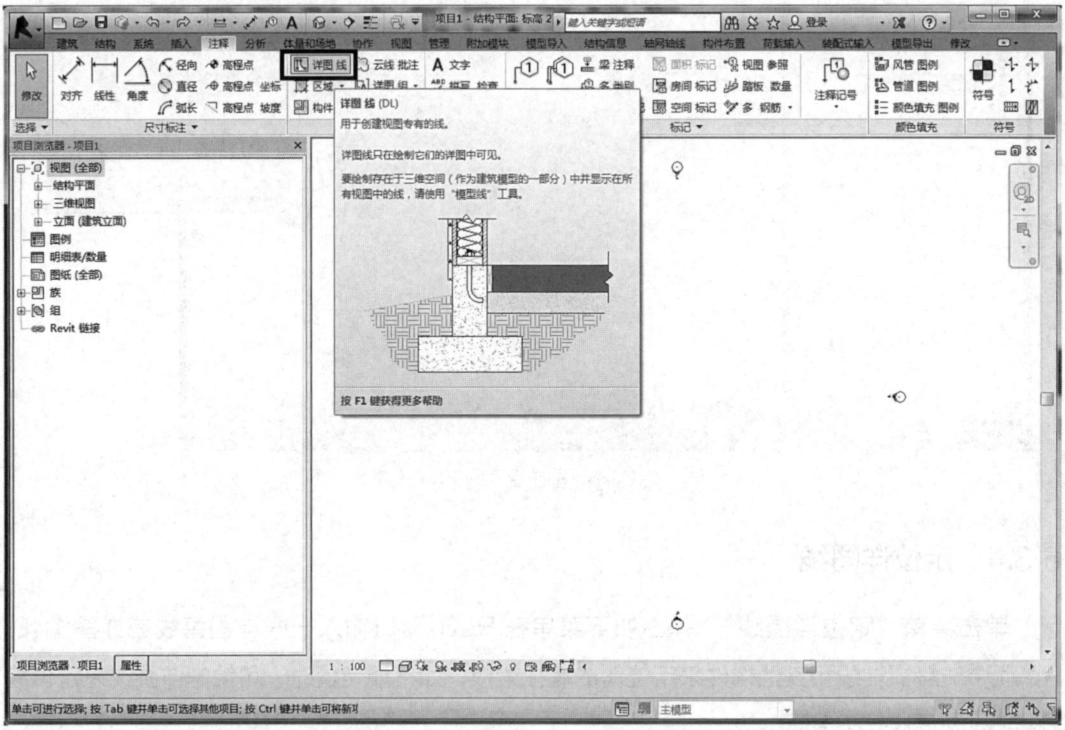

图6-29

6.4 构件布置

输入和修改墙柱梁板的位置和截面尺寸，墙柱梁板包括：直线墙、圆弧墙、楼层柱、空间斜柱、楼层直线梁、楼层圆弧梁、空间斜梁、楼层板和空间斜板，墙包括混凝土、砖和钢墙，梁包括主梁和次梁，如图 6-30 所示。

6.4.1 轴点建柱

单击菜单“轴点建柱”，弹出如图 6-31 所示的截面表，定义和指定柱截面，布置参数对话框确定布置方式。按“ESC 键”，结束并退出“轴线建柱”命令。

1. 截面表上的按钮

“增加”新建一个新的截面尺寸。单击此按钮，弹出截面定义对话框，输入截面类型、名称和截面尺寸相关参数。单击确定完成新截面的添加。可载入用户通过 Revit 族自己定义的截面类型，如图 6-32 所示。

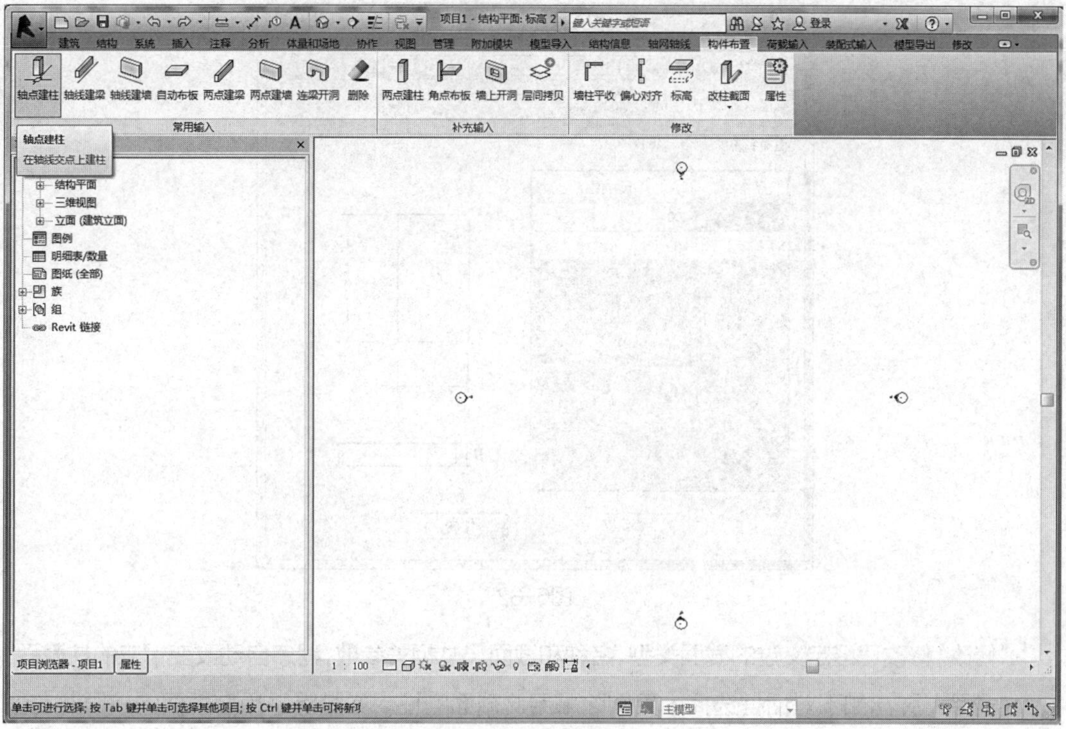
项目1 - 结构平面: 标高 2
键入关键字或短语
登录
建筑
结构
系统
插入
注释
分析
体量和场地
协作
视图
管理
附加模块
模型导入
结构信息
轴网轴线
构件布置
荷载输入
装配式输入
模型导出
修改
轴点建柱
轴线建梁
轴线建墙
自动布板
两点建梁
两点建墙
连梁开洞
删除
两点建柱
角点布板
墙上开洞
层间拷贝
墙柱平收
偏心对齐
标高
改柱截面
属性
常用输入
补充输入
修改
轴点建柱
在轴线交点上建柱
结构平面
三维视图
立面 (建筑立面)
图例
明细表/数量
图纸 (全部)
族
组
Revit 链接
项目浏览器 - 项目1
属性
1 : 100
单击可进行选择; 按 Tab 键并单击可选择其他项目; 按 Ctrl 键并单击可将新项
主模型

图6-30

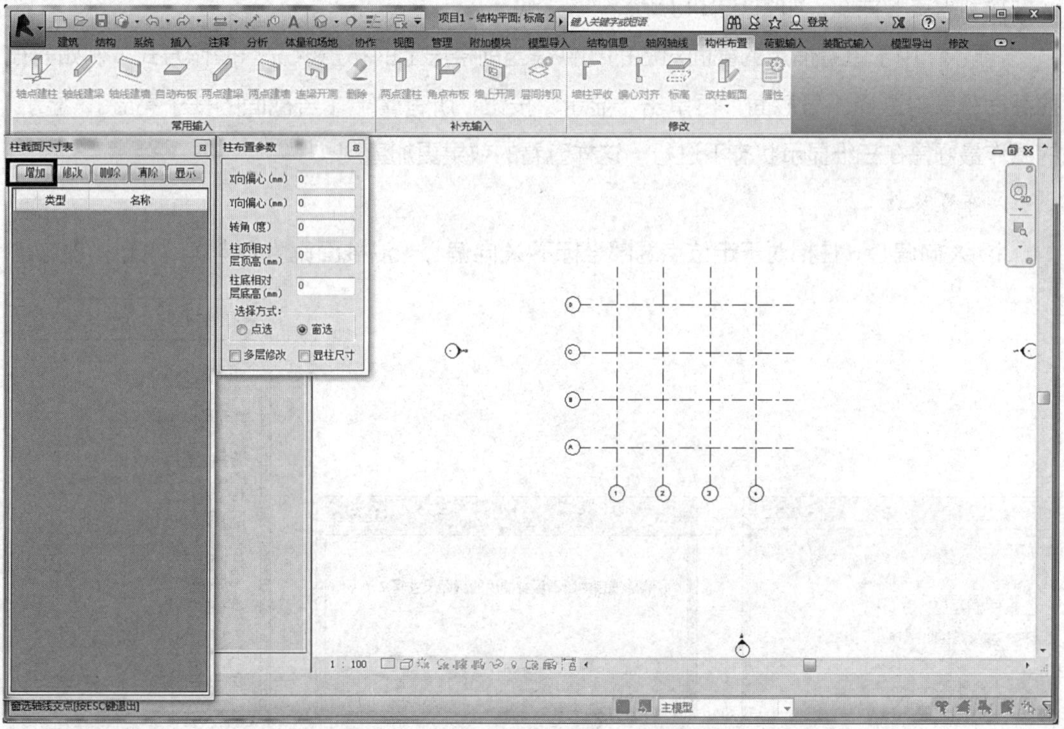
项目1 - 结构平面: 标高 2
键入关键字或短语
登录
建筑
结构
系统
插入
注释
分析
体量和场地
协作
视图
管理
附加模块
模型导入
结构信息
轴网轴线
构件布置
荷载输入
装配式输入
模型导出
修改
轴点建柱
轴线建梁
轴线建墙
自动布板
两点建梁
两点建墙
连梁开洞
删除
两点建柱
角点布板
墙上开洞
层间拷贝
墙柱平收
偏心对齐
标高
改柱截面
属性
常用输入
补充输入
修改
柱截面尺寸表
增加
修改
删除
清除
显示
类型
名称
柱布置参数
X向偏心(mm)
Y向偏心(mm)
转角(度)
柱顶相对层顶高(mm)
柱底相对层底高(mm)
选择方式:
点选
窗选
多层修改
显柱尺寸
D
C
B
A
1
2
3
4
1 : 100
窗选轴线交点[按ESC键退出]
主模型

图6-31

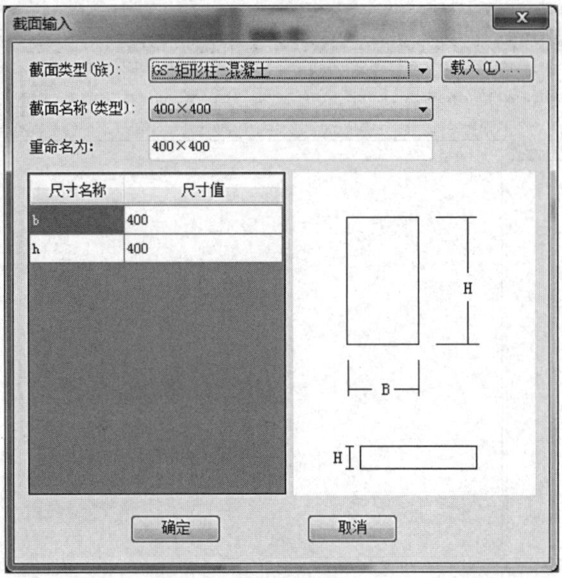

图6-32

“修改”修改已经定义过的截面类型、名称和截面尺寸相关参数，程序自动改变相应的柱截面。

“删除”弹出如下对话框选择：只删除采用此截面的柱，或删除采用此截面的柱同时在截面表中删除此截面，如图 6-33 所示。

“清除”清除定义了但在整个工程中未使用的截面尺寸，这样便于在布置或修改截面时快速地找到需要的截面，如图 6-34 所示。

“显示”用于查看指定的截面对应的构件在当前楼层上的布置状况。操作方式：例如先在柱截面列表中选择 1 号截面，再单击“显示”按钮，所有属于 1 号截面的柱子亮显。“显示”的操作最好是在三维显示状态下进行，这样查看的效果更加直观。

2. 布置参数

1）X 向偏心：柱相对于定位点局部坐标下 X 向偏心（沿截面宽度方向），可正，可负；

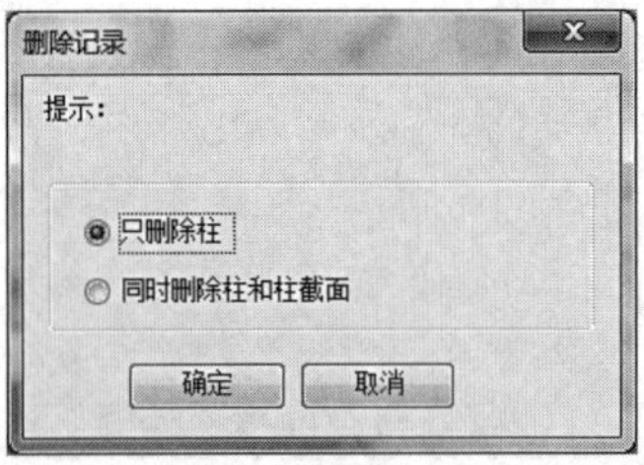

图6-33

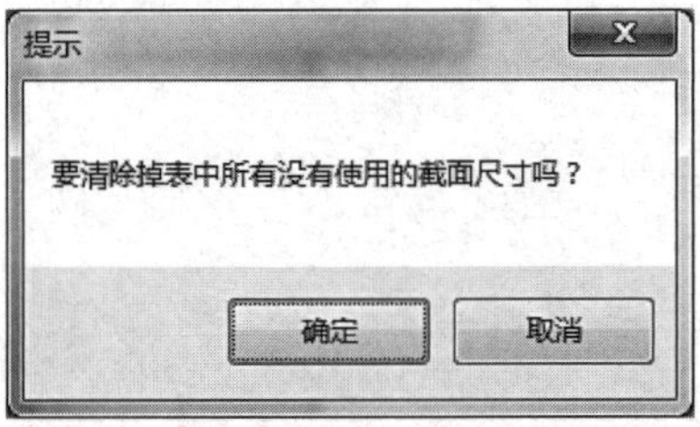

图6-34

图6-35

2）Y 向偏心：柱相对于定位点局部坐标下 Y 向偏心（沿截面高度方向），可正，可负；

3）转角（度）：定义柱截面的旋转角度。柱宽边方向与水平的夹角，逆时针为正；

4）柱顶相对层顶高（mm）：指柱顶相对于本层层顶的高度。向上为正，向下为负。

5）柱底相对层底高（mm）：指柱底相对于本层层底的高度。向上为正，向下为负。

选择方式：点选或窗选轴线交点，若点选附近无轴线交点时，程序也允许在此点布置柱。当定位点位置已布置了柱时，柱的截面被改为当前指定的截面，标高和偏心不改变，如上图 6-35 所示。

多层：弹出对话框可指定多层同时布置柱，如图 6-36 所示。

显柱尺寸：显示柱的截面名称，如图 6-37 所示。

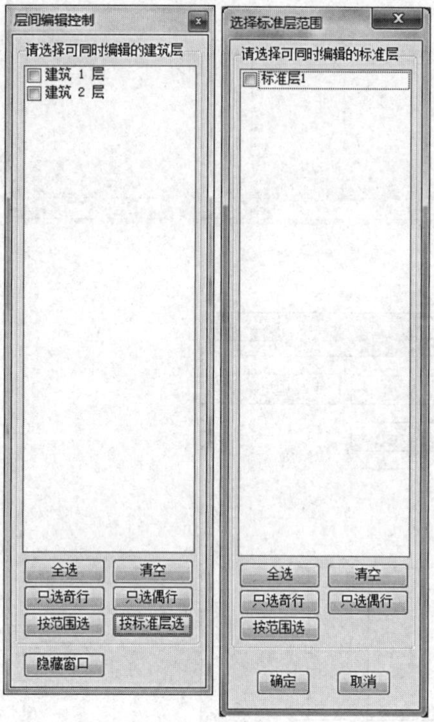

图6-36

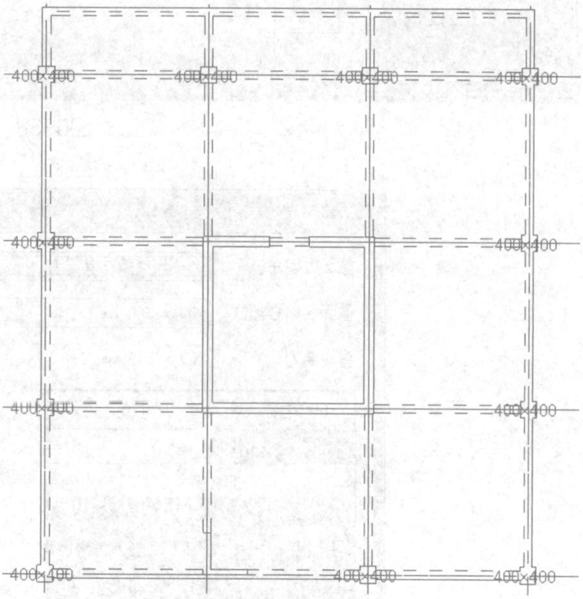

图6-37

6.4.2 轴线建梁

单击菜单“轴线建梁”，弹出如图 6-38 所示的截面表，定义和指定梁截面，布置参数对话框确定布置方式。按“ESC 键”，结束并退出“轴线建梁”命令。

1. 截面表上的按钮

“增加”操作同 6.4.1 轴点建柱如图 6-39 所示。

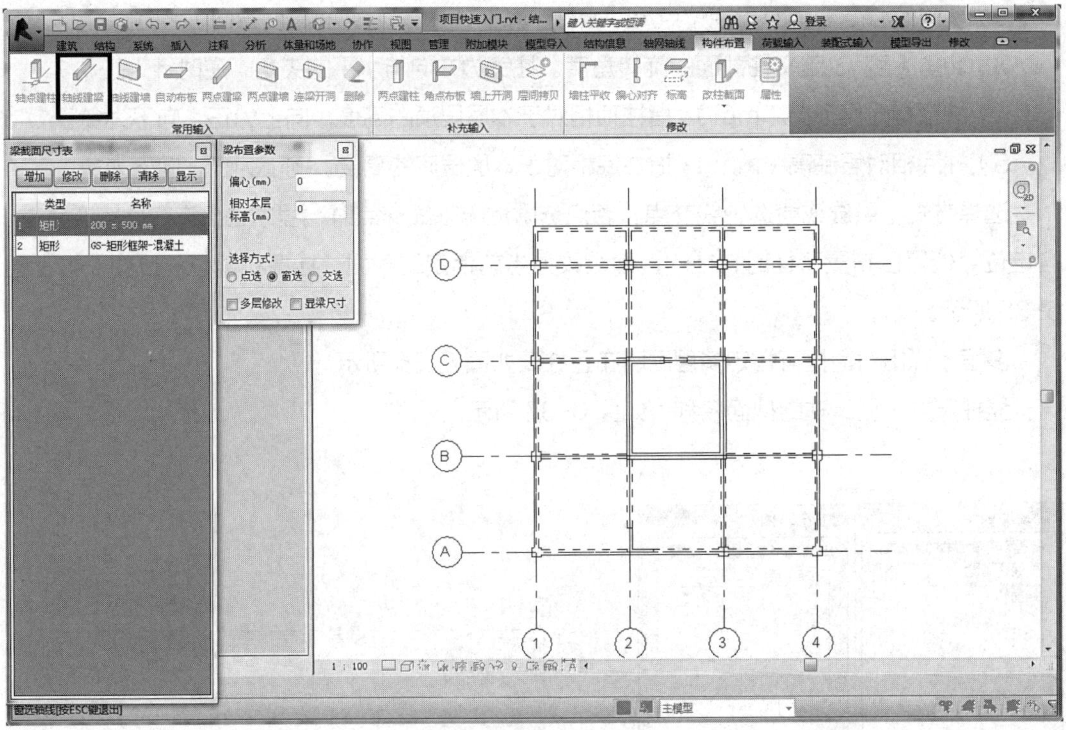

图6-38

图6-39

“修改”“删除”“清除”“显示”操作同6.4.1轴点建柱，如图6-40、图6-34所示。

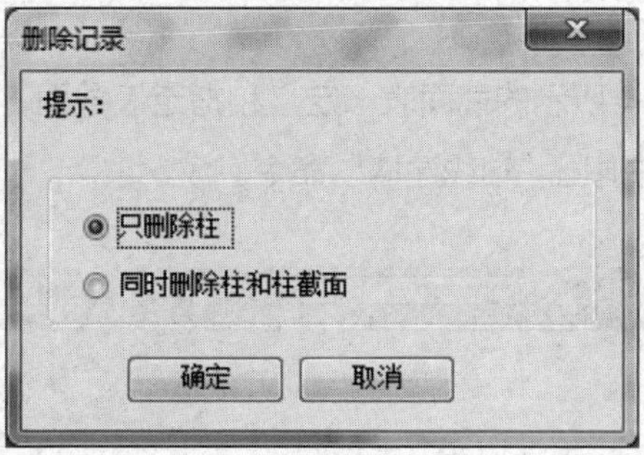

图6-40

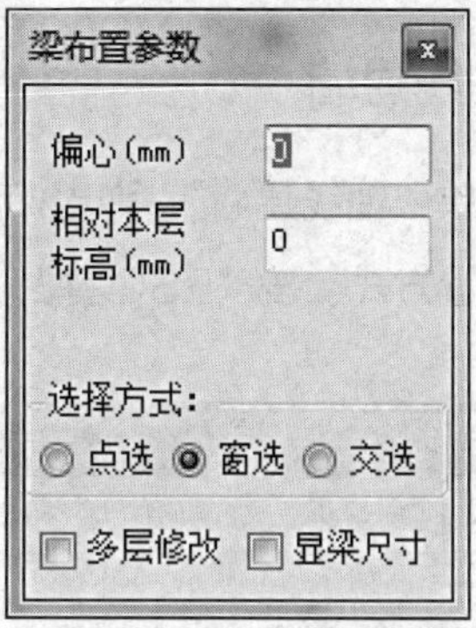

图6-41

2. 布置参数

1）偏心：梁相对于定位线的偏心（直线右上为正，左下为负，圆弧径向为正）;

2）相对本层标高（mm）：指梁上表面相对于本层层顶的高度。向上为正，向下为负。

3）选择方式：点选、窗选或交选轴线。当轴线位置已布置了梁时，梁的截面被改为当前指定的截面，标高和偏心不改变，如上图 6-41 所示。

4）多层：弹出对话框可指定多层同时布置梁，如图 6-42 所示。

显梁尺寸：显示梁的截面名称，如图 6-43 所示。

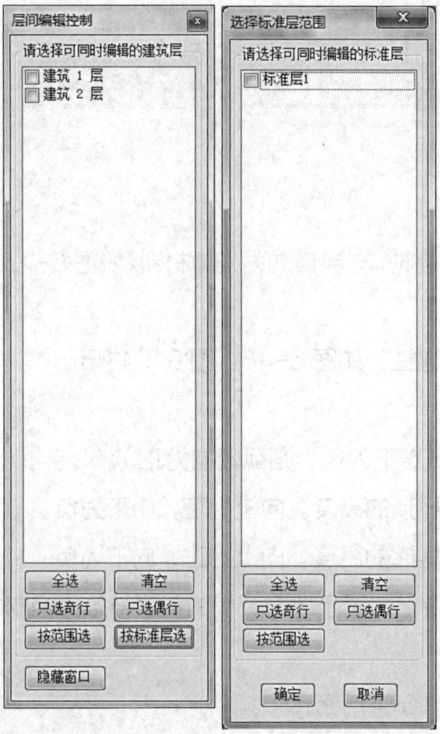

图6-42

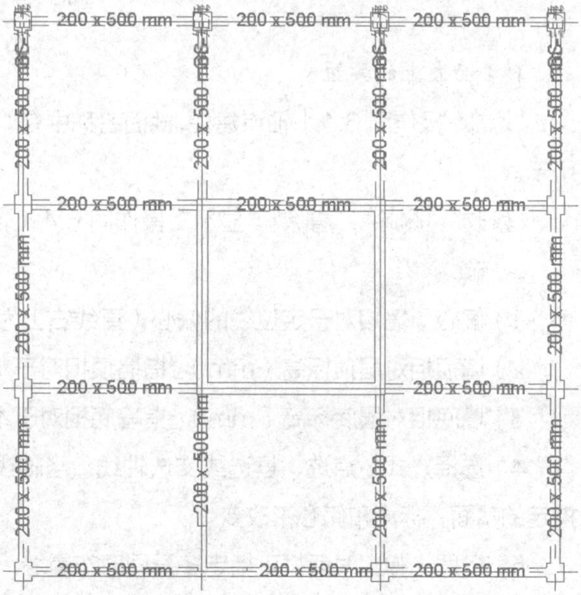

图6-43

6.4.3 轴线建墙

单击菜单“轴线建墙”，弹出如图 6-44 所示的截面表，定义和指定墙截面，布置参数对话框确定布置方式。按“ESC 键”，结束并退出“轴线建墙”命令。

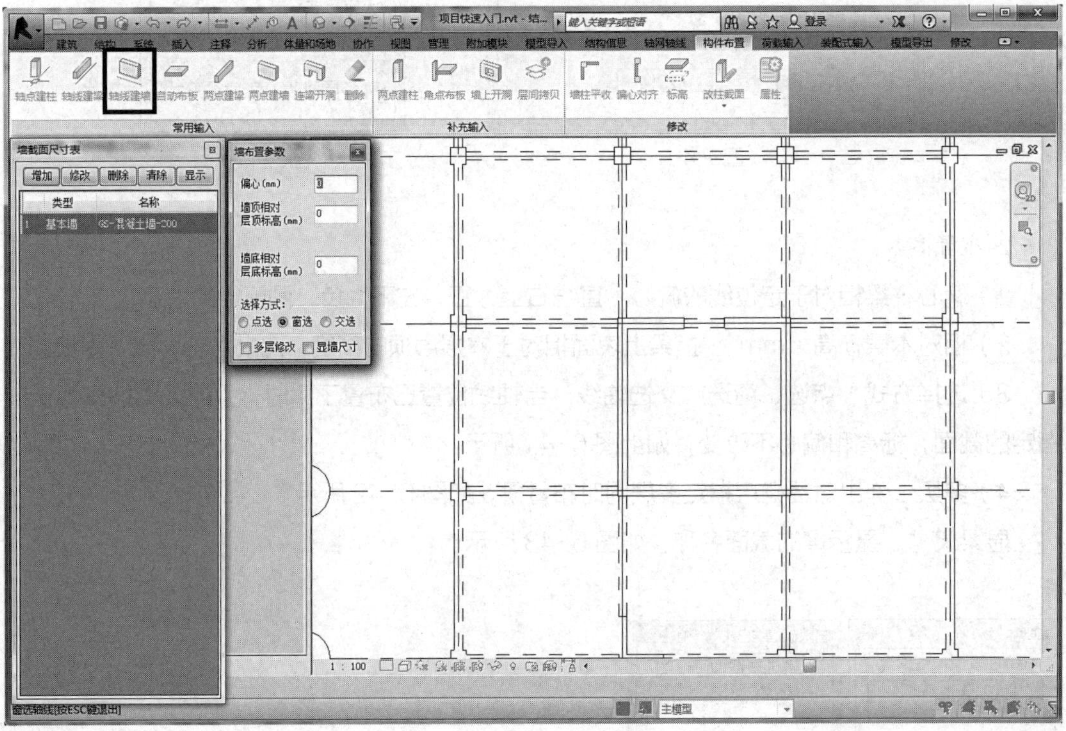

图6-44

1. 截面表上的按钮

“增加”操作同 6.4.1 轴点建柱，截面名称中有“砖”字时，材料自动为砌体材料，如图 6-45 所示。

“修改”“删除”“清除”“显示”操作同 6.4.1 轴点建柱，如图 6-46、图 6-34 所示。

2. 布置参数

1）偏心：墙相对于定位线的偏心（直线右上为正，左下为负，圆弧径向为正）;

2）墙顶相对层顶标高（mm）: 指墙顶相对于本层层顶的高度。向上为正，向下为负。

3）墙底相对层底标高（mm）: 指墙底相对于本层层底的高度。向上为正，向下为负。

4）选择方式：点选、框选或交选轴线。当轴线位置已布置了墙时，墙的截面被改为当前指定的截面，标高和偏心不改变。

5）多层：弹出对话框可指定多层同时布置墙，如图 6-47 所示。

显墙尺寸：显示墙的截面名称如图 6-48 所示。

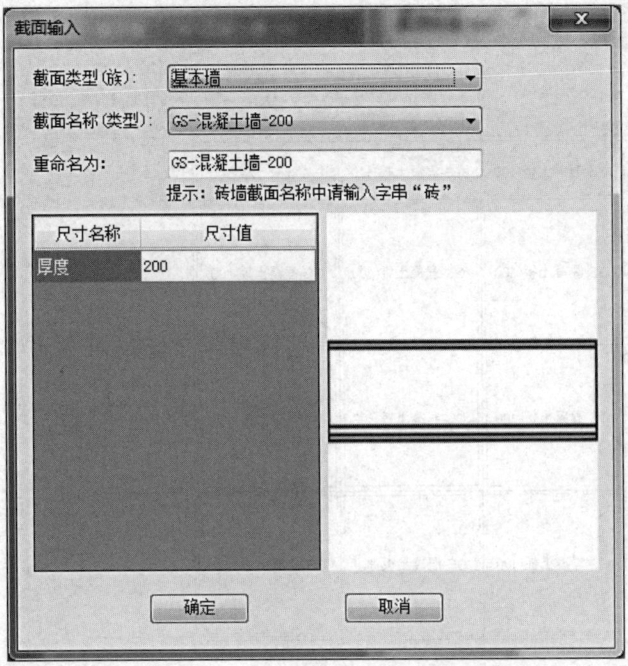

图6-45

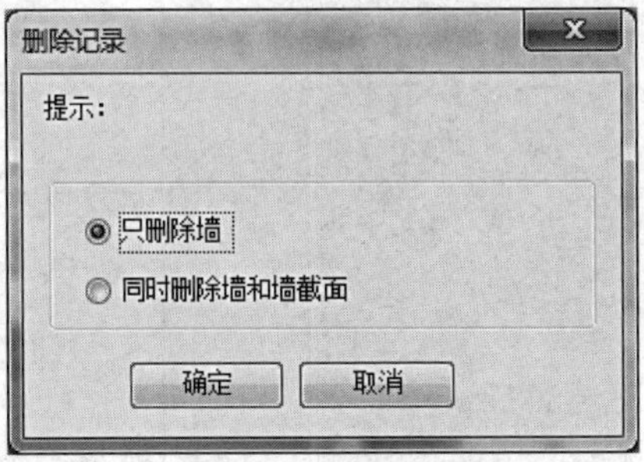

图6-46

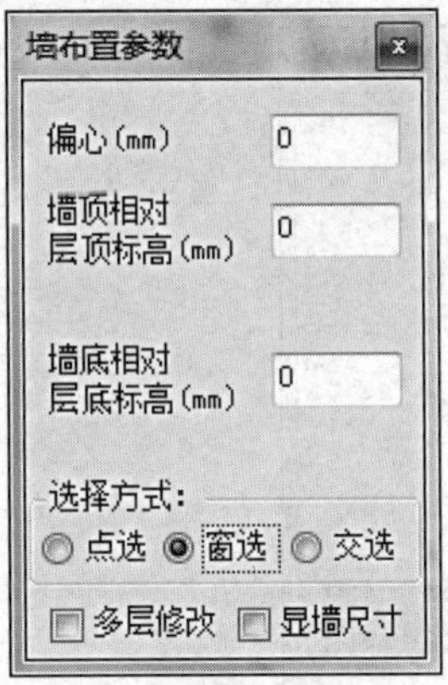

图6-47

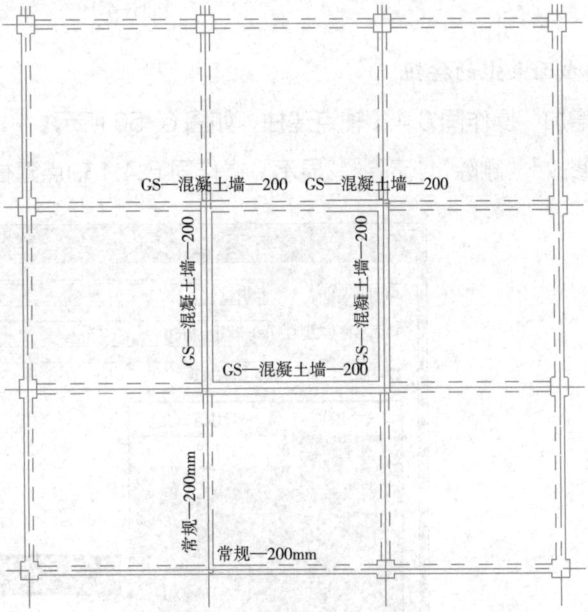

图6-48

6.4.4 自动布板

单击菜单“自动布板”，弹出如图 6-49 所示的截面表，定义和指定板截面，布置参数对话框确定布置方式。按“ESC 键”，结束并退出“自动布板”命令。

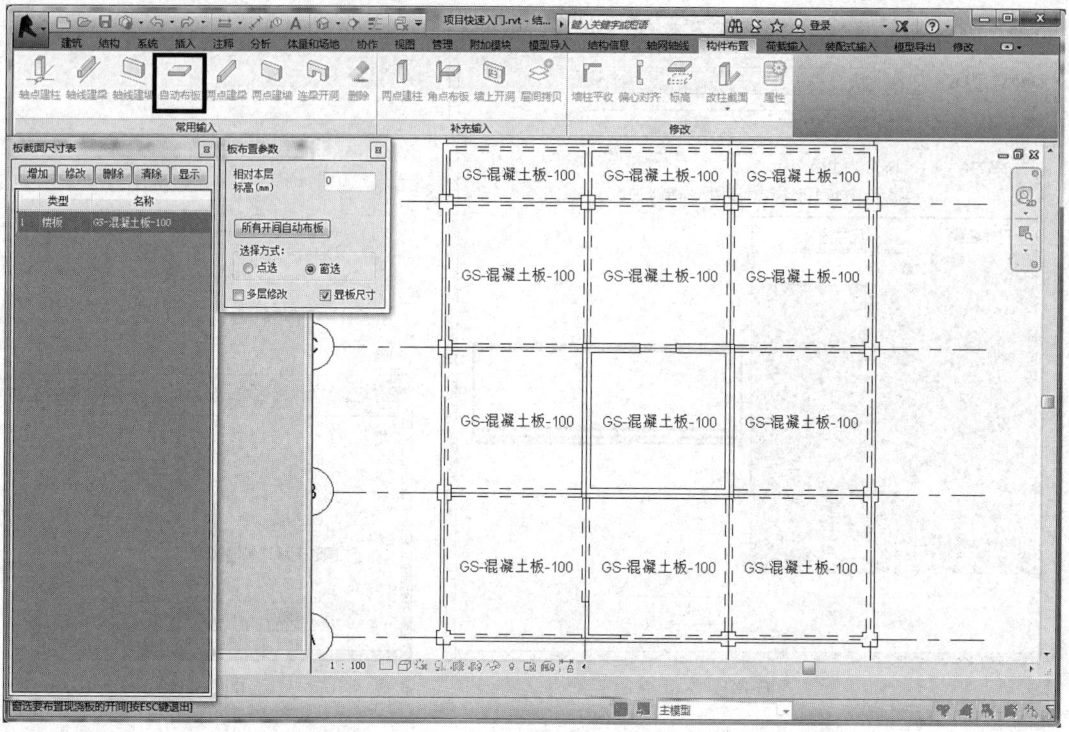

图6-49

1. 截面表上的按钮

“增加”操作同6.4.1轴点建柱，如图6-50所示。

“修改”“删除”“清除”“显示”操作同6.4.1轴点建柱，如图6-51、图6-34所示。

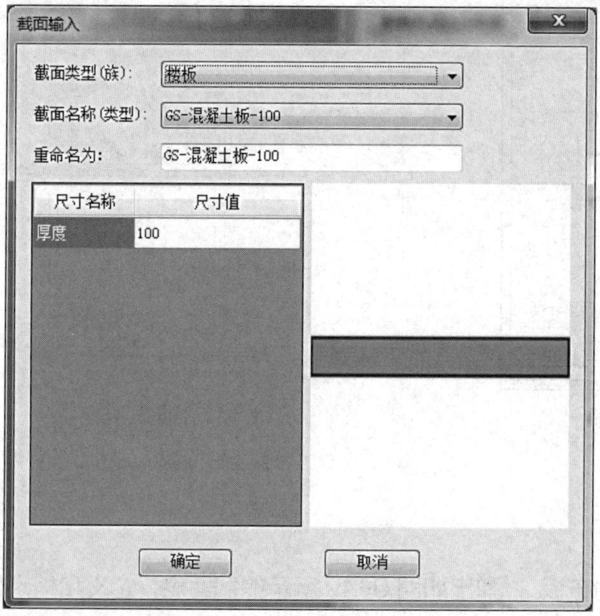

图6-50

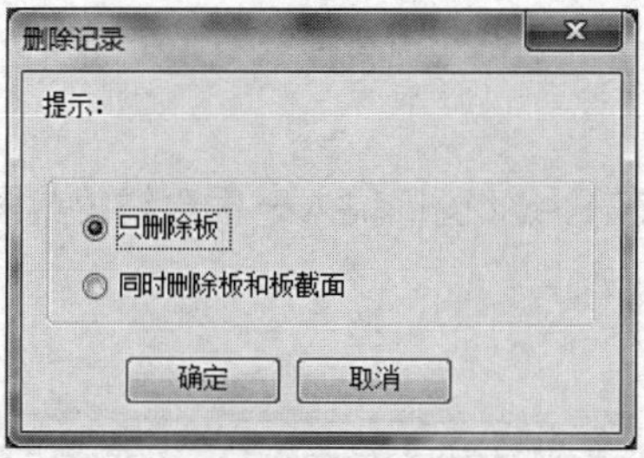

图6-51

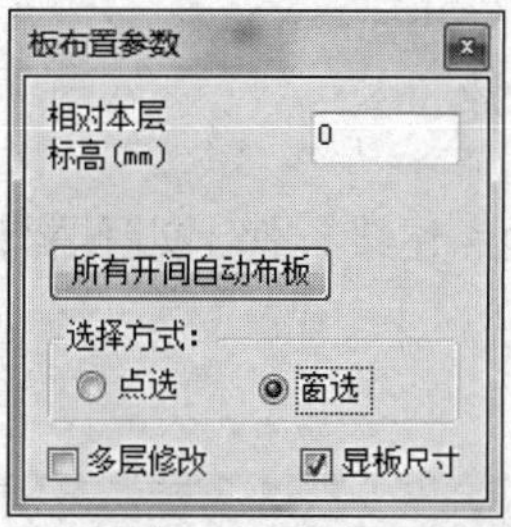

图6-52

2. 布置参数

1）相对本层标高（mm）: 指板上表面相对于本层层顶的高度。向上为正，向下为负。

2）所有开间自动布板：墙柱梁自动互相打断，搜寻所有梁墙开间自动布板。

3）选择方式 : 点选或窗选开间。当开间已布置了板时，板的截面被改为当前指定的截面，标高不改变。

4）多层：弹出对话框可指定多层同时布置板，如上图 6-52 所示。

5）显板尺寸：显示板的截面名称如图 6-53 所示。

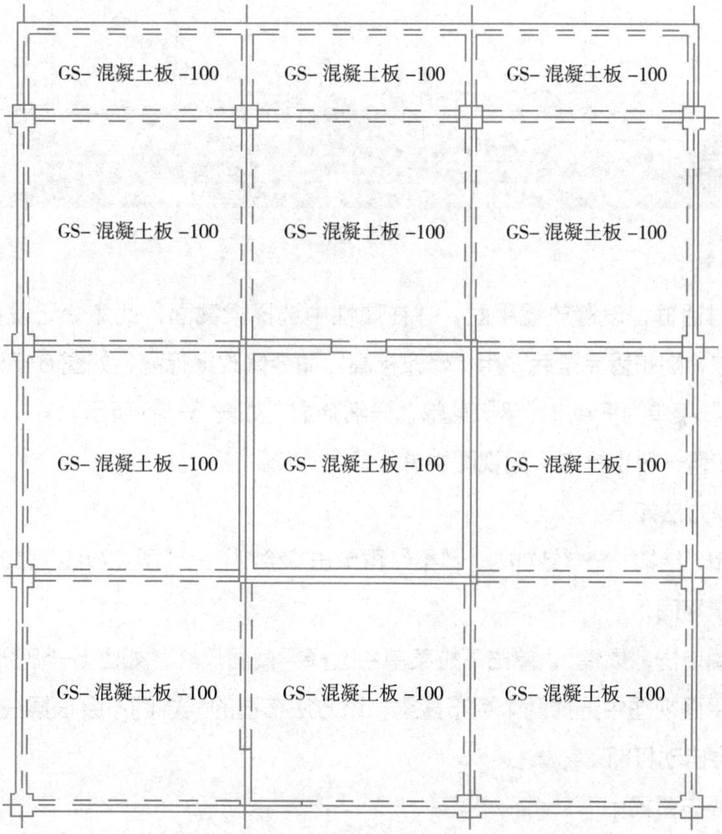

图6-53

6.4.5 两点建梁

单击菜单“两点建梁”，弹出如下菜单，在 Revit 窗口输入一根直线梁或圆弧梁，如图 6-54 所示。

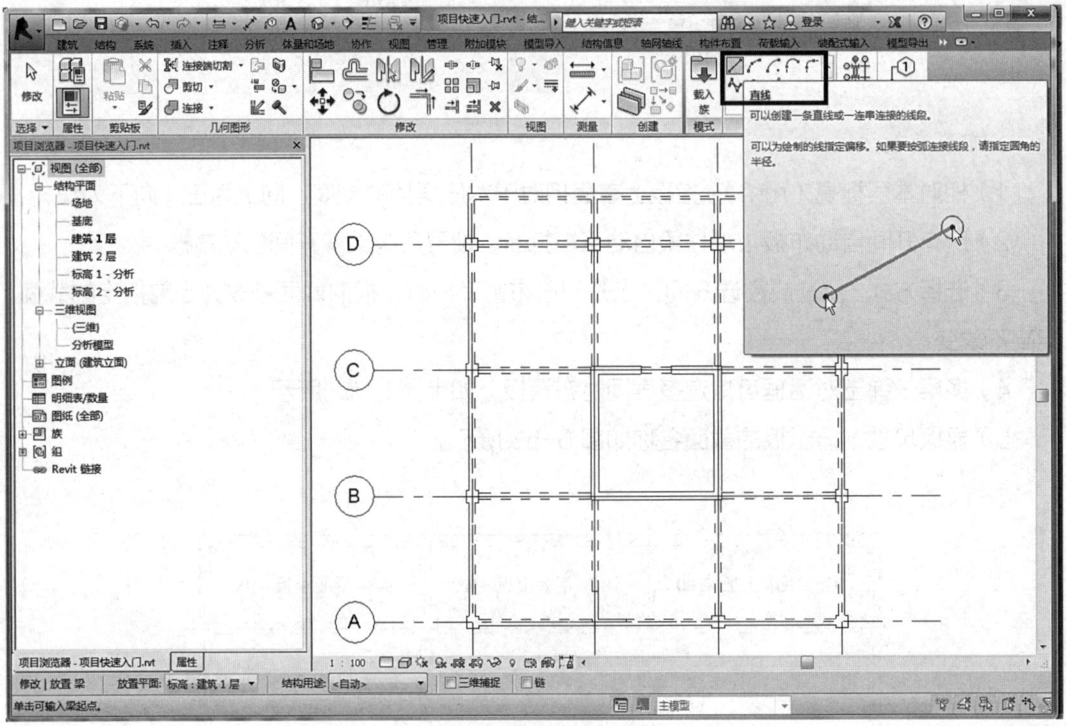

图6-54

弹出如下对话框，设置放置平面，并在属性中选择梁截面。此命令无设置梁标高功能，若梁标高不为零，需布置完梁后，用“修改标高”命令修改梁标高，如图 6-55 所示。

“两点建梁”菜单为 Revit“梁”菜单，详细介绍，如图 6-56 所示。

结构梁的布置一般也是在平面视图中进行。

结构梁建模方法如下：

1. 单击菜单“结构”→“结构”→“梁”，再单击“绘制”→“两点直线”，如图 6-57 所示；

2. 选择放置平面；

3. 如下左图单击“属性”，单击下拉菜单中选择梁截面尺寸，如图 6-58 所示；

4. 通过在平面视图中选择两个点布置梁，该方法布置的梁中间不会根据柱进行打断，“自动布板”命令会自动打断；

5. 通过轴线布置梁；

6. 单击菜单“结构”，再单击“结构”→“梁”，再单击“多个”→“在轴网处”，通过按住“Ctrl

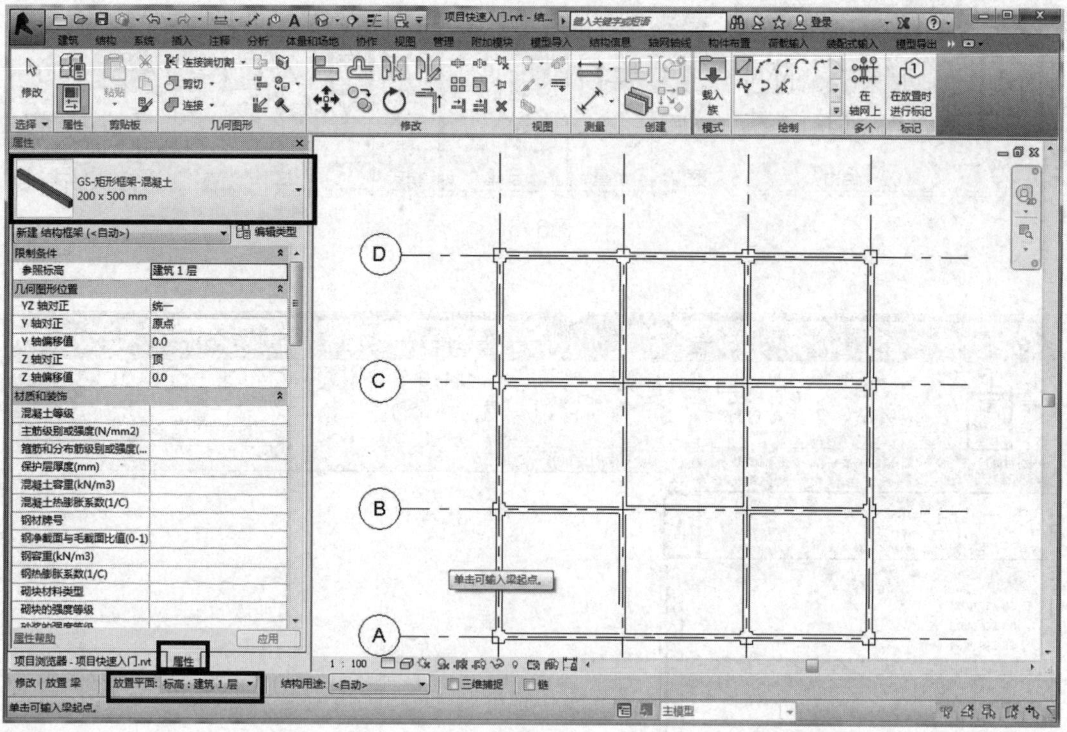

图6-55

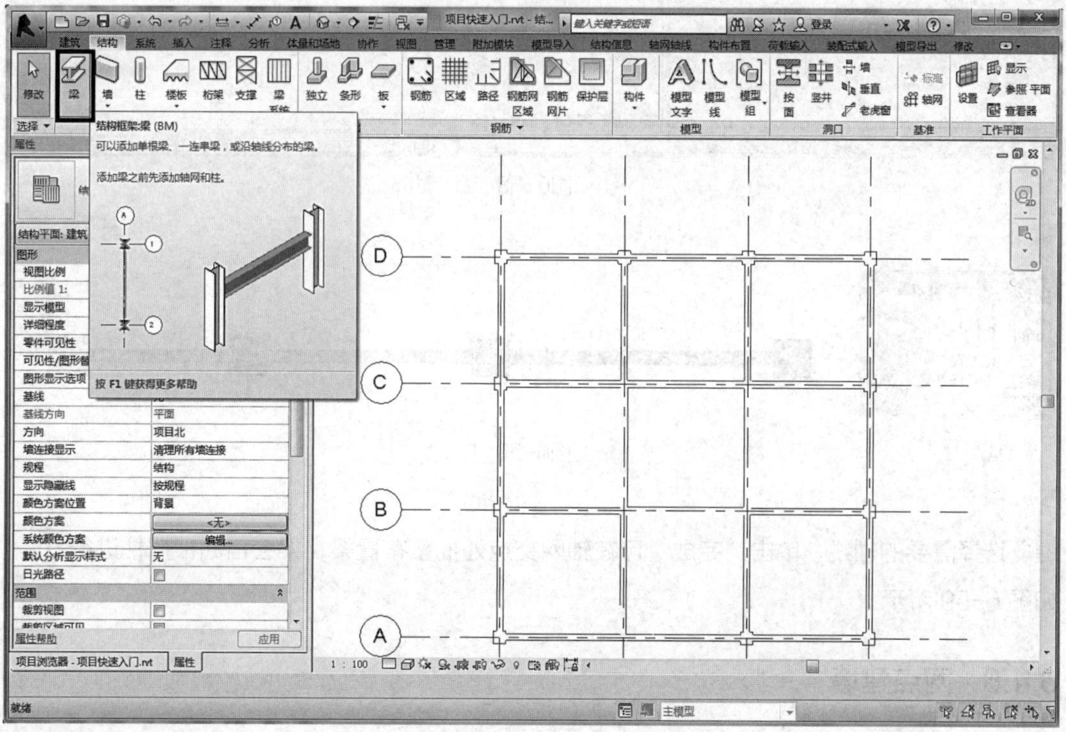

图6-56

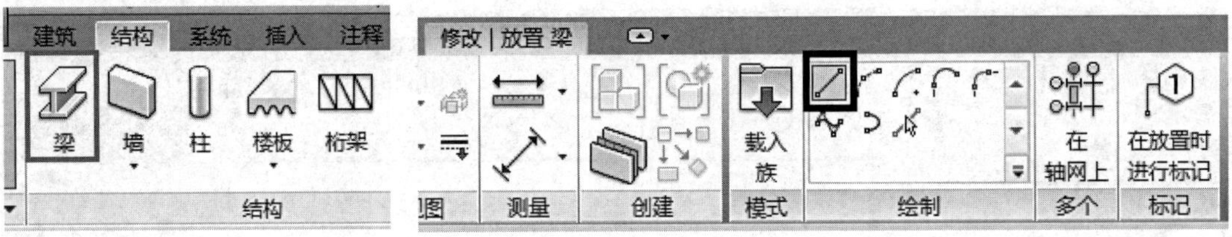

图6-57

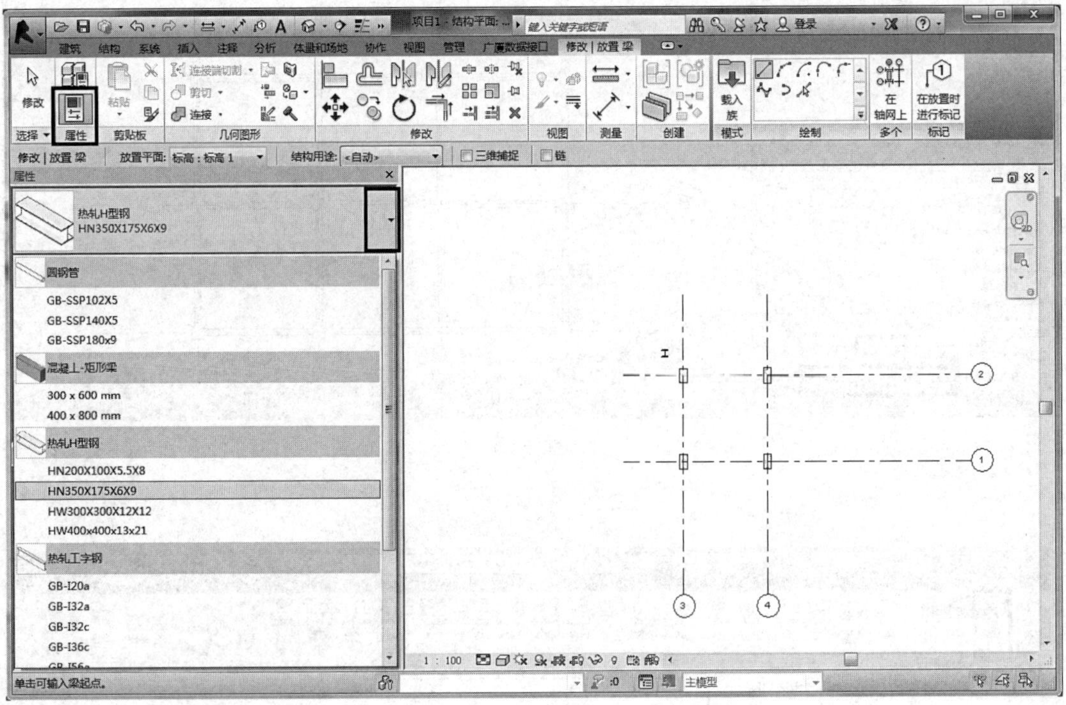

图6-58

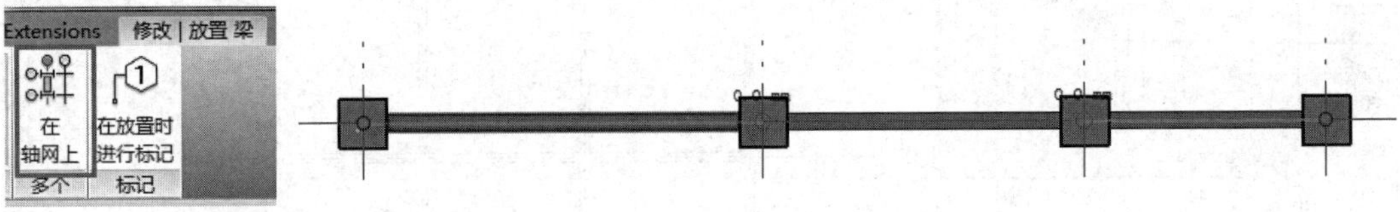

图6-59

键”选择需要的轴线，单击“完成”可在轴网交点处批量布置梁，梁会自动根据柱进行打断，如图 6-59 所示。

6.4.6　两点建墙

单击菜单“两点建墙”，弹出如图 6-60 所示的菜单，在 Revit 窗口输入一根直线墙或圆弧墙。

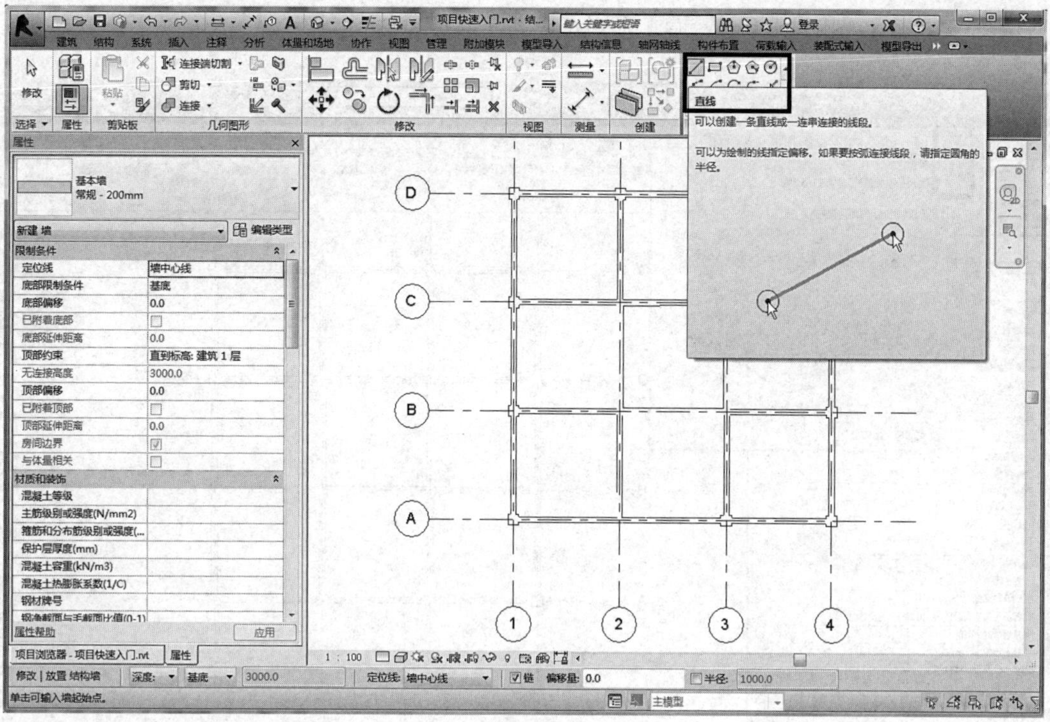

图6-60

弹出如图 6-61 所示的对话框，指定墙高模式为“深度”，并在属性中设置底部限制条件、底部偏移，顶部约束和顶部偏移。

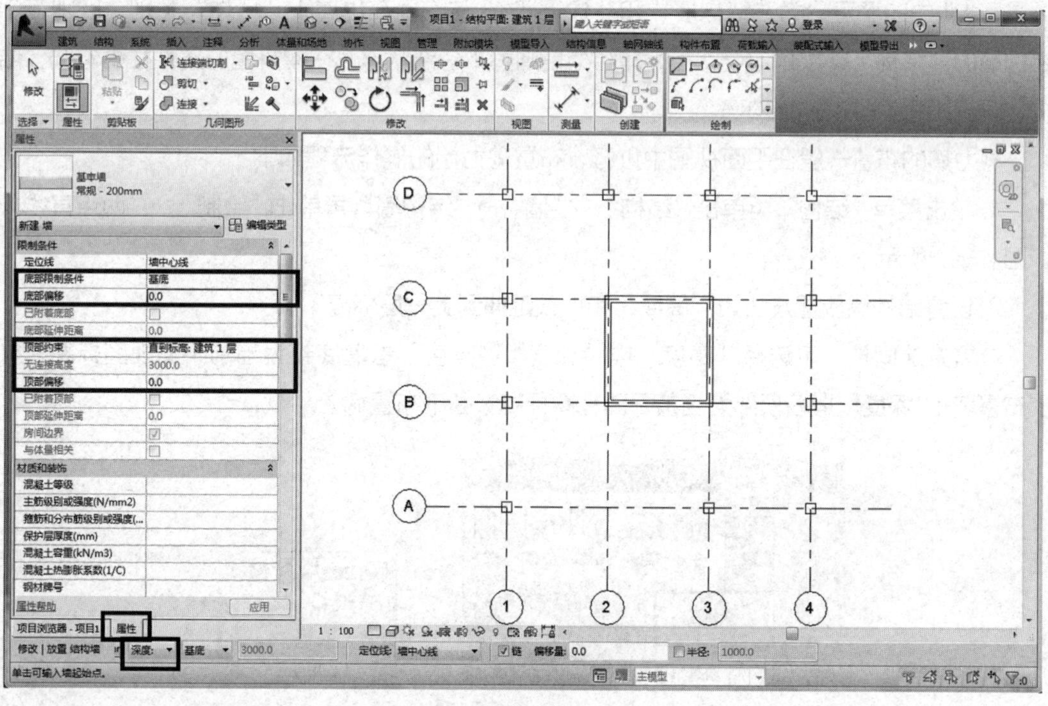

图6-61

“两点建墙”菜单为 Revit“墙”菜单，详细介绍如图 6-62 所示。

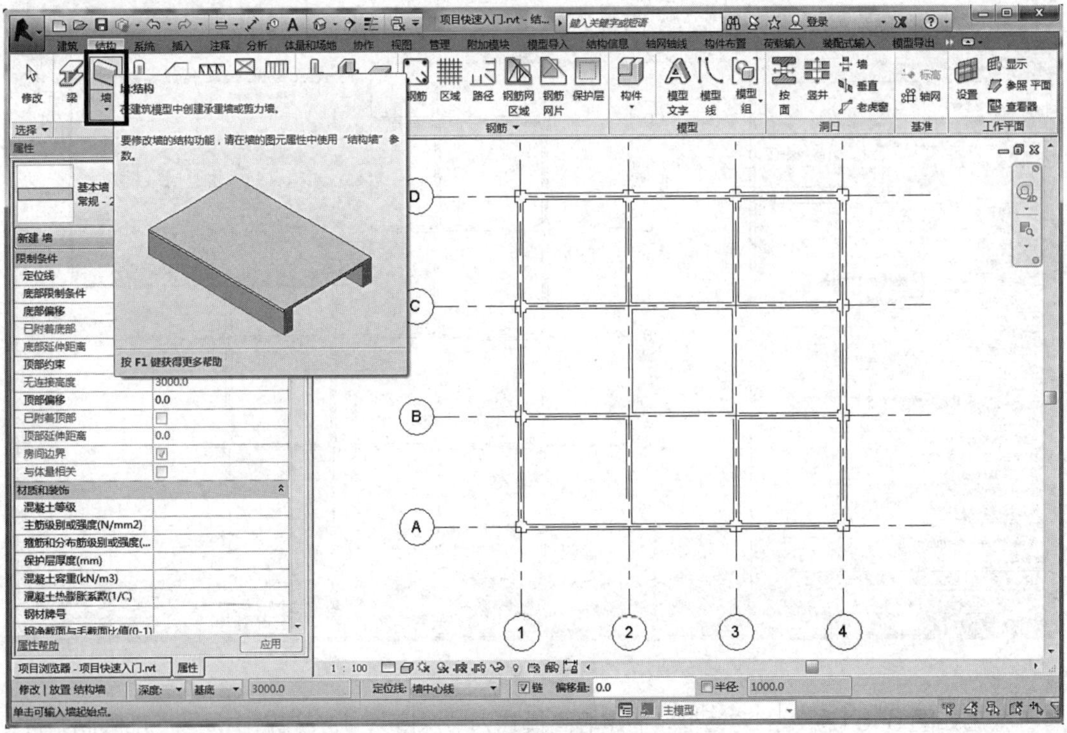

图6-62

Revit 中的墙可分为“结构墙”和“建筑墙”，结构墙在也属于“墙体”类别，区别在于结构墙的“结构”参数是勾选状态，非结构墙则为不勾选状态，在建筑墙的属性栏中勾选“结构”可直接将其转换为结构墙。

剪力墙的布置一般在平面视图中进行，布置剪力墙的操作流程如下：

1. 单击菜单“结构”,再单击“结构”→“墙”→“结构墙”,再单击“绘制”→“两点直线”,如图 6-63 所示；

2. 设置结构墙放置方法为“高度”和墙顶延伸到上一层标高；

放置方法同柱，可选择“高度”或“深度”，“高度”指墙底部为当前平面视图标高，往上布置墙；“深度”指墙顶部为当前平面视图标高，往下布置墙。

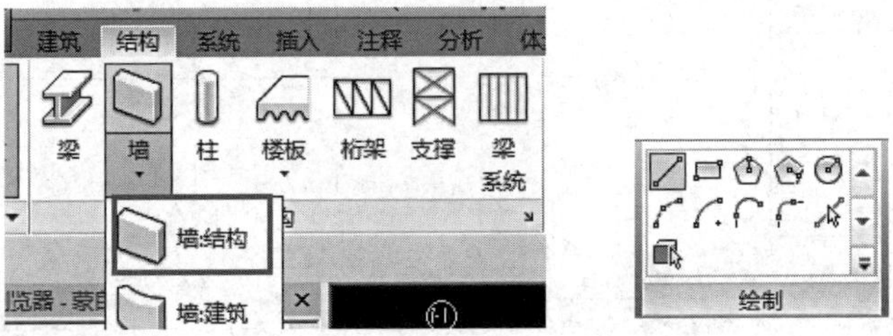

图6-63

3. 如图 6-64 所示单击“属性”，单击下拉菜单中选择厚度；

选择墙厚度，若下拉菜单里没有相应的厚度，可以单击如图 6-65 所示“编辑类型”，再单击“复制”，修改尺寸标注即可。

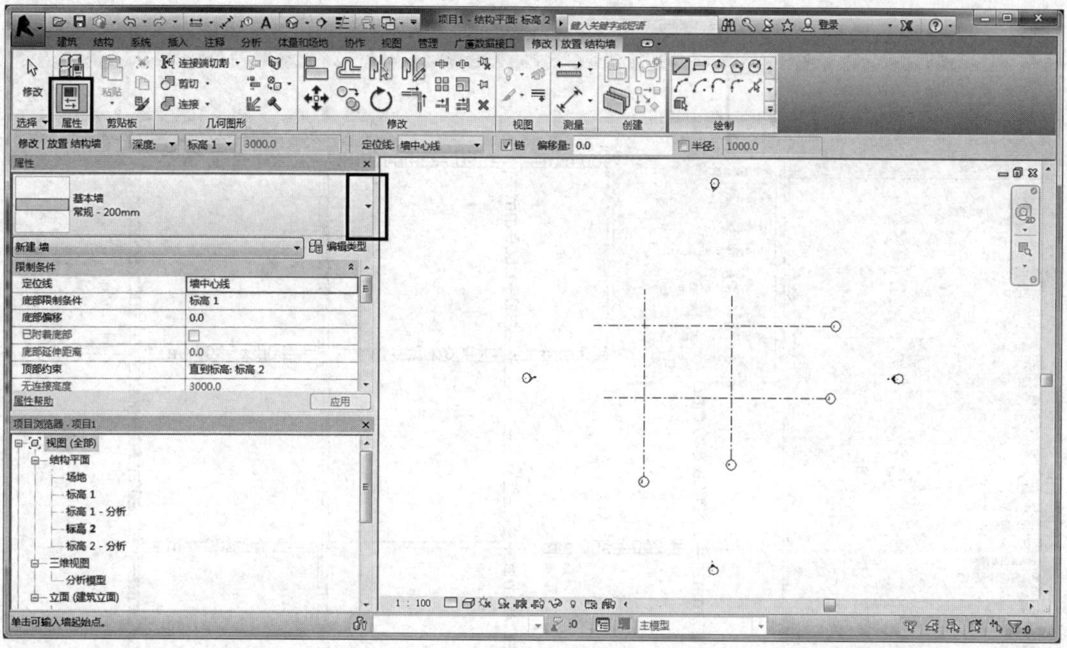

图6-64

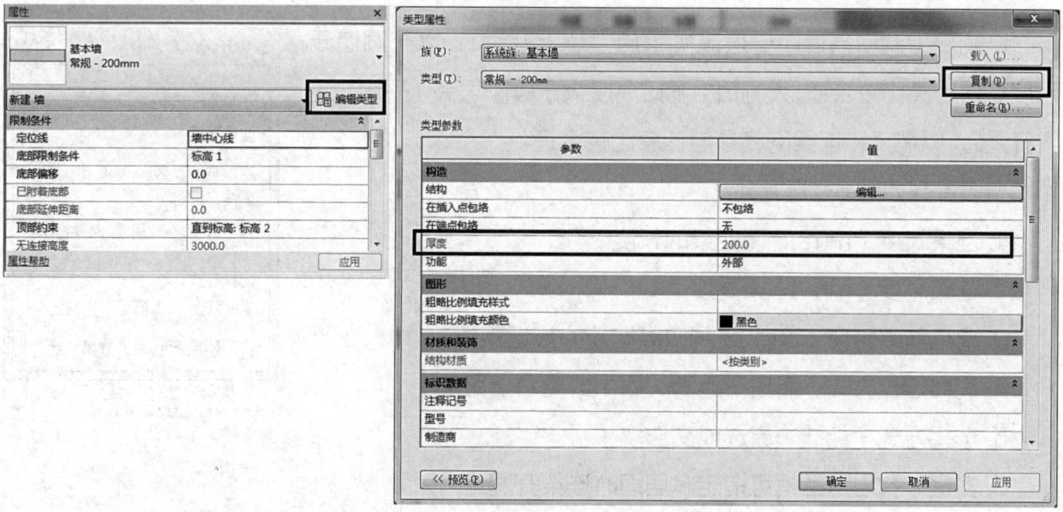

图6-65

在平面视图中选择两点即可布置一片墙。

6.4.7 连梁开洞

单击菜单“连梁开洞”，弹出如图 6-66 所示的布置参数对话框确定布置方式，在直线墙和圆弧墙上开洞成连梁。按“ESC 键”，结束并退出“连梁开洞”命令。

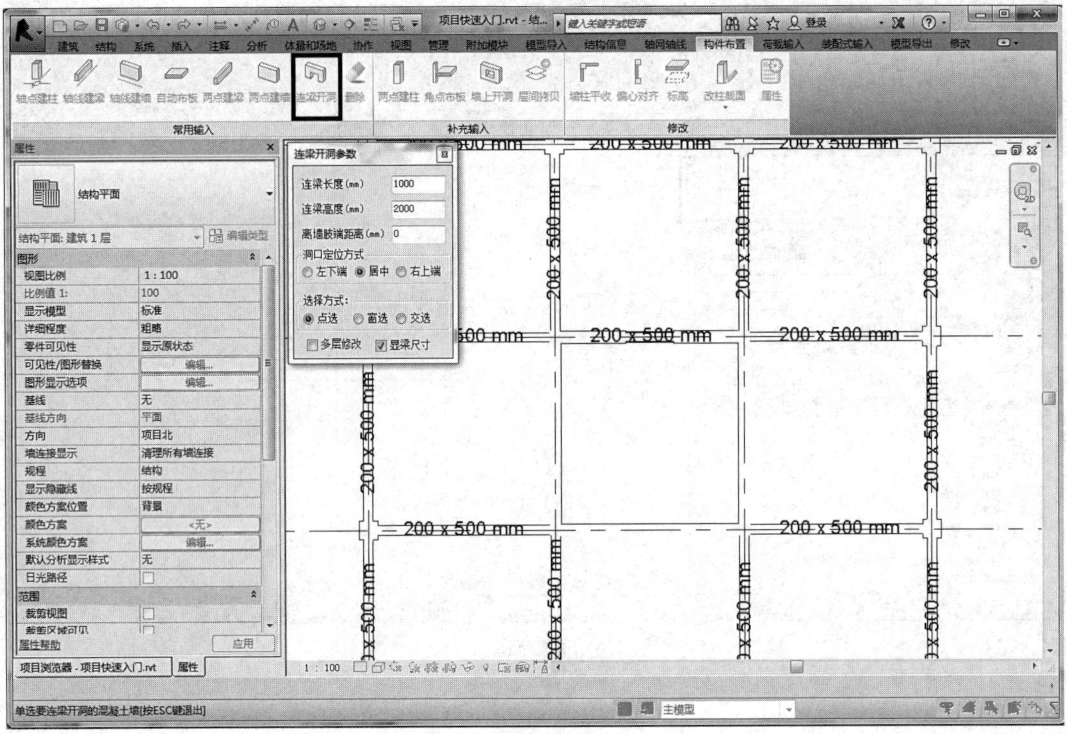

图6-66

小洞口（洞口高度小于层高）采用“墙上开洞”，以开洞墙元刚度参与计算比较合适，大洞口（洞口高度大于等于层高）采用“连梁开洞”，以墙元和连梁刚度参与计算比较合适。

图6-67

布置参数如图 6-67 所示：

1. 连梁长度（mm）：墙变梁的长度；
2. 连梁高度（mm）：梁高度；
3. 离墙肢端距离（mm）：洞口离墙端的最近距离；
4. 洞口定位方式：离左下距离、居中或离右上距离；
5. 选择方式：点选、窗选或交选墙；
6. 多层：弹出对话框可指定多层同时连梁开洞；
7. 显梁尺寸：显示梁的截面名称如图 6-68 所示。

6.4.8　删除构件

单击菜单“删除构件”，弹出如图 6-69 所示的布置参数对话框确定删除方式。按“ESC 键”，结束并退出“删除构件”命令。

删除参数如下：

1. 可选择要删除的构件类型：柱、墙、梁、板、轴线和楼梯构件；

2. 选择方式：点选、窗选或交选墙柱梁板；

3. 多层：弹出对话框可指定多层同时删除构件。

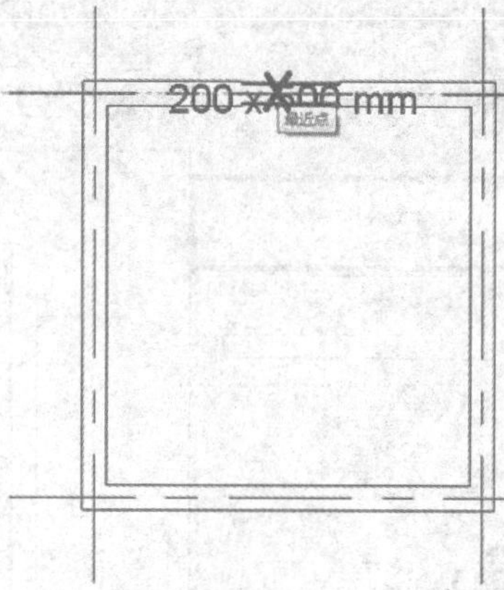

图6-68

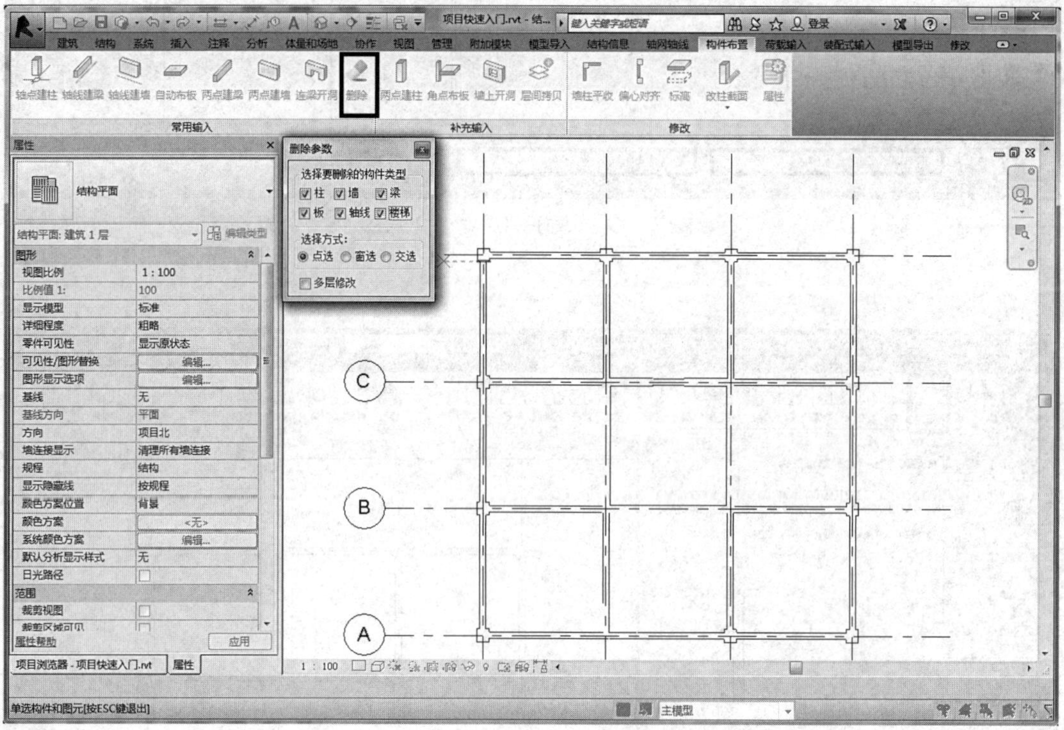

图6-69

6.4.9　两点建柱

单击菜单“两点建柱”，在三维显示状态下弹出如图 6-70 所示的菜单，在 Revit 窗口输入一根斜柱。

在如上对话框，设置第 1 和 2 次单击的建筑层名和标高，并在属性中选择截面。

“两点建柱”菜单为 Revit“柱”菜单，可布置“斜柱”和“垂直柱”，一般用“轴点建柱”布置“垂直柱”，若采用“柱”来布置“垂直柱”详细介绍如图 6-71 所示。

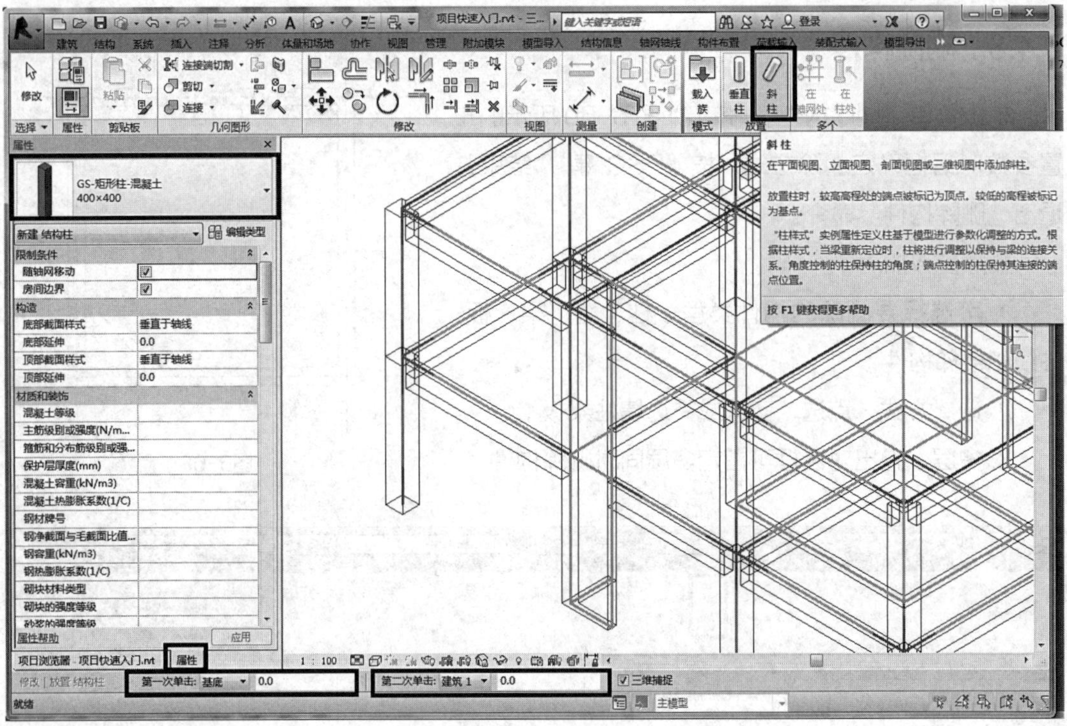

图6-70

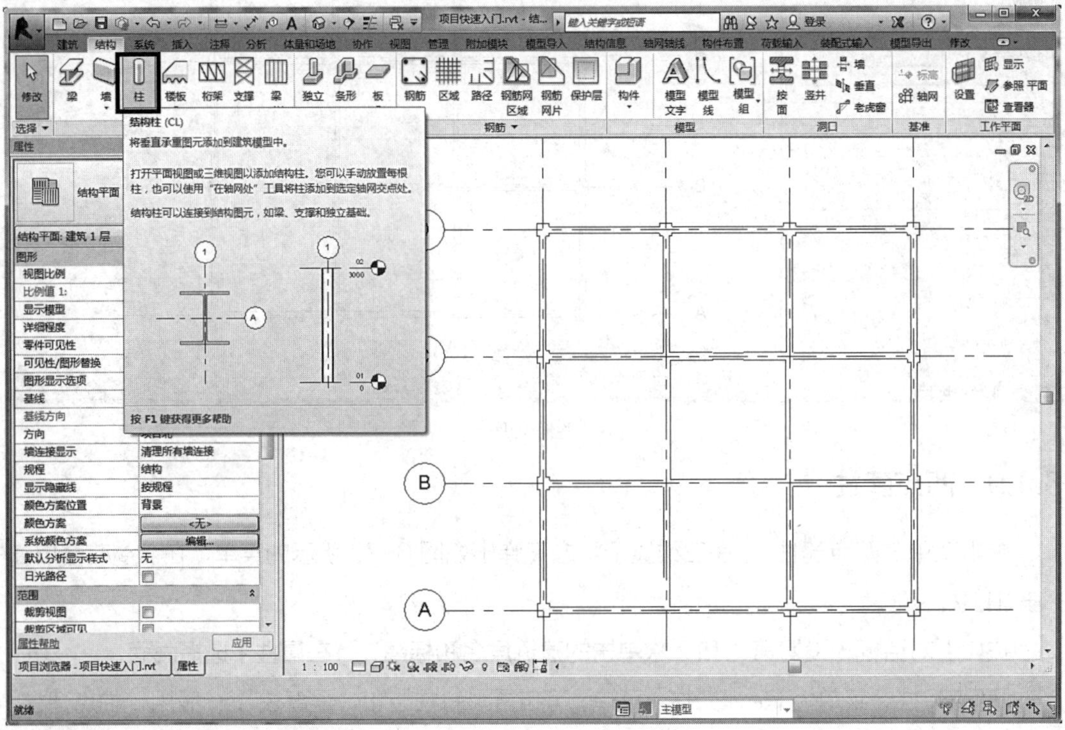

图6-71

Revit 中柱子可分为“结构柱”和“建筑柱”，“建筑柱”主要用于展示柱子的装饰外形及其构造层类型；而“结构柱”则为结构构件，可在其属性中输入相关的结构信息，更可以在其中绘制三维钢筋。Revit 中“建筑柱”可以直接套在结构柱上，“建筑柱”主要为装饰装修服务，而“结构柱”则为结构建造服务，因而结构设计人员使用“结构柱”进行建模即可。

“结构柱”的布置一般在平面视图中进行，可通过双击“项目浏览器”→“视图”→“结构平面”→“F1”进入平面视图。

垂直结构柱是最常见的结构柱类型，布置垂直结构柱主要有以下几个步骤：

1. 单击菜单“结构”，再单击“结构”→“柱”，再单击“放置”→“垂直柱”，如图 6-72 所示；

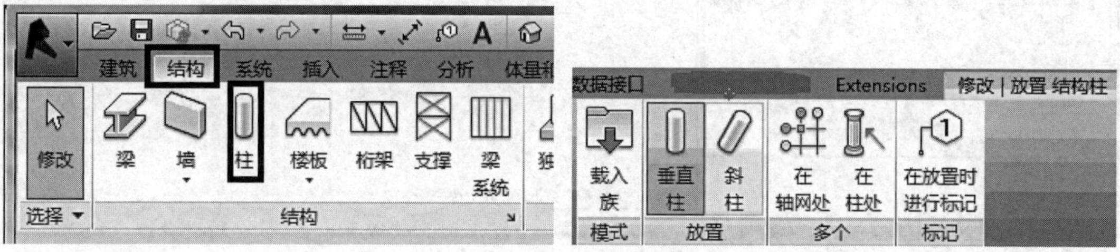

图6-72

2. 设置结构柱放置方法为“高度”和柱顶延伸到上一层标高；

放置方法可选择“高度”或“深度”，“高度”指柱子底部为当前平面视图标高，往上布置柱；“深度”指柱子顶部为当前平面视图标高，往下布置柱，如图 6-73 所示。

图6-73

3. 如图 6-74 所示单击“属性”，单击下拉菜单中选择柱尺寸；

若下拉菜单里没有相应的柱尺寸，可以单击如图 6-75 所示“编辑类型”，再单击“复制”，修改尺寸标注即可。

4. 在平面视图中选择一点即可布置一根柱，布置柱子前，按“空格键”可旋转柱的方向。

5. 轴网交点批量布置柱子。

单击菜单“结构”，再单击“结构”→“柱”，再单击“多个”→“在轴网处”，通过按住“Ctrl 键”选择需要的轴线，单击“完成”可在轴网交点处批量布置柱，如图 6-76 所示。

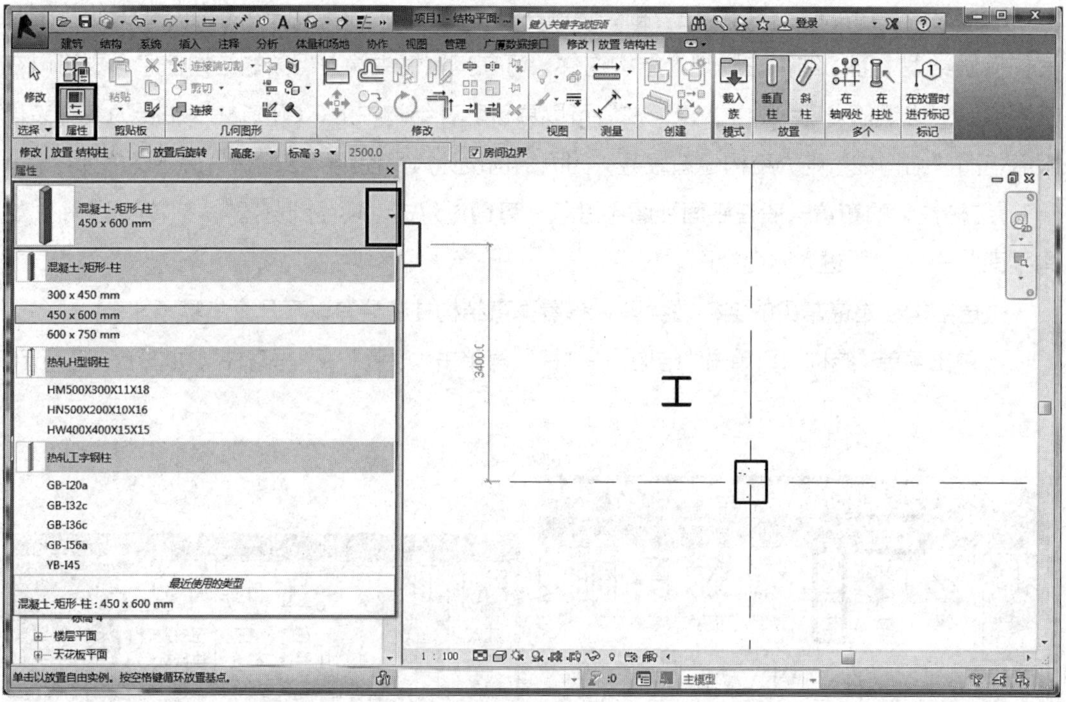

图6-74

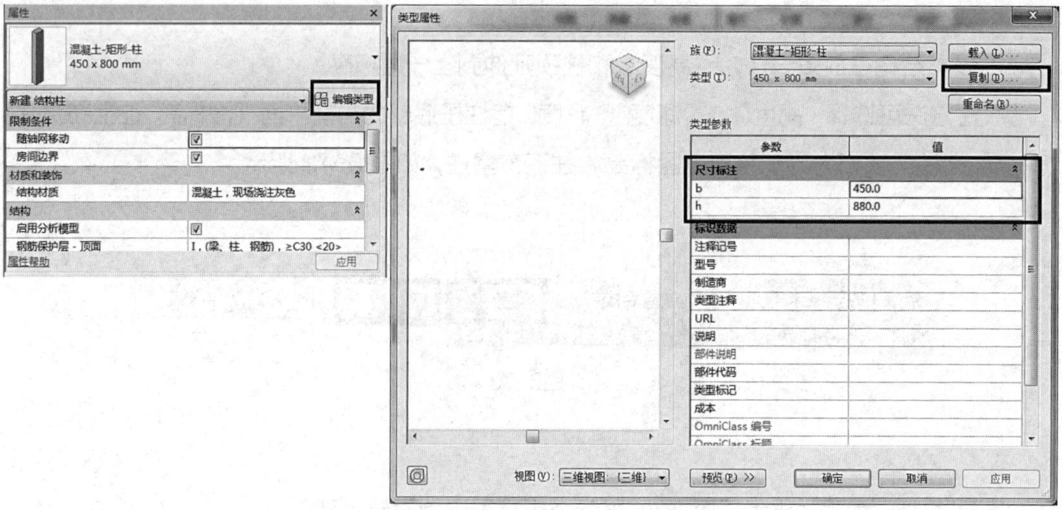

图6-75

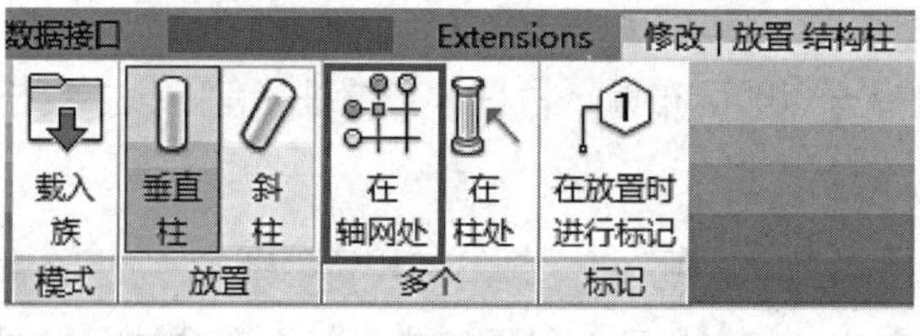

图6-76

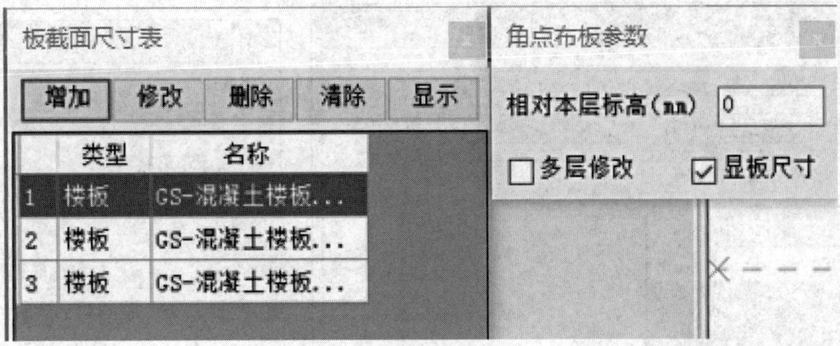

图6-77

6.4.10 角点布板

单击菜单“角点布板”，弹出如图 6-77 所示的截面表定义，在布置参数对话框中确定布置方式，光标选择角点布置多边形板。按“ESC 键”，结束并退出“角点布板”命令。

1. 截面表上的按钮

“增加”操作同 6.4.1 轴点建柱，如图 6-78，图 6-79 所示。

“修改”“删除”“清除”“显示”操作同 6.4.1 轴点建柱，如图 6-80、图 6-34 所示。

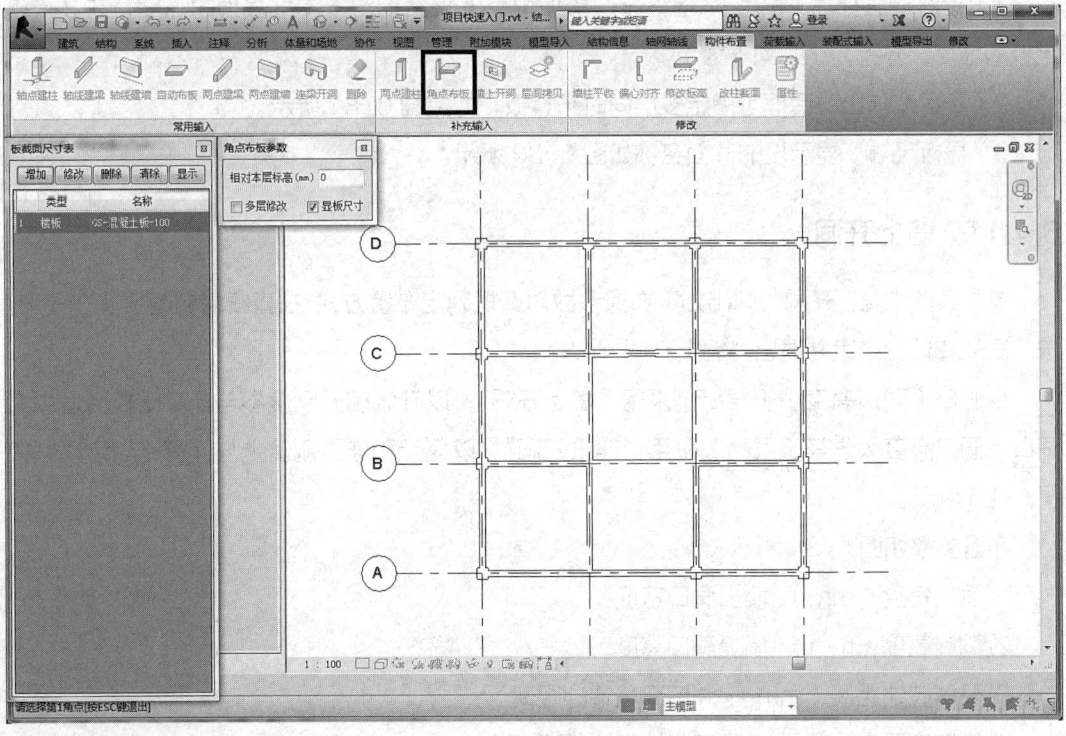

图6-78

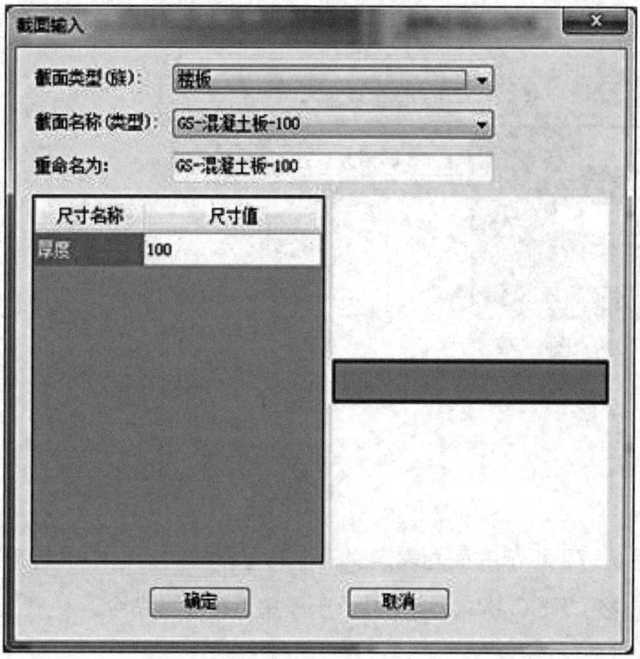

图6-79

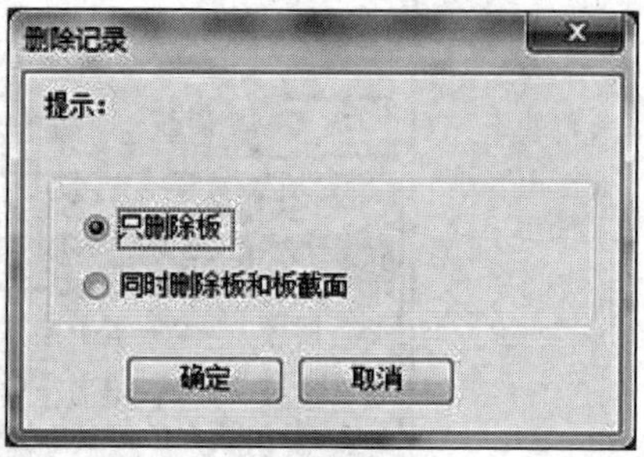

图6-80

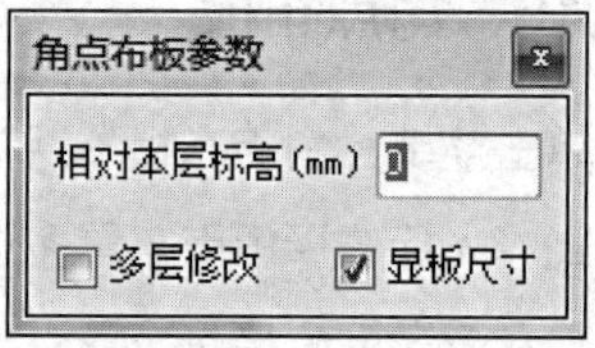

图6-81

2. 布置参数

1）相对本层标高（mm）：指下一选择板角点上表面相对于本层层顶的高度，前3点确定板的坡度。向上为正，向下为负。

2）多层：弹出对话框可指定多层同时布置板，如上图6-81所示。

3）显板尺寸：显示板的截面名称如图6-82所示。

6.4.11 墙上开洞

单击菜单“墙上开洞”，弹出如下布置参数对话框确定布置方式，在直线墙和圆弧墙上开洞。按“ESC键”，结束并退出“墙上开洞”命令。

小洞口（洞口高度小于层高）采用“墙上开洞”，以开洞墙元刚度参与计算比较合适，大洞口（洞口高度大于等于层高）采用“连梁开洞”，以墙元和连梁刚度参与计算比较合适，如图6-83所示。

布置参数如图6-84所示：

1. 洞口宽度（mm）：墙上洞口宽度；

2. 洞口高度（mm）：墙上洞口高度；

3. 离墙肢端距离（mm）：洞口离墙端的距离；

4. 离墙底距离（mm）：洞口离墙底的距离；

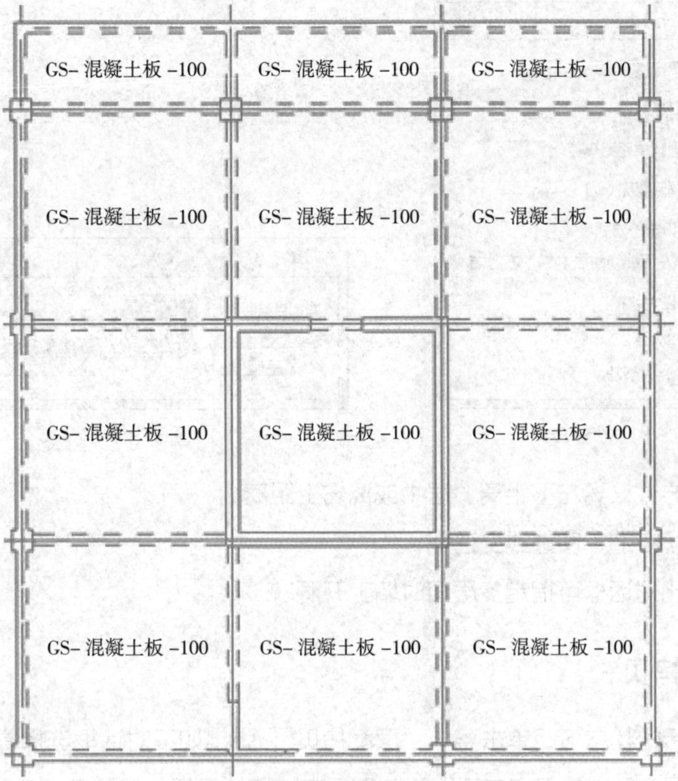
GS- 混凝土板 -100
GS- 混凝土板 -100
GS- 混凝土板 -100
GS- 混凝土板 -100
GS- 混凝土板 -100
GS- 混凝土板 -100
GS- 混凝土板 -100
GS- 混凝土板 -100
GS- 混凝土板 -100
GS- 混凝土板 -100
GS- 混凝土板 -100
GS- 混凝土板 -100

图6-82

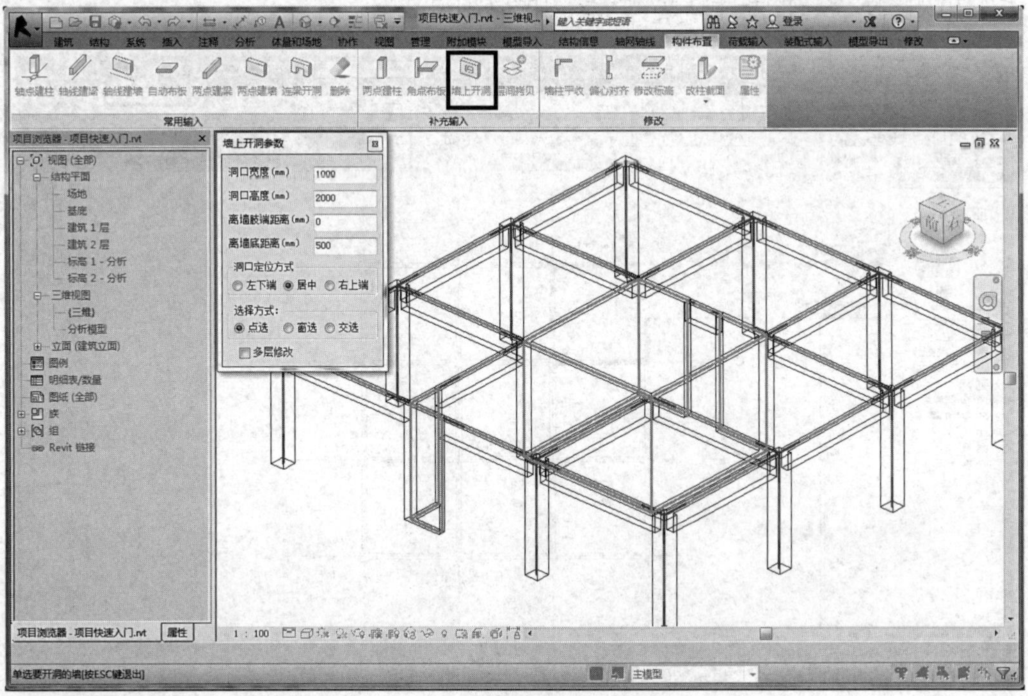
项目快速入门.rvt - 三维视...
键入关键字或短语
登录
建筑 结构 系统 插入 注释 分析 体量和场地 协作 视图 管理 附加模块 模型导入 结构信息 轴网轴线 构件布置 荷载输入 装配式输入 模型导出 修改
轴点建柱 轴线建梁 轴线建墙 自动布板 两点建梁 两点建墙 连梁开洞 删除
两点建柱 角点布板 墙上开洞 层间拷贝
墙柱平齐 偏心对齐 修改标高 改柱截面 属性
常用输入
补充输入
修改
项目浏览器 - 项目快速入门.rvt
视图 (全部)
结构平面
场地
基底
建筑 1 层
建筑 2 层
标高 1 - 分析
标高 2 - 分析
三维视图
{三维}
分析模型
立面 (建筑立面)
图例
明细表/数量
图纸 (全部)
族
组
Revit 链接
墙上开洞参数
洞口宽度(mm) 1000
洞口高度(mm) 2000
离墙肢端距离(mm) 0
离墙底距离(mm) 500
洞口定位方式
左下端 居中 右上端
选择方式:
点选 窗选 交选
多层修改
项目浏览器 - 项目快速入门.rvt
属性
1 : 100
单选要开洞的墙[按ESC键退出]
主模型

图6-83

图6-84

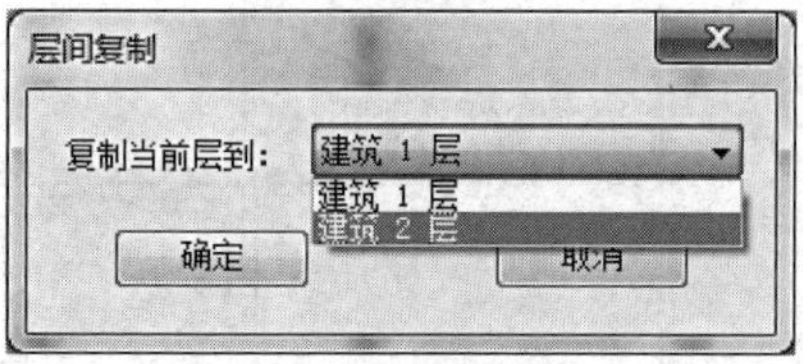

图6-85

5. 洞口定位方式：离左下距离、居中或离右上距离。

6. 选择方式：点选、窗选或交选墙。

7. 多层：弹出对话框可指定多层同时墙上开洞。

6.4.12　层间拷贝

在平面图显示的状态下，单击菜单“层间拷贝”，弹出如下对话框选择复制当前层的墙柱梁板到哪一建筑层，复制前程序自动删除此层已有的墙柱梁板，如图 6-85 所示。

若只是拷贝部分构件可选择复制后删除，也可选择如下 Revit 本身的“修改—复制到剪贴板”和“修改—从剪贴板中粘贴”功能，如图 6-86 所示。

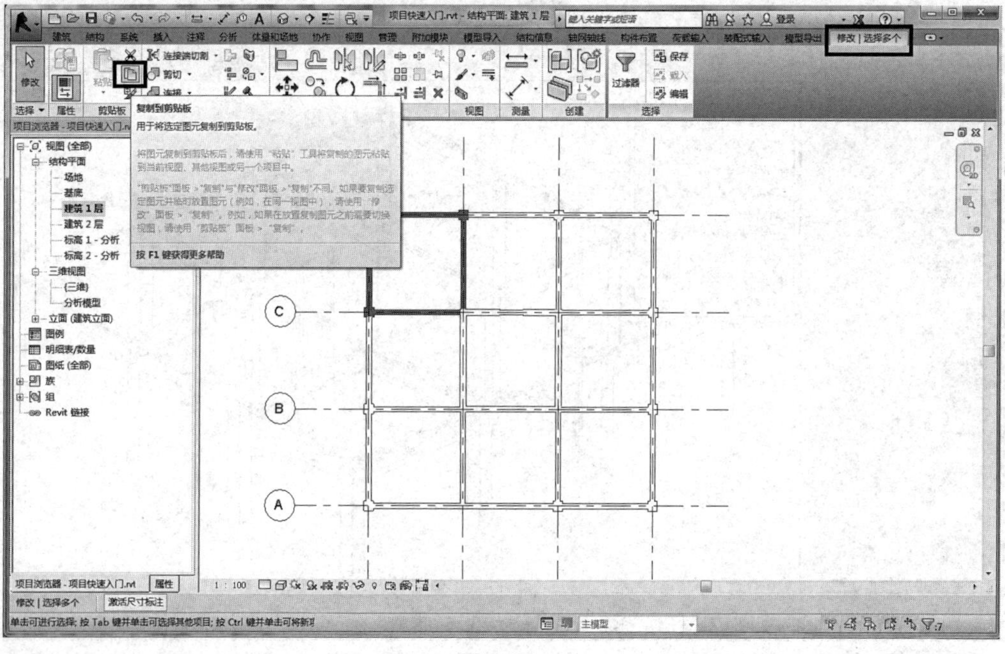

图6-86

6.4.13　墙柱平收

单击菜单“墙柱平收”，弹出如图 6-87 所示的参数对话框确定布置方式，输入柱、直线墙和圆弧墙边与轴线距离，移动选择的墙柱。按“ESC 键”，结束并退出“墙柱平收”命令。

修改墙柱截面时，程序没有自动为保持墙柱边和轴线的距离均等移动墙柱，要设计人员自己重新进行“墙柱平收”，移动墙柱，如图 6-87 所示。

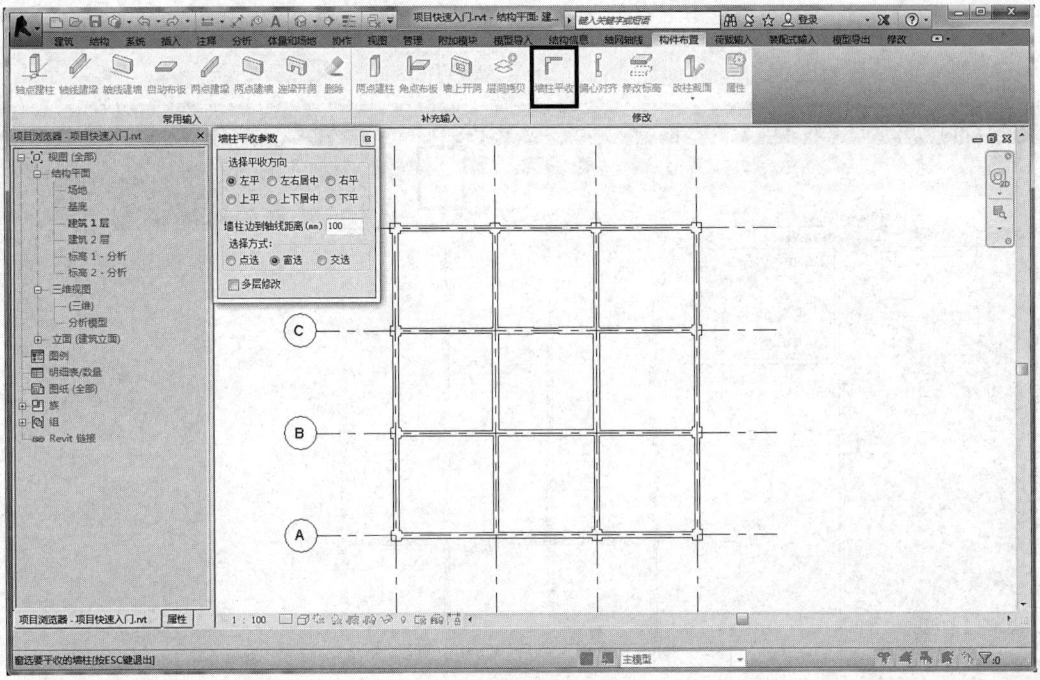

图6-87

布置参数如图 6-88 所示：

1. 选择平收方向：左边线与轴线距离、左右居中、右边线与轴线距离、上边线与轴线距离、上下居中、下边线与轴线距离；

2. 墙柱边到轴线距离（mm）：墙柱边线到轴线距离；

3. 选择方式：点选、窗选或交选墙；

4. 多层：弹出对话框可指定多层同时墙柱平收。

6.4.14　偏心对齐

单击菜单“偏心对齐”，弹出如图 6-89 所示布置参数对话框确定布置方式，选择一墙柱梁，再选择其他墙柱梁与它对齐。按“ESC 键”，结束并退出“偏心对齐”命令。

布置参数如图 6-90 所示：

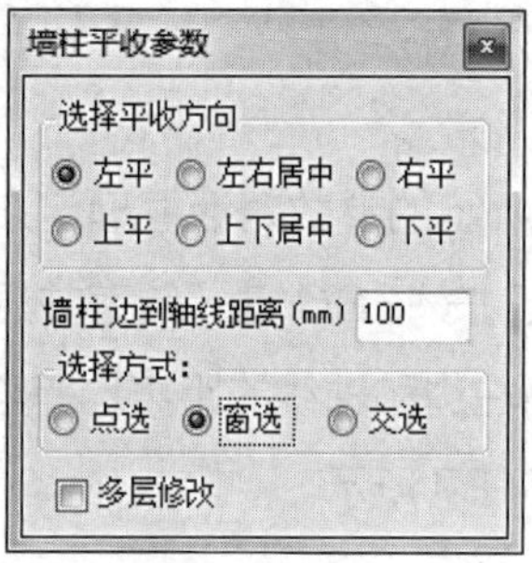

图6-88

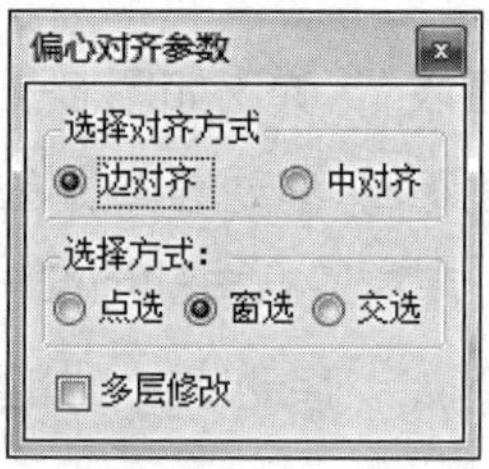

图6-90

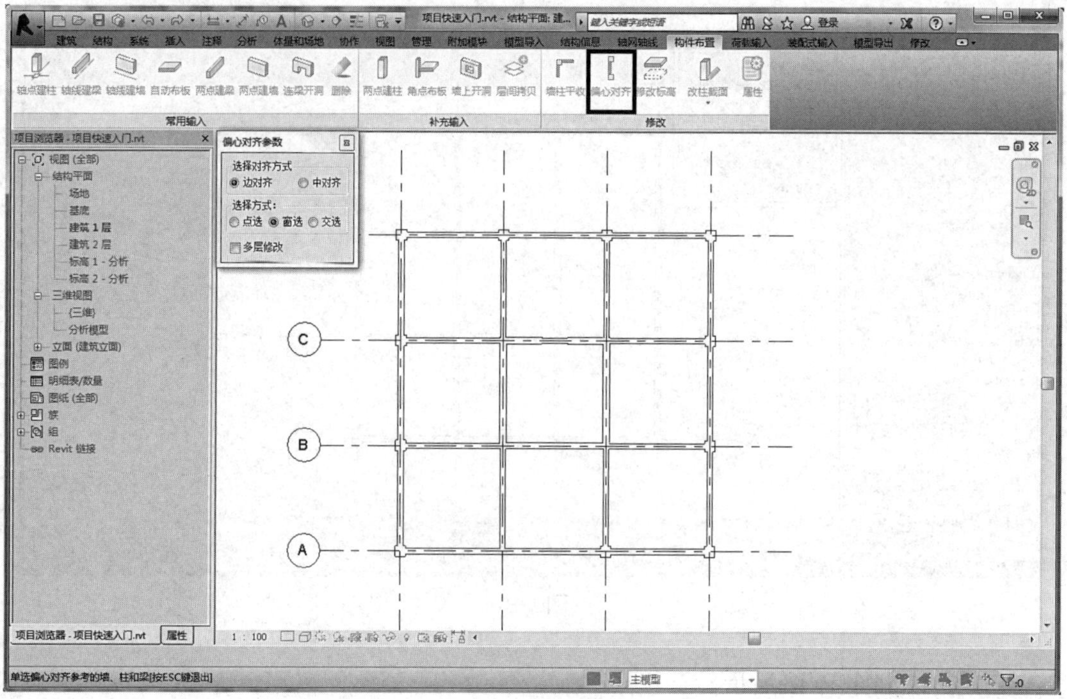

图6-89

1. 选择对齐方式：边对齐或中对齐，边对齐时，选择第 1 个墙柱梁后，还要求选择一点确定对齐哪一边；

2. 选择方式：点选、窗选或交选。

3. 多层：弹出对话框可指定多层同时偏心对齐。

6.4.15　修改标高

单击菜单“修改标高”，弹出如图 6-91 所示的布置参数对话框确定布置方式，设置墙柱梁板顶面标高和墙柱底标高。按“ESC 键”，结束并退出“修改标高”命令。

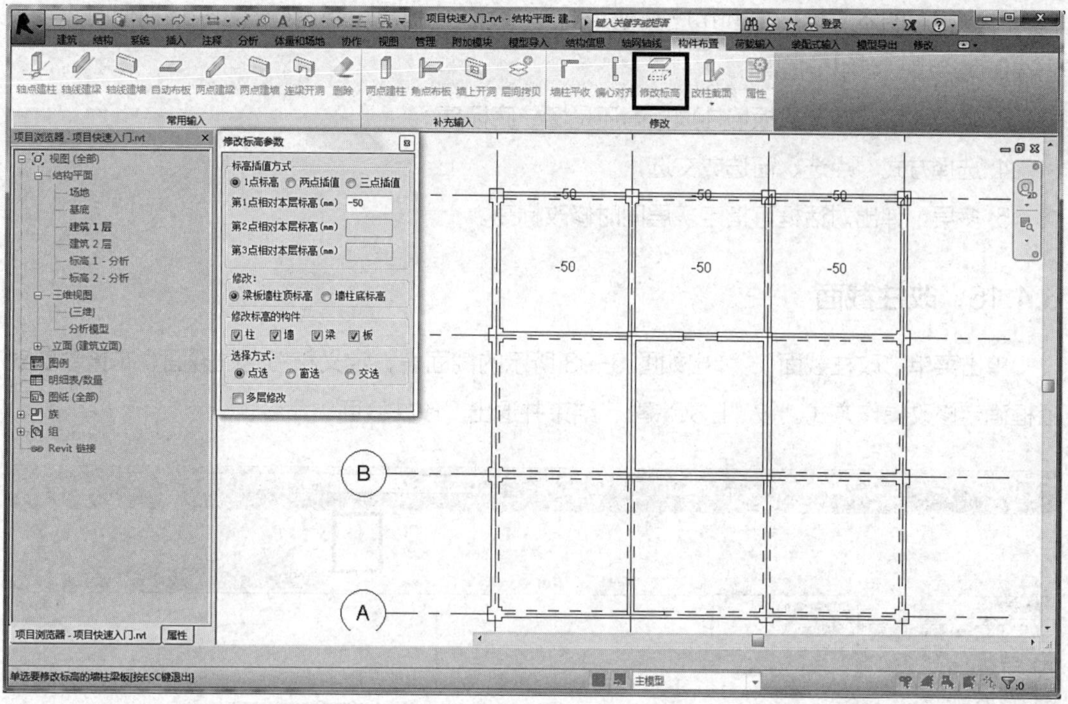

图6-91

布置参数如图 6-92 所示：

1. 标高插值方式：给梁板墙柱设置一个标高值、根据两点插值确定梁板墙柱标高和根据三点插值确定墙柱梁板标高，两点插值和三点插值时，柱插值点为柱定位点、墙插值点为墙形心，梁插值点为梁两端点，板插值点为板各角点；

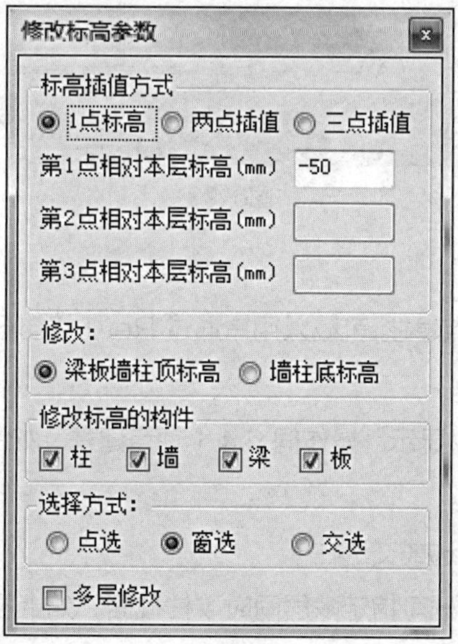

图6-92

2. 点相对的本层标高（mm）：插值用的三点对应的标高，两点插值和三点插值时，要事先选择两点和三点用于插值；

3. 修改：指定修改梁板墙柱顶标高还是墙柱底标高；

4. 选择方式：点选、窗选或交选；

5. 多层：弹出对话框可指定多层同时修改标高。

6.4.16 改柱截面

单击菜单“改柱截面”，弹出如图 6-93 所示的截面表，定义和指定柱截面，布置参数对话框确定修改操作方式。按“ESC 键”，结束并退出“改柱截面”命令。

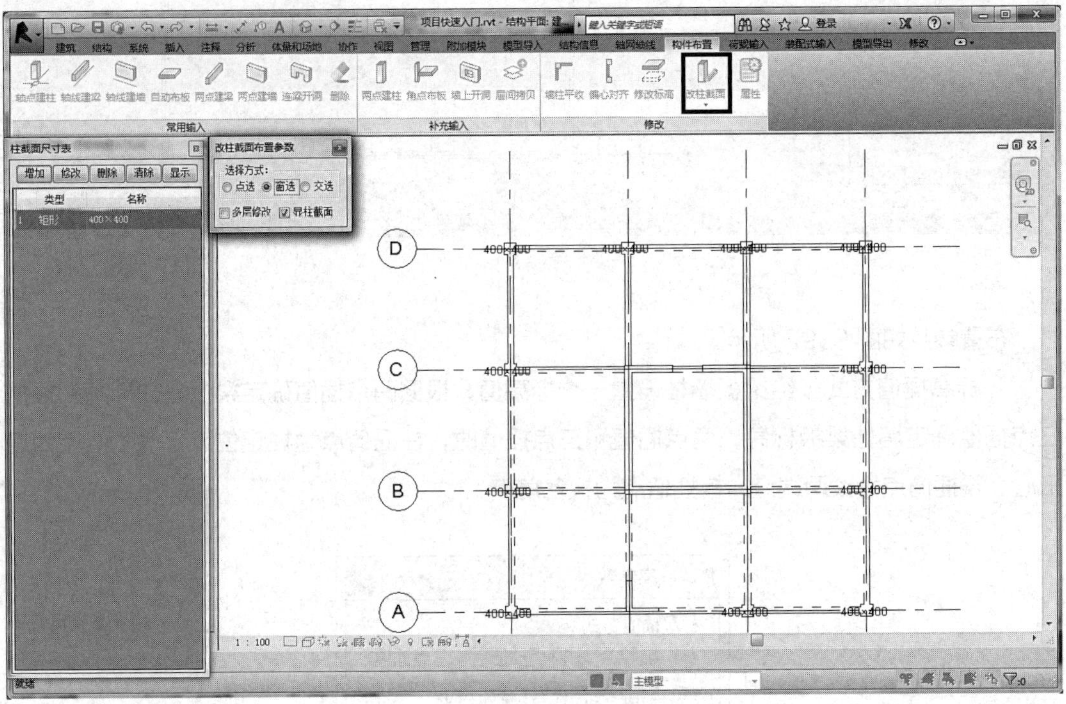

图6-93

1. 截面表上的按钮

“增加”操作同 6.4.1 轴点建柱，可载入用户通过 Revit 族自己定义的截面类型，如图 6-94 所示。

“修改”“删除”“清除”“显示”操作同 6.4.1 轴点建柱，如图 6-95、图 6-34 所示。

2. 布置参数

1）选择方式：点选、窗选或交选柱；

2）多层修改：弹出对话框可指定多层同时改柱截面，如上图 6-96 所示；

3）显柱截面：显示柱的截面名称。

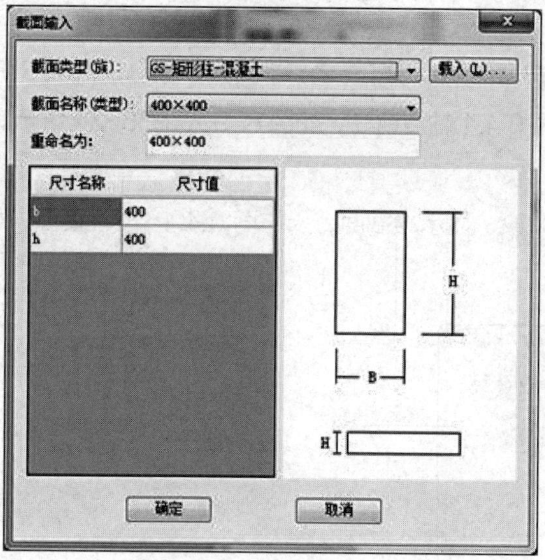

图6-94

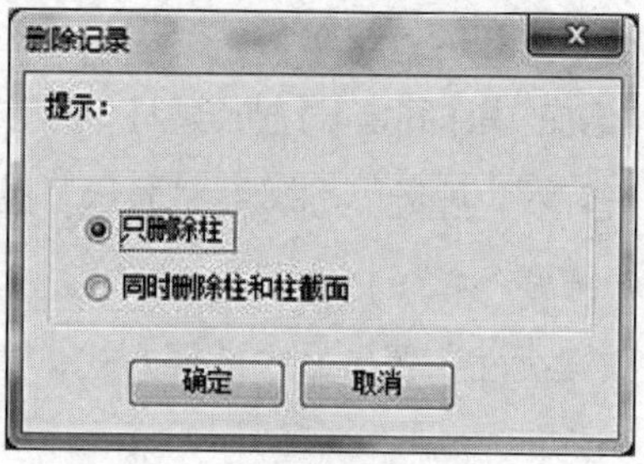

图6-95

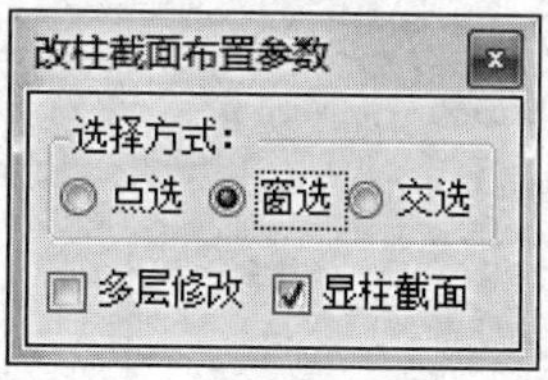

图6-96

6.4.17　改梁截面

单击菜单“改梁截面”，弹出如图 6-97 所示的截面表，定义和指定梁截面，布置参数对话框确定修改操作方式。按“ESC 键”，结束并退出“改梁截面”命令。

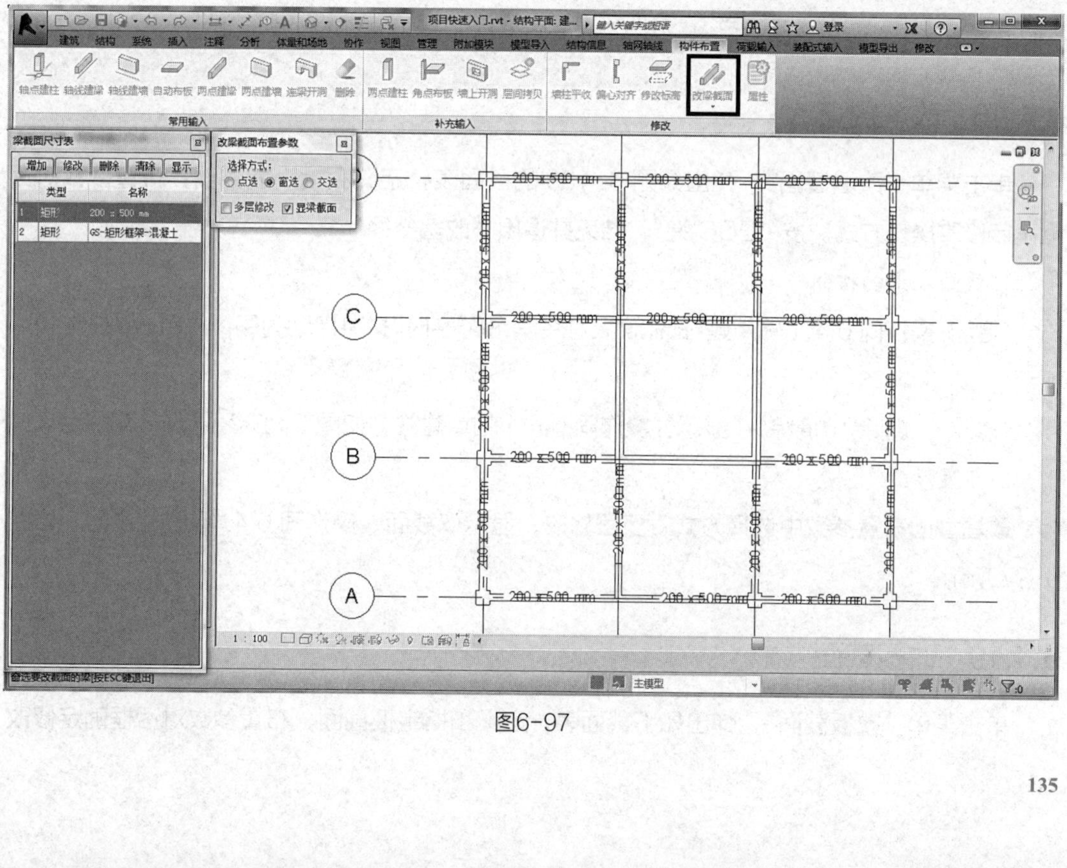

图6-97

1. 截面表上的按钮

"增加"操作同6.4.1轴点建柱,可载入用户通过Revit族自己定义的截面类型,如图6-98所示。

"修改""删除""清除""显示"操作同6.4.1轴点建柱，如图6-99、图6-34所示。

2. 布置参数

改梁截面布置参数中选择方式、多层修改、显示梁截面，操作同6.4.16改柱截面，如图6-96所示。

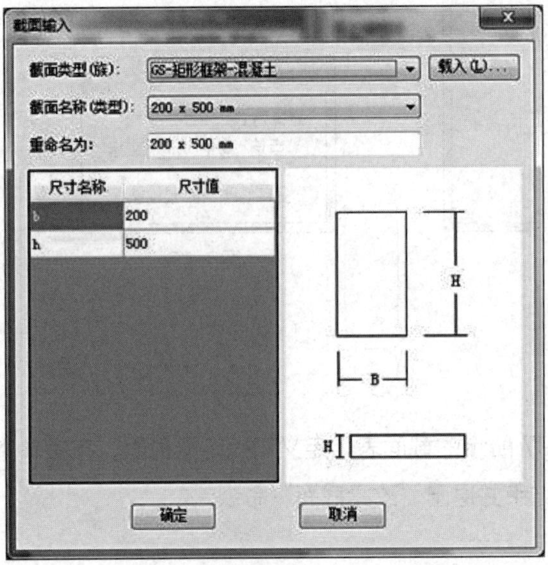

图6-98

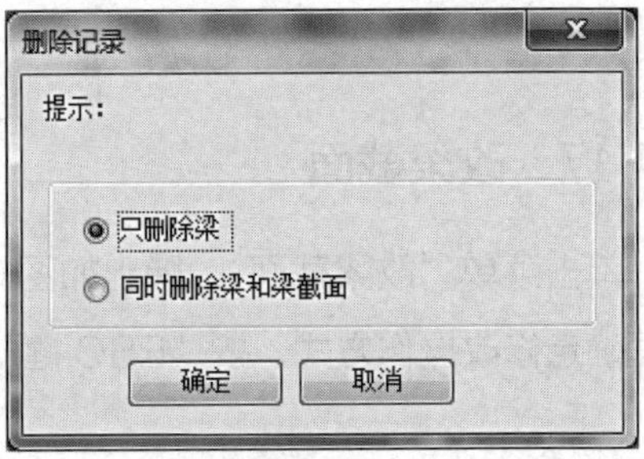

图6-99

6.4.18 改墙截面

单击菜单"改墙截面"，弹出如图6-100的截面表，定义和指定墙截面，布置参数对话框确定修改操作方式。按"ESC键"，结束并退出"改墙截面"命令。

1. 截面表上的按钮

"增加"操作同6.4.1轴点建柱,截面名称中有"砖"字时,材料自动为砌体材料,如图6-101所示。

"修改""删除""清除""显示"操作同6.4.1轴点建柱，如图6-102、图6-34所示。

2. 布置参数

改墙截面布置参数中选择方式、多层修改、显示墙截面，操作同6.4.16改柱截面，如图6-97所示。

6.4.19 改板截面

单击菜单"改板截面"，弹出如下截面表，定义和指定板截面，布置参数对话框确定修改

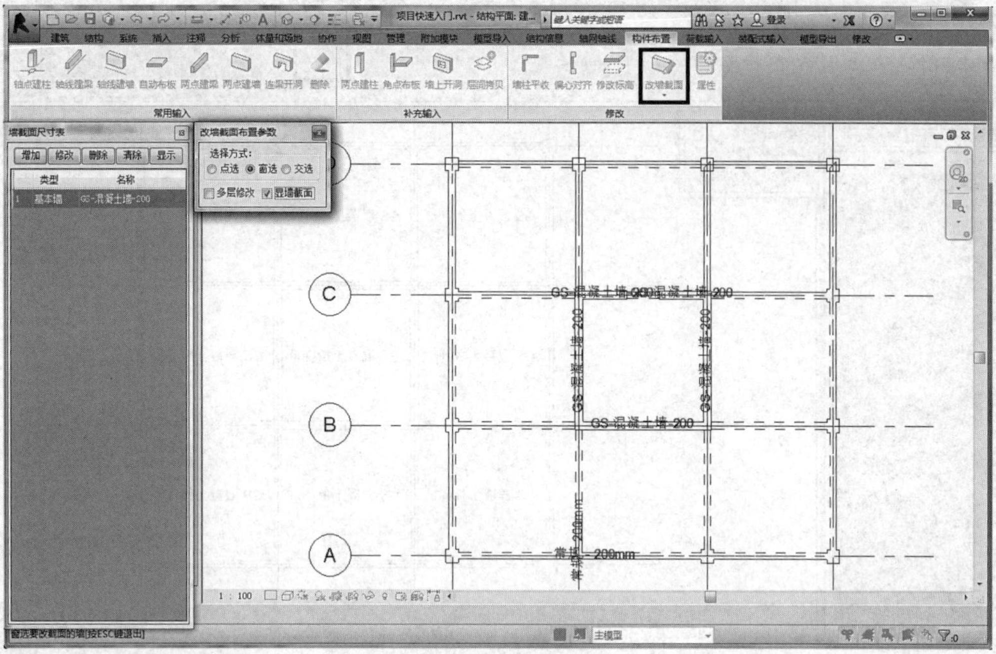

图6-100

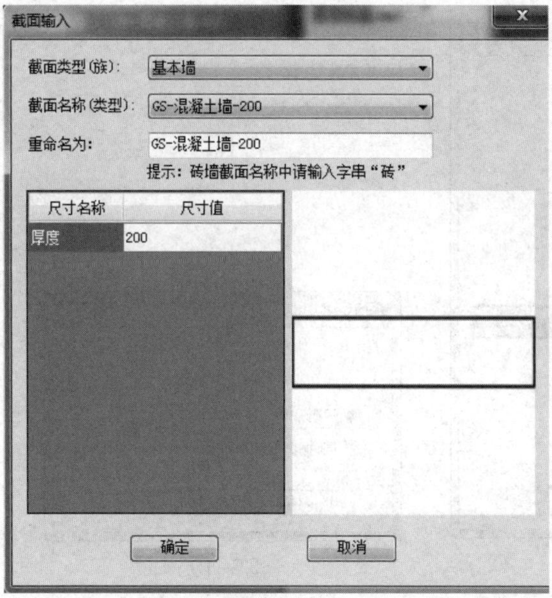

图6-101

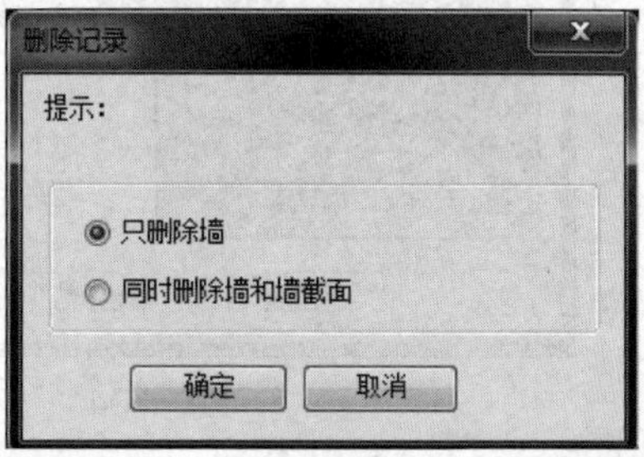

图6-102

操作方式。按“ESC 键”，结束并退出“改板截面”命令，如图 6-104 所示。

1. 截面表上的按钮

“增加”操作同 6.4.1 轴点建柱，如图 6-105 所示。

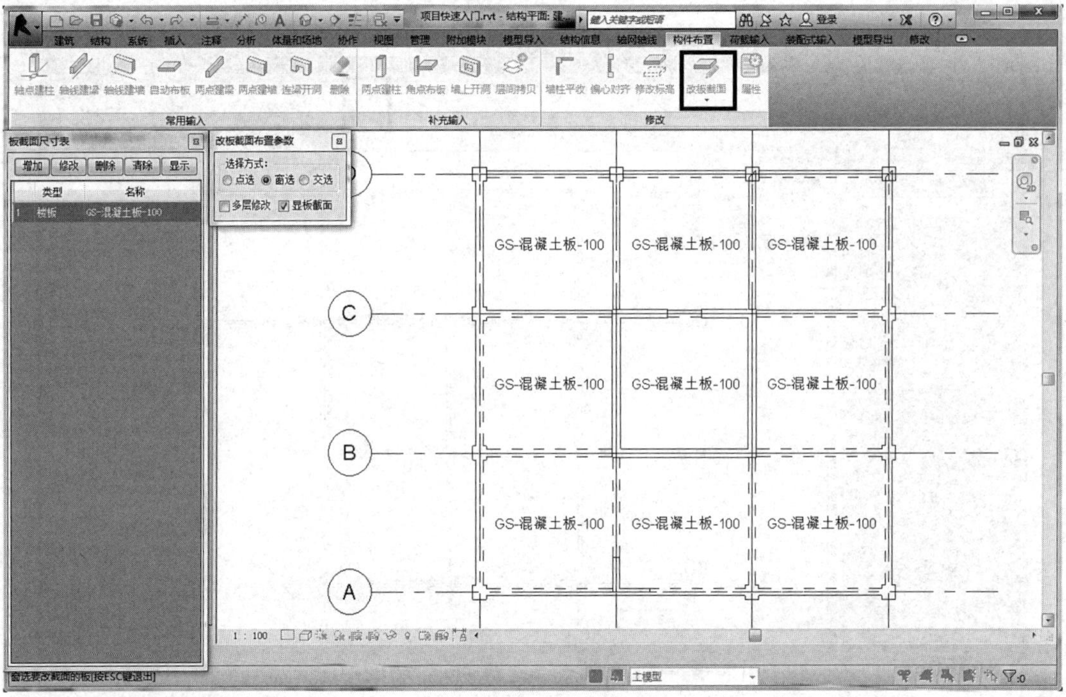

图6-103

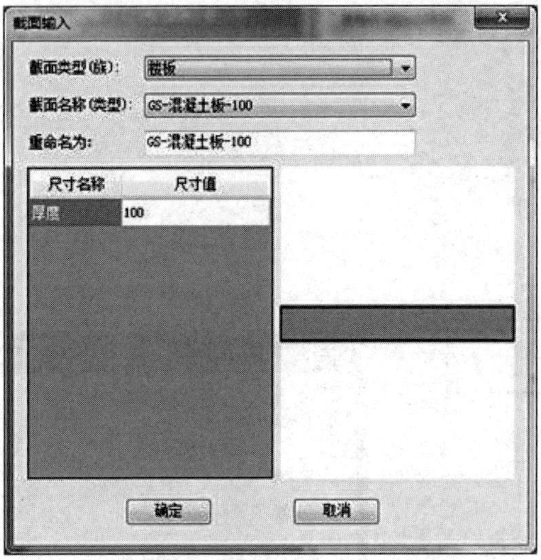

图6-104

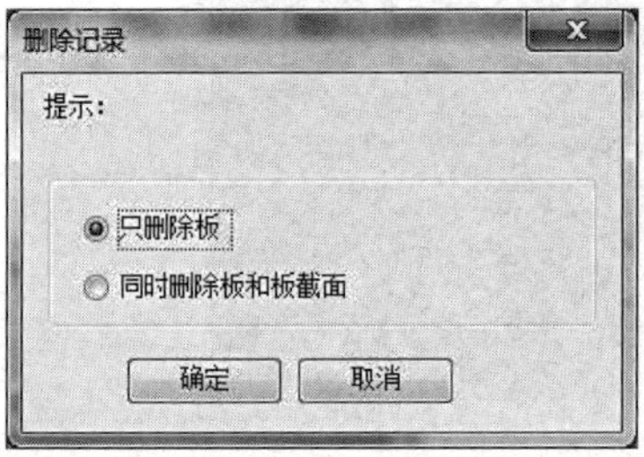

图6-105

“修改”“删除”“清除”“显示”操作同 6.4.1 轴点建柱，如图 6-106、图 6-34 所示。

2. 布置参数

改梁截面布置参数中选择方式、多层修改、显示板截面，操作同 6.4.16 改柱截面，如图 6-96 所示。

6.4.20 属性修改和显示

在 Revit 中可修改和显示如图 6-106 所示的墙柱梁板的计算属性。

图6-106

弹出属性对话框后，在平面或 3D 窗口中点选墙、柱、梁或板，属性对话框中显示所选构件的属性。

1. 修改一个所选构件的属性

不管属性对话框中选择“修改属性”还是“显示属性”状态，光标可在属性对话框中指定一行进行修改。

2. 修改其他同类构件的属性

当属性对话框中选择“修改属性”状态时，光标在属性对话框中的哪一行，即可把此行的内容修改到其他同类墙、柱、梁或板。

弹出属性对话框后，属性对话框中选择“显示属性”状态，在平面或 3D 窗口中点选墙、柱、梁或板，属性对话框中显示所选构件的属性。

3. 梁属性

1）梁设计类型：

当梁设计类型为自动判断时，梁设计类型判断原则如下：

（1）框架梁：缺省一端有墙柱的主梁，在 AutoCAD 自动成图的梁施工图习惯中有设置判断方法；

（2）次梁：缺省次梁和无墙柱相连的主梁，在 AutoCAD 自动成图的梁施工图习惯中有设置判断方法；

（3）连梁：两端都与剪力墙相连主次梁，至少一端与剪力墙方向的夹角不大于 25°，且跨高比小于 5.0。被虚柱打断的连梁能自动判定，超出自动判定的范围时可在构件属性中设置“梁设计类型”为连梁；

（4）墙梁：墙中的主次梁；

（5）深梁：跨高比小于等于 5 的主次梁；

（6）地基梁：梁下布置有线弹簧的主次梁（目前 GSSAP 计算版本还没有支持）；

（7）斜梁：空间斜梁需人工设置。

（8）梯梁：梯梁需人工设置。

（9）悬臂：需人工设置悬臂，悬臂梁忽略梁端弯矩调幅系数，梁端不能指定（局部 2 转动）铰接。

（10）次梁级别：大于零，为次梁，在广厦录入中主梁双线，次梁显示单线。

2）转换梁：在“生成 GSSAP 计算数据”时自动判断，判断原则为托墙的主次梁，若自动判定为框支梁，托柱的主次梁，若自动判定为转换梁，广厦录入系统的设计属性中可查看到判定结果，地震内力自动乘以“转换梁地震内力增大系数”。

3）抗震等级：设计类型为次梁时，同总信息表示为 5（非抗震），连梁的抗震等级同总信息表示为墙的抗震等级，其他设计类型的梁，同总信息表示为框架抗震等级。

GSSAP 计算中有两个抗震等级，梁的抗震等级用于控制抗震措施，抗震措施包括内力调整和抗震构造措施。构造抗震等级用于控制抗震构造措施，在总信息和属性中可修改。

4）计算单元类型

（1）三维杆：6 自由度空间杆单元；

（2）拉杆：目前版本未提供；

（3）压杆：目前版本未提供；

（4）B 向壳：在局部 1 和局部 2 面内划分壳单元，可指定用于计算扁梁，目前 GSSAP 版本未提供此计算；

（5）H 向壳：GSSAP 中在局部 1 和局部 3 面内划分壳单元，可用于指定计算开洞梁和深梁，目前版本提供了相应的应力在“图形方式”显示和查看，GSSAP 自动根据应力积分出轴力、弯矩和剪力；

（6）三维元：采用 8 节点三维元，可指定用于计算宽高较大的梁，目前 GSSAP 版本未提供此计算。

5）人防设计：

考虑人防设计时，人防工况对应的内力参与基本组合，并进行人防设计有关的构件截面计算，有人防荷载或相邻的板考虑人防设计时，程序自动判定此梁考虑人防设计。

6）转换梁地震内力增大系数：

此参数只对框支梁起作用，同总信息时，地震内力乘以总信息中的“转换梁地震内力增大系数”；其他值时，地震内力乘以本梁的“转换梁地震内力增大系数”，范围为 1.0 ~ 2.0。

7）连梁折减系数

此参数只对连梁起作用，同总信息时，连梁刚度乘以总信息中的“连梁折减系数”；其他值时，连梁刚度乘以本梁的“连梁折减系数”，范围为 0.5 ~ 1.0。

8）梁刚度增大系数

本梁不是连梁时才起作用。当同总信息时，且梁高和宽小于 800mm，两边有板时，梁刚度乘以总信息中的“梁刚度增大系数”，一边有板时，梁刚度乘以（1.0+ 总信息中的梁刚度增大系数 /2），两边无板时，梁刚度不放大；当为其他值时，刚度乘以本梁的“梁刚度增大系数”。

9）梁跨中弯矩增大系数

同总信息时，本梁的重力恒载和重力活载产生的正弯矩乘以总信息中的“梁跨中弯矩增大系数”；其他值时，本梁重力恒载和重力活载产生的正弯矩无条件乘以本梁的“梁跨中弯矩增大系数”。

10）梁扭矩折减系数

同总信息时，本梁扭矩乘以总信息中的“梁扭矩折减系数”；其他值时，本梁扭矩无条件乘以本梁的“梁扭矩折减系数”。

11）梁端弯矩调幅系数

同总信息时，本梁重力恒载和重力活载产生的弯矩按总信息中的“梁端弯矩调幅系数”调幅；其他值时，本梁重力恒载和重力活载产生的弯矩无条件按本梁的“梁端弯矩调幅系数”调幅。

12）活荷载分项系数

同总信息时，本梁活荷载分项系数取总信息中的“活荷载分项系数”；其他值时，采用本梁的“活荷载分项系数”。

本项可用于梁活荷载折减，原活荷载分项系数乘以活荷载折减系数 = 新的活荷载分项系数，新的活荷载分项系数参与组合，实现《建筑结构荷载规范》GB 50009—20124.2.1 条的某一梁的活荷载折减。

13）活载组合值系数

同总信息时，本梁活载组合值系数取总信息中的“活载组合值系数”；其他值时，采用本梁的“活载组合值系数”。用于民用建筑结构的设计，详见《建筑结构荷载规范》GB 50009—20124.1.1 条。用于工业建筑结构的设计，详见《建筑结构荷载规范》GB 50009—2012 附录 C。

14）活载准永久值系数

同总信息时，本梁活载准永久值系数取总信息中的“活载准永久值系数”；其他值时，采用本梁的“活载准永久值系数”。用于民用建筑结构的设计，详见《建筑结构荷载规范》GB 50009—20124.1.1 条。用于工业建筑结构的设计，详见《建筑结构荷载规范》GB 50009—2012 附录 C。

15）梁下填充墙宽度

为满足《建筑设计抗震规范》GB 50011—2010（2016 版）3.1 填充墙刚度不均匀对结构的不利影响的要求，GSSAP 计算可考虑填充墙参与空间分析，建模增加两参数：

在“总信息”中增加“考虑填充墙刚度（0 周期折减来考虑，1 考虑且根据梁荷求填充墙，2 考虑但不自动求填充墙）”，1 和 2 的不同在于是否自动根据梁荷求填充，GSSAP 计算中周期折减系数会自动设为 1.0。

在梁的属性中增加“梁下填充墙宽度”，主要用于设置首层填充墙，当梁下填充墙宽度和根据梁荷载所求填充墙宽度不同时 GSSAP 计算自动取大值。

16）梁反拱弦高

在平法配筋计算挠度不满足要求，需要增加钢筋时，会自动扣除此值，增加了设计人员对挠度过大梁的一种处理办法。平法施工图计算挠度时也自动扣除反拱值。

17）连梁箍筋形式

选择连梁的箍筋形式为普通箍筋、对角斜筋、分段封闭和综合斜筋，连梁受弯承载力按《混凝土结构设计规范》（2015 版）GB 50010—2010 中 11-7-6 计算，跨高比 <2.5 的连梁受剪截面和斜截面受剪承载力按《混凝土结构设计规范》（2015 版）GB 50010—201012.7.9 验算，否则按普通箍验算。当连梁的箍筋形式选择对角斜筋和综合斜筋时，若斜筋面积大于《混凝土结构设计规范》（2015 版）GB 50010—201012.7.10 的构造要求，“超筋超限警告”文本中会提示所需的斜筋面积。

采用特殊配箍方式可提高连梁的抗剪能力，而通过设水平缝形成双连梁或多连梁可减少抗弯刚度，以减少连梁承担的剪力。连梁抗剪承载力不够时建议优先选择多连梁，多连梁和特殊配箍方式可同时选择。

18）梁水平缝数

自动等效连梁的计算宽度为实际连梁宽度的 2 倍，高度与小截面连梁相等，按缝数等分，如 200mm × 1000mm 连梁等效为 400mm × 500mm，按 400mm × 500mm 参与计算，纵筋和箍筋手工等分分配各小连梁。

采用特殊配箍方式提高了连梁的抗剪能力，而设水平缝形成双连梁或多连梁减少了抗弯刚度以减少连梁承担的剪力。连梁抗剪承载力不够时建议优先选择多连梁，多连梁和特殊配箍方式可同时选择。

19）端部约束

在杆局部坐标下每个端部有 6 个自由度，铰接则此方向的力或弯矩为 0，梁一般为局部坐标 2 轴转动为铰接，其他为刚接，设置后窗口中梁上显示“梁铰”两个字。GSSAP 中连续次梁两端未指定局部坐标 2 轴转动为铰接时，自动将此端部所有转动自由度设置 0.1 的半刚系数，防止所搭接梁扭矩过大的情况。坐标系定义如图 6-107 所示：

20）施工顺序号

在总信息考虑“模拟施工”下，自动判定时，相对于结构零层的结构层数等于施工顺序号，适用与多塔和错层情况。设置大于“0”的值可用于计算构件后浇的情况。

21）端部重叠刚域长度

刚域的长度可按如图 6-108 所示式计算：

按上式计算的刚域长度为负值时，应取为零。

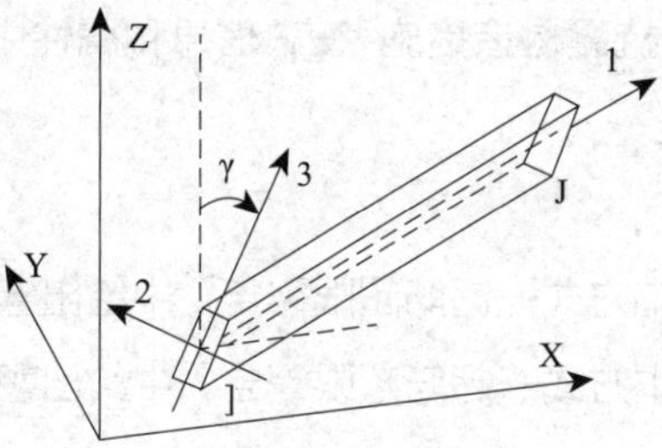

图6-107

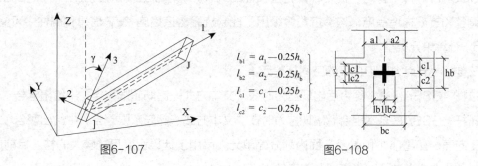

$$
\left.\begin{aligned}
l_{b1} &= a_1 - 0.25h_b \\
l_{b2} &= a_2 - 0.25h_b \\
l_{c1} &= c_1 - 0.25b_c \\
l_{c2} &= c_2 - 0.25b_c
\end{aligned}\right\}
$$

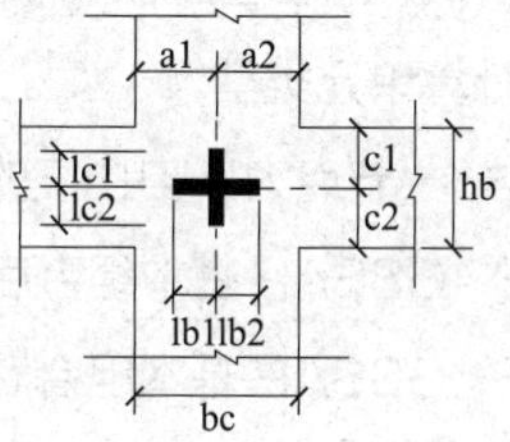

图6-108

22）材料信息

混凝土和钢材料信息。

4. 柱属性

1）柱设计类型：

柱设计类型为“自动判断”时，程序对柱设计类型判断原则如下。

（1）框架柱：除斜柱、墙端柱和支撑外的柱；

（2）斜柱：空间斜柱需人工设置；

（3）墙端柱：与墙共用计算节点的柱；

（4）人字或 V 形中心支撑：人字或 V 形中心支撑需人工指定。

（5）十字或单斜杆中心支撑：十字或单斜杆中心支撑需人工指定。

（6）偏心支撑：偏心支撑需人工指定。

（7）上弦杆：“平面桁架”和“网架网壳”中，上层斜柱需人工指定。

（8）下弦杆：“平面桁架”和“网架网壳”中，下层斜柱需人工指定。

（9）腹杆：采用“平面桁架”和“网架网壳”中，上下层间斜柱需人工指定。

（10）梯柱：有填充墙和无填充墙梯柱需人工指定。

2）转换柱：

在“生成 GSSAP 计算数据”时自动判断，判断原则为托墙的柱，若自动判定为框支柱，录入系统的设计属性中可查看到判定结果。对于柱 A 托梁，梁再托柱 B 情况，程序判断柱 A 为转换柱。

3）柱位置：

判断原则为梁形成的夹角小于 135° 为角柱，小于 225° 和大于等于 135° 为边柱，其他情况为内柱。

4）抗震等级：

剪力墙和墙端柱的抗震等级同剪力墙抗震等级，其他柱同总信息时，表示为同总信息中的框架抗震等级。

GSSAP 计算中有两个抗震等级，墙和柱的抗震等级用于控制抗震措施，抗震措施包括内力调整和抗震构造措施。构造抗震等级用于控制抗震构造措施，在总信息和属性中可修改。

5）计算单元类型：

三维杆：节点为 6 自由度的空间杆单元；

拉杆：GSSAP 基本组合后出现压力时在“文本方式—超筋超限警告”中给出警告；

压杆：GSSAP 基本组合后出现拉力时在“文本方式—超筋超限警告”中给出警告；

B 向壳：在局部 1 和局部 2 面内划分壳单元，可用于计算宽度尺寸较大的柱，目前版本未提供相应的应力在“图形方式”查看结果；

H 向壳：在局部 1 和局部 3 面内划分壳单元，可用于计算高度尺寸较大的柱，目前版本未提供相应的应力在“图形方式”查看结果；

三维元：采用 8 节点三维元，可用于计算宽和高尺寸较大的柱，目前版本未提供相应的应力在“图形方式”查看结果。

6）人防设计

考虑人防设计时，人防工况对应的内力参与基本组合，并进行人防设计有关的构件截面计算，有人防荷载或墙端柱所在墙要考虑人防设计时，程序自动判定该柱考虑人防设计。

7）X、Y 向计算长度

X 向计算长度为局部 1 轴方向力作用下的计算长度，Y 向计算长度为局部 2 轴方向力作用下的计算长度，X、Y 向为作用力的方向，影响柱偏心弯矩增大系数，影响柱配筋计算。范围为 1.0 ~ 50.0m。

GSSAP 计算中能自动搜索形成柱 X 和 Y 向的实际长度（相邻有板时≤两倍最大有关层高），不需通过增大计算长度系数来得到实际的柱计算长度。跨层柱自动通过实际的计算长度来实现跨层柱的配筋计算。

8）X、Y 向计算长度系数

X 向计算长度系数为局部 1 轴方向力作用下的计算长度系数，Y 向计算长度系数为局部 2 轴方向力作用下的计算长度系数，X、Y 向为作用力的方向，影响柱受压构件的稳定系数和排架结构柱偏心弯矩增大系数，从而影响柱配筋计算。范围为 1.0 ~ 5.0。自动按层计算时首层及首层以下柱为 1.0，其他建筑层柱为 2.15。

单向计算配筋时，每个方向取各自的计算长度，双向计算配筋时，按两方向弯矩加权平均得到计算长度。

9）活荷载分项系数

同总信息时，本柱活荷载分项系数取总信息中的“活荷载分项系数”；其他值时，采用本柱的“活荷载分项系数”。

本项可用于柱活荷载折减，原活荷载分项系数乘以活荷载折减系数 = 新的活荷载分项系数，新的活荷载分项系数参与组合，实现《建筑结构荷载规范》GB 50009—2012 中 4.2.1 条的某一柱的活荷载折减。若总信息中设置“墙柱基础活荷载折减”，本柱自动按《建筑结构荷载规范》GB 50009—2012 表 4.2.1 进行活荷载折减，此项不必修改，应为“同总信息”。

10）活载组合值系数

同总信息时，本柱活载组合值系数取总信息中的“活载组合值系数”；其他值时，采用本柱的“活载组合值系数”。用于民用建筑结构的设计，详见《建筑结构荷载规范》GB 50009—20124.1.1 条。用于工业建筑结构的设计，详见《建筑结构荷载规范》GB 50009—2012 附录 C。

11）活载准永久值系数

同总信息时，本柱活载准永久值系数取总信息中的“活载准永久值系数”；其他值时，采用本柱的“活载准永久值系数”。用于民用建筑结构的设计，详见《建筑结构荷载规范》GB 50009—20124.1.1 条。用于工业建筑结构的设计，详见《建筑结构荷载规范》GB 50009—2012 附录 C。

12）端部约束

在杆局部坐标下，每个端部节点有 6 个自由度，可按照实际情况设置不同的自由度为铰，当设为铰时，此方向的力或弯矩为 0。坐标系定义如图 6-109 所示：

13）施工顺序号

在总信息考虑“模拟施工”下，自动判定时，相对于结构零层的结构层数等于施工顺序号，适用与多塔和错层情况。设置大于 0 的值可用于计算构件后浇的情况。

14）端部重叠刚域长度

刚域的长度可按如图 6-110 所示式计算：

自动计算时，下端为 0，上端刚域的长度 =0.5× 最小梁高 -0.25× 最大柱尺寸，按上式计算的刚域长度为负值时，应取为零。

15）下端节点约束和位移

在总体坐标下，柱下端节点 6 个自由度有约束并且位移为零，可用于结构不等高嵌固，结构 1 层柱底所有自由度在自动判定时，为固接。

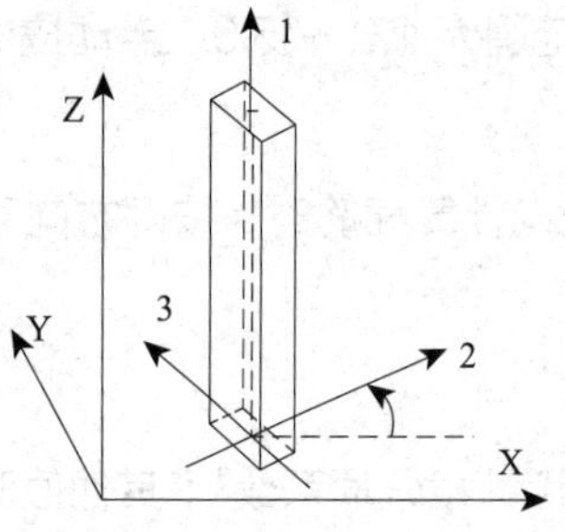

图6-109

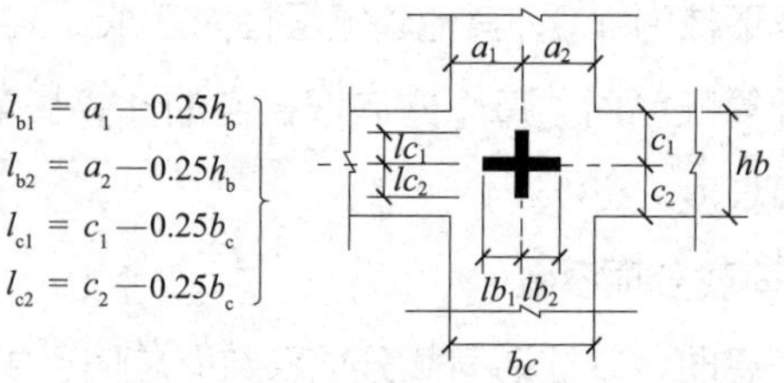

图6-110

在总体坐标下，柱下端节点 6 个自由度有约束并且位移为非零，只用于对重力恒荷载工况的约束，用于考虑不均匀沉降对结构的影响。

16）材料信息

混凝土、钢和砌体材料信息。

5. 墙属性

1）墙设计类型

墙设计类型为自动判断时，墙设计类型判断原则如下：

一、二、三级抗震墙底部加强部位及相邻的上一层，按《建筑抗震设计规范》GB 50011—2010（2016）版 6.4.7 条要求设置约束边缘构件，其他部位设置构造边缘构件。

（1）部位

加强部位包括落地和非落地加强部位，判断原则为：

楼层总高度（扣除地下室和鞭梢小楼高度）的 1/10 和底部二层（不大于 24m 一层）二者较大值；

有地下室时向下延伸地下一层或到计算嵌固端；

有大底盘裙房时，塔楼范围外裙房部分按裙房总高度的 1/10 和底部二层（不大于 24m 一层）二者较大值，塔楼范围内裙房部分和高出裙房一层都为加强部位；

底部带转换层的高层建筑结构，其剪力墙底部加强部位的高度取框支层加上框支层以上两层的高度及墙肢总高度的 1/10 二者的较大值，若转换层在塔楼上判定的底部加强部位墙须在塔楼范围内，之外的还是非底部加强部位墙。

在复杂高层结构中，落地加强部位的墙须按《高层混凝土结构技术规程》JGJ3—201010.2.14 条调整弯矩和剪力。

2）框支墙

剪力墙 A 托剪力墙 B，剪力墙 B 的刚度比剪力墙 A 大很多，则剪力墙 A 为框支墙。程序不能自动判定，需人工设置，内力调整与其他墙不同。

3）落地

落地框支墙内力调整与其他墙不同，程序可自动判定。

当结构形式定义为短肢剪力墙时，自动判定是否短肢剪力墙。短肢剪力墙自动判据为剪力墙截面高度与厚度之比大于4、小于等于8的剪力墙，且剪力墙截面厚度小于等于300mm。人工设置后程序就不再自动判定。

4）抗震等级

同总信息表示为同总信息中的墙抗震等级。

GSSAP计算中有两个抗震等级，墙和柱的抗震等级用于控制抗震措施，抗震措施包括内力调整和抗震构造措施。构造抗震等级用于控制抗震构造措施，在总信息和属性中可修改。

5）计算单元类型

壳单元：膜单元+板单元，用于剪力墙和挡土墙计算，相应的内力和应力在“图形方式”查看结果；

6）三维元：采用8节点三维元，可用于计算宽度尺寸较大的墙，目前版本未提供。

7）人防设计

考虑人防设计时，人防工况对应的内力参与基本组合，并进行人防设计有关的构件截面计算，不考虑人防设计的墙肢需采用连梁与考虑人防设计的墙肢断开，有人防荷载或相邻的板考虑人防设计时程序自动判定该墙考虑人防设计。

8）活荷载分项系数

同总信息时，本墙活荷载分项系数取总信息中的“活荷载分项系数”；其他值时，采用本墙的“活荷载分项系数”。

本项可用于墙活荷载折减，原活荷载分项系数乘以活荷载折减系数=新的活荷载分项系数，新的活荷载分项系数参与组合，实现《建筑结构荷载规范》GB 50011—20104.2.1条的某一墙的活荷载折减。若总信息中设置“墙柱基础活荷载折减”，本墙自动按《建筑结构荷载规范》GB 50011—2010表4.2.1进行活荷载折减，此项不必修改，应为“同总信息”。

9）活载组合值系数

同总信息时，本墙活载组合值系数取总信息中的“活载组合值系数”；其他值时，采用本墙的“活载组合值系数”。用于民用建筑结构的设计，详见《建筑结构荷载规范》GB 50011—20104.1.1条。用于工业建筑结构的设计，详见《建筑结构荷载规范》GB 50011—2010附录C。

10）活载准永久值系数

同总信息时，本墙活载准永久值系数取总信息中的“活载准永久值系数”；其他值时，采用本墙柱的“活载准永久值系数”。用于民用建筑结构的设计，详见《建筑结构荷载规范》GB 50011—20104.1.1条。用于工业建筑结构的设计，详见《建筑结构荷载规范》GB 50011—2010附录C。

11）竖向筋配筋率

设置墙两端纵筋面积计算中的竖向筋配筋率，自动绘制墙施工图时满足这要求。

12）施工顺序号

在总信息考虑“模拟施工”下，自动判定时，相对于结构零层的结构层数等于施工顺序号，适用与多塔和错层情况。设置大于 0 的值可用于计算构件后浇的情况。

13）下端节点约束和位移

在总体坐标下墙下端节点 6 个自由度有约束并且位移为零，可用于结构不等高嵌固，结构 1 层墙底所有自由度为自动判定时，为固接。

在总体坐标下墙下端 6 个节点自由度有约束并且位移为非零，只用于对重力恒荷载工况约束，用于考虑不均匀沉降对结构的影响。

14）材料信息

混凝土、钢和砌体材料信息。

6. 板属性

1）板设计类型：

板设计类型为普通板（薄板）、悬臂板、中厚板、组合板、预应力板和预制板，目前计算中还没有用到这些设置，只用到了楼梯板和斜板。

2）屋面板

顶部小塔楼的向下一标准层的板自动设为屋面板，其他情况需人工设定。屋面板的判定对屋面梁的构造及梁板裂缝判断有影响。

3）抗震等级

缺省为非抗震，转换厚板应在此按转换构件设置。

4）计算单元类型

（1）刚性板：平面内无限刚，平面外无刚度；每块板内力在“楼板次梁砖混计算”中作为单个构件计算；斜板（角点高差→ 0.1m）计算单元类型为刚性板时，GSSAP 计算时自动采用膜单元计算；

（2）膜单元：平面内有刚度，平面外无刚度，用于结构中弹性楼板计算，未输出相应的应力；每块板内力在“楼板次梁砖混计算”中作为单个构件计算；

（3）板单元：平面外有刚度，平面内无限刚，用于中厚板计算，相应的应力在“图形方式”显示和查看；

（4）壳单元：膜单元 + 板单元，用于无梁楼盖、空心现浇板和全弹性等计算，相应的应力在“图形方式”显示和查看；

（5）三维元：采用 8 节点三维元，可用于指定计算厚度较大的板，目前版本未提供相应的应力在“图形方式”显示和查看。

5）人防设计

考虑人防设计时，人防工况对应的内力参与基本组合，并进行人防设计有关的构件截面计算，有人防荷载时程序自动判定考虑人防设计。

6）活荷载分项系数

同总信息时，本板活荷载分项系数取总信息中的“活荷载分项系数”；其他值时，采用本板的“活荷载分项系数”。

7）活载组合值系数

同总信息时，本板活载组合值系数取总信息中的“活载组合值系数”；其他值时，采用本板的“活载组合值系数”。用于民用建筑结构的设计，详见《建筑结构荷载规范》GB 50011—20104.1.1 条。用于工业建筑结构的设计，详见《建筑结构荷载规范》GB 50011—2010 附录 C。

8）活载准永久值系数

同总信息时，本板活载准永久值系数取总信息中的“活载准永久值系数”；其他值时本板采用本板柱的“活载准永久值系数”。用于民用建筑结构的设计，详见《建筑结构荷载规范》GB 50011—20104.1.1 条。用于工业建筑结构的设计，详见《建筑结构荷载规范》GB 50011—2010 附录 C。

9）施工顺序号

在总信息考虑“模拟施工”下，自动判定时，相对于结构零层的结构层数等于施工顺序号，适用与多塔和错层情况。设置大于 0 的值可用于计算构件后浇的情况。

10）双向板计算方法和支座与跨中弯矩比

选择弹性板计算方法或塑性板方法。

11）导荷模式

计算采用刚性板时的板导到周边梁墙上的模式。

12）材料信息

混凝土和钢材料信息。

6.5　荷载输入

在墙柱梁板荷载对话框中可看到，一个荷载由 4 项内容组成：荷载类型、荷载方向、荷载值和所属工况。

有 10 种荷载类型，均匀升温不需方向，风类型的荷载方向由所选工况决定，风荷载工况数由“总体信息—风计算信息”中的风方向决定，其他荷载的方向可以有 6 个：局部坐标的 1、2、3 轴和总体坐标的 X、Y、-Z（重力方向）轴，可选择的 12 种工况为：重力恒、重力活、

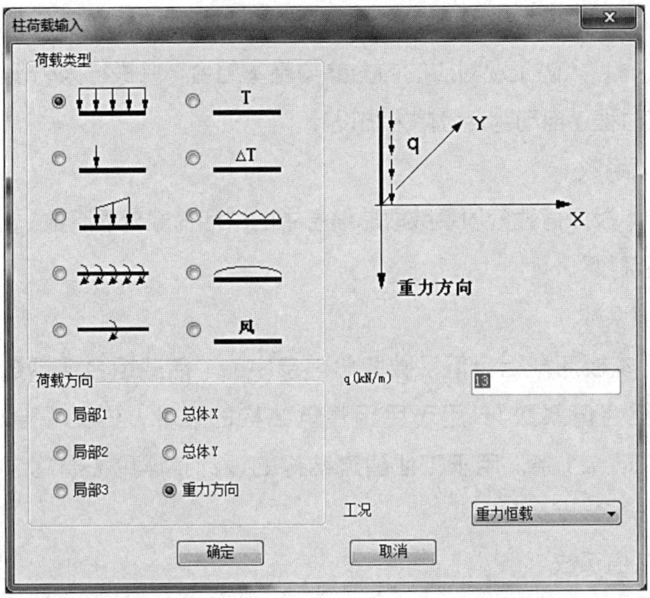

图6-111

水压力、土压力、预应力、雪、升温、降温、人防、施工、消防和风荷载，如图 6-111 所示。

6.5.1 楼板恒活

单击菜单“楼板恒活”，弹出如下布置参数对话框确定布置方式，在板上布置恒载和活载。按“ESC 键”，结束并退出“楼板恒活”命令，如图 6-112 所示。

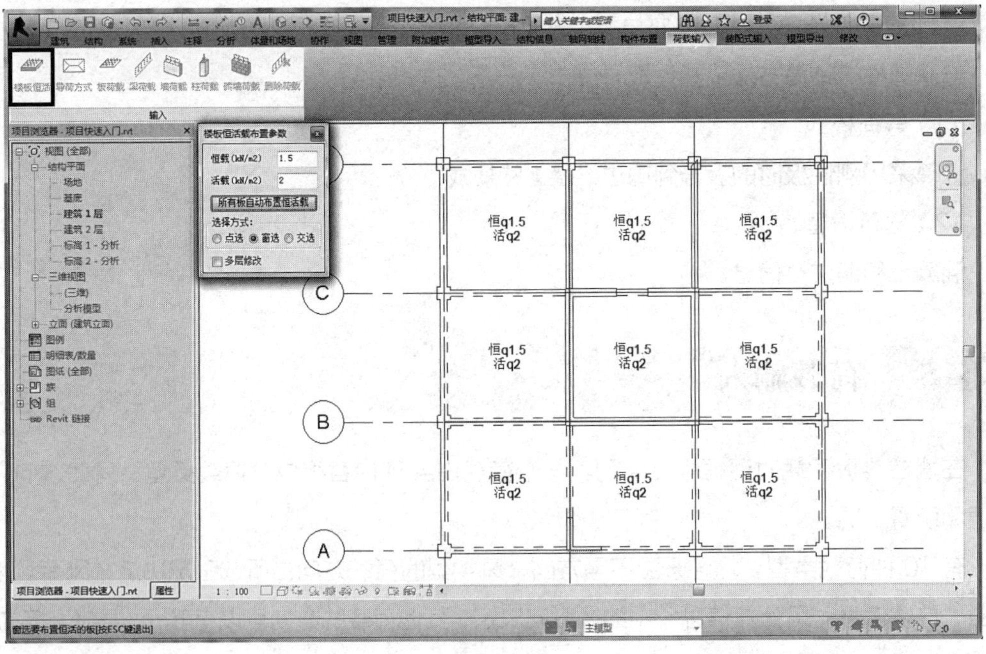

图6-113

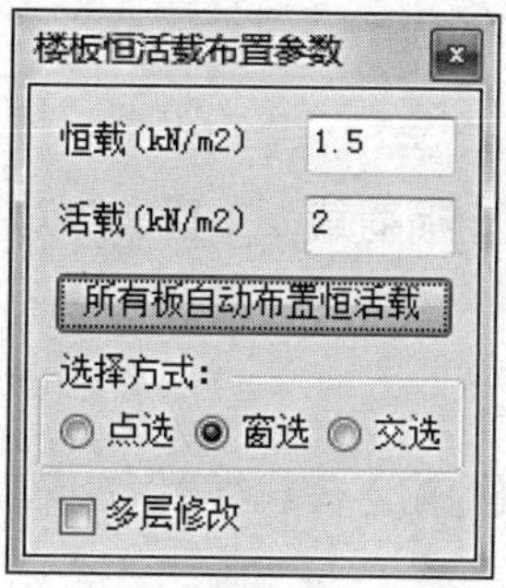

图6-113

布置参数如图 6-113 所示：

1. 恒载（kN/m²）：板的自重计算程序会自动计算，这里输入地砖、大理石和抹灰重量；

2. 活载（kN/m²）：输入人员和设备重量；

3. 所有板自动布置恒活载：平面上所有板布置对话框中的恒活载；

4. 选择方式：点选、窗选或交选板。

5. 多层：弹出对话框可指定多层同时布置板恒活载。

6.5.2 导荷方式

单击菜单“导荷方式”，弹出如图 6-114 所示的布置参数对话框确定布置方式，设置计算采用刚性板时的板导到周边梁墙上的模式。按“ESC 键”，结束并退出“导荷方式”命令。

布置参数如图 6-115 所示：

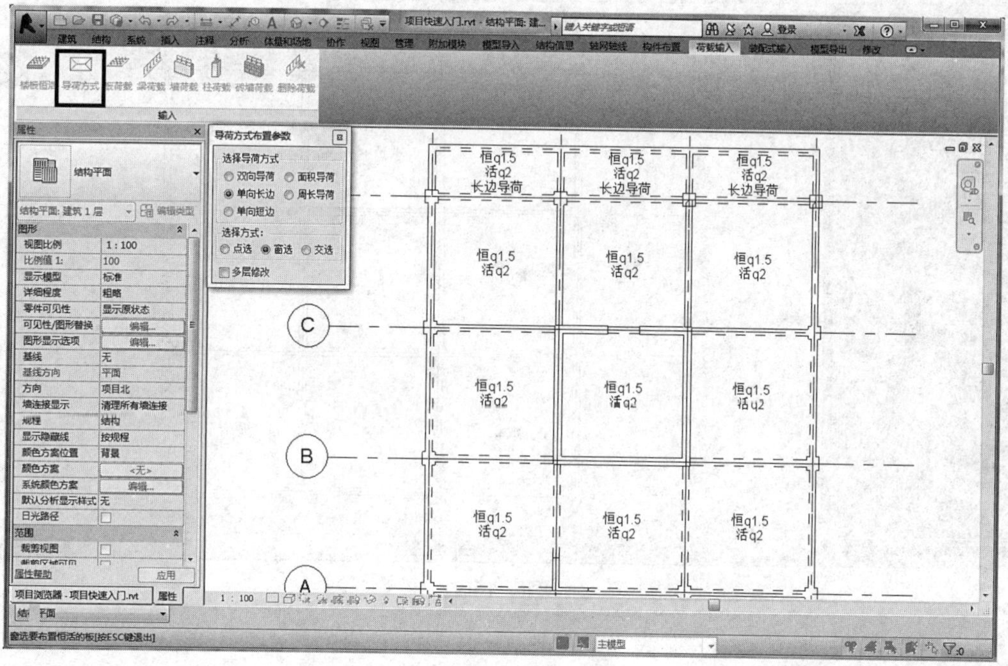

图6-114

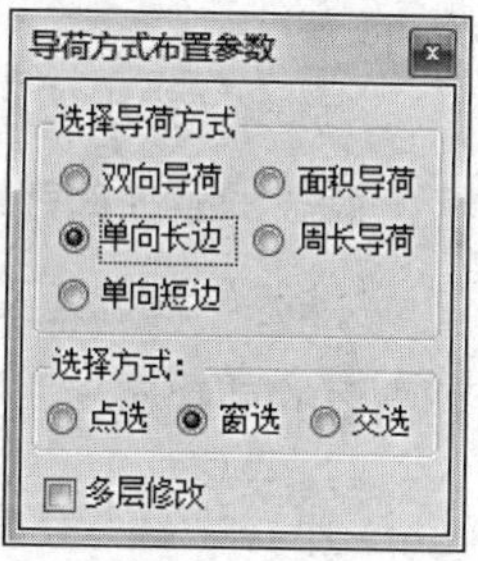

图6-116

1. 选择导荷方式：双向导荷、单边长向、单边短向、面积导荷、周长导荷；

2. 选择方式：点选、窗选或交选板。

3. 多层：弹出对话框可指定多层同时修改板导荷方式。

6.5.3 板荷载

单击菜单“板荷载”，弹出如图 6-116 所示的荷载表，定义和指定板荷载，布置参数对话框确定荷载布置方式。按“ESC 键”，结束并退出“板荷载”命令。

1. 荷载表上的按钮

“增加”新建一个新的荷载定义。单击此按钮，弹出荷载定义对话框，输入荷载类型、方向、值和工况相关参数。单击确定完成新荷载的添加，如图 6-117 所示。

“修改”修改已经定义过的荷载类型、方向、值和工况相关参数，程序自动改变相应的板的荷载。

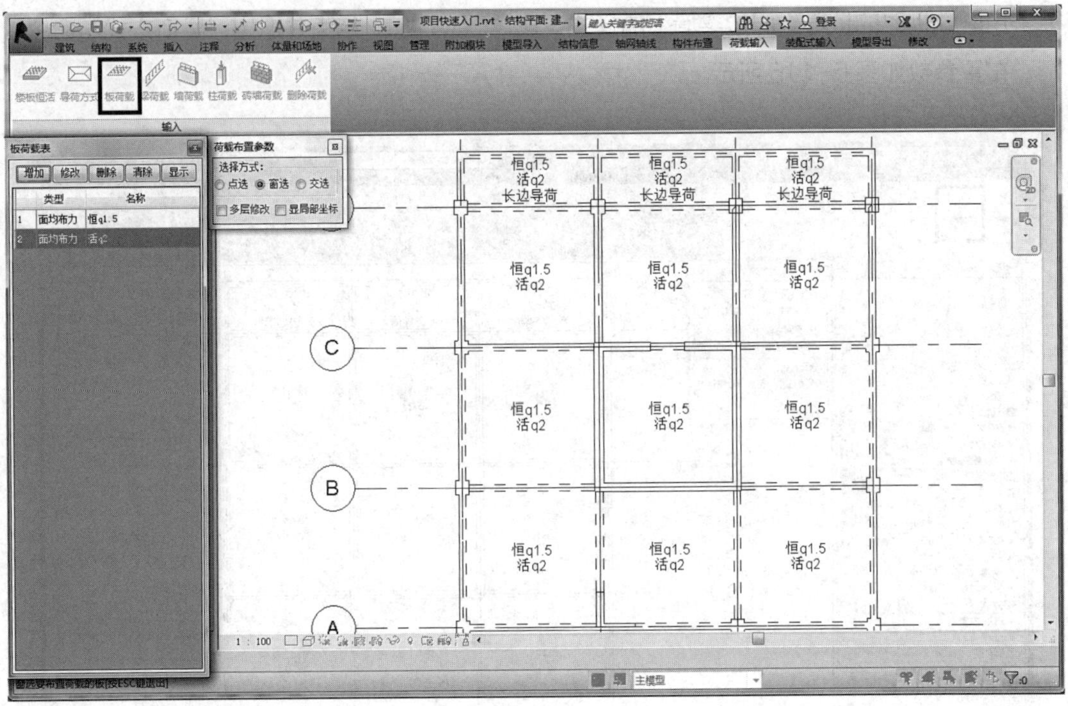

图6-116

“删除”弹出如图 6-118 所示对话框选择：只删除对应的板上荷载，或同时删除对应的板上荷载同时在荷载表中删除此荷载定义。

“清除”清除定义了但在整个工程中未使用的荷载定义，这样便于在布置荷载时快速的找到需要的荷载定义，如图 6-119 所示。

“显示”用于查看指定的荷载对应的构件在当前楼层上的布置状况。操作方式：例如先在板荷载列表中选择 1 号荷载，再单击“显示”按钮，所有属于 1 号荷载的板荷载亮显。

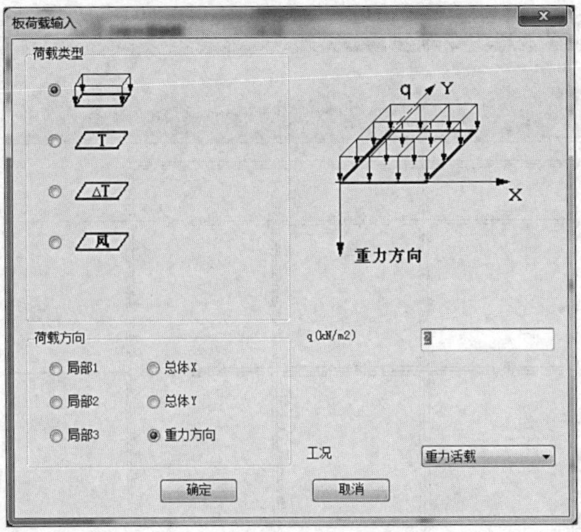

图6-117

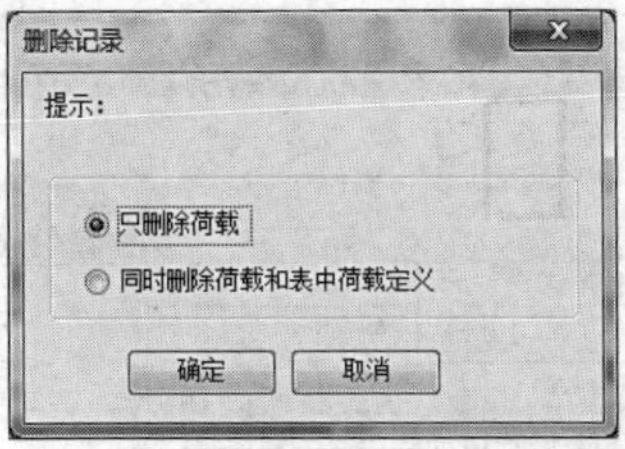

图6-118

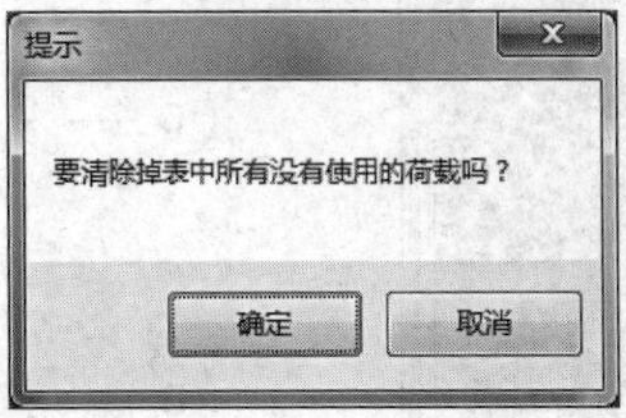

图6-119

2. 布置参数

1）选择方式：点选、窗选或交选板。

2）多层修改：弹出对话框可指定多层同时布置板荷载，如图 6-120 所示。

3）显局部坐标：显示板的局部坐标，板局部坐标定义，如图 6-121 所示。

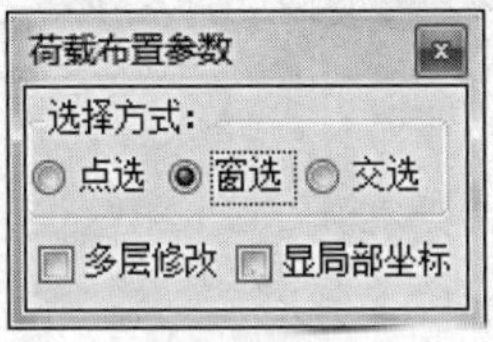

图6-120

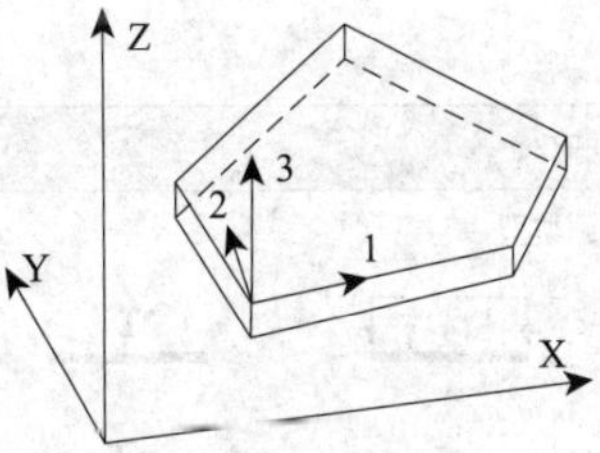

图6-121

6.5.4 梁荷载

单击菜单“梁荷载”，弹出如图 6-122 所示荷载表，定义和指定梁荷载，布置参数对话框确定布置操作方式。按“ESC 键”，结束并退出“梁荷载”命令。

1. 荷载表上的按钮

“增加”操作同 6.5.3 板荷载，如图 6-123 所示。

“修改”“删除”“清除”“显示”操作同 6.5.3 板荷载，如图 6-124、图 6-120 所示。

2. 布置参数

板荷载布置参数的选择方式、多层修改、显局部坐标操作同 6.5.3 板荷载，如图 6-120、图 6-125 所示。

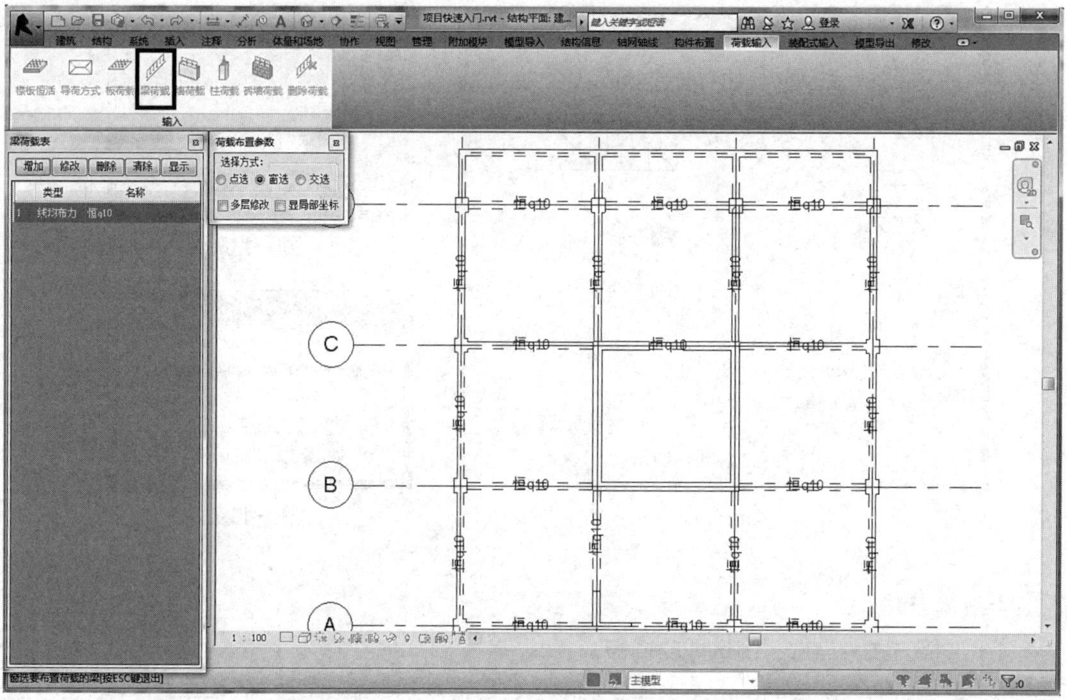
梁荷载表
增加
修改
删除
清除
显示
类型
名称
1 线均布力 恒q10
荷载布置参数
选择方式:
点选
窗选
交选
多层修改
显局部坐标
恒q10
C
B
A
1 : 100
主模型

图6-122

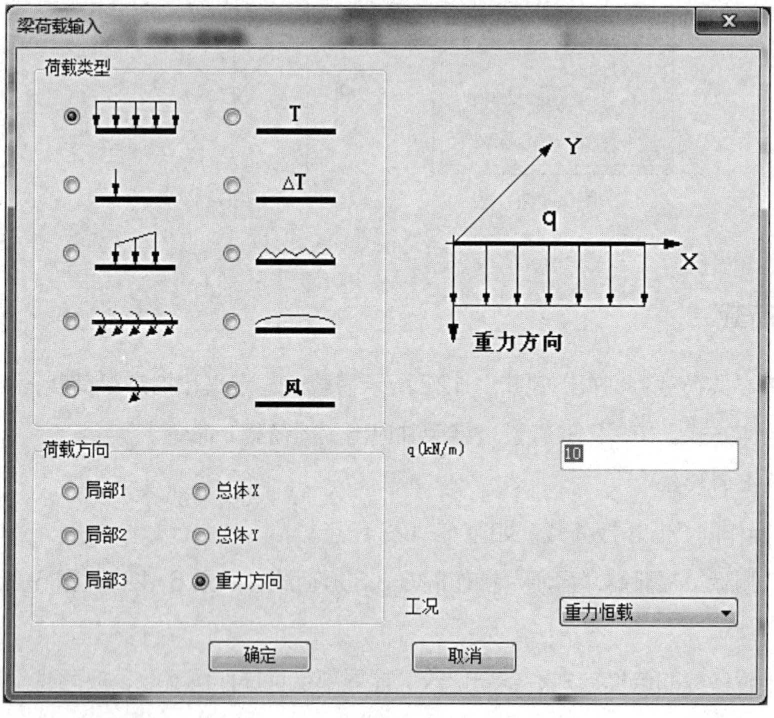
梁荷载输入
荷载类型
T
ΔT
风
Y
q
X
重力方向
荷载方向
局部1
局部2
局部3
总体X
总体Y
重力方向
q(kN/m)
10
工况
重力恒载
确定
取消

图6-123

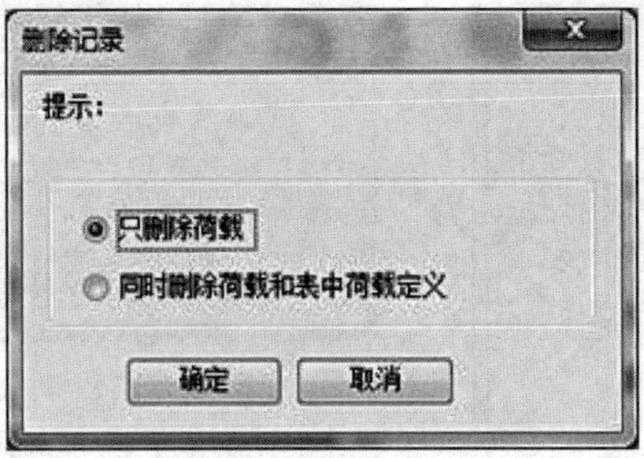

图6-124

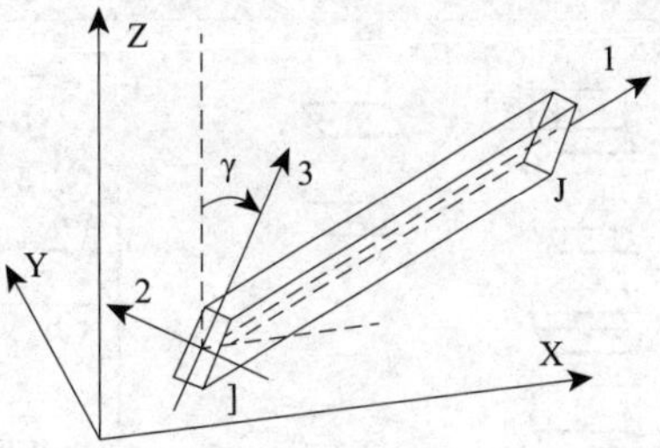

图6-125

6.5.5　墙荷载

单击菜单“墙荷载”，弹出如图 6-126 所示的下荷载表，定义和指定墙荷载，布置参数对话框确定布置操作方式。按“ESC 键”，结束并退出“墙荷载”命令。

1. 荷载表上的按钮

“增加”操作同 6.5.3 板荷载，如图 6-127 所示。

“修改”“删除”“清除”“显示”操作同 6.5.3 板荷载，如图 6-119、图 6-128 所示。

2. 布置参数

墙荷载布置参数的选择方式、多层修改、显局部坐标操作同 6.5.3 板荷载，如图 6-125、图 6-129 所示。

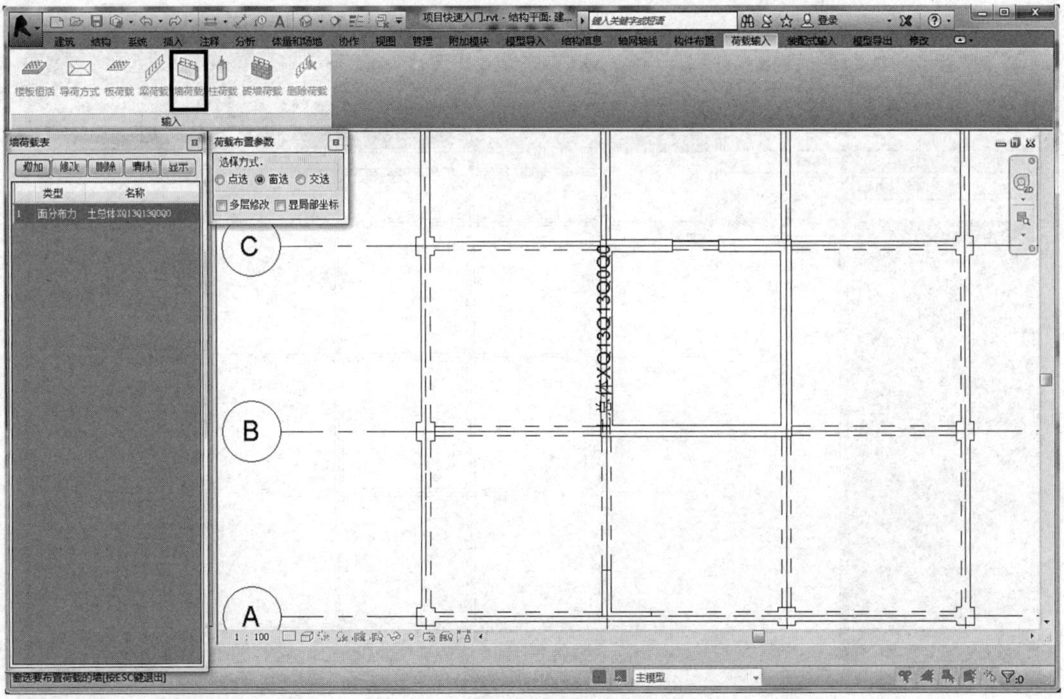

图6-126

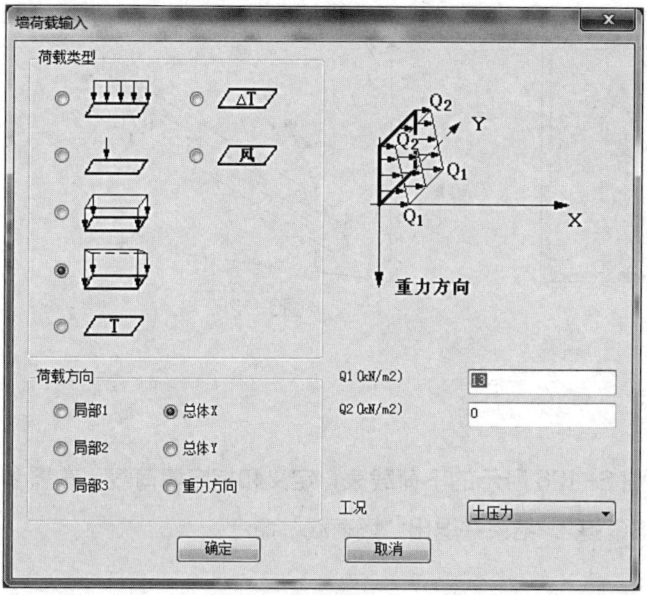

图6-127

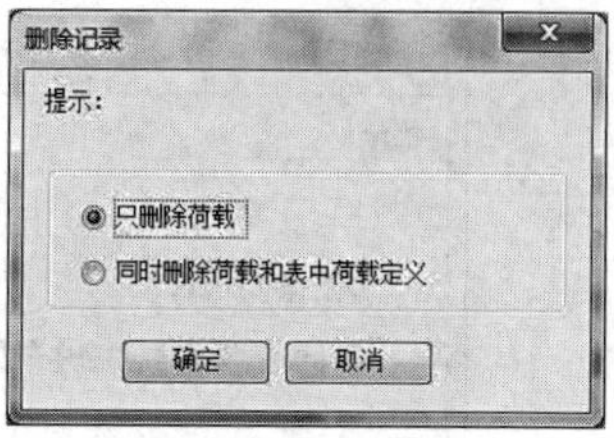

图6-128

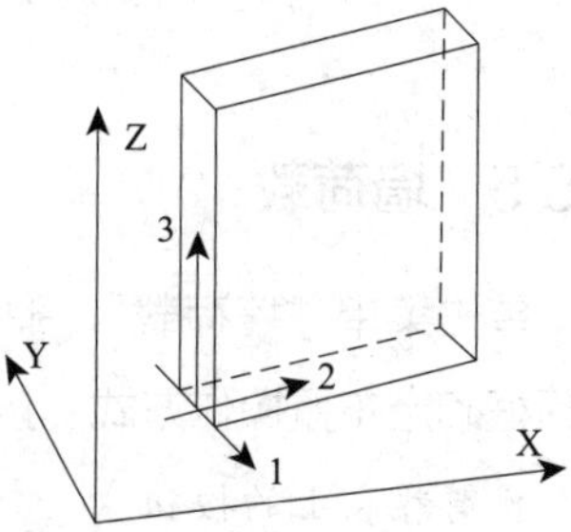

图6-129

6.5.6 柱荷载

单击菜单“柱荷载”，弹出如图6-130所示荷载表，定义和指定柱荷载，布置参数对话框确定布置操作方式。按“ESC键”，结束并退出“柱荷载”命令。

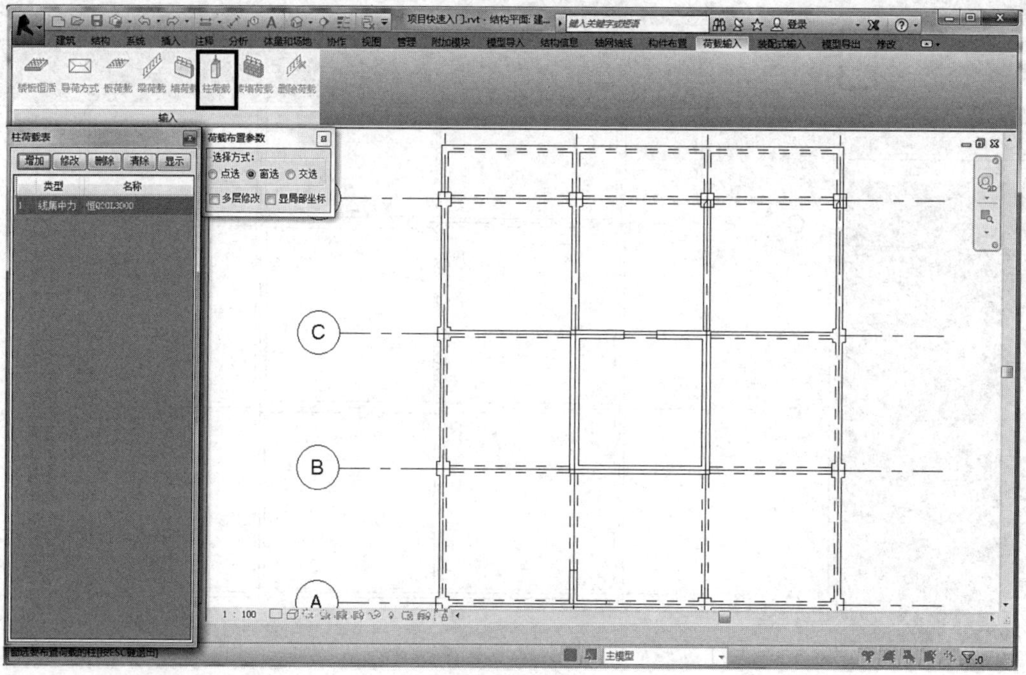

图6-130

1. 荷载表上的按钮

“增加”操作同 6.5.3 板荷载如图 6-131 所示。

“修改”“删除”“清除”“显示”操作同 6.5.3 板荷载，如图 6-132、图 6-119 所示。

2. 布置参数

柱荷载布置参数的选择方式、多层修改、显局部坐标，操作同 6.5.3 板荷载，如图 6-120、图 6-133 所示。

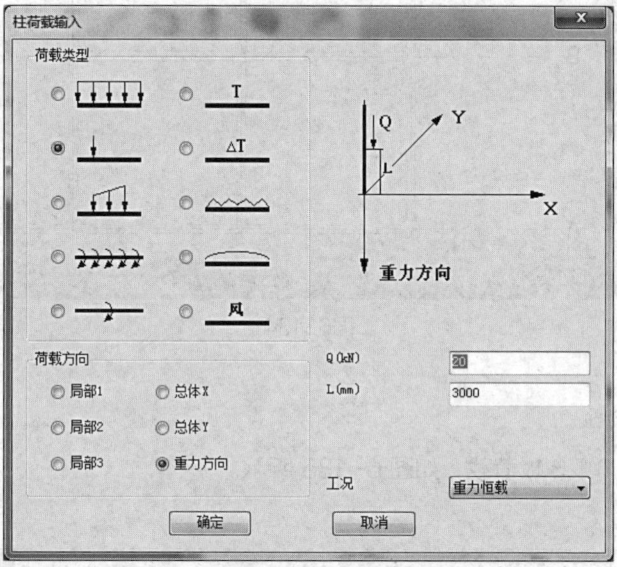

图6-131

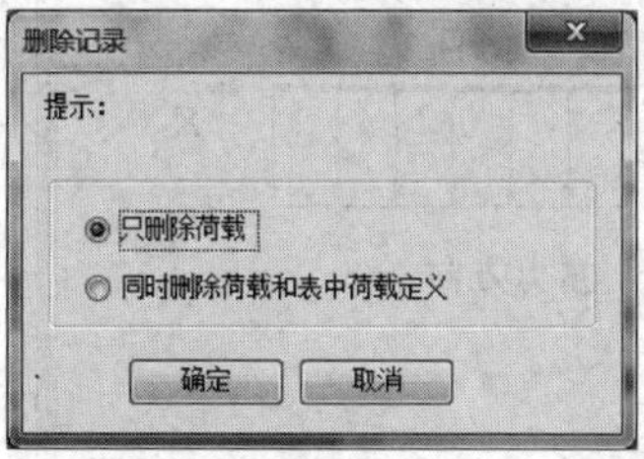

图6-132

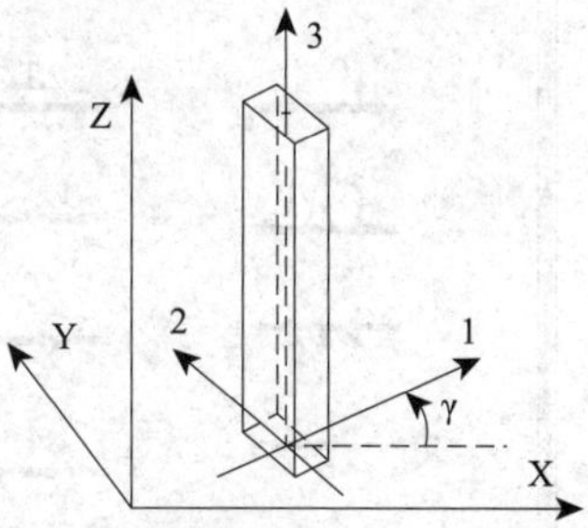

图6-133

6.5.7　砖墙荷载

单击菜单“砖墙荷载”，弹出如图 6-134 所示的荷载表，定义和指定砖墙荷载，布置参数对话框确定布置操作方式。按“ESC 键”，结束并退出“砖墙荷载”命令。

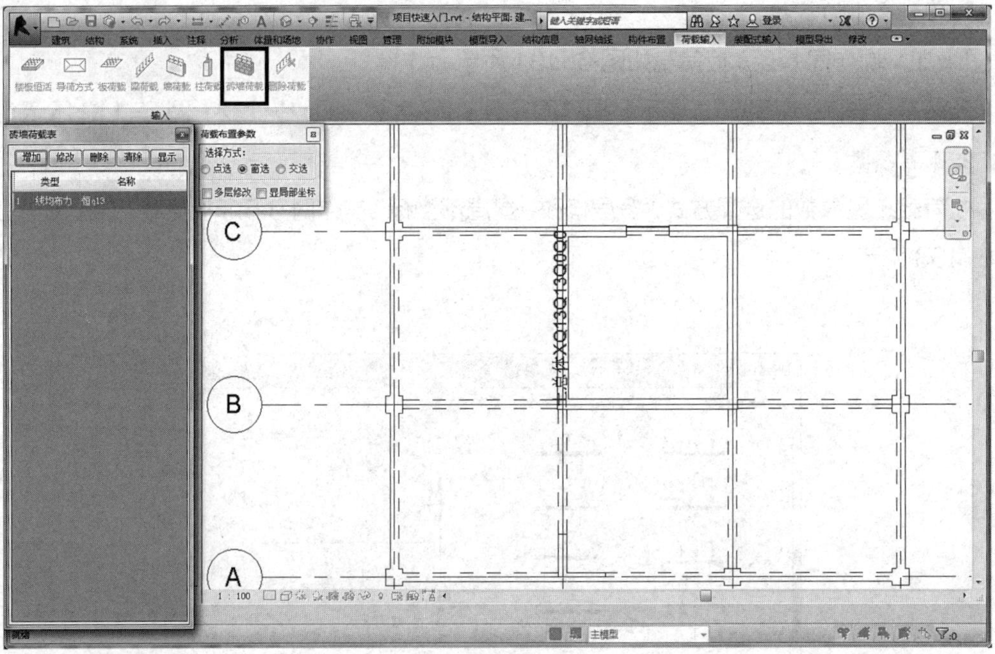

图6-134

1. 荷载表上的按钮

“增加”操作同 6.5.3 板荷载，如图 6-135 所示。

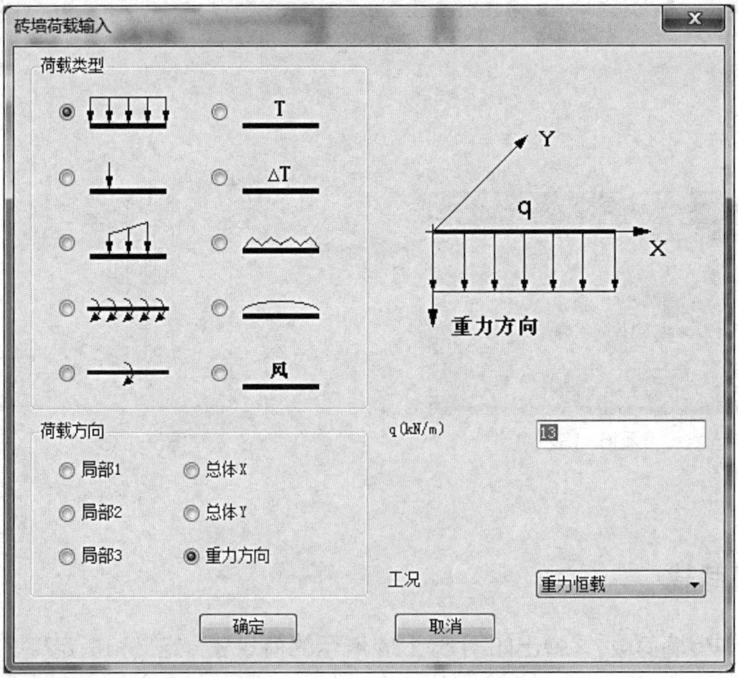

图6-135

“修改”删除“清除”“显示”操作同 6.5.3 板荷载，如图 6-136、图 6-119 所示。

2. 布置参数

砖墙荷载布置参数的选择、多层修改、显局部坐标操作同 6.5.3 板荷载，如图 6-120、图 6-137 所示。

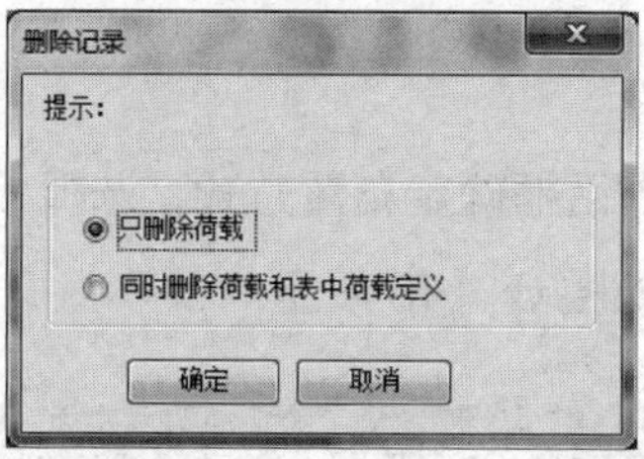

图6-136

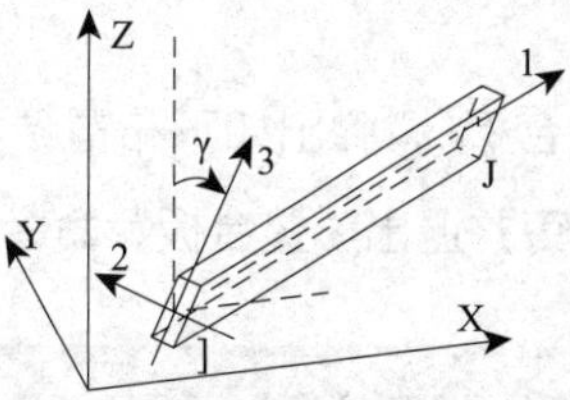

图6-137

6.5.8　删除荷载

单击菜单“删除荷载”，弹出如下布置参数对话框确定删除方式。按“ESC 键”，结束并退出“删除荷载”命令，如图 6-138 所示。

删除参数如图 6-139 所示：

1. 可选择要删除的荷载类型：柱荷、墙荷、梁荷、板荷和砖墙荷；

2. 选择方式：点选、窗选或交选墙柱梁板。

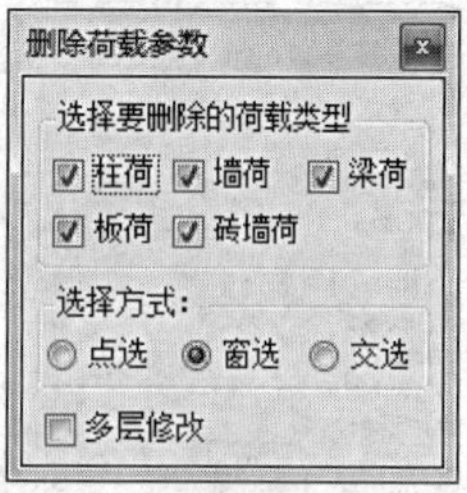

图6-139

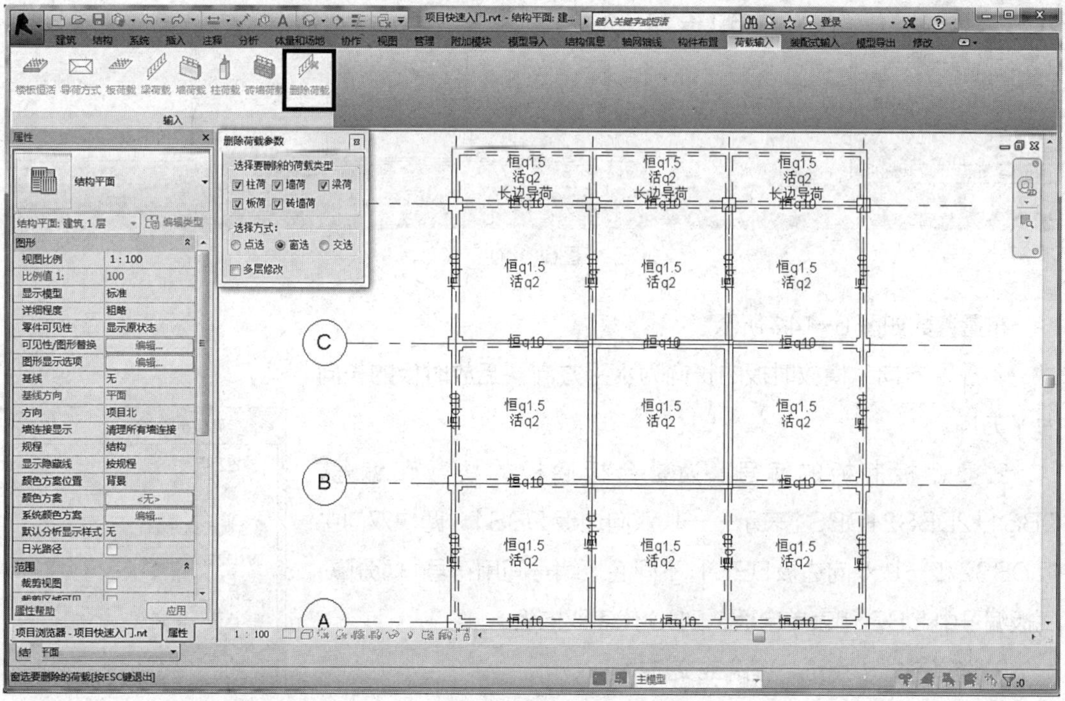

图6-138

3. 多层：弹出对话框可指定多层同时删除荷载。

6.6 装配式输入

6.6.1 叠合板

单击菜单“叠合板”，弹出如下布置参数对话框确定布置方式，选择板布置叠合板底板。按“ESC键”，结束并退出“叠合板”命令，如图6-140所示。

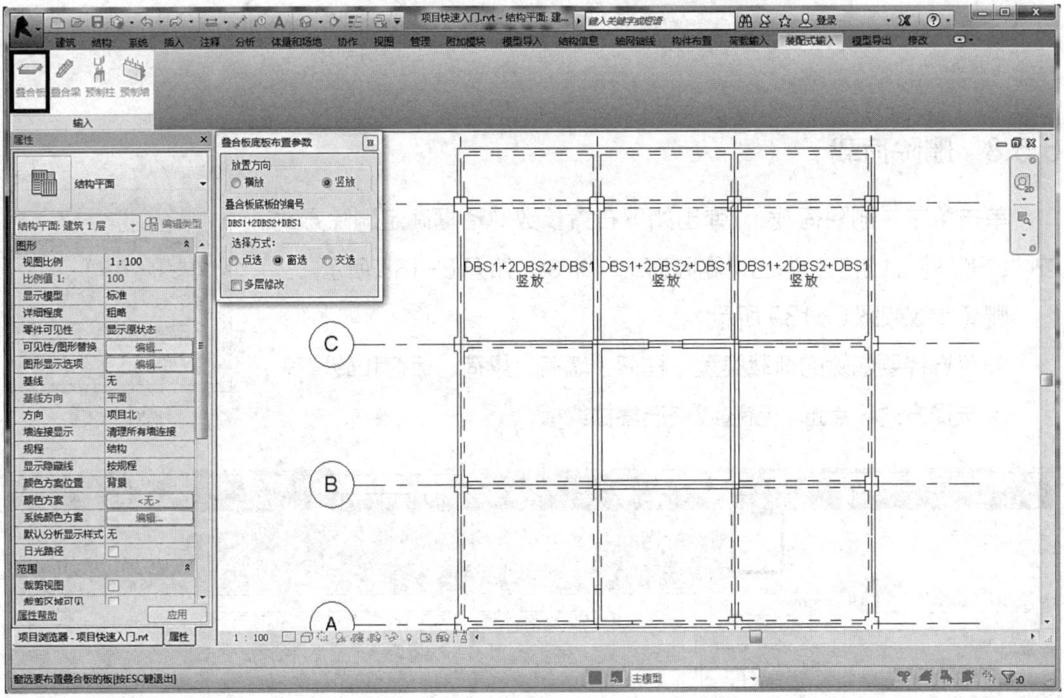

图6-140

布置参数如图6-141所示：

1. 放置方向：横放时板的长向为水平方向，竖放时板的长向为Y方向。

2. 叠合板底板的编号：为叠合板底板的块数和编号，DBS1+2DBS2+DBS1表示：一块双向边板DBS1、两块双向中板DBS2和一块双向边板DBS1，不同底板编号间用符号“+”分隔，底板编号中DBD代表单向板，DBS代表双向板。

3. 选择方式：点选、窗选或交选板。

4. 多层：弹出对话框可指定多层同时布置叠合板底板。

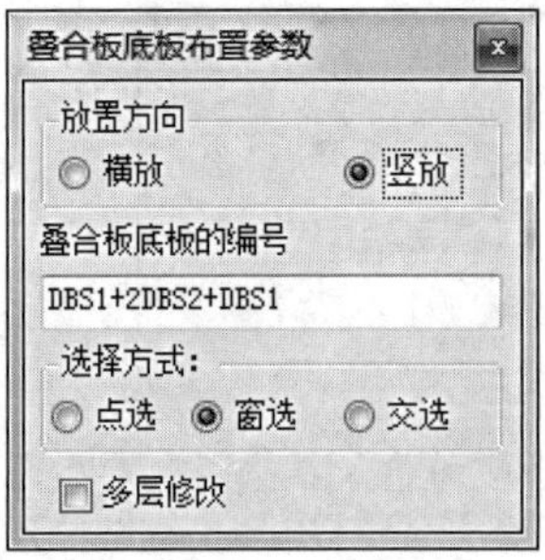

图6-141

叠合板底板的编号赋空时，选择板可删除板里的叠合板底板。

6.6.2　叠合梁

单击菜单“叠合梁”，弹出如下布置参数对话框确定布置方式，选择梁布置叠合梁中的预制梁。按“ESC 键”，结束并退出“叠合梁”命令，如图 6-142 所示。

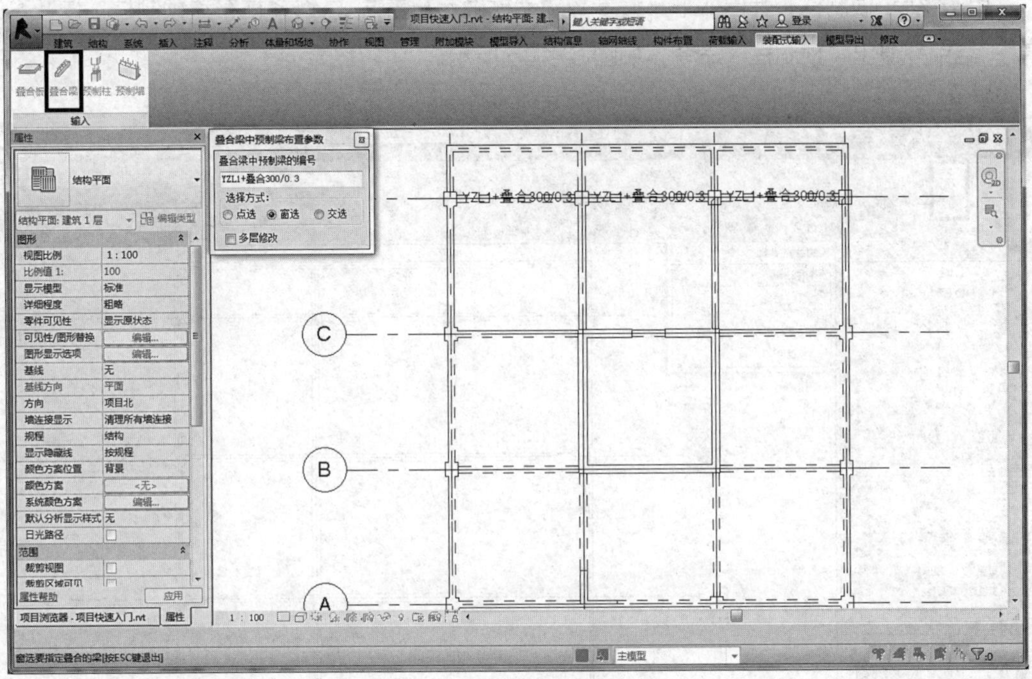

图6-142

布置参数如图 6-143 所示：

叠合梁中的预制梁编号：为叠合梁中的预制梁编号和叠合梁参数，YZL1+ 叠合 300/0.3 表示：叠合梁中的预制梁编号 YZL1、叠合现浇部分高度 300mm 和键槽根部截面面积占预制截面面积的比例 0.3，预制梁编号和叠合梁参数之间用符号“+”分隔，如图 6-144 所示。

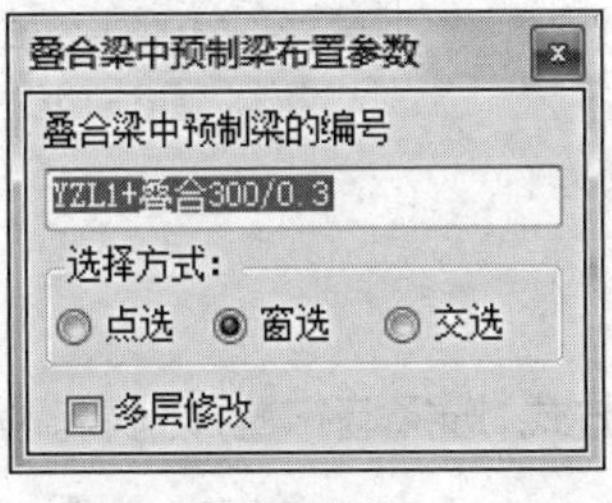

图6-143

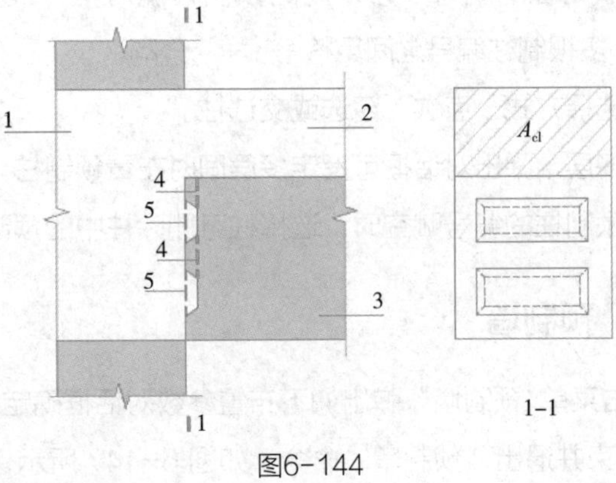

图6-144

1. 选择方式：点选、窗选或交选梁。

2. 多层：弹出对话框可指定多层同时布置叠合梁中的预制梁。

3. 叠合梁中的预制梁编号赋空时，选择梁可删除梁底部的预制梁。

6.6.3 预制柱

单击菜单“预制柱”，弹出如下布置参数对话框确定布置方式，选择柱布置预制柱。按“ESC键”，结束并退出“预制柱”命令，如图 6-145 所示。

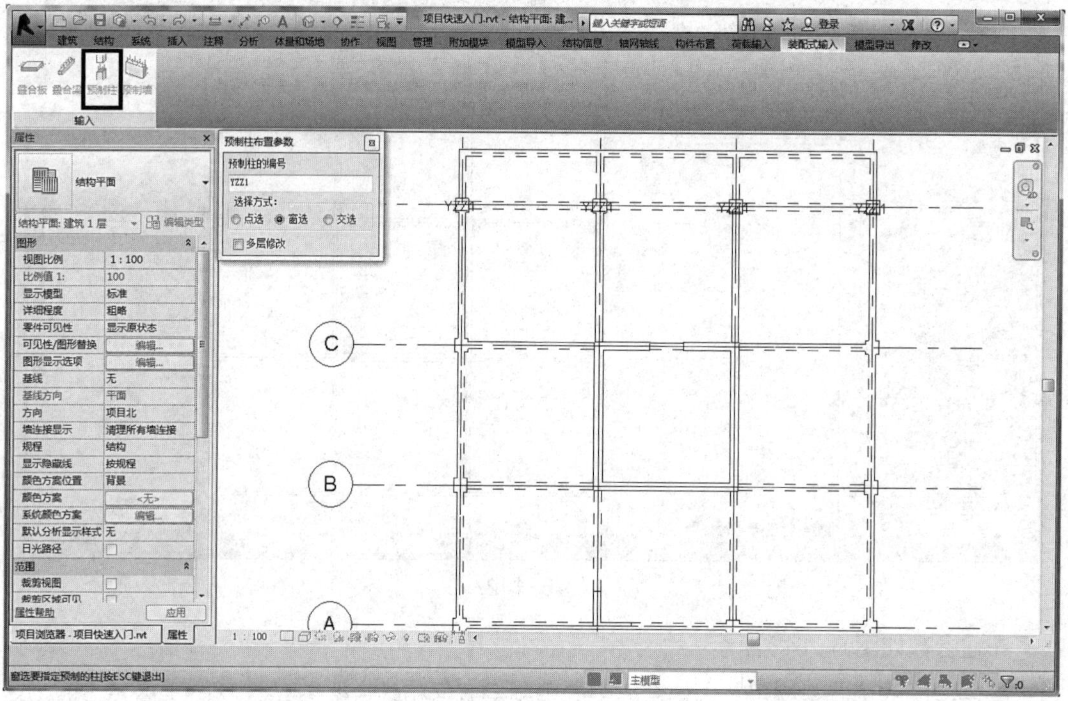

图6-145

布置参数如图 6-146 所示：

1. 预制柱的编号：为采用的预制柱编号，一根预制柱编号 YZZ1，多根制柱编号之间用符号“+”分隔。

2. 选择方式：点选、窗选或交选柱。

3. 多层：弹出对话框可指定多层同时布置预制柱。

4. 预制柱的编号赋空时，选择柱可删除柱中的预制柱。

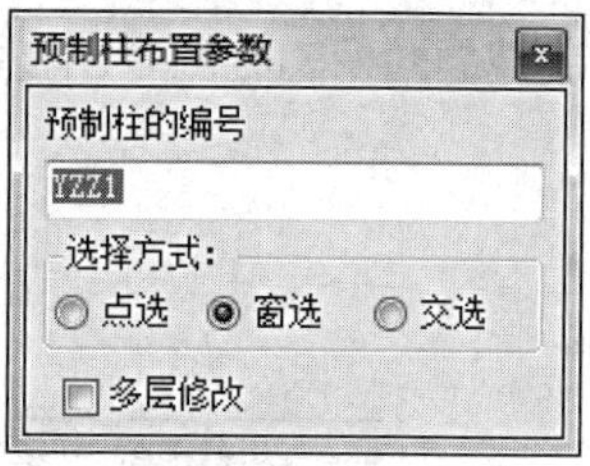

图6-146

6.6.4 预制墙

单击菜单“预制墙”，弹出如下布置参数对话框确定布置方式，选择墙布置预制墙。按“ESC键”，结束并退出“预制墙”命令，如图 6-147 所示。

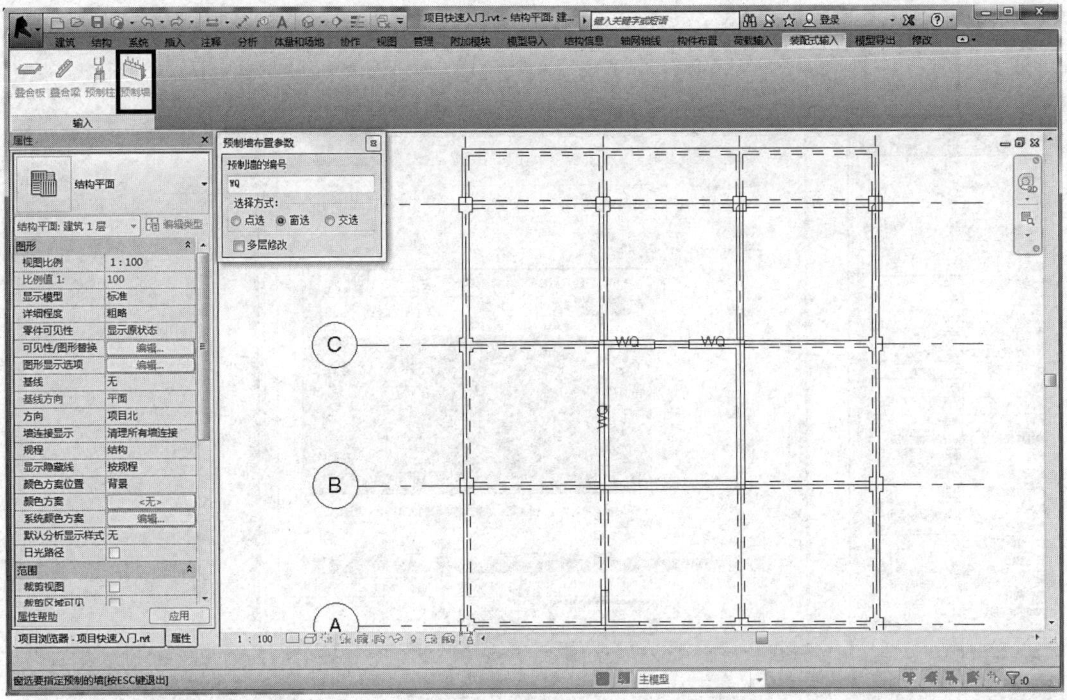

图6-147

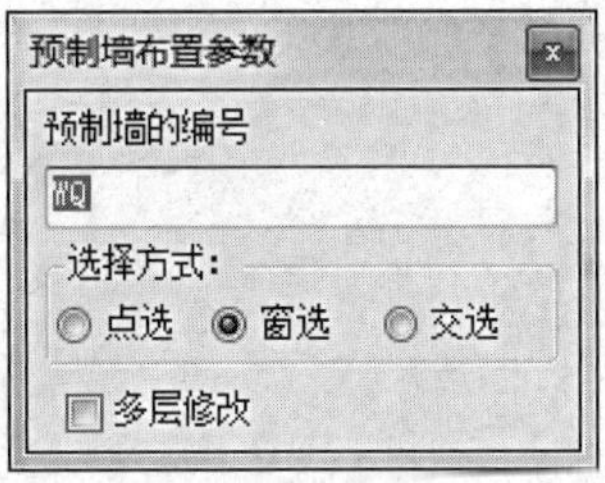

图6-148

布置参数如图 6-148 所示：

1. 预制墙的编号：为采用的预制墙编号，预制墙编号中WQ代表外墙板，NQ代表内墙板。多块制墙编号之间用符号“+”分隔。

2. 选择方式：点选、窗选或交选墙。

3. 多层：弹出对话框可指定多层同时布置预制墙。

4. 预制墙的编号赋空时，选择墙可删除墙中的预制墙。

6.7 模型导出

6.7.1 导出广厦录入模型

单击菜单“导出广厦录入模型”，弹出如图 6-149 所示的对话框输入工程路径和名称，选择楼层确定结构标准层号，未选择的楼层与前一层标准层号相同。

单击“转换”，弹出如图 6-150 所示的对话框表示导出成功。

当梁柱截面不采用广厦提供的族时，在此设置族和截面对应关系，墙和板截面需采用 Revit 系统的族，软件没有提供其他墙板族对应关系，如图 6-151 所示。

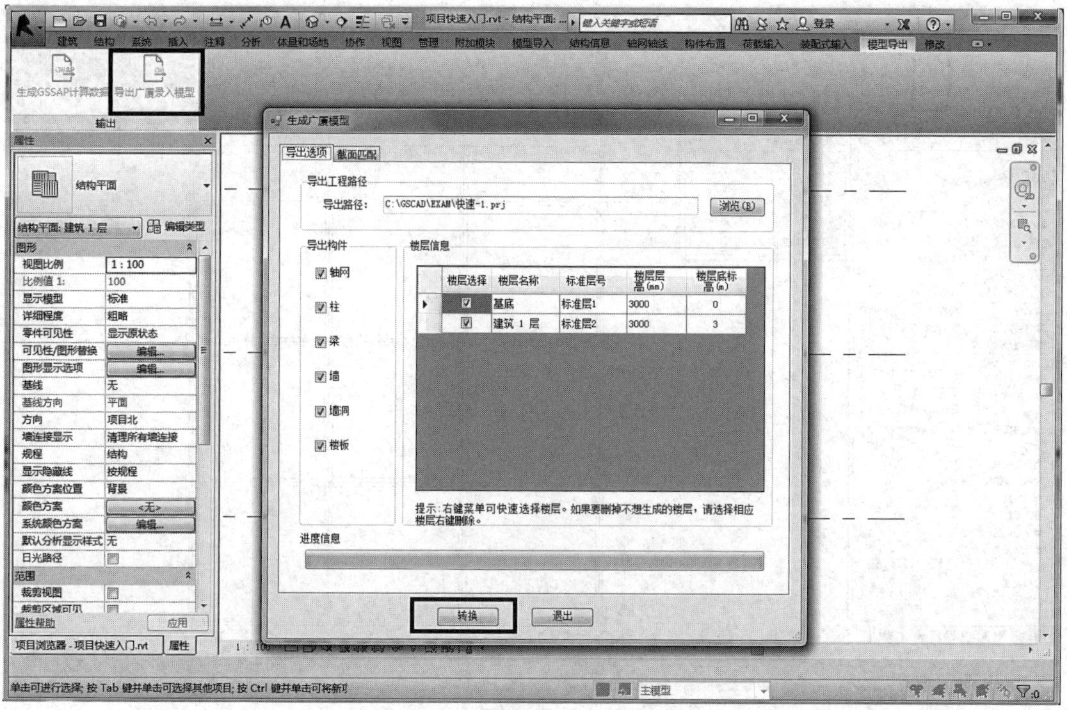

图6-149

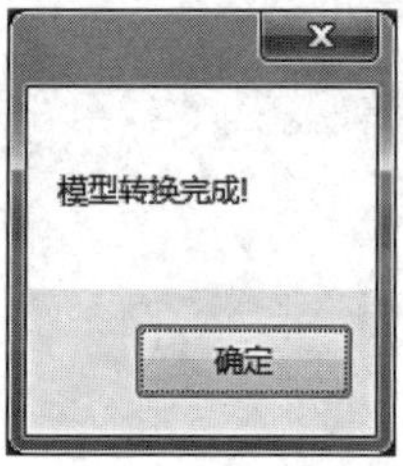

图6-150

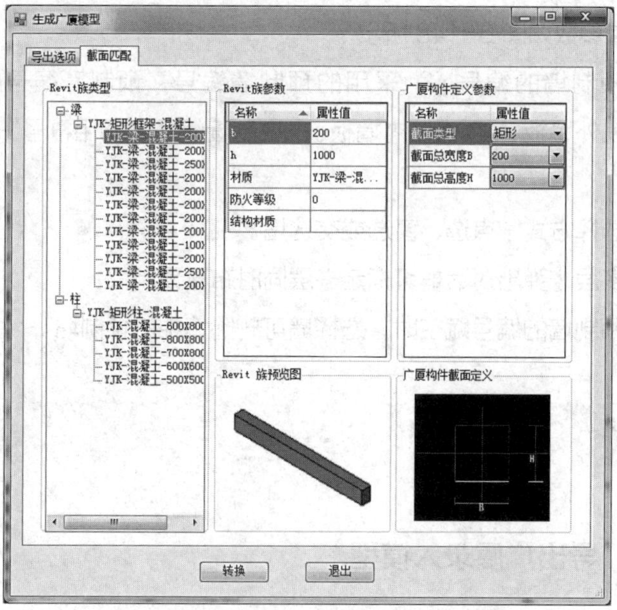

图6-151

6.7.2 生成 GSSAP 计算数据

单击菜单“生成 GSSAP 计算数据”，弹出如图 6-152 所示的对话框输入工程路径和名称，选择楼层确定结构标准层号，未选择的楼层与前一层标准层号相同。

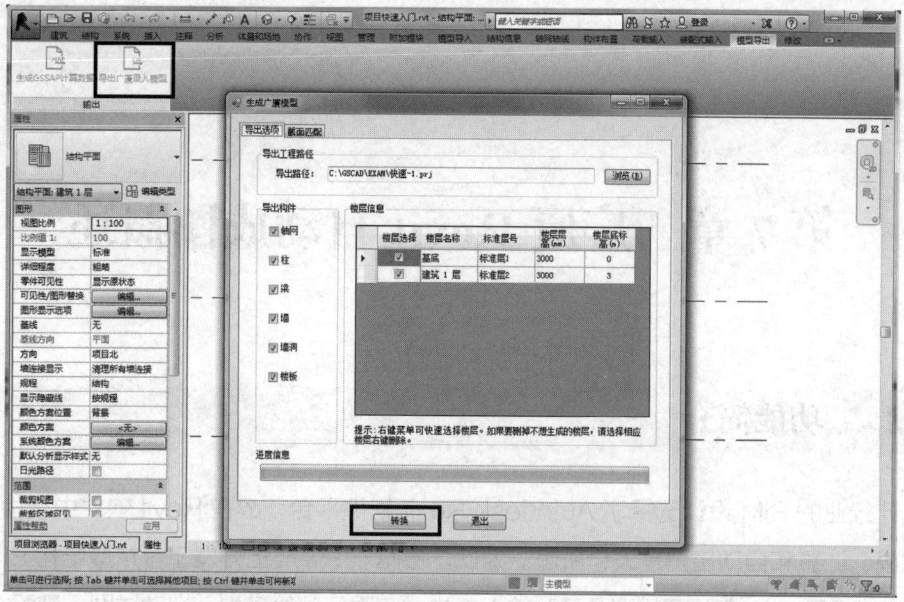

图6-152

单击“转换”，弹出如图 6-153 所示的对话框调入第 1 标准层，再单击按钮“生成 GSSAP 数据文件”。

退出广厦录入，在广厦主控菜单单击“找旧工程”，找到生成的工程数据后，即可进行“楼板计算”和“GSSAP 计算”。

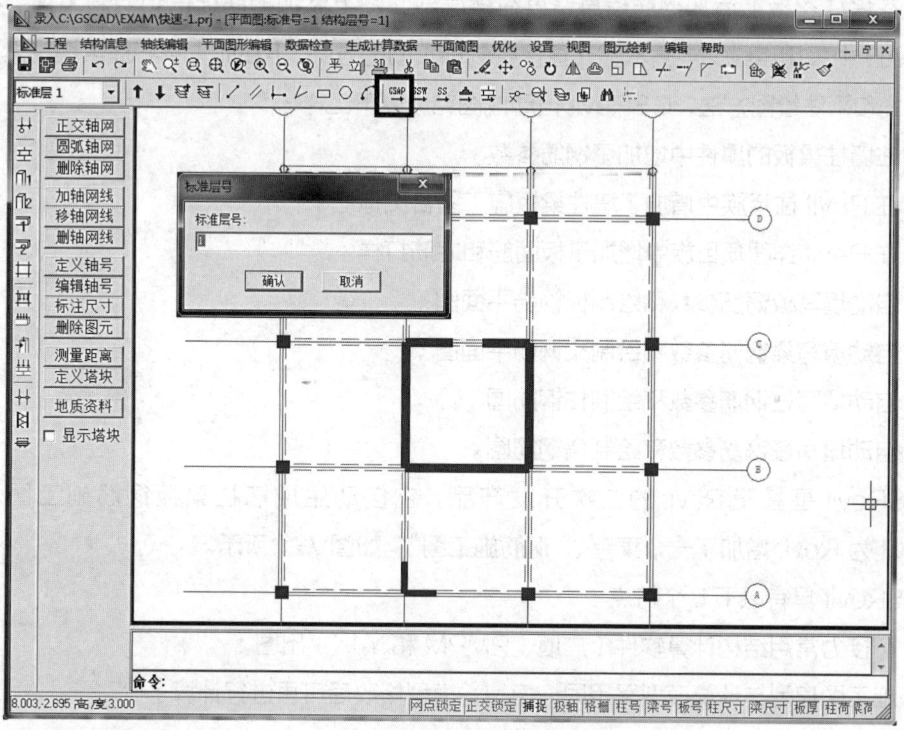

图6-153

第 7 章　广厦 Revit 自动成图概述

7.1　功能简介

设计行业的 BIM 设计选择了 Autodesk Revit 软件平台，故在 Revit 软件中结构模型可直接建模、计算和自动出图是大势所趋。为此广厦基于 Revit 上开发了：广厦结构 BIM 正向设计系统 GSRevit，包括了模型及荷载输入、生成有限元计算模型、自动成图、装配式设计、基础设计等功能。其中自动成图模块解决了 Revit 中结构施工图自动生成和编辑的问题，可接力广厦、PKPM 和 YJK 计算自动生成墙、柱、梁和板钢筋施工图，达到广厦 AutoCAD 自动成图 GSPLOT 类似的成图质量。

Revit 软件是一个 BIM 平台，设计人员为了形成钢筋施工图 BIM 模型，绘制施工图时，需要先在墙柱梁板上添加钢筋信息，再在楼层剖面图上添加钢筋标记和绘制大样，不同于 AutoCAD 中采用点线文字基本图元直接绘制施工图的方式。Revit 本身不提供墙柱梁板钢筋存储格式和平法绘图方法，GSRevit 自动成图完成以下工作：

1. 在墙柱梁板的属性中增加了钢筋参数；
2. 在 Revit 注释族中增加了墙柱梁板施工图各类标记；
3. 在 Revit 详图项目族中增加了板面筋和底筋打样；
4. 自动填写板钢筋参数和绘制板钢筋平面图；
5. 自动填写梁钢筋参数和绘制梁钢筋平面图；
6. 自动填写柱钢筋参数和绘制柱钢筋图；
7. 自动填写墙钢筋参数和绘制墙钢筋图。

GSRevit 是基于 Revit 的二次开发产品，它自动生成墙柱梁板钢筋施工图。为此 GsRevit 为 Revit 增加了一个菜单：“钢筋施工图”，如图 7-1 所示。

GSRevit 具有以下 5 个特点：

1. 可接力常用结构计算软件（广厦、PMPM 和 YJK）出图；
2. 施工图模型与计算模型采用同一模型，模型修改后可再进行计算；

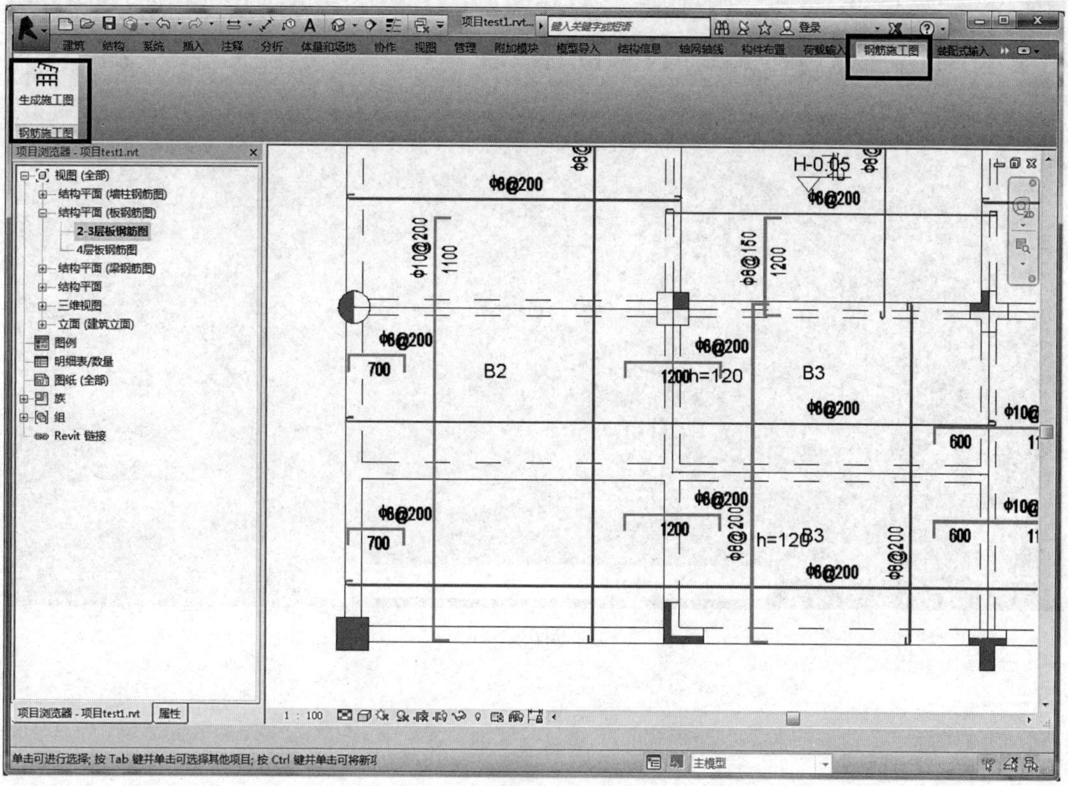

图7-1

3. 自动完成墙柱梁板施工图字符重叠的调整；

4. 提供各种施工图绘图习惯的设置；

5. 模型的复制和修改保持 BIM 模型的完整性，如梁复制时，钢筋、荷载和设计属性也跟着复制。

7.2　安装和启动 GSRevit

GSRevit 是广厦建筑结构 CAD 软件的系列产品，与之配套使用。用户在成功安装广厦 CAD 的同时就已安装了 GSRevit，GSRevit 与其他广厦软件共用一个软件狗。同时使用 GsRevit 需要安装 Autodesk Revit 软件。目前 GsRevit 支持 Revit2016 ~ 2018 版本。

在广厦主控菜单中点按的“Revit 建模”按钮即可启动 GSRevit，如图 7-2 所示。

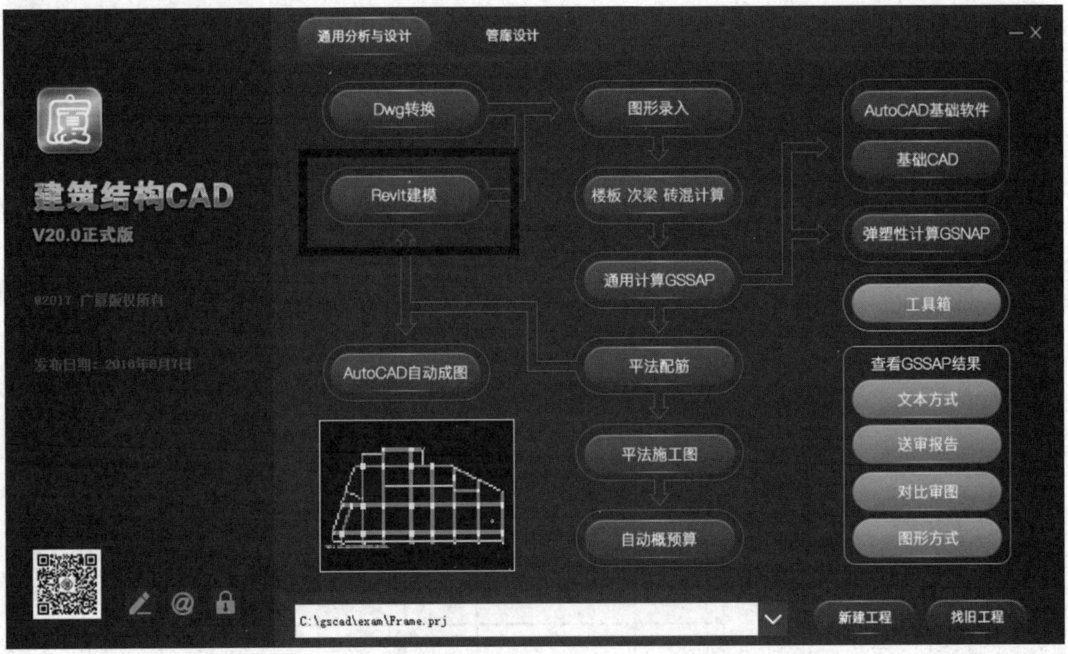

图7-2

7.3 如何掌握 GSRevit

第 1 次进行 GSRevit 自动成图前可按第 4 章结构模型和荷载的输入—快速入门，学习在 Revit 软件中自动成图。而后，可查阅第 5 章的结构模型和荷载的输入—详细功能介绍。

每个菜单命令中，Revit 左下角会显示操作提示。

7.4 GSRevit 按标准层绘制钢筋施工图

自动成图时按计算标准层生成施工图，同一标准层生成一张墙柱梁板平面图，在每个标准层第一个结构层上的墙柱梁板上存钢筋信息，不需每一结构层形成钢筋信息，这样大大减少 Revit 文件大小，如图 7-3 所示。

注意：在 GSRevit 生成录入模型时请选择设置计算标准层信息，便于减少施工图生成 Revit 文件的大小，加快生成速度，如图 7-4 所示。

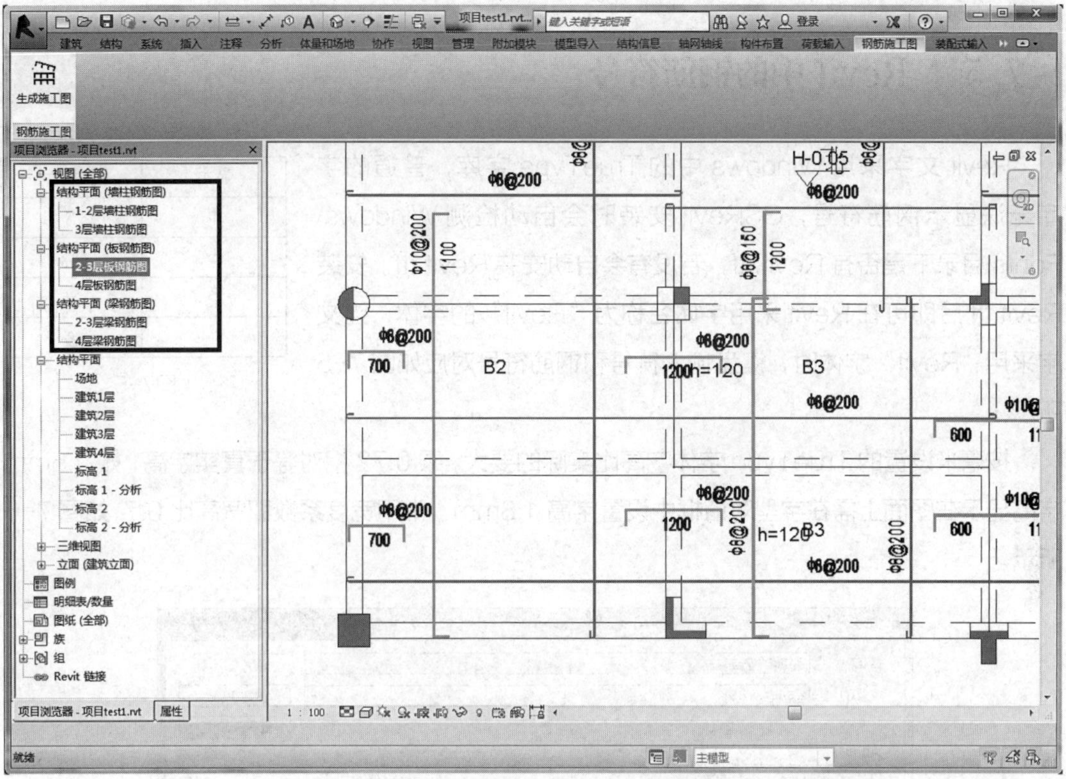

图7-3

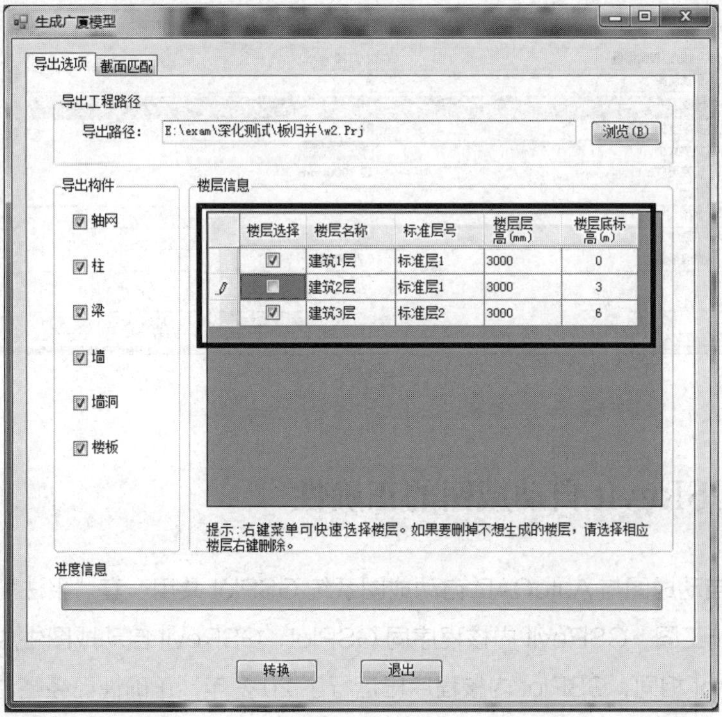

图7-4

7.5 Revit 中的钢筋符号

Revit 文字采用 Windows 中的 TrueType 字库，普通的字库无法显示钢筋符号，GSRevit 安装时会自动检测 Windows\Fonts 目录下是否有 Revit.ttf，若没有会自动安装 Revit.ttf。安装 Revit.ttf 后即可在 Revit 采用字体名称为“Revit”的字体，当文字采用“Revit”字体时，键盘输入符号和钢筋符号对应如图 7-5 所示：

显示	键盘输入
Φ	$
$\underline{\Phi}$	%
$\overline{\underline{\Phi}}$	#
Φ^{R}	&

图7-5

按毫米设置的 TrueType 字体字高比实际的要大，乘 0.72 相对等于真实字高，如 2.5mm 字高显示在图面上需在字型对话框中设置字高 1.8mm。常用宽度系数即宽高比 0.7，如图 7-6 所示。

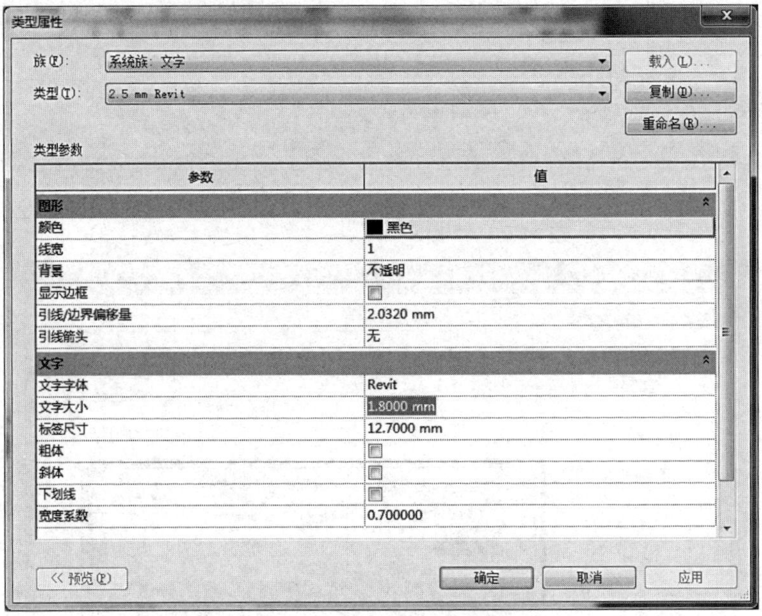

图7-6

7.6 GSRevit 自动成图的正确性

GSRevit 自动成图与 AutoCAD 自动成图系统 GSPlot 共用一套“平法配筋系统”根据计算结果生成施工图，GSRevit 内核程序同 GSPlot，GSRevit 自动成图生成的墙柱梁板施工图纸与 GSPlot 相同，GSPlot 内核程序已运行了 20 多年，正确性已经经过大量工程案例的验证。

第 8 章　自动成图—快速入门

在如图 8-1 所示的广厦主控菜单中单击按钮“Revit 建模”，选择要启动的 Revit 版本启动 Revit。然后打开之前已经建立的 Revit 模型，如图 8-1 所示：

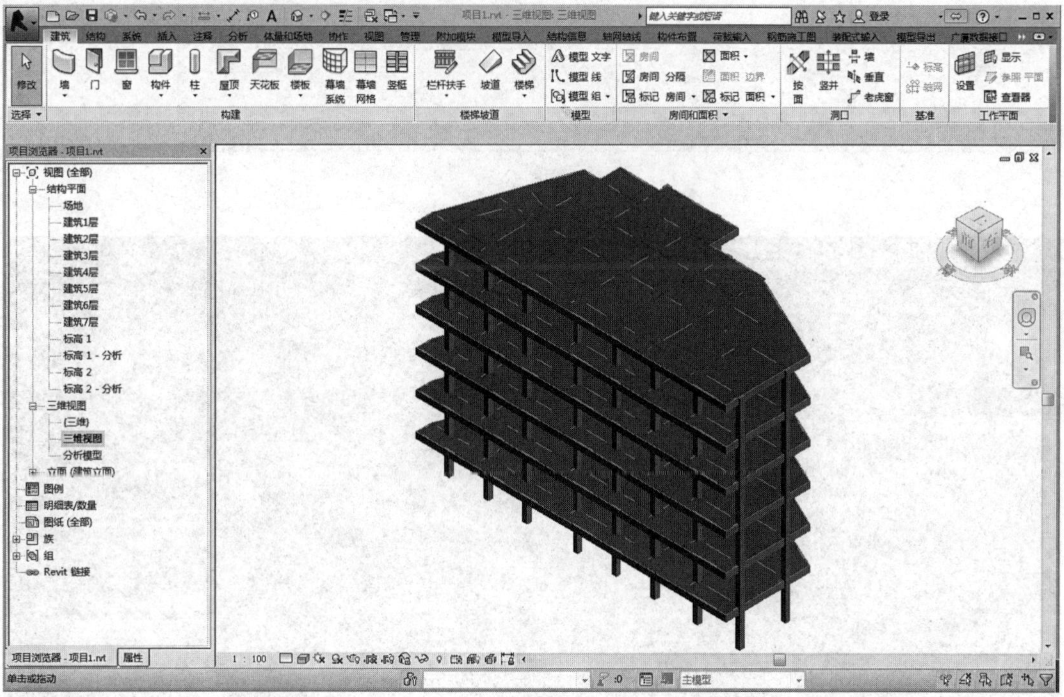

图8-1

单击菜单“模型导出”→“生成 GSSAP 计算模型”，在弹出的对话框中选择单击“转换”按钮将模型导出并生成 GSSAP 计算数据。如果使用者之前已经导出了广厦录入数据，也可手工在图形录入中手工导出 GSSAP 计算数据，如图 8-2 所示。

回到主菜单，单击“楼板”→“次梁”→“砖混计算”模块，完成楼板计算，单击通用计算 GSSAP 完成有限元分析。此时已经完成了成图的数据准备工作，如图 8-3 所示。

单击上图中“平法配筋”模块，弹出如图 8-4 所示对话框：

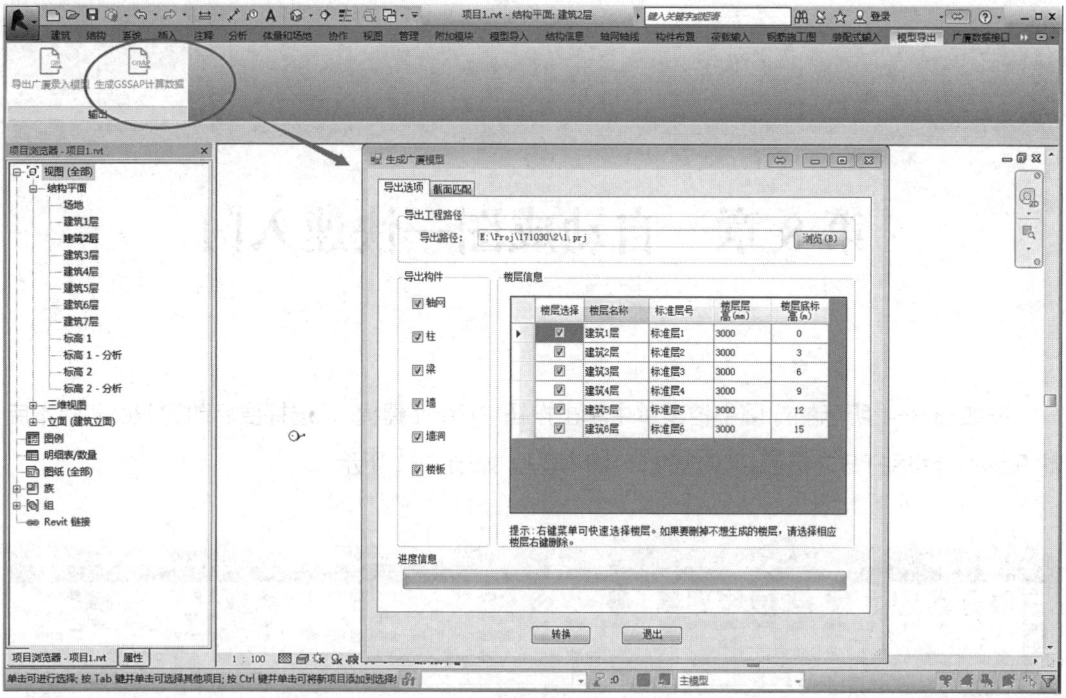

图8-2

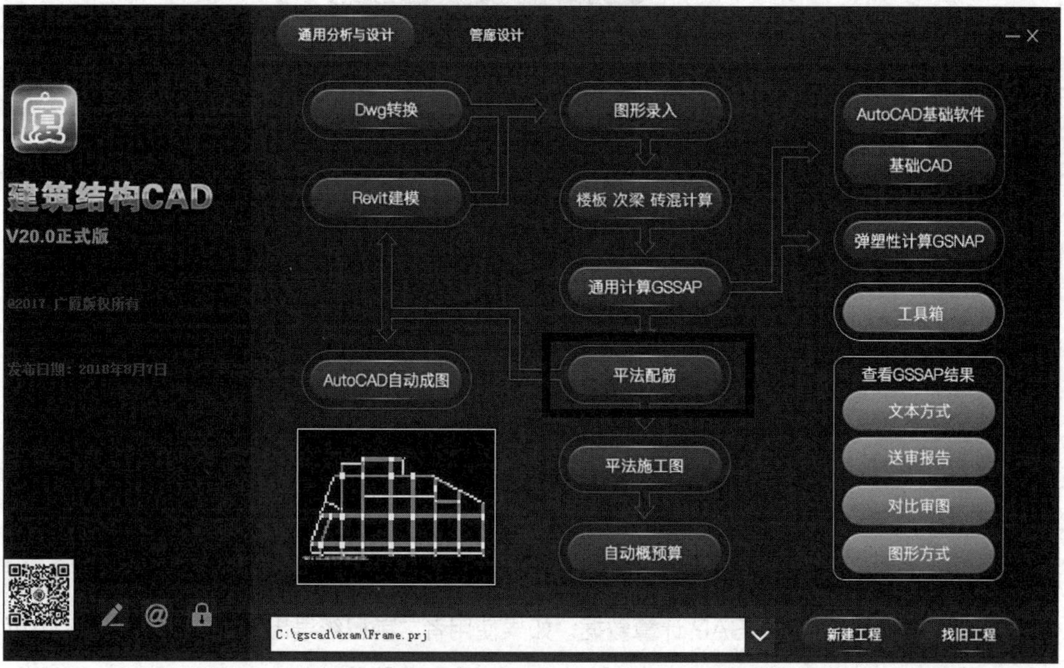

图8-3

图中有很多参数控制，此处我们先不修改，按缺省值完成。计算模型请选择“GSSAP”，然后单击“生成施工图”按钮，进行配筋选筋工作。

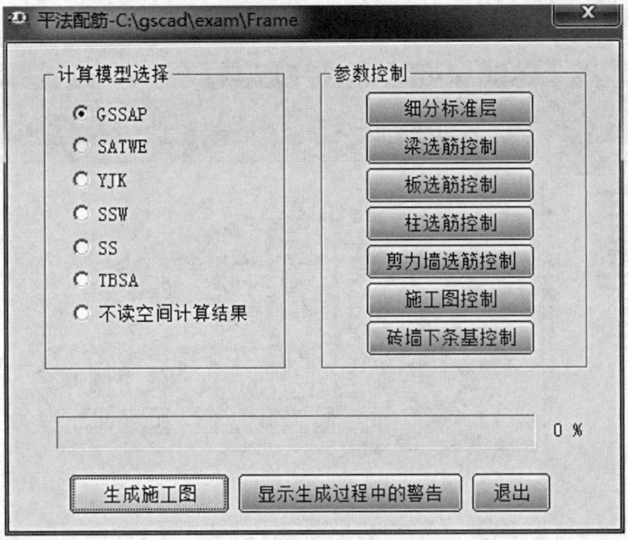

图8-4

生成完毕后单击“退出”按钮关闭平法配筋，就可以在 Revit 中生成施工图了。

回到之前的 Revit 模型，单击菜单“钢筋施工图”→“生成施工图”按钮，开始生成施工图，此步骤花费时间较长，等待一段时间后，生成完毕。在左边项目浏览器视图部分中可看到生成的施工图，如图 8-5 所示：

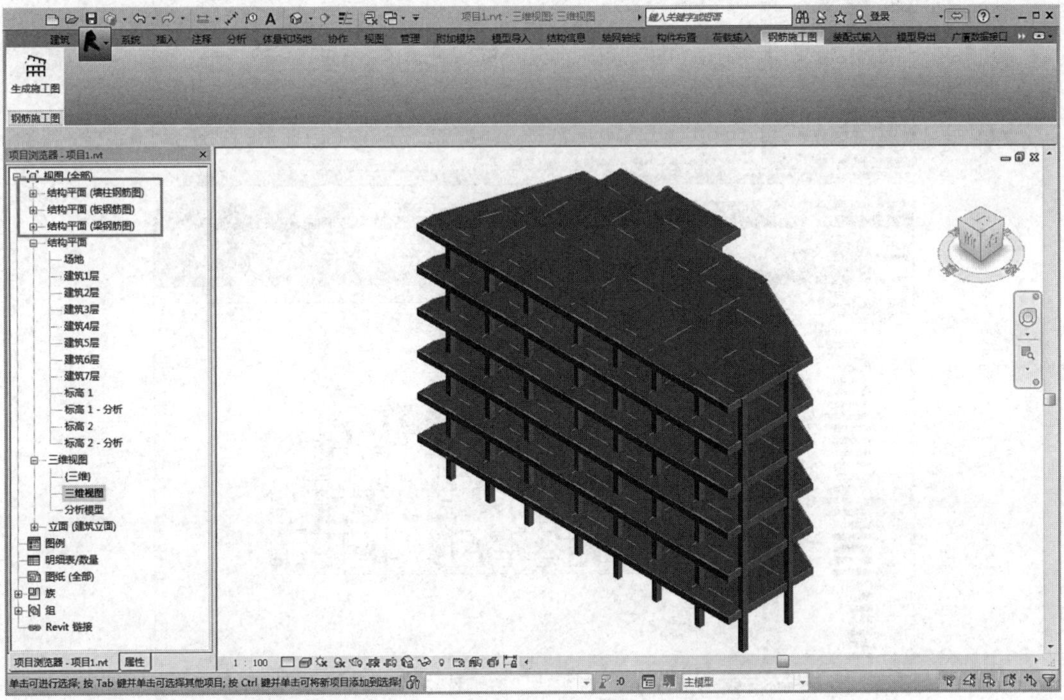

图8-5

展开施工图视图，分别可得到梁、柱、板施工图如图 8-6 所示：

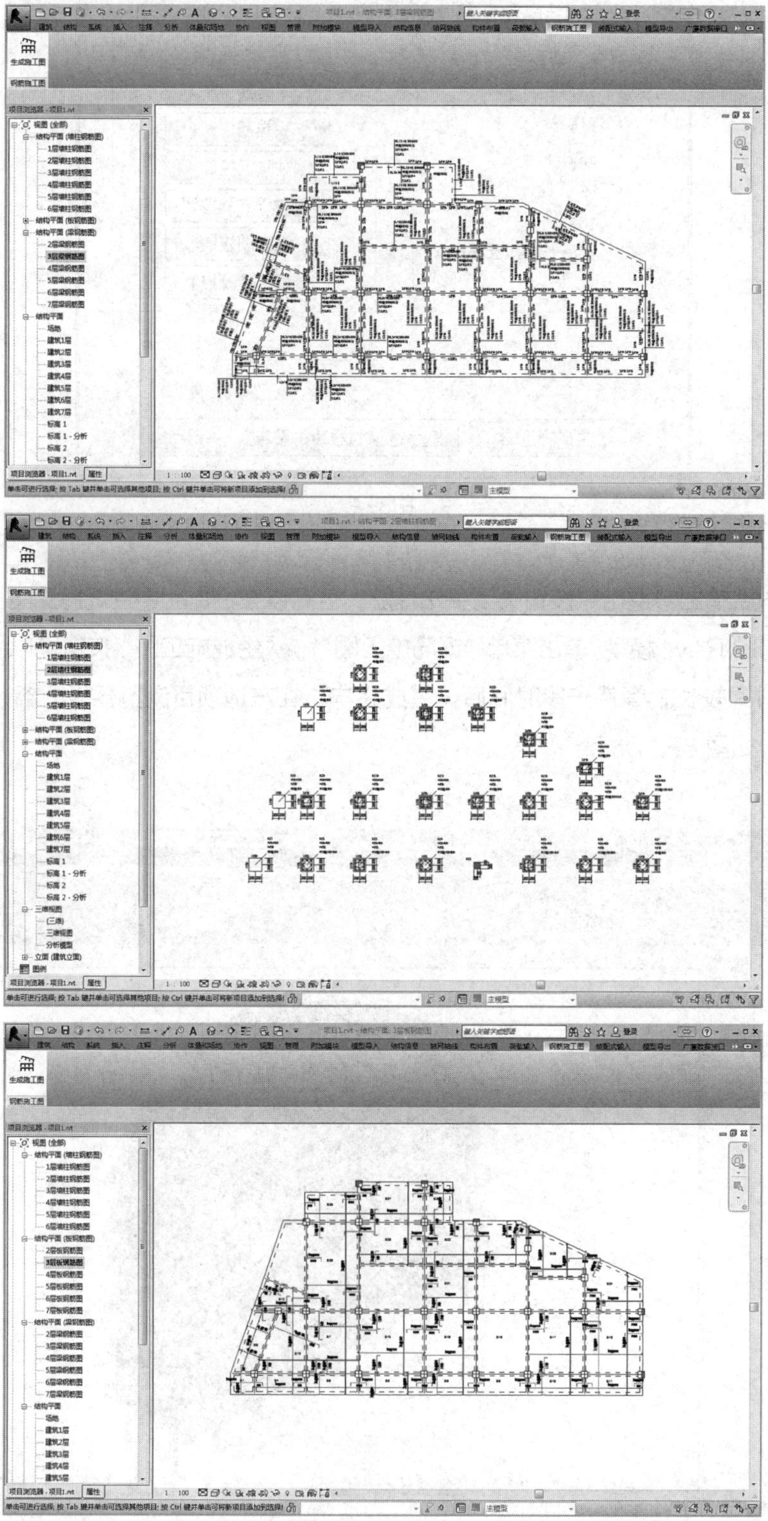

图8-6

第 9 章　自动成图—详细功能

9.1　板钢筋施工图

9.1.1　施工图参数

自动成图时，GSRevit 在板的文字属性下自动增加如图 9-1、表 9-1 所示共享参数。

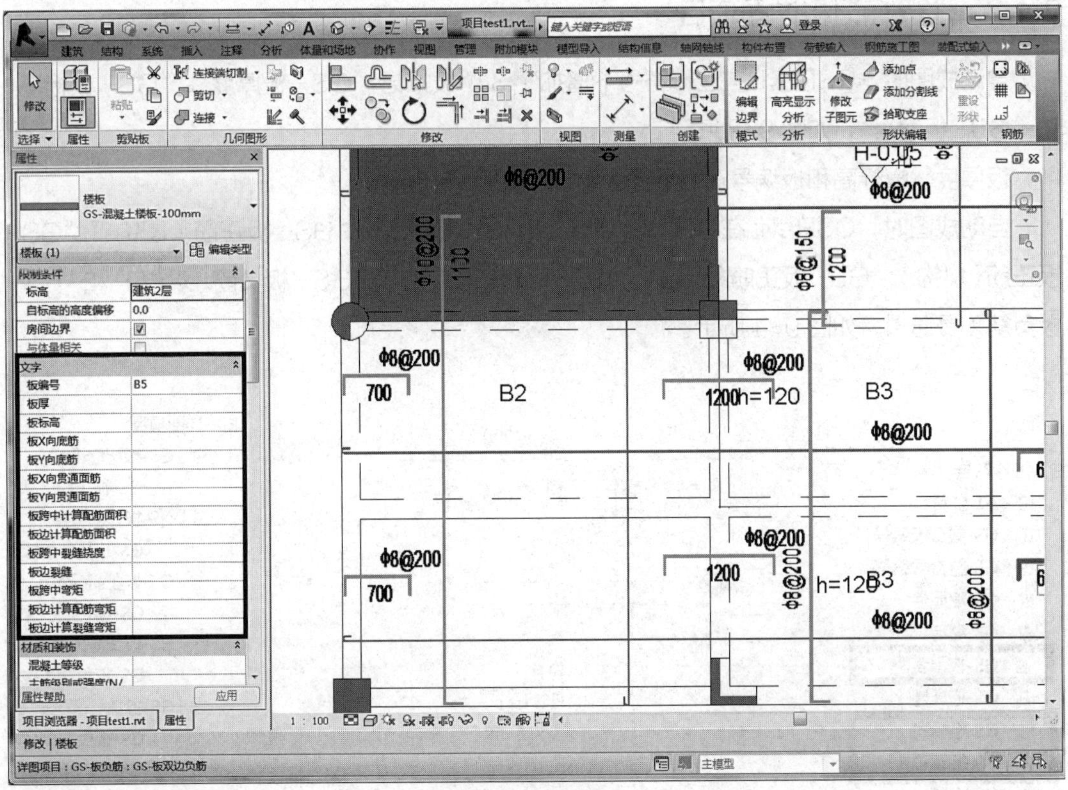

板施工图共享参数

图9-1

表9-1

参数名	参数类型	实例值
板编号	文字	LB1
板厚	文字	h=120
板标高	文字	H-0.05
板X向底筋	文字	X&12@200
板Y向底筋	文字	Y&12@200
板X向贯通面筋	文字	X&12@200
板Y向贯通面筋	文字	Y&12@200
板跨中计算配筋面积	文字	2.0/3
板边计算配筋面积	文字	2.0，2.0，2.0，2.0
板跨中裂缝挠度	文字	0.28/8.99
板边裂缝	文字	0.25，0，0，0.26
板跨中弯矩	文字	322/4.322
板边计算配筋弯矩1-15	文字	-2.233，0，0，-360
板边计算裂缝弯矩1-15	文字	-1.833，0，0，-2.662

9.1.2 注释标记和详图项目

自动成图时，GSRevit 在注释符号下增加了 3 个板标记："GS- 板厚度"、"GS- 板标高"和"GS- 板编号"，如图 9-2 所示。

板厚度、板标高和板编号在平面图上显示如图 9-3 所示。

自动成图时，GSRevit 在详图项目下增加了 6 个板大样："GS- 板正筋（圆钩）""GS- 板正筋（斜钩）""GS- 板正筋（无钩）""GS- 板负筋（单边）""GS- 板负筋（双边）"和"GS- 板负筋（贯通）"，如图 9-4 所示。

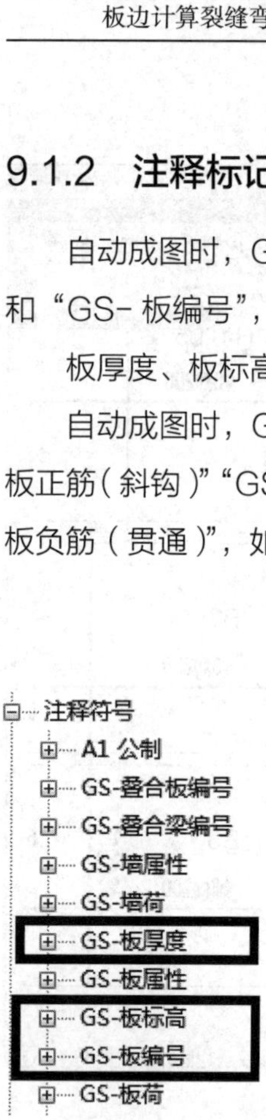

图9-2

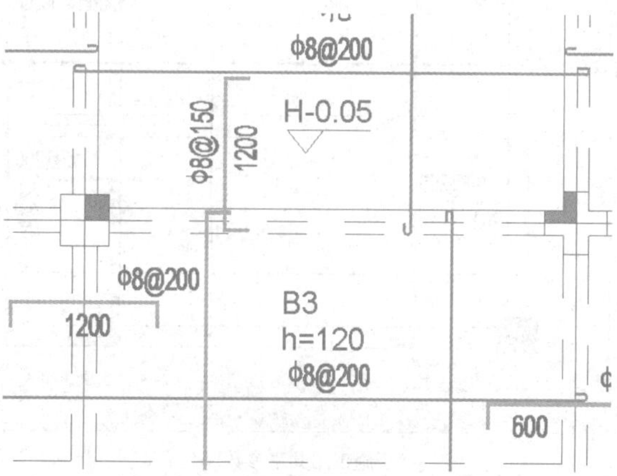

图9-3

图9-4

GS- 板正筋大样分 3 个：“GS- 板正筋（圆钩）”“GS- 板正筋（斜钩）”“GS- 板正筋（无钩）”，分别用于Ⅰ、Ⅱ和Ⅲ级钢的板底筋绘制。在文字下可修改钢筋和编号，编号在平面图上自动绘制圆圈。在可见性下可控制显示内容，在平面图上可拖动钢筋文字和编号下的双箭头移动钢筋文字和编号位置，如图 9-5 所示。

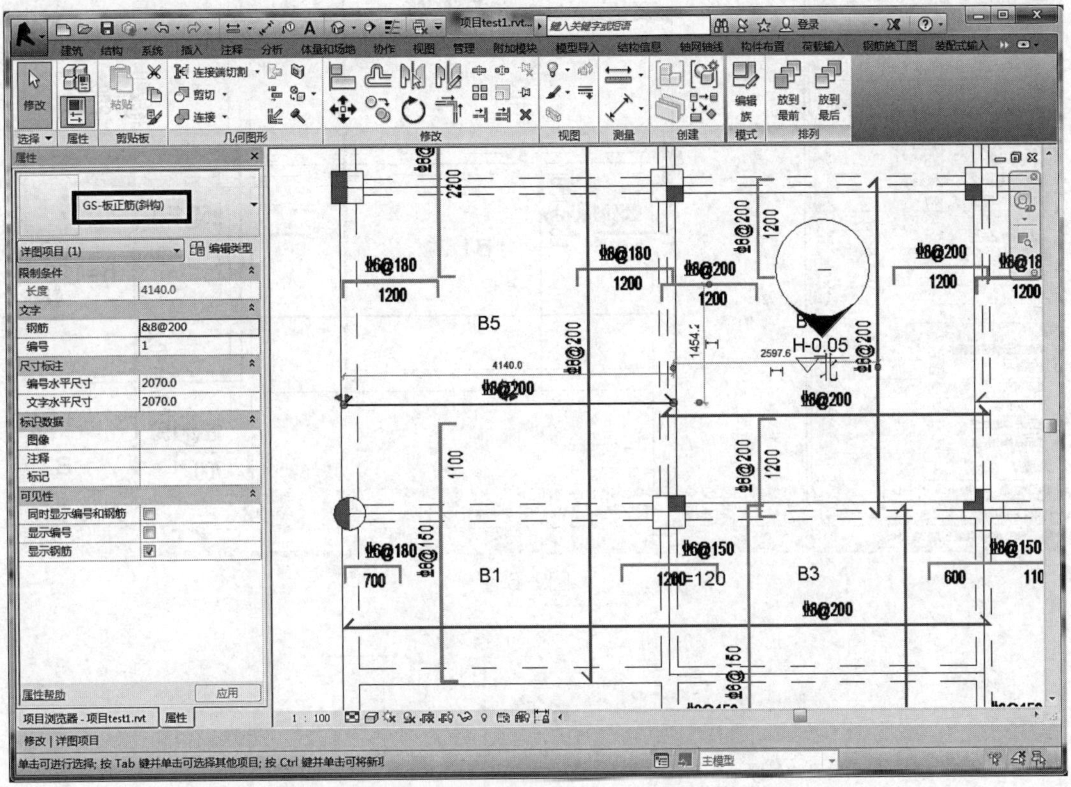

图9-5

GS- 板负筋大样分 3 个：“GS- 板负筋（单边）”“GS- 板负筋（双边）”和“GS- 板负筋（贯通）”。在文字下可修改钢筋和编号，编号在平面图上自动绘制圆圈。在可见性下可控制显示内容，在平面图上可拖动钢筋文字和编号下的双箭头移动钢筋文字和编号位置，如图 9-6 所示。

“GS- 板负筋（单边）”应用于负筋下显示总长度，如图 9-7 所示为板单边伸出和两侧对称只显示总钢筋长度。

“GS- 板负筋（单边）”需在平面图上直接拉伸端点修改钢筋长度。选择两点作为负筋端点布置“GS- 板负筋（单边）”，如图 9-8 所示。

“GS- 板负筋（双边）”应用于显示两侧伸出长度，如图 9-9 所示为两侧伸出长度不同。

“GS- 板负筋（双边）”需在尺寸标注下修改左伸出长度和右伸出长度修改钢筋长度。选

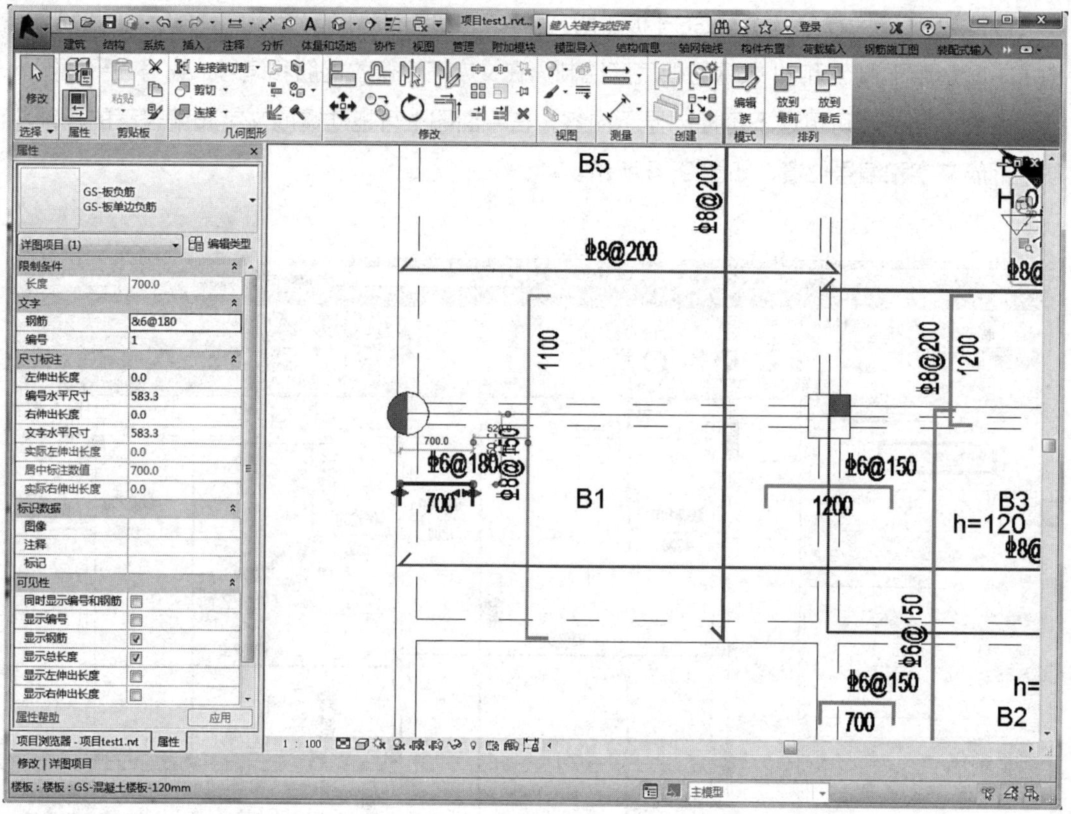

图9-6

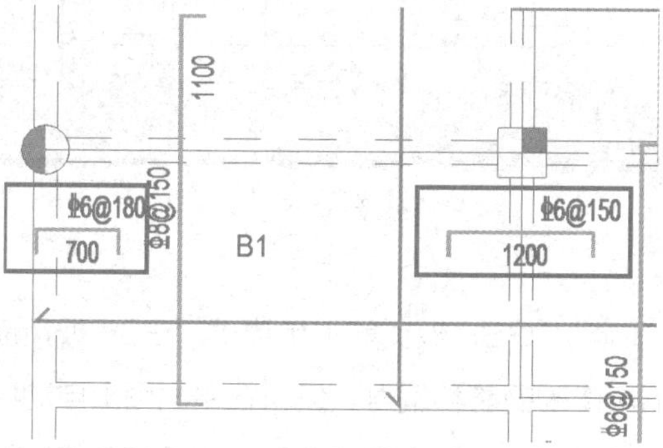

图9-7

择梁墙边上两点，并输入从两点的中点向左和向右伸出长度布置“GS- 板负筋（双边）”，如图 9-10 所示。

“GS- 板负筋（贯通）”应用于跨板贯通的板负筋，两侧可设置伸出长度，如图 9-11 所示。

“GS- 板负筋（贯通）”需在尺寸标注下修改左伸出长度和右伸出长度修改钢筋长度。选择两定位点，并输入从两定位点向左和向右伸出长度布置“GS- 板负筋（贯通）”，如图 9-12 所示。

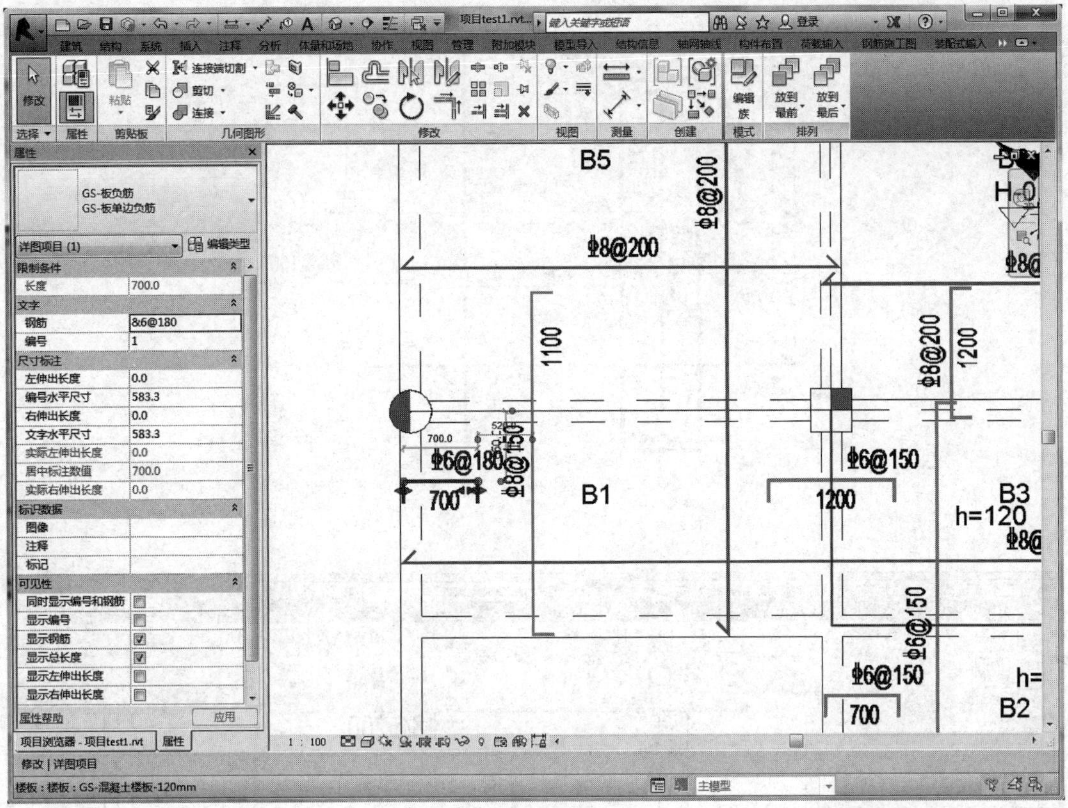
项目test1.rvt
键入关键字或短语
登录
建筑
结构
系统
插入
注释
分析
体量和场地
协作
视图
管理
附加模块
模型导入
结构信息
轴网轴线
构件布置
荷载输入
钢筋施工图
装配式输入
修改
粘贴
连接端切割
剪切
连接
编辑族
放到最前
放到最后
选择
属性
剪贴板
几何图形
修改
视图
测量
创建
模式
排列
属性
GS-板负筋
GS-板单边负筋
详图项目 (1)
编辑类型
限制条件
长度
700.0
文字
钢筋
&6@180
编号
1
尺寸标注
左伸出长度
0.0
编号水平尺寸
583.3
右伸出长度
0.0
文字水平尺寸
583.3
实际左伸出长度
0.0
居中标注数值
700.0
实际右伸出长度
0.0
标识数据
图像
注释
标记
可见性
同时显示编号和钢筋
显示编号
显示钢筋
显示总长度
显示左伸出长度
显示右伸出长度
属性帮助
应用
项目浏览器 - 项目test1.rvt
属性
修改 | 详图项目
楼板 : 楼板 : GS-混凝土楼板-120mm
主模型
1 : 100
B5
Φ8@200
Φ8@200
1100
Φ8@200
1200
Φ6@180
700
Φ8@150
B1
Φ6@150
1200
B3
h=120
Φ6@150
Φ6@150
700
B2

图9-8

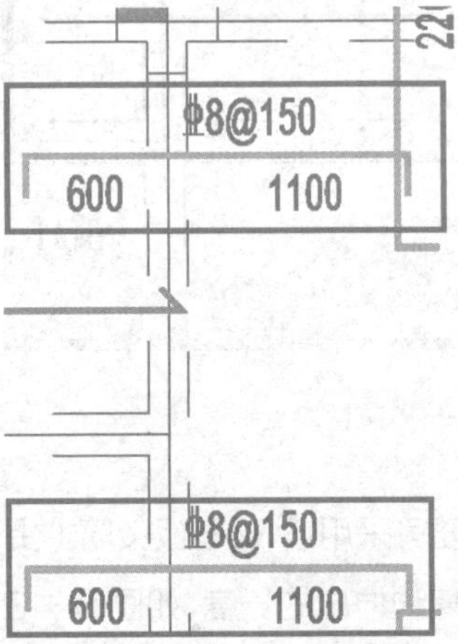
Φ8@150
600
1100
Φ8@150
600
1100

图9-9

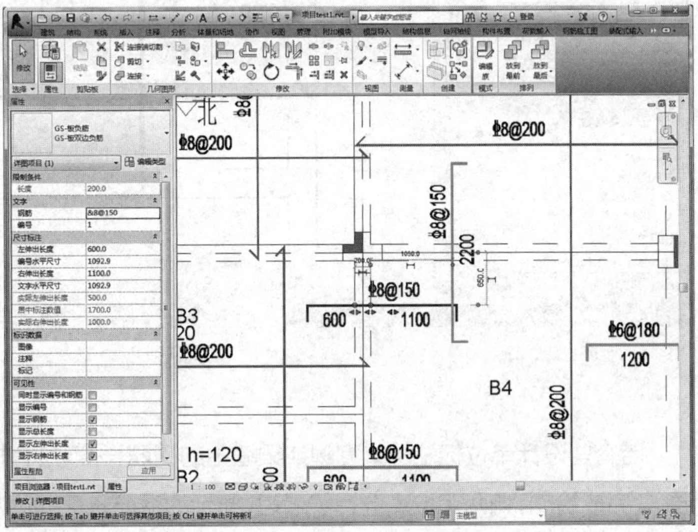
GS-板负筋
GS-板双边负筋
长度
200.0
钢筋
&8@150
左伸出长度
600.0
编号水平尺寸
1092.9
右伸出长度
1100.0
文字水平尺寸
1092.9
实际左伸出长度
500.0
居中标注数值
1700.0
实际右伸出长度
1000.0
Φ8@200
Φ8@200
Φ8@150
2200
Φ8@150
600
1100
B3
Φ8@200
Φ6@180
1200
B4
Φ8@200
h=120
Φ8@150

图9-10

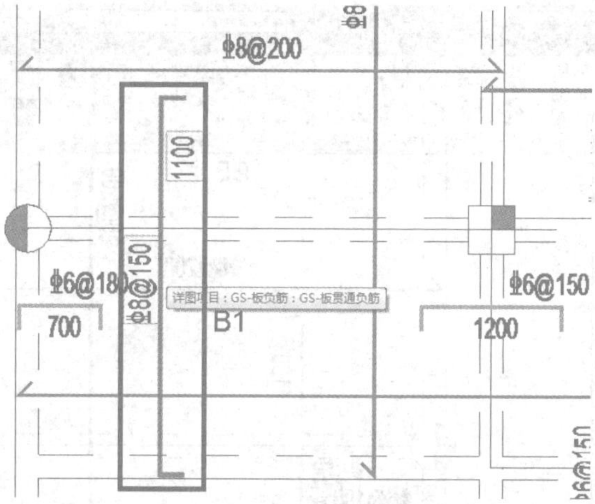

图9-11

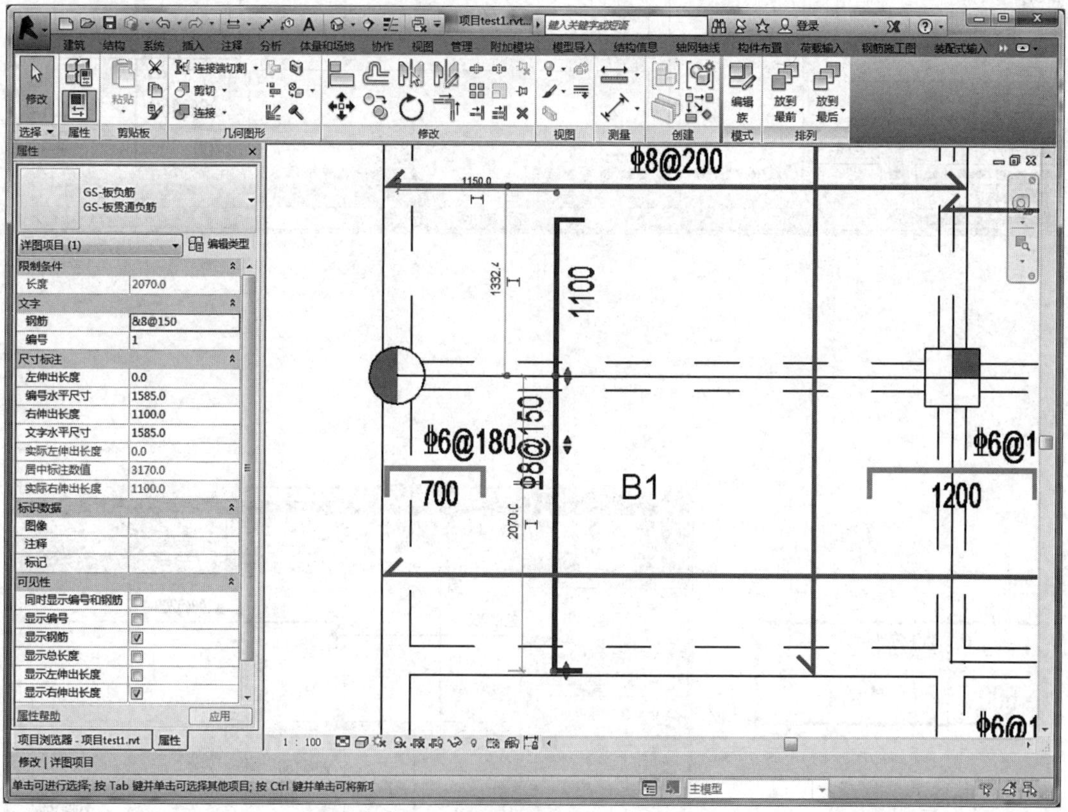

图9-12

若有些设计单位标注从梁墙边或梁墙中的钢筋长度，所有板负筋可采用“GS-板负筋（贯通）”完成绘制，如两定位点选择梁墙边，显示的钢筋长度即为从梁墙边伸出的长度，如图9-13所示。

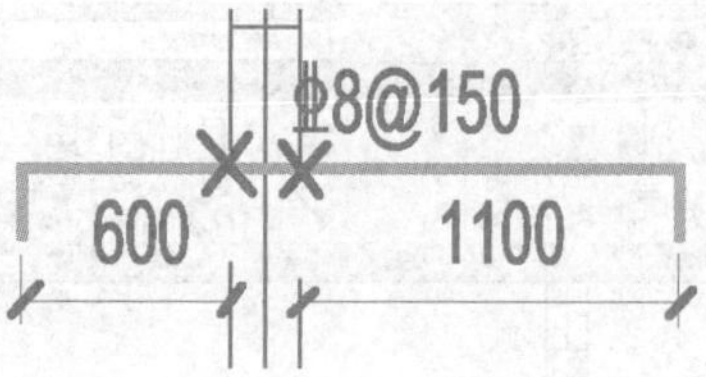

图9-13

9.1.3　图纸说明和层高表

自动成图时，GSRevit 自动生成板钢筋施工图图纸说明和层高表，如图 9-14 所示。

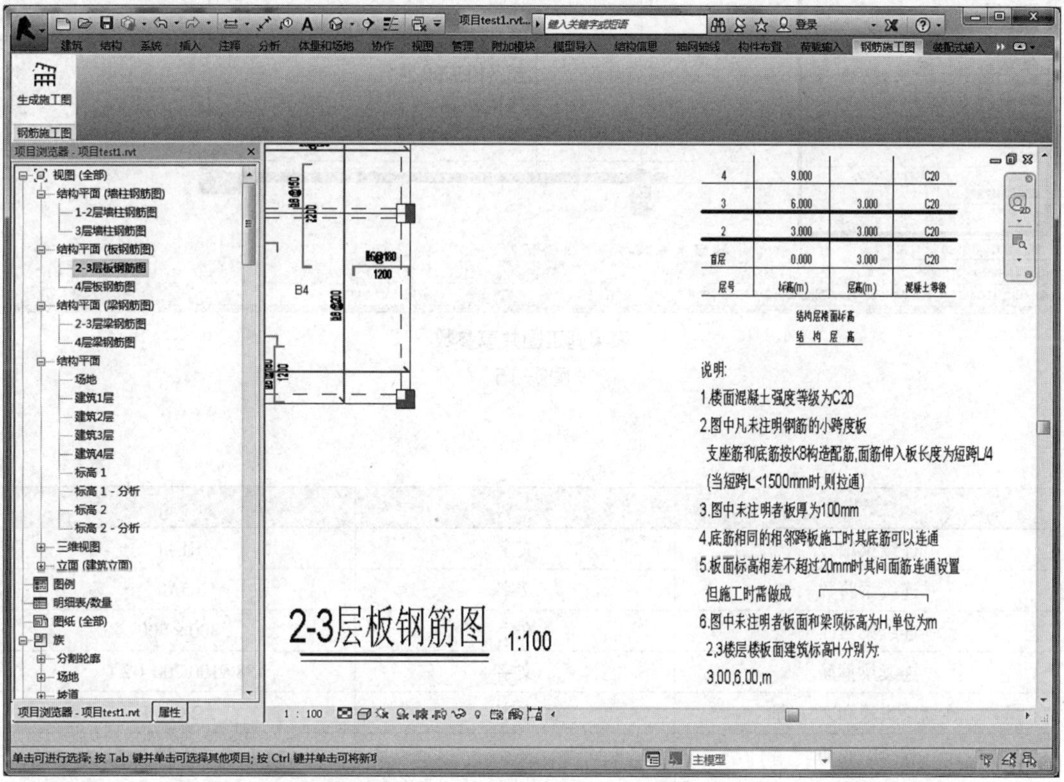

图9-14

9.2　梁钢筋施工图

9.2.1　施工图参数

自动成图时，GSRevit 在梁的文字属性下自动增加如图 9-15、表 9-2 所示的共享参数。

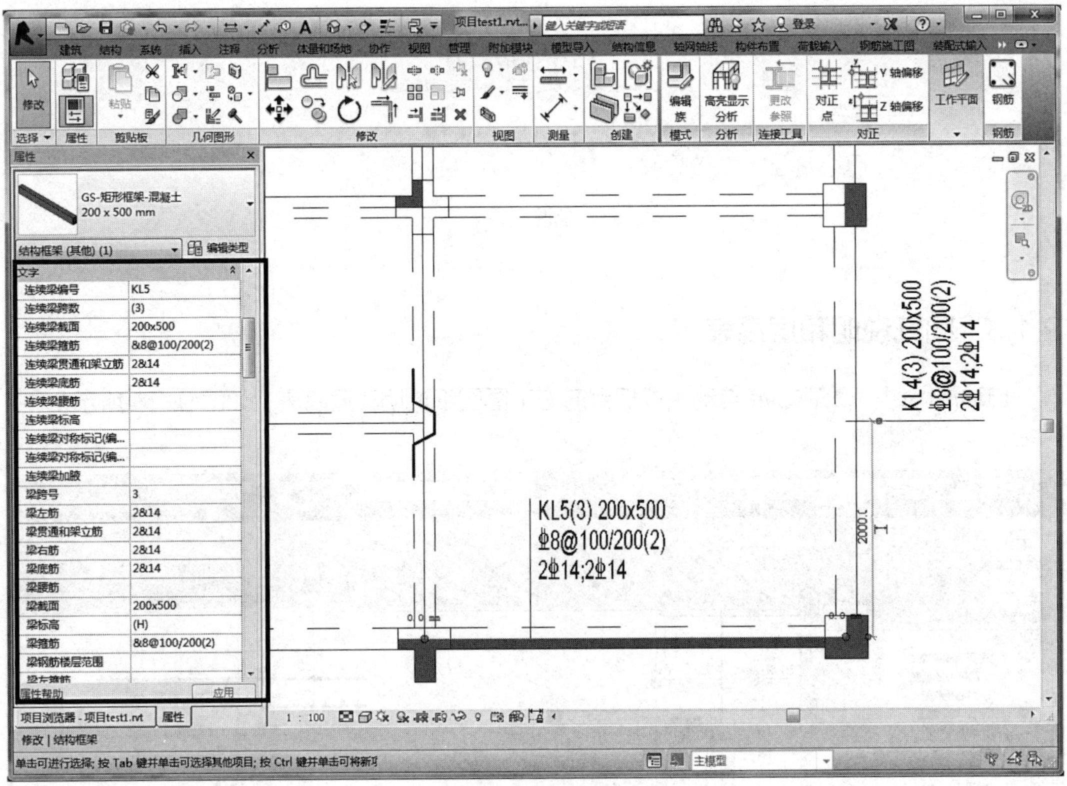

表梁施工图共享参数

图9-15

表9-2

参数名	类型	示例值
连续梁编号	文字	KL-1
连续梁跨数	文字	5A
连续梁截面	文字	300 × 800
连续梁箍筋	文字	$8@100/200（2）
连续梁贯通和架立筋	文字	（2&14）
连续梁底筋	文字	3&25
连续梁腰筋	文字	N2&16
连续梁标高	文字	（-0.300）
连续梁对称标记（编号后）	文字	反
连续梁对称标记（编号前）	文字	*
连续梁加腋	文字	PY500 × 250
梁跨号	文字	1
梁左筋	文字	2&20
梁贯通和架立筋	文字	2&22
梁右筋	文字	3&22

续表

参数名	类型	示例值
梁底筋	文字	3&20
梁腰筋	文字	G4&16
梁截面	文字	250x900
梁标高	文字	（-0.400）
梁箍筋	文字	&10@100（2）
梁钢筋楼层范围	文字	4~5
梁左箍筋	文字	&10@100（2）
梁右箍筋	文字	&10@100（2）
梁预制编号	文字	YZL2
梁加腋	文字	GY500×250
梁竖向加腋筋（左）	文字	500×250
梁竖向加腋筋（右）	文字	500×250
梁水平加腋筋（左）	文字	500×250
梁水平加腋筋（右）	文字	500×250
梁面筋计算面积	文字	5-0-6
梁底筋计算面积	文字	0-10-0
梁箍筋计算面积	文字	G2-2
梁负弯矩	文字	50/0/60
梁正弯矩	文字	0/60/0
梁剪力	文字	65/65
梁左右端裂缝计算弯矩	文字	32/64
梁左右端裂缝	文字	0.2/0.25
梁跨中裂缝挠度	文字	0.2/15
钢梁正剪主应力比	文字	0.7/0.8/0.9

9.2.2 注释标记

自动成图时，GSRevit 在注释符号下增加了 12 个梁标记，如图 9-16、表 9-3 所示：

自动成图时，GSRevit 自动生成梁钢筋施工图图纸说明和层高表，如图 9-17 所示。

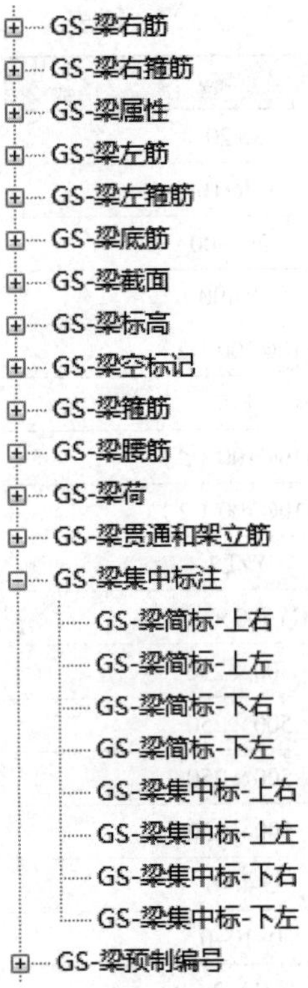

图9-16

图纸说明和层高表　　表9-3

梁集中标注
梁右筋
梁右箍筋
梁左筋
梁左箍筋筋
梁底筋
梁截面
梁标高
梁箍筋
梁腰筋
梁贯通和架立筋
梁预制编号

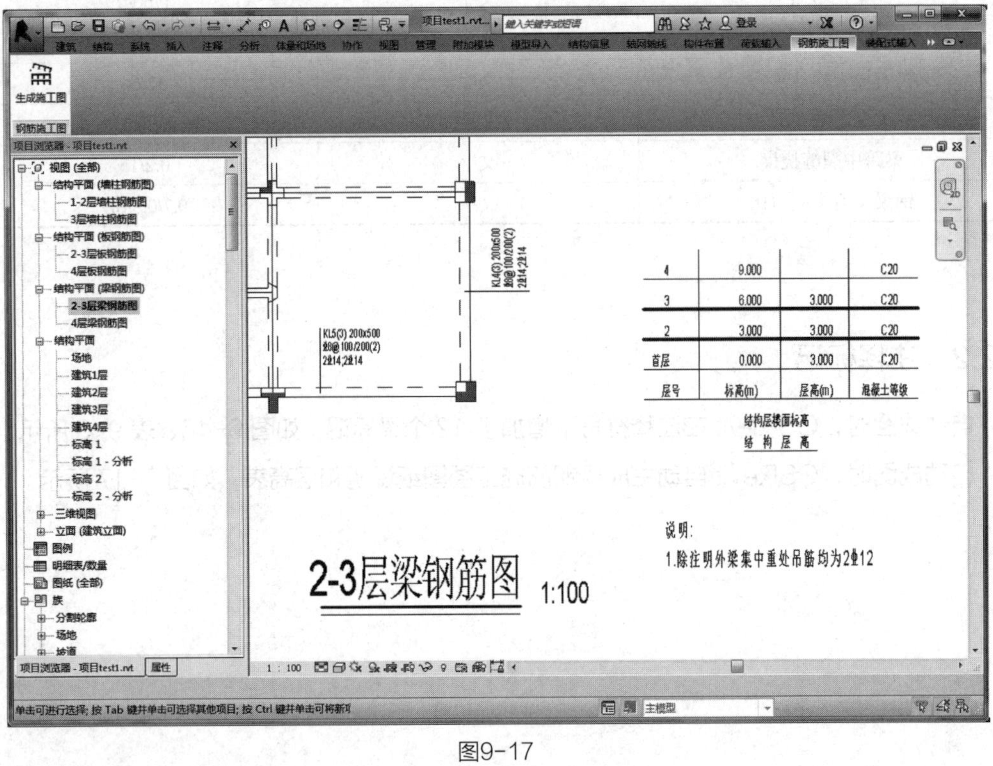

图9-17

9.3 柱钢筋施工图

9.3.1 施工图参数

自动成图时，GSRevit在柱的文字属性下自动增加如下共享参数，如图9-18、表9-4所示。

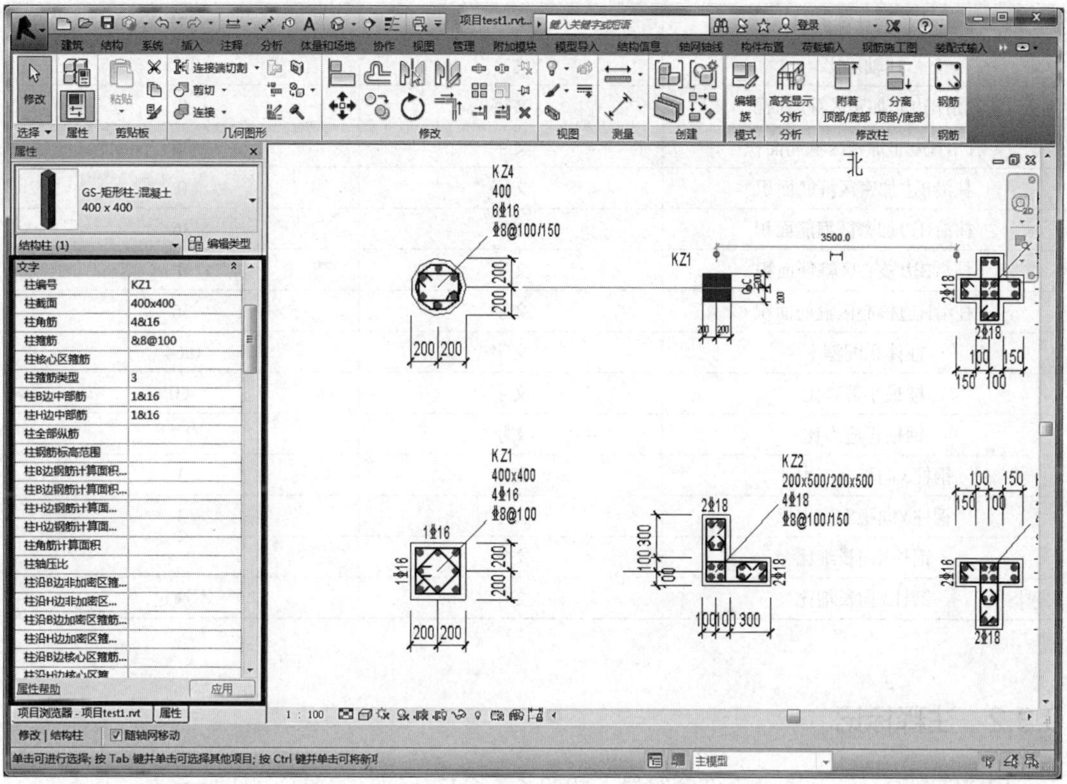

图9-18

表9-4

参数名	参数类型	示例值
柱编号	文字	KZ-1
柱截面	文字	400×600
柱角筋	文字	4&25
柱箍筋	文字	&10@100/200
柱核心区箍筋	文字	（&12@100）
柱箍筋类型	文字	1（5×4）
柱B边中部筋	文字	3&20
柱H边中部筋	文字	2&20

续表

参数名	参数类型	示例值
柱全部纵筋	文字	12&20
柱钢筋标高范围	文字	1.00~5.00
柱B边钢筋计算面积（上）	文字	3600
柱B边钢筋计算面积（下）	文字	3600
柱H边钢筋计算面积（左）	文字	3600
柱H边钢筋计算面积（右）	文字	3600
柱角筋计算面积	文字	525
柱轴压比	文字	0.45
柱沿B边非加密区箍筋面积	文字	0
柱沿H边非加密区箍筋面积	文字	36
柱沿B边加密区箍筋面积	文字	0
柱沿H边加密区箍筋面积	文字	36
柱沿B边核心区箍筋面积	文字	0
柱沿H边核心区箍筋面积	文字	36
柱体积配箍率	文字	0.64
柱最小剪跨比	文字	4.0
钢柱正应力比	文字	2.2
钢柱X向稳定应力比	文字	3
钢柱Y向稳定应力比	文字	3
钢柱X向长细比	文字	
钢柱Y向长细比	文字	不通过

9.3.2 注释标记

自动成图时，GSRevit 在注释符号下增加了 4 个柱标记，如图 9-19 所示：

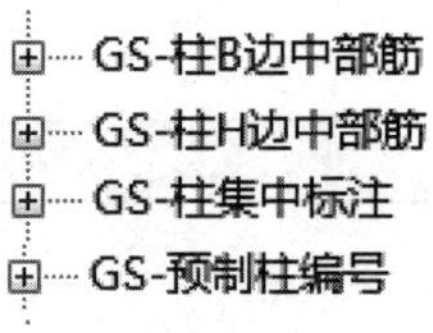

图9-19

在平面图上绘制柱大样。

9.3.3 图纸说明和层高表

自动成图时，GSRevit 自动生成柱钢筋施工图图纸说明和层高表，如图 9-20 所示。

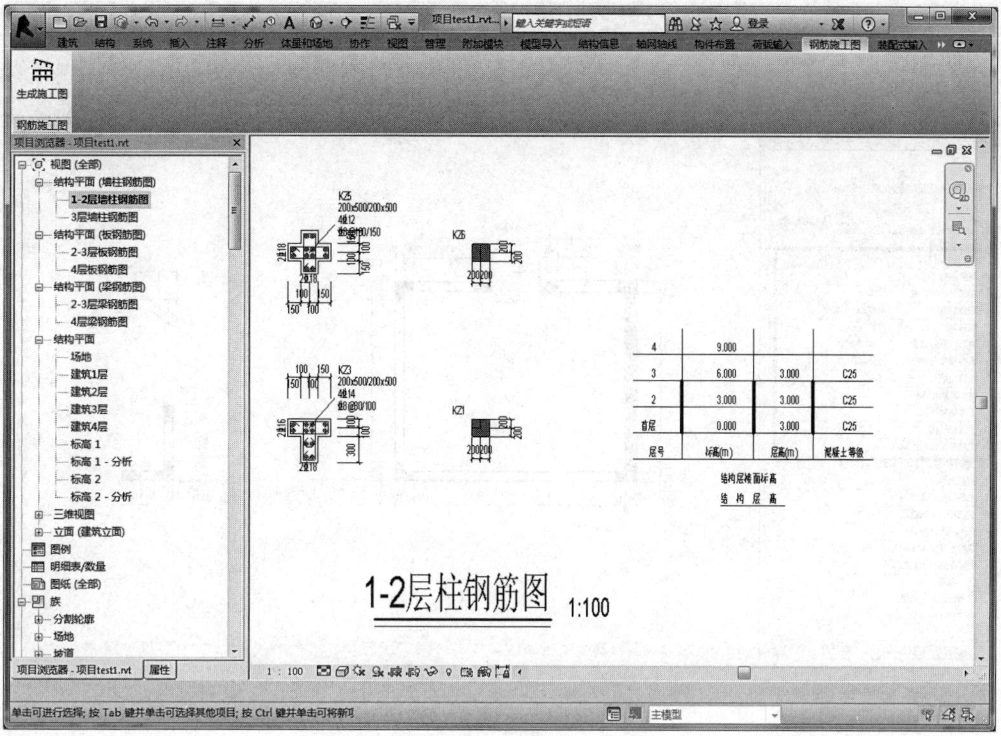

图9-20

9.4 墙钢筋施工图

9.4.1 施工图参数

自动成图时，GSRevit在墙的文字属性下自动增加如下共享参数，如图9-21、表9-5所示。

墙身施工图共享参数　　表9-5

参数名	参数类型	示例值
墙身编号	文字	Q-1
墙身分布筋排数	文字	（2排）
墙身标高	文字	300~6.000
墙身厚	文字	200
墙身水平分布筋	文字	$10@200
墙身垂直分布筋	文字	$10@200
墙身拉筋	文字	$6@600
墙身水平筋计算面筋	文字	500
墙身垂直筋计算面筋	文字	500
墙身轴压比	文字	0.5
墙身端部纵筋计算面积	文字	200

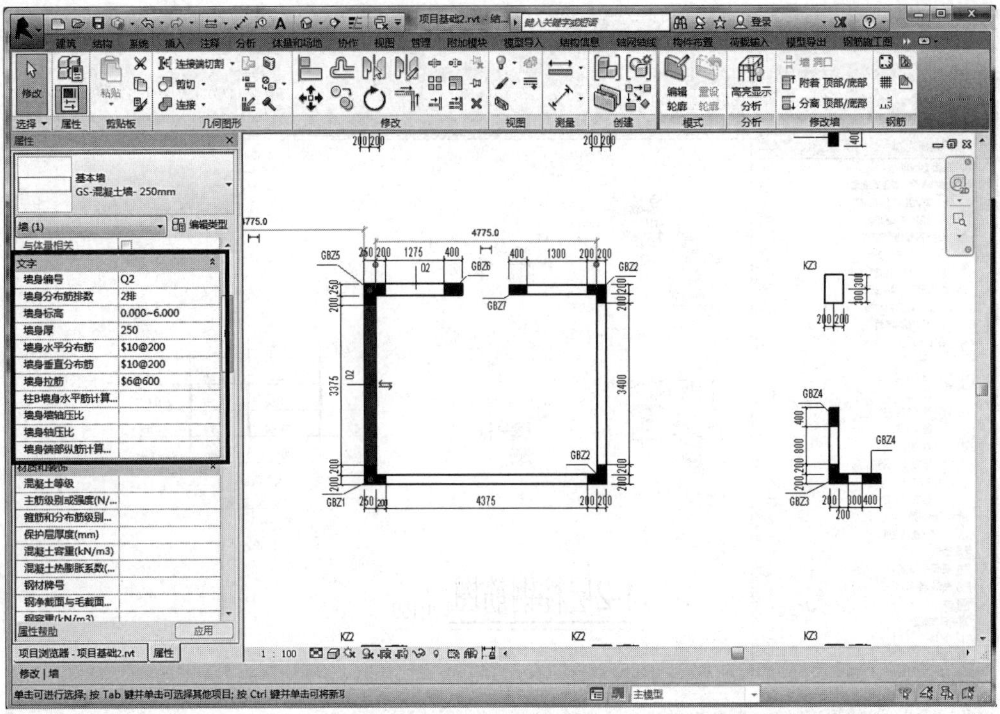

图9-21

GSRevit 在暗柱填充区域的结构属性下自动增加如下共享参数，如图 9-22、表 9-6 所示。

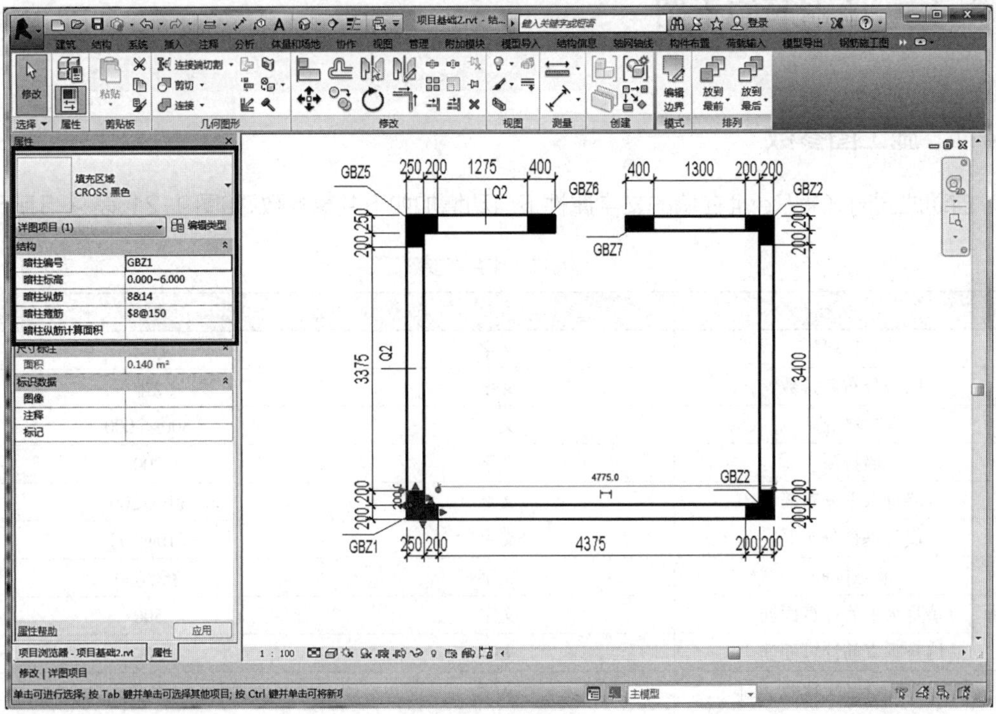

图9-22

暗柱施工图在填充区域中的共享参数　　表9-6

参数名	参数类型	示例值
暗柱编号	文字	GBZ1
暗柱标高	文字	300~6.000
暗柱纵筋	文字	6$20
暗柱箍筋	文字	$10@200
暗柱纵筋计算面积	文字	200

9.4.2　注释标记

自动成图时，GSRevit在注释符号下增加了3个墙身标记：“GS-墙身简标”“GS-墙身集中标”和“GS-预制墙编号”，6个填充区域标记：“GS-暗柱表编号”“GS-暗柱表标高”“GS-暗柱表纵筋”“GS-暗柱表箍筋”“GS-暗柱简标”和“GS-暗柱集中标”。“GS-暗柱表编号”“GS-暗柱表标高”“GS-暗柱表纵筋”和“GS-暗柱表箍筋”显示于暗柱表，“GS-暗柱简标”和“GS-暗柱集中标”显示于墙柱钢筋平面图。

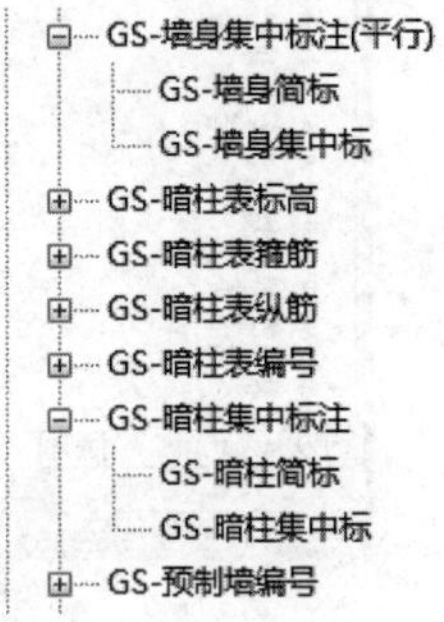

图9-23

在平面图上绘制暗柱编号和墙身编号，在平面图的右边绘制暗柱表，如图9-23~9-25所示。

目前墙柱钢筋平面图中同时包含了暗柱表，如果用户想分别打印墙柱钢筋平面图和暗柱表，可按下面的步骤操作：先将墙柱钢筋平面图视图复制为两份以备用；然后在“图纸（全部）”

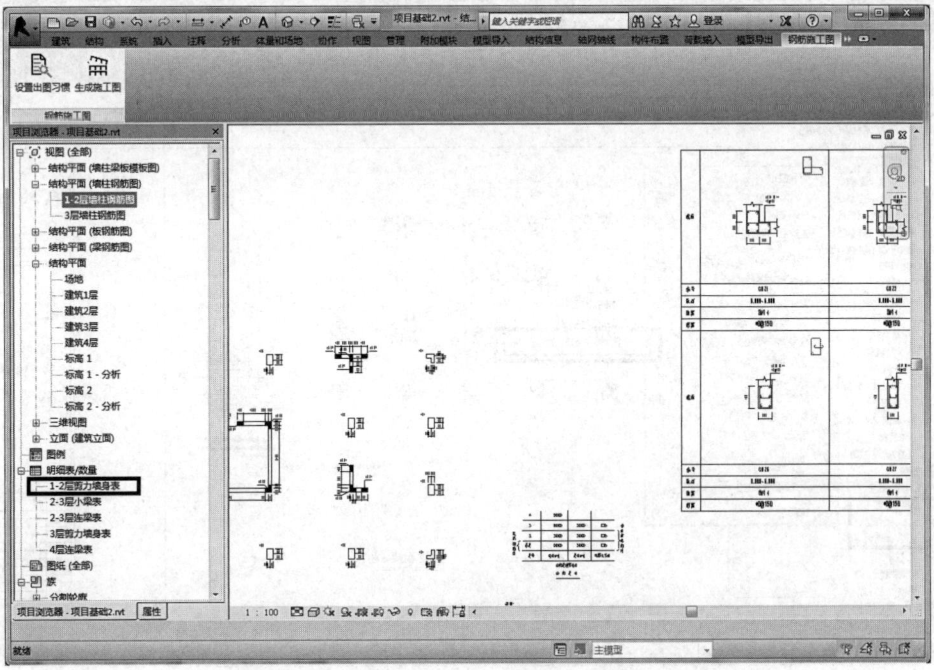

图9-24

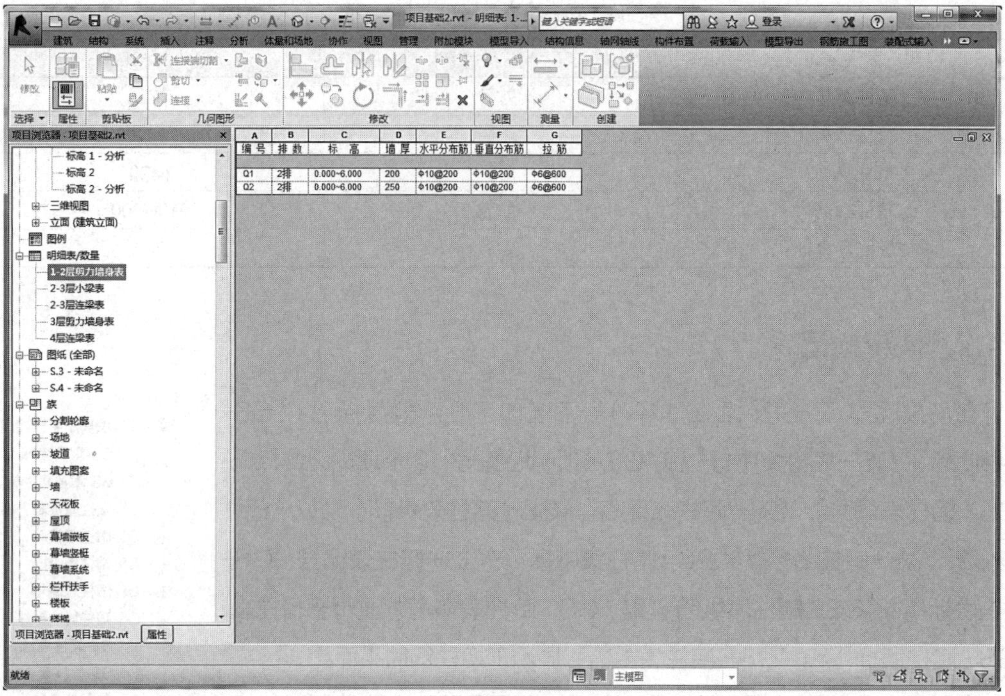

图9-25

中新建两份图纸；在刚才的两份视图中分别调整好裁剪窗口，分别拖入刚才新建的两份图纸即可，如图 9-26 所示。

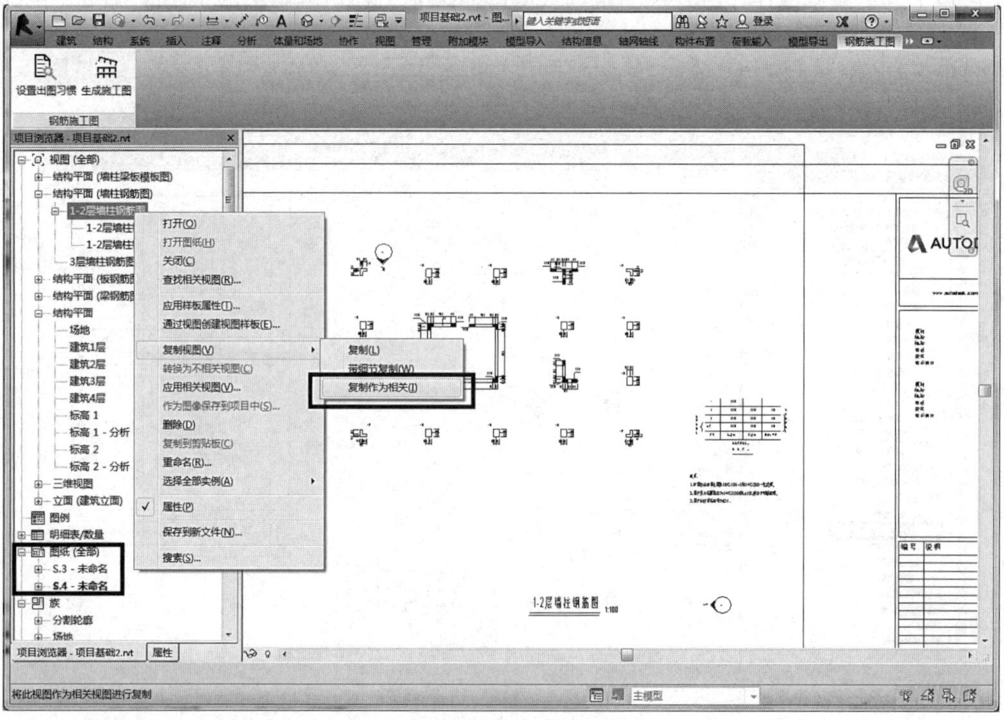

图9-26

9.4.3 图纸说明和层高表

自动成图时，GSRevit 自动生成墙钢筋施工图图纸说明和层高表，如图 9-27 所示。

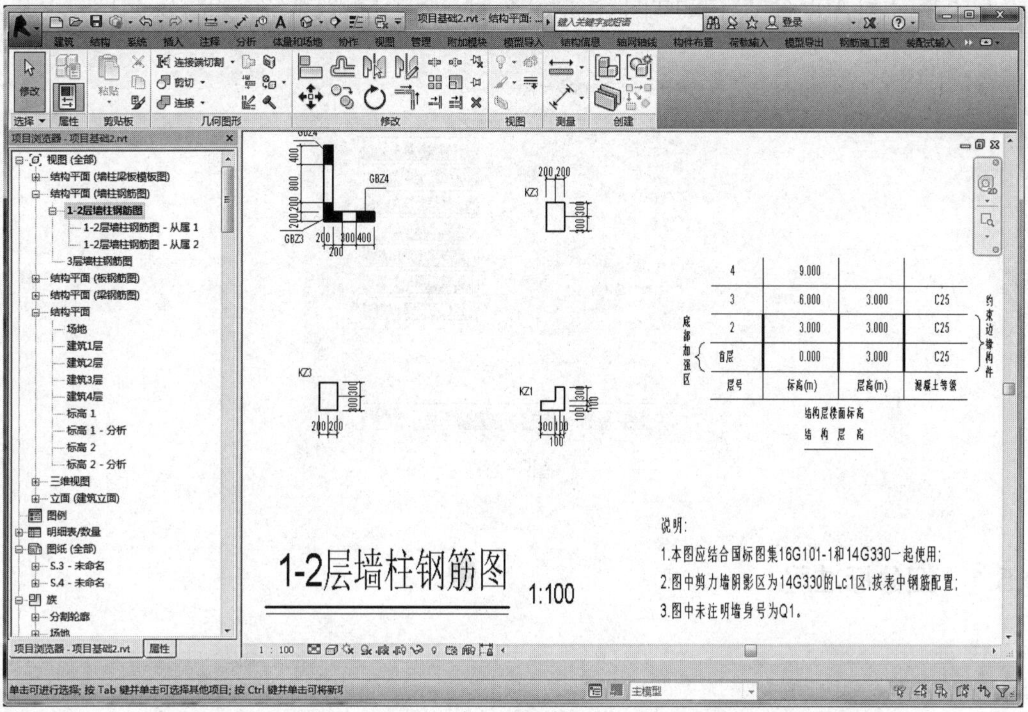

图9-27

9.4.4 墙柱梁板模板图

GSRevit 生成施工图时，可选择生成墙柱梁板模板图，如图 9-28 所示。

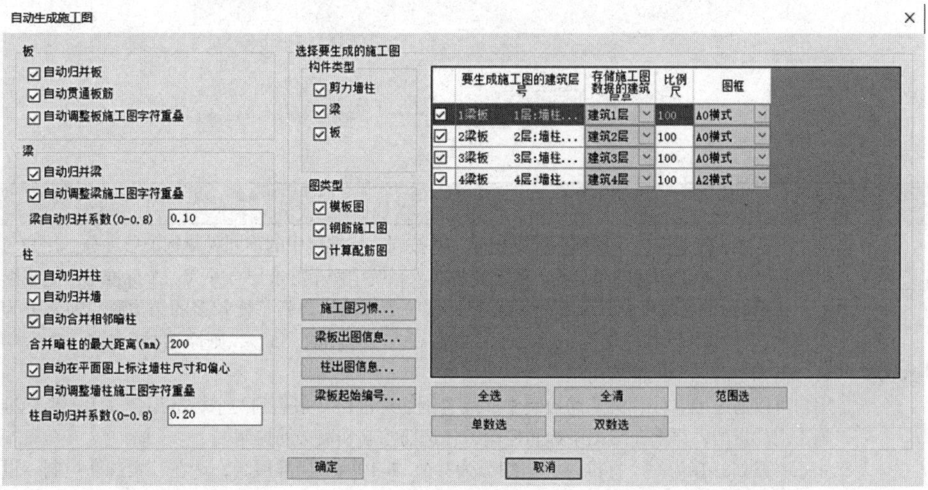

图9-28

9.5 平法配筋系统

GSRevit 同 AutoCAD 自动成图 GSPlot 公用一个平法配筋系统，如图 9-29 所示。

图9-29

9.5.1 细分标准层

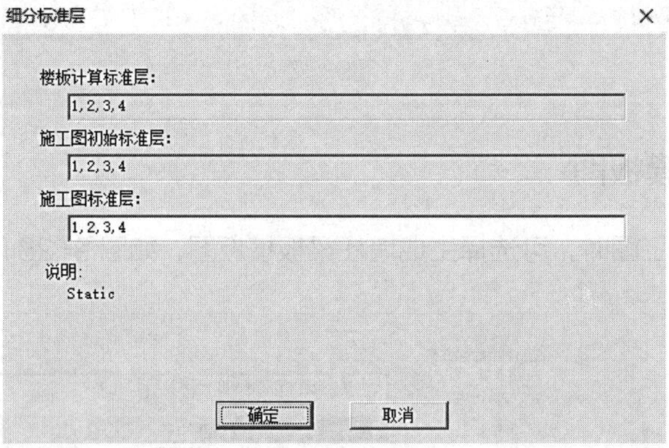

参数	详细说明
施工图标准层	施工图标准层默认按录入系统标准层划分，并按同一标准层中的不同材料标准层细分。用户可根据出图需要细分施工图标准层范围，但不得将录入系统中两个标准层合并为一个标准层出施工图。 上图中第4标准层范围是录入系统4~33层，若一个标准层包括了比较多的结构层，通常分为多张图出图。例如本例中若改为“1，2，3，10，20，33，34，35”，则原第4标准层，改为4~10，11~20，21~33三个标准层出图。 用户可以通过墙、柱、梁选筋控制中“设置钢筋标准层”来达到两个标准层合并为一个标准层出施工图的目的，详细介绍见梁选筋控制、柱选筋控制和墙选筋控制。 注意：假如3~10为一个标准层，当细分为3~6，7~10两个标准层时，请在“梁选筋控制—设置钢筋层”中增加一个新的钢筋层，把7~10设置为新的钢筋层。

9.5.2　梁选筋控制

下图对话框中红框标注的参数要向用户确认或介绍。

打★参数须向用户确认，并设置正确，最后存为施工图习惯。

打☆参数须向用户介绍，每个工程用户自己设置。

没有打符号的参数用户将来自学，一般不用设置，按缺省即可，如图 9-30 所示。

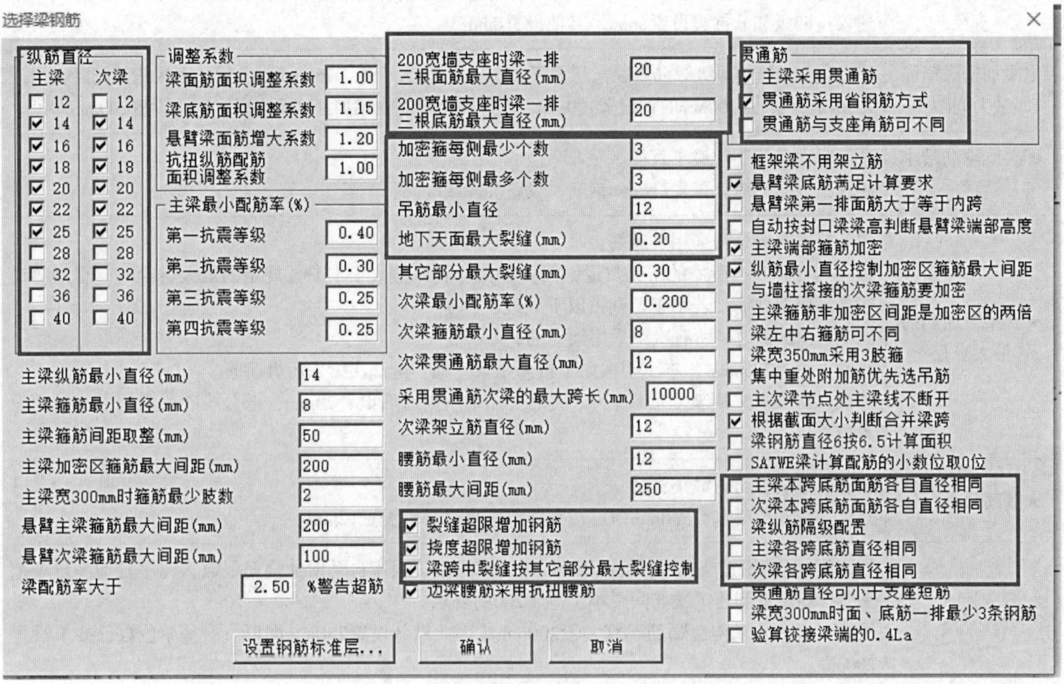

图9-30

参数	详细说明
★纵筋直径	软件自动选筋时，梁纵向受力筋的钢筋直径范围。主梁和次梁纵筋直径分别控制，其中主梁包括框架梁和连梁。 建议：①一般选25mm直径及以下即可，为施工时容易分清钢筋直径和采购钢筋直径种类不用太多，可隔一选一，如不选18mm和22mm； ②在工业设计中有时为施工方便，可在对话框中选择：主、次梁本跨底筋面筋各自直径相同和主、次梁各跨底筋直径相同。
调整系数	无条件放大或调整系数，分别对结构计算分析输出的梁面筋、梁底筋、悬臂梁面筋、抗扭纵筋的配筋面积进行调整。如果用户按照调整后的配筋面积进行选筋，则软件同时调整施工图计算书。 注意计算输出时软件已考虑最小构造要求，所以用系数放大是构造以后的放大，是在构造配筋之上的增大。 建议：一般不需设置。有时出于对悬臂梁更安全的考虑，可设置悬臂梁面筋增大系数1.1。

续表

参数	详细说明
主梁最小配筋率	控制不同抗震等级下的框架梁和连梁最小构造配筋率。各计算程序已自动按照规范最小配筋率进行控制。当用户需要进一步提高最小配筋率时，可在这里设置。
次梁最小配筋率	控制次梁的最小构造配筋率。各计算程序已自动按照规范最小配筋率进行控制。当用户需要进一步提高最小配筋率时，可在这里设置。
主梁纵筋最小直径	选筋时框架梁和连梁纵向受力钢筋的最小直径。 建议：设置14mm。
★主梁箍筋最小直径	选筋时框架梁和连梁箍筋的最小直径。程序自动会按规范箍筋最小直径控制。 建议：四级和非抗震设置6mm，其他设置8mm。
主梁加密区箍筋最大间距	三级和四级抗震等级纵筋直径大于等于20mm，梁高大于等于750mm时主梁加密区箍筋间距会出现150mm，强行用100mm时请设置100mm，若按规范控制主梁加密区箍筋最大间距设置200mm即可。
★次梁箍筋最小直径	选筋时次梁箍筋的最小直径。 建议：根据当地是否生产6mm钢筋，设置6mm或8mm。
★次梁贯通筋的最大直径	用于控制次梁是否采用贯通筋。 程序先计算一次所需的次梁贯通钢筋直径值，若该值大于本参数规定的最大直径时，程序自动还是采用架立筋。若小于，则按以下处理： 当输入值0mm时，所有次梁采用架立筋； 当输入值≥20mm时，本工程次梁不再采用架立筋，全部次梁采用贯通筋。 建议：次梁可采用架立筋设置0，次梁全部采用贯通筋设置20mm，部分小次梁采用贯通筋的设置12或14。
★腰筋最小直径	选筋时控制腰筋的最小直径。 建议：按规范要求设置8mm即可，有些单位自己要求设置12mm。
★腰筋最大间距	控制腰筋与面筋、底筋的最大间距，超出该间距，程序自动增加腰筋根数。程序自动满足规范关于抗扭腰筋和连梁腰筋间距小于等于200的要求。 建议：规范要求构造腰筋不宜大于200mm，因此默认设置250mm即可。有些单位自己要求设置200mm。
梁配筋率大于（ ）%警告超筋	超过该配筋率的梁，程序将在输出的超限超筋警告文件中提示该梁超筋。该选项用于查找配筋率较大的梁，不代表该梁配筋面积一定超过规范配筋限值。
200宽墙支座时梁一排三根面筋和底筋最大直径	200mm宽墙支座时梁一排三根面筋和底筋最大直径为mm，有些单位面筋设置20mm，严格计算钢筋净间距不容易满足规范要求，净间距=（宽200—保护层20×2—墙箍筋直径8×2—暗柱纵筋直径14×2—梁纵筋直径20×3）/2=28，此时暗柱纵筋直径12mm才能满足要求或面筋直径18mm才满足要求，根据本单位以往习惯设置，当不喜欢用三根时则输入0。 建议：建议面筋输入20，底筋则输入20。
★贯通筋	不勾选“主梁采用贯通筋”，主梁负筋不贯通，跨中采用架立筋。下图集中标注中（2F14）带括号表示架立筋。 建议：非抗震区主梁可采用架立筋，可以省钢筋。 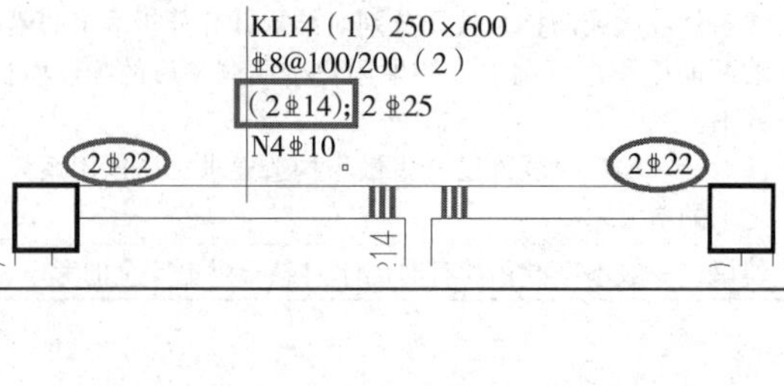

续表

<table>
<tr><th>参数</th><th>详细说明</th></tr>
<tr><td rowspan="3">★贯通筋</td><td>勾选“主梁采用贯通筋”，主梁负筋采用贯通形式。
建议：抗震区主梁应采用贯通筋。
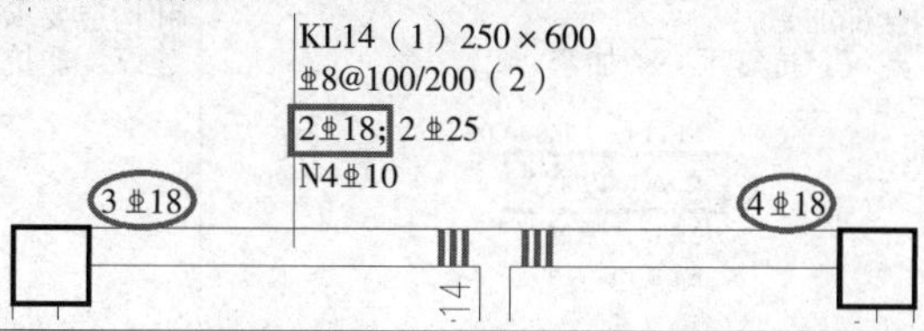
KL14（1）250×600
Φ8@100/200（2）
2Φ18; 2Φ25
N4Φ10
3Φ18
4Φ18</td></tr>
<tr><td>勾选“贯通筋采用省筋方式”，贯通筋在满足计算和构造要求下尽量取小值，一般按负筋最大面积的1/4控制，有可能比不勾选时的贯通筋直径要小。
建议：要求省钢筋的工程，请选择。
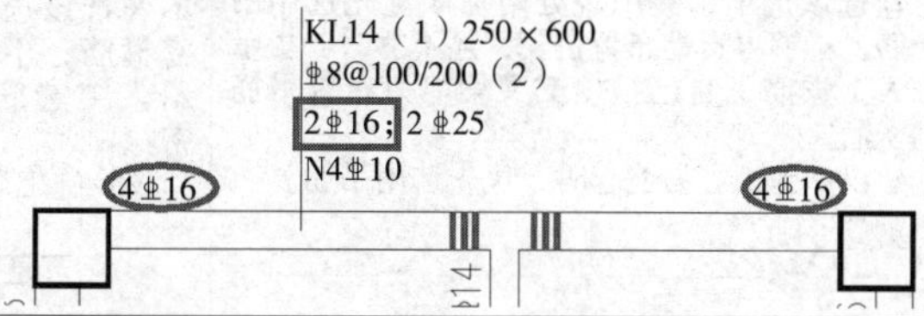
KL14（1）250×600
Φ8@100/200（2）
2Φ16; 2Φ25
N4Φ10
4Φ16
4Φ16</td></tr>
<tr><td>勾选“贯通筋与支座角筋可不同”，贯通筋和支座角筋分别选筋，直径可能不同，此时钢筋按规范贯通筋的搭接长度搭接。
建议：要求极端省钢筋的工程，请选择。
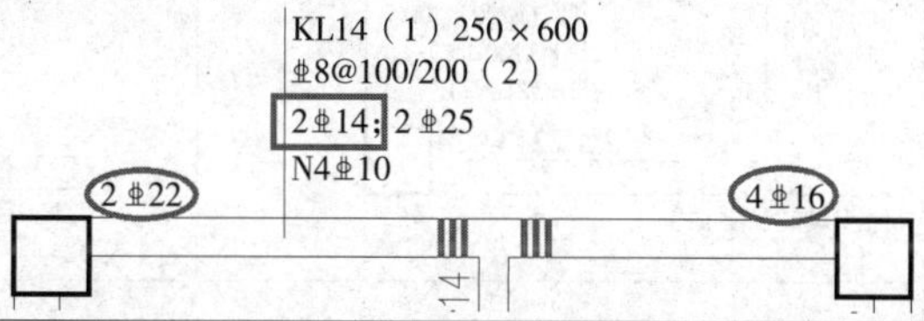
KL14（1）250×600
Φ8@100/200（2）
2Φ14; 2Φ25
N4Φ10
2Φ22
4Φ16</td></tr>
<tr><td>★框架梁不用架立筋</td><td>缺省框架梁可能有架立筋，例如当梁宽大于等于350mm时，可能出现两条贯通筋加几条架立筋用于绑扎梁箍筋，如2F20+（2F12）。
勾选此选项则框架梁中不出现架立筋。
建议：框架梁一般可以用架立筋，当施工队不习惯施工架立筋时可选择。</td></tr>
<tr><td>★悬臂梁底筋满足计算要求</td><td>勾选该选项悬臂梁底筋满足计算要求，但各计算程序只要有一点正弯矩，就会输出较大的构造底筋配筋面积，若悬臂梁直接采用此输出结果不太合理。
建议：通常情况下悬臂梁底筋按构造要求，满足1/4计算面筋即可，不必满足计算输出要求。</td></tr>
<tr><td>自动按封口梁梁高判断悬臂梁端部高度</td><td>勾选该选项自动按封口梁梁高判断悬臂梁端部高度。
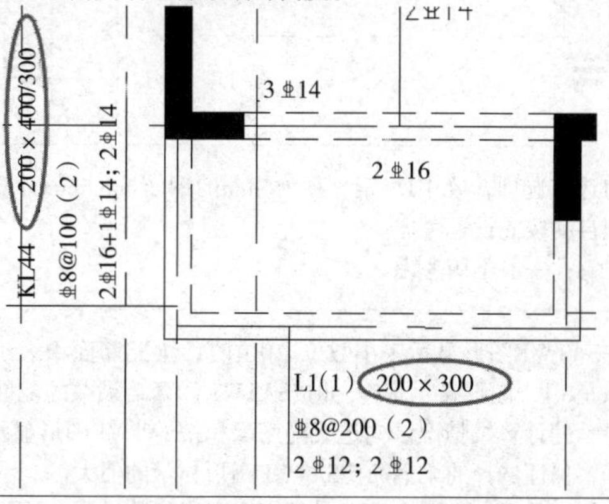
3Φ14
2Φ16
KL44
200×400/300
Φ8@100（2）
2Φ16+1Φ14; 2Φ14
L1(1)
200×300
Φ8@200（2）
2Φ12; 2Φ12</td></tr>
<tr><td>主梁箍筋非加密区间距不大于加密区的两倍</td><td>此选项主要用于控制当加密区箍筋间距90mm时，非加密区间距强制为180mm。</td></tr>
</table>

续表

<table>
<tr><th>参数</th><th colspan="2">详细说明</th></tr>
<tr><td>★主梁端部箍筋加密</td><td>勾选该选项，主梁端部箍筋自动按规范要求全部加密。
建议：抗震区必须加密。
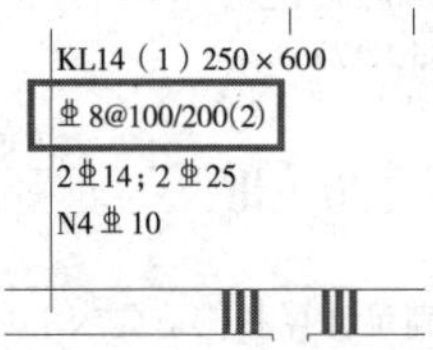
</td><td>不勾选该选项，主梁端部箍筋是否加密根据计算和构造要求判断。
建议：非抗震区可同次梁一样不加密。
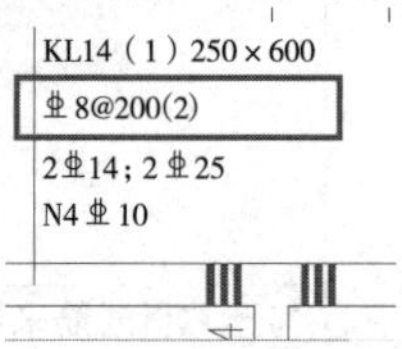
</td></tr>
<tr><td>★集中重处附加筋优先选吊筋</td><td>勾选该选项，集中重处附加筋优先选用吊筋，不够再自动布置密箍，还不够时，提示人工选筋，自己根据交叉梁剪力布置吊筋密箍。
建议：施工容易遗忘时，优先选用吊筋。
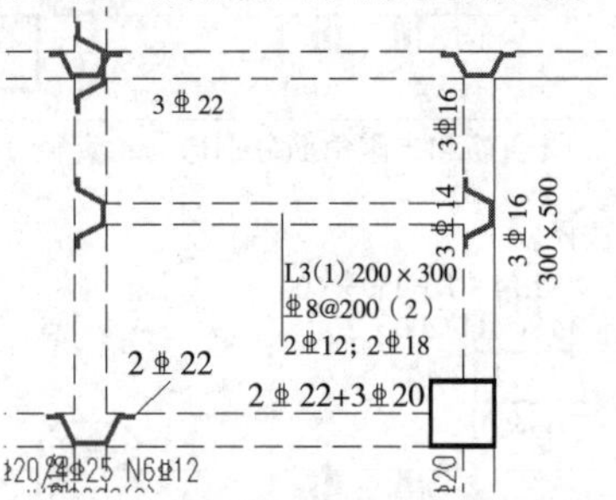
</td><td>不勾选该选项，在集中重处附加筋优先选用加密箍筋，不够再自动布置吊筋，还不够时，提示人工选筋，自己根据交叉梁剪力布置吊筋密箍。
建议：施工质量有保证时，优先选用加密箍。
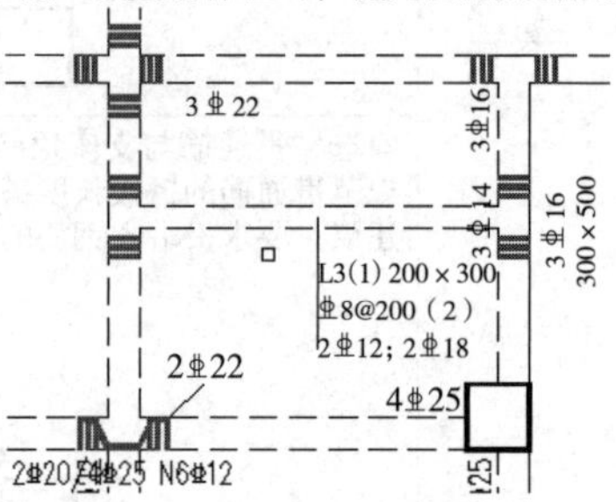
</td></tr>
<tr><td rowspan="2">★主次梁节点处主梁线不断开</td><td colspan="2">该选项用于满足部分地区设计单位的绘图要求，主梁不截断表示主梁是其他梁的支座。对井字梁自动互相截断。
建议：全国大部分地区主次梁节点处主梁线断开。</td></tr>
<tr><td>勾选该选项，模板图主次梁相交位置主梁线不断开，表示搭接关系。
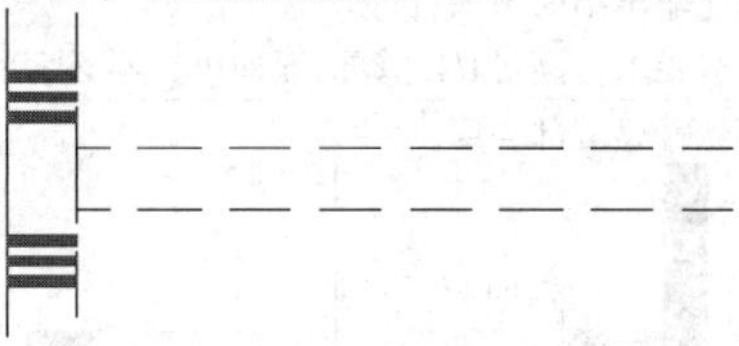</td><td>不勾选该选项，模板图主次梁相交位置主梁线断开。
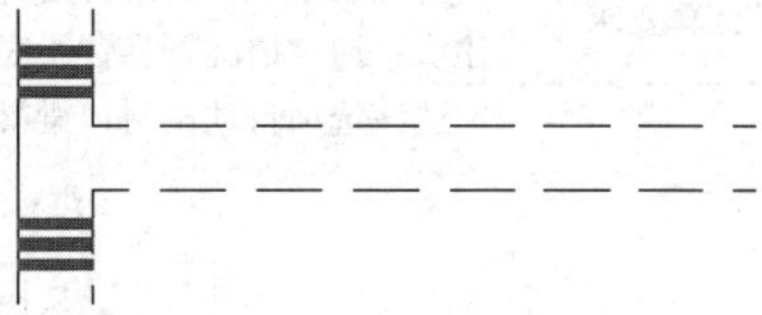</td></tr>
<tr><td>梁中I级钢φ6按φ6.5计算面积</td><td colspan="2">勾选该选项，梁中I级钢直径为6mm的钢筋按6.5mm计算钢筋截面积，生成施工图时计算钢筋面积自动按此设置考虑。
建议：一般不用考虑。</td></tr>
<tr><td>★SATWE梁计算配筋小数位取0位</td><td colspan="2">在SATWE图形显示中小数位取0位时，梁配筋面积大于等于0.1cm²自动进位，如SATWE计算结果是6.1，图形显示是7。如按SATWE计算结果中的配筋面积选钢筋，会出现不满足SATWE图形显示的计算书情况。勾选梁配筋面积按SATWE图形显示取值，则配筋面积自动进位后选择梁钢筋，保证选择的梁钢筋比SATWE图形显示的值大。
建议：采用SATWE打印的计算书时保留位数设置0时要选择，保留位数设置1时可不选择。</td></tr>
</table>

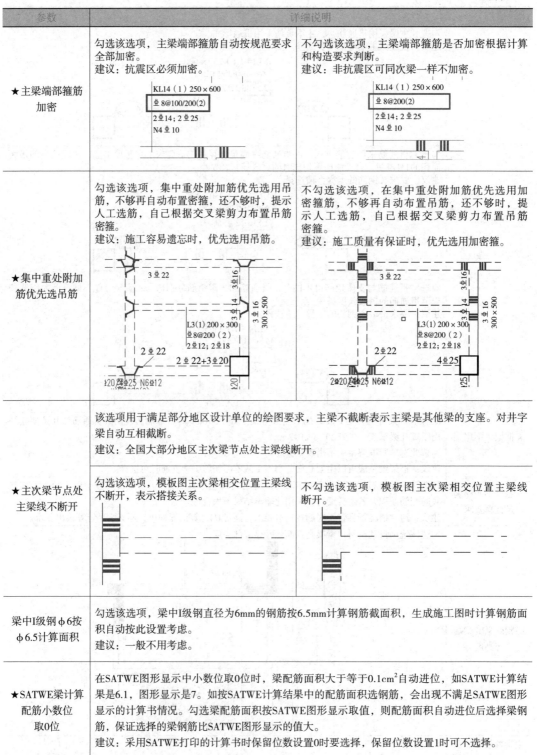

续表

<table>
<tr><th>参数</th><th>详细说明</th></tr>
<tr><td>☆主、次梁本跨面筋底筋各自直径相同</td><td>主梁或次梁本跨面筋和底筋各自选择同一种直径，如面筋都用20mm，底筋都用22mm。
建议：一般不用考虑。
<table><tr><th>不勾选</th><th>勾选</th></tr><tr><td>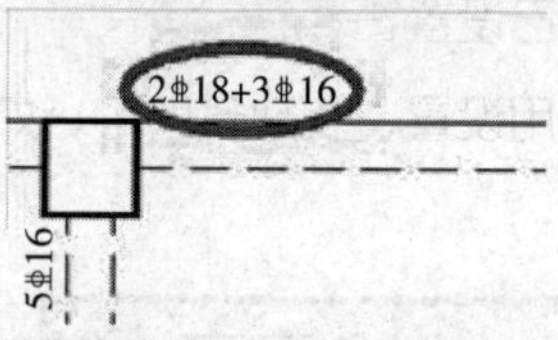
</td><td>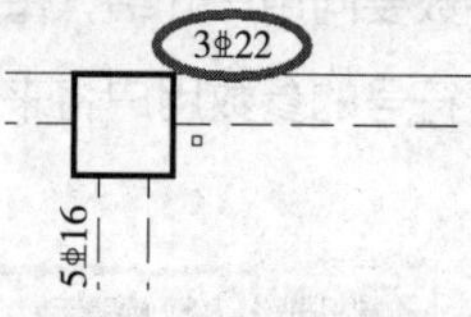
</td></tr></table></td></tr>
<tr><td>主、次梁各跨底筋直径相同</td><td>主梁或次梁各跨底筋选择同一种直径，实现各跨底筋贯通，便于施工。不考虑时各跨各选各的直筋。
建议：一般不用考虑。
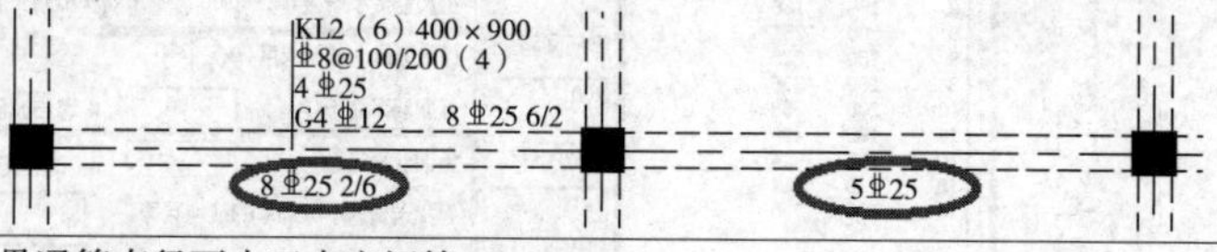
</td></tr>
<tr><td>贯通筋直径可小于支座短筋</td><td>为省钢筋，贯通筋直径可小于支座短筋。
建议：贯通筋直径一般是最大的，不用选择。
<table><tr><th>不勾选</th><th>勾选</th></tr><tr><td>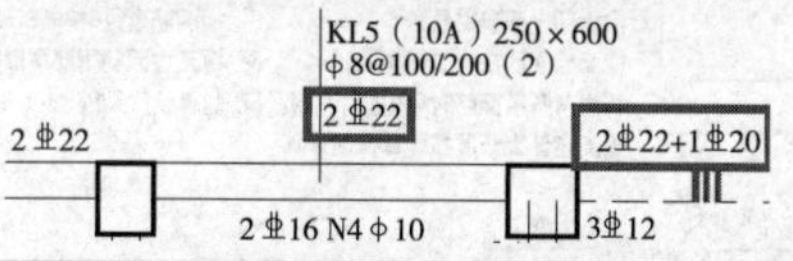
</td><td>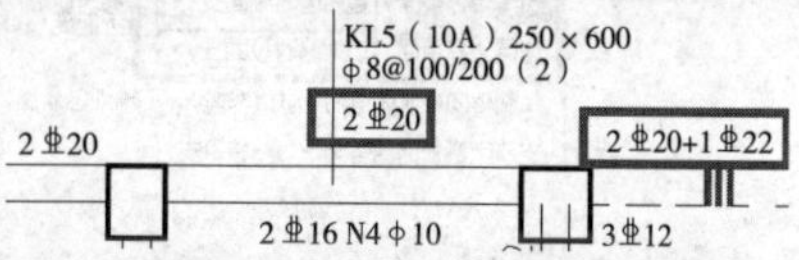
</td></tr></table></td></tr>
<tr><td>★挠度裂缝超限增加钢筋</td><td>勾选该选项，若梁的裂缝超过对话框中的限值或挠度超过规范要求，则程序自动增加该梁的钢筋量（不超过2%），自动影响梁的计算书。增加钢筋后仍不满足限值要求，输出警告提示信息，请在施工图中人工修改并查看程序自动重新计算后的挠度和裂缝。
建议：选择。</td></tr>
<tr><td>加密箍每侧最少和最多个数</td><td>当密箍不够，同时不宜用吊筋时，可输入每侧最少个数3和最多个数5。当密箍每侧常用2个时，输入每侧最少个数2和最多个数3。
建议：输入每侧最少个数3和最多个数3，不够自动加吊筋，再不够自动警告人工选吊筋。</td></tr>
<tr><td>★地下天面最大裂缝</td><td>地下室底板层、建筑天面层的梁最大裂缝宽度限值，当裂缝宽度验算超出该限值时则提示警告，自动增加钢筋时也采用此设置。
建议：设置0.2mm。由于规范的要求裂缝控制限值不太合理，在审图不严格要求裂缝的工程中，裂缝要求可放松10%~20%，如屋面设置0.25，其他设置0.35。</td></tr>
<tr><td>★其他部分最大裂缝</td><td>除地下室底板层、建筑天面层以外的梁的最大裂缝宽度限值，当裂缝宽度验算超出该限值时则提示警告，自动增加钢筋时也采用此设置。
要求裂缝的工程中，裂缝要求可放松10%~20%，如屋面设置0.25，其他设置0.35。</td></tr>
<tr><td>梁跨中裂缝按其他部分最大裂缝控制</td><td>对于屋面梁跨中裂缝发生在底部，裂缝可按其他部分最大裂缝控制，可减少底钢筋，程序缺省将按此设置。</td></tr>
<tr><td>☆设置钢筋标准层</td><td>用于两标准层梁钢筋图合成一个标准层图，缺省值同“细分标准层”功能定出的出图标准层。
同一钢筋层的计算结果取大值，如3和6结构层梁钢筋层相同，则3和6结构层在读取梁配筋和内力时，3层同时读取了6层结果，6层同时读取了3层结果，3和6结构层对应的施工图与以往一样自动生成，只有挠度裂缝超限增加钢筋有可能使两层对应的梁选筋不同。此时设计人员可自己选择采用哪层施工图作为合并后的图纸。
不同层计算结果取大值时采用对应位置差值算法，考虑了上下跨数、跨长和截面不同的复杂情况。
建议：当两标准层只有几根梁不同时采用同一钢筋标准层，这几根梁原位注明层号。</td></tr>
</table>

9.5.3 板选筋控制

下图对话框中框内的参数要向用户确认或介绍。

打★参数要向用户确认，并设置正确，最后存为施工图习惯。

打☆参数要向用户介绍，每个工程用户自己设置。

没有打符号的参数用户将来自学，一般不用设置，按缺省即可，如图 9-31 所示。

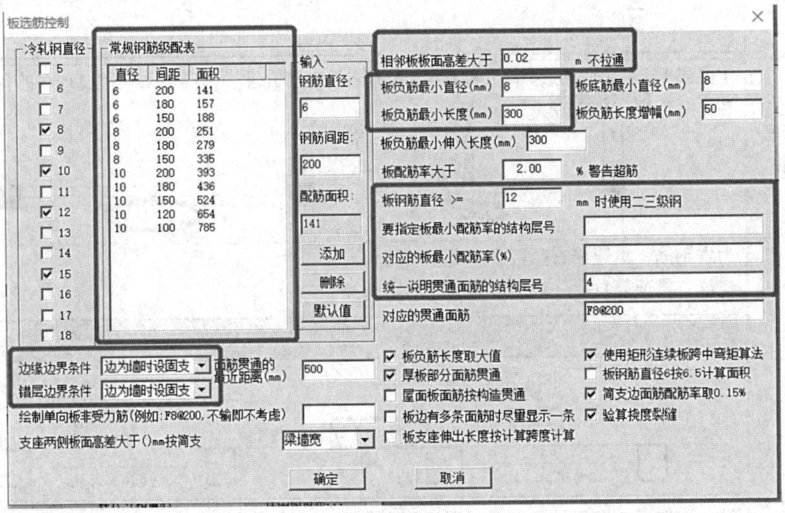

图9-31

参数	详细说明
冷轧钢直径	当录入系统板钢筋强度指定为冷轧钢时，板自动选筋的冷轧钢直径范围。
★常规钢筋级配表	常规使用的板筋直径、间距、计算面积级配表，程序优先根据该表选择板钢筋，可根据工程特点及画图习惯添加、删除常用板钢筋。 建议：常用直径6、8和10，常用间距200、180、150和100，要进一步省钢筋时可增加间距，减少级配表中面积差距。
★边缘边界条件/错层边界条	用于控制楼板计算时板边界条件的自动判定，边缘和错层板边界条件可分别为简支、固支和墙时为固支，墙时为固支的设置中，墙要占1/2以上边界长度时边缘和错层板边界条件为固支，否则为简支。固支的设置中，混凝土结构板所有边界条件为固支，而砖混结构自动按简支设置。 建议：一般选择墙时为固支，有些PKPM用户选择固支。
★面筋贯通的最近距离	当板两对边面筋端部最近距离小于等于设定值时，两面筋贯通，缺省为1000mm； 建议：为好施工设置1000mm，若要省钢筋设置400mm。 设置为1000 | 设置为400 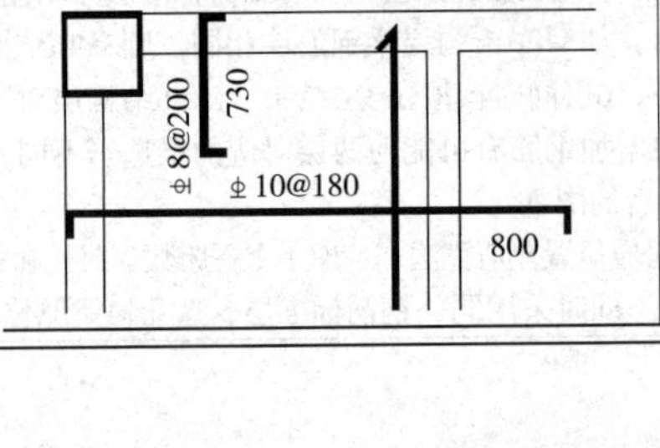 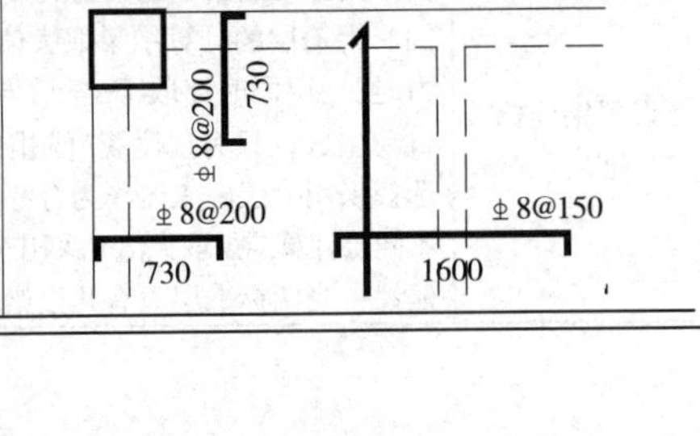

续表

参数	详细说明
★相邻板板面高差大于（ ）m不拉通	控制相邻板的支座钢筋不拉通的最大板面标高差。 建议：设置0.02m。 设置为0.02 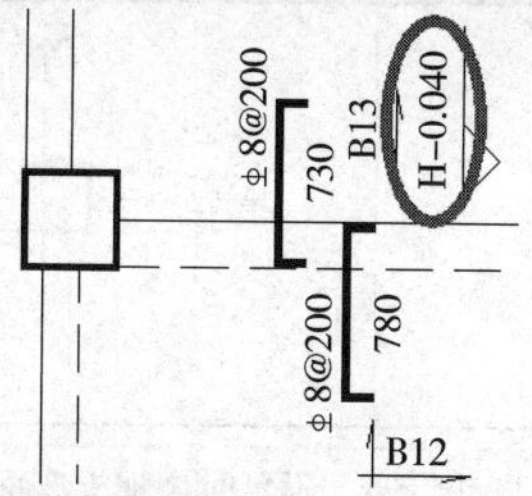 设置为0.04 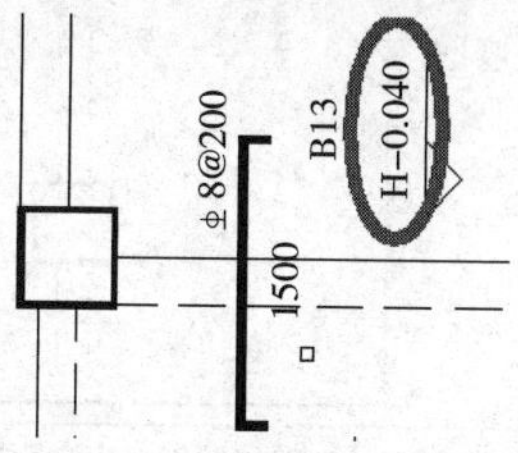
★板负筋最小直径	控制板负筋的最小直径。
★板底筋最小直径	控制板底筋的最小直径。
★板负筋长度增幅（mm）	板负筋长度在满足板短跨1/4长（当活：1.2恒≥3，取1/3）的构造伸出长度要求下，板筋总长度按该模数取整。 建议：设置为10mm相当于取消此处的取整功能，在板施工图习惯中设置取整参数为50mm。此取整与板钢筋长度标注方法有关，例如若用户图纸从墙梁边标注长度，则按标注的长度取整，而不按实际总长度取整。
板配筋率大于（ ）%警告超筋	超过该配筋率的板，程序将在输出的超限超筋警告文件中提示该板超筋。该选项用于查找配筋率较大的板，不代表该板配筋面积一定超过规范配筋限值。
板钢筋直径大于等于（ ）mm时使用二三级钢	若录入系统中指定板钢筋采用一级钢，该参数控制一级钢的最大直径。当所选板筋直径大于该参数时，程序自动将一级钢按强度等代采用二或三级钢，此二或三级钢为梁的纵筋级别。此参数只控制板钢筋，柱选筋中也有类似参数，用于控制柱、墙和梁钢筋。 建议：一般输入10，有些单位直径10mm用III级钢时在此输入8。
☆要指定板最小配筋率的结构层号、对应的板最小配筋率	程序按规范要求max（III级钢0.15或I级钢0.2，45ft/fy）自动控制板配筋率，对板最小配筋率有大于此构造要求的楼层可通过该选项输入相应的结构层号来控制最小配筋率，输入时多个结构层号和配筋率请用空格或逗号分开，最多10个。一个标准层包含多个结构层时，指定其中一个结构层即可。 建议：一般不需输入，地下室顶板请在此输入0.25%，转换层的楼板也可在此加大板最小配筋率。
☆统一说明贯通面筋的结构层号、对应的贯通面筋	输入需要贯通板面筋的结构层号及对应的贯通面筋，平面图上只绘制支座附加短筋以满足计算结果，右下角说明全楼面贯通面筋。输入时多个结构层号和贯通面筋请用空格或逗号分开，最多10个。一个标准层包含多个结构层时，指定其中一个结构层即可。天面层和地下室顶层请在此输入，如2，25和d10@200，d10@150，广厦自动概预算软件会自动按设定的钢筋来计算钢筋用量。 建议：由于板贯通面筋绘制比较繁琐，屋面和厚度大于160mm的厚板楼层，输入构造钢筋全楼面面筋贯通。 未填 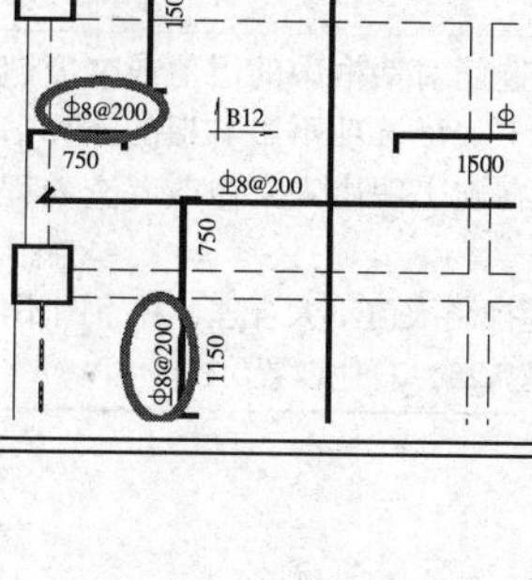 填D8@200 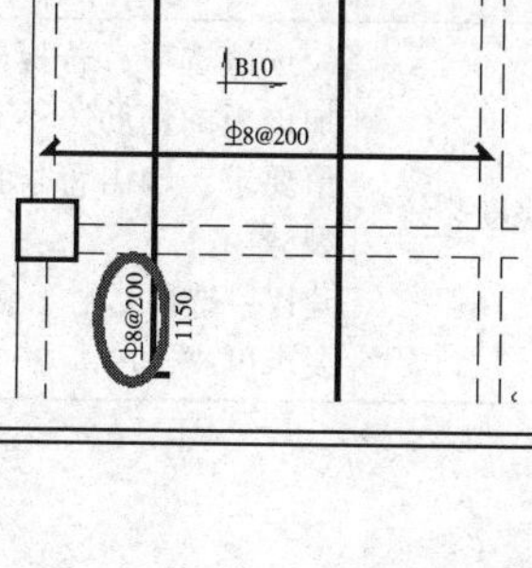

续表

参数	详细说明
★板负筋长度取大值	勾选该选项，板负筋按相邻两块板的负筋长度取大值对称配筋。 建议：方便施工的工程可选择，省钢筋的工程不用选择。 不勾选 / 勾选 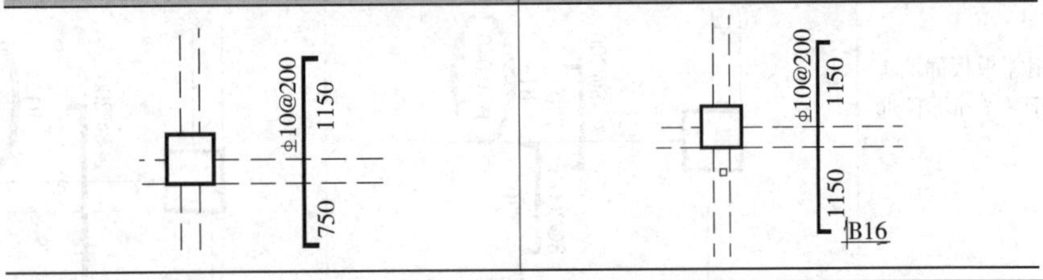
屋面板面筋按构造贯通	勾选该选项，屋面板面筋按构造要求自动贯通，不足时增加支座面筋，此功能目前可用“统一说明贯通面筋的结构层号和对应的贯通面筋”取代。
★板边有多条面筋时尽量显示一条	勾选该选项，对于同一板边有多条面筋且配筋一样时，可只显示一条面筋。 建议：一般不选择，图面要简单化的单位可选择。 不勾选 / 勾选 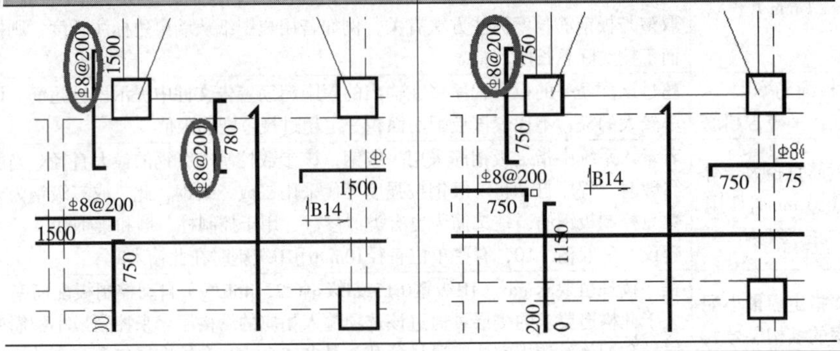
板支座伸出长度按计算跨度计算	勾选该选项板支座伸出长度按梁墙中线到梁墙中线的板计算跨度计算，此方法计算简单，但偏于保守。规范要求按净跨度计算。 建议：一般不勾选，按规范要求净跨度计算。
★使用矩形连续板跨中弯矩算法	使用矩形连续板跨中弯矩算法（即结构静力计算手册活载不利算法），当PKPM缺省采用此设置，有要求的用户请设置此习惯，将影响下一次楼板计算。 建议：板钢筋已非常保守，建议PKPM中不要选择。
板中I级钢6按6.5计算面积	勾选该选项，梁中I级钢直径为6mm的钢筋按6.5mm计算钢筋截面积，生成施工图时计算钢筋面积自动按此设置考虑。 建议：一般不用考虑。
★简支边面筋配筋率取0.15%	勾选该选项，板简支边的面筋按0.15%配筋率计算和选筋。规范只要求F8@200，没有max（III级钢0.15或I级钢0.2，45ft/fy）最小配筋率要求。 建议：选择。
★验算挠度裂缝	勾选该选项，若板的裂缝超过梁选筋对话框中的限值或挠度超过规范要求，则程序自动增加该板的钢筋（不超过F10@100）。该选项不影响板的计算书。增加钢筋后若仍不满足限值要求，输出警告提示信息，请在施工图中人工修改并查看程序自动重新计算后的挠度和裂缝。 建议：选择。由于规范的要求裂缝控制限值不太合理，在审图不严格要求裂缝的工程中，裂缝要求可放松10%~20%，如屋面设置0.25，其他设置0.35。

9.5.4 柱选筋控制

下图对话框中框内的参数要向用户确认或介绍。

打★参数要向用户确认，并设置正确，最后存为施工图习惯。

打☆参数要向用户介绍，每个工程用户自己设置。

没有打符号的参数用户将来自学，一般不用设置，按缺省即可，如图 9-32 所示。

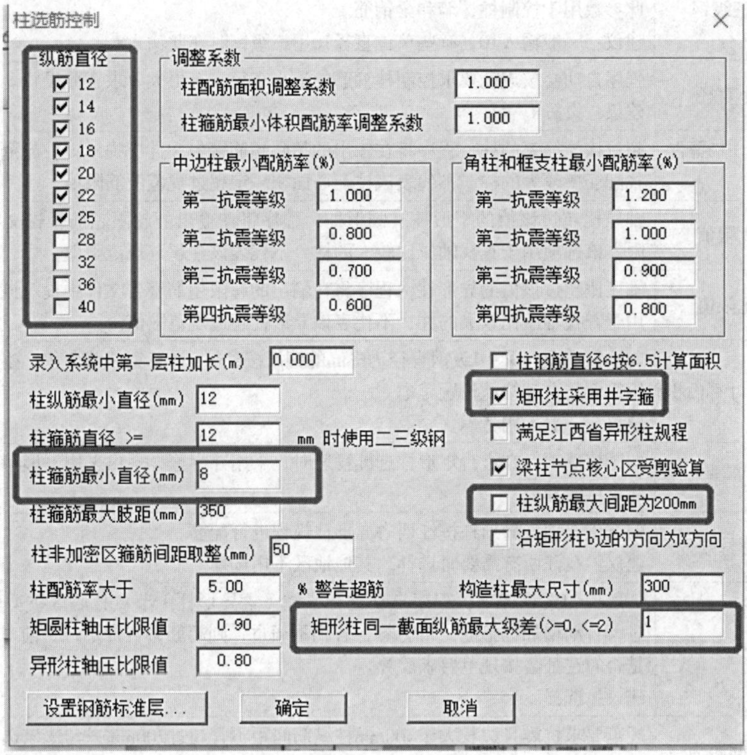

图9-32

参数	详细说明
★纵筋直径	软件自动选筋时，柱纵向受力筋的钢筋直径范围。 建议：全选。
调整系数	无条件对钢筋面积进行调整。在计算结果的基础上，分别对柱的纵筋面积和箍筋最小体积配筋率进行调整，根据调整后的配筋面积选筋，同时影响计算书。 建议：一般不用设置。
中边柱最小配筋率	控制不同抗震等级下中柱、边柱最小构造配筋率。程序已按照规范要求控制最小配筋，该参数用于提高中柱、边柱的配筋率。 建议：一般不用设置。
角柱和框支柱最小配筋率	控制不同抗震等级下角柱和框支柱最小构造配筋率。程序已按照规范要求控制最小配筋，该参数用于提高角柱、框支柱的配筋率。 建议：一般不用设置。

续表

参数	详细说明
录入系统中第一层柱加长了（）m	由于计算需要考虑不利情况，比如基础埋深等，在录入系统增加了首层柱的计算高度，出施工图需要减去这部分高度，该值在此指定。 建议：一般没有加长设置0。
柱纵筋最小直径	控制柱纵筋的最小直径。 建议：一般设置12。
柱箍筋直径大于等于（）mm时使用二三级钢	若录入系统中柱箍筋采用一级钢，该参数控制一级钢的最大直径，当选取的箍筋直径大于等于该参数，则程序自动按强度等代采用二或三级钢，此二或三级为柱的纵筋级别，此参数用于控制柱、墙和梁钢筋。 建议：一般输入10，有些单位直径10用三级钢时在此输入8。
★柱箍筋最小直径	程序自动会按规范要求控制柱箍筋的最小直径，有更大要求在此设置。 建议：设置8。
柱配筋率大于（）%警告超筋	超过该配筋率的柱，程序将在输出的超限超筋警告文件中提示该柱超筋。该选项用于查找配筋率较大的柱，不代表该柱配筋面积一定超过规范配筋限值。
矩圆柱轴压比限值	轴压比超过该值的矩形柱、圆形柱，程序将在输出的超限超筋警告文件中提示该柱超限。该选项用于查找轴压比较大的柱，不代表该柱超过规范限值。
异形柱轴压比限值	轴压比超过该值的异形柱，程序将在输出的超限超筋警告文件中提示该柱超限。该选项用于查找轴压比较大的柱，不代表该异形柱超过规范限值。
柱中I级钢6按6.5计算面积	勾选该选项，梁中I级钢直径为6mm的钢筋按6.5mm计算钢筋截面积，生成施工图时计算钢筋面筋自动按此设置考虑。 建议：一般不用考虑。
★矩形柱采用井字箍	勾选该选项，在进行矩形柱选配箍筋时，采用井字箍，不再采用菱形箍。 建议：选择。
满足江西省异形柱规程	勾选该选项，异形柱按江西省异形柱规程进行配筋。 建议：在江西有需要时选择，其他地区不用选择。
梁柱节点核心区受剪验算	一般应勾选该选项，程序自动进行梁柱（含异形柱）节点核心区抗剪验算，验算不通过，自动增加柱箍筋，再验算，若仍不通过，则超筋警告提示，目前对于GSSAP，不管是否勾选都会按规范要求验算。 建议：选择。
★柱纵筋最大间距为200mm	规范要求抗震且边长大于400mm柱纵筋间距不宜超过200mm，勾选该选项将严格控制，否则三级和四级将按250mm控制，非抗震程序自动按250mm控制，不受此参数控制。 建议：若省钢筋，不要选择。
☆沿矩形柱b边的方向为X方向	施工图采用柱表表示法时，表中有bxh尺寸，勾选该选项，程序自动将表中b边的方向作为局部X方向，否则程序按首层柱短边方向为矩形柱b边的方向。 建议：正交系统勾选，斜交系统不勾选。 
矩形柱同一截面纵筋最大级差	（→=0，<=2），缺省为1，如当角筋为20时，边筋最小18。
设置钢筋标准层	设置钢筋标准层，缺省同标准层。同一钢筋层的计算结果取大值，如3和6结构层柱钢筋层相同，则3和6结构层在读取柱配筋和内力时，3层同时读取了6层结果，6层同时读取了3层结果，3和6结构层对应的施工图与以往一样自动生成。 建议：此功能很少用，缺省柱按每一结构层管理计算结果。

9.5.5　剪力墙选筋控制

下图对话框中框内的参数要向用户确认或介绍。

打★参数要向用户确认，并设置正确，最后存为施工图习惯。

打☆参数要向用户介绍，每个工程用户自己设置。

没有打符号的参数用户将来自学，一般不用设置，按缺省即可，如图 9-33 所示。

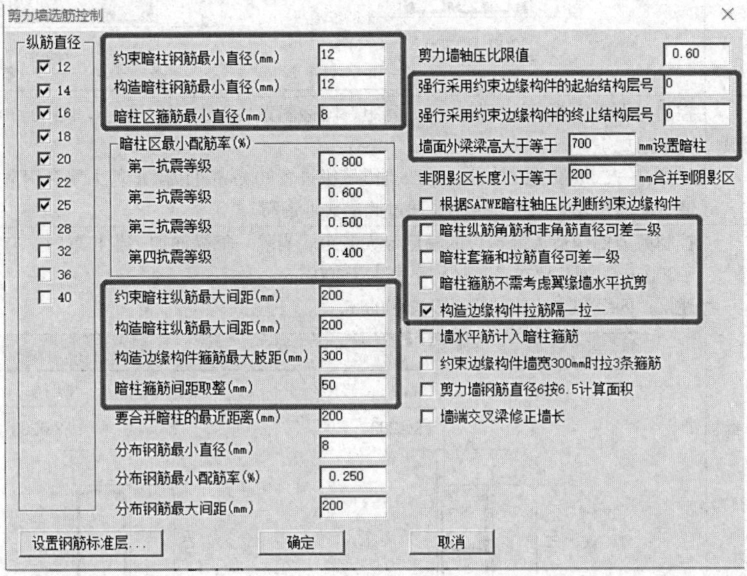

图9-33

参数	详细说明
纵筋直径	选择剪力墙纵向钢筋的钢筋直径。 建议：全部选择
★约束暗柱钢筋最小直径	控制剪力墙约束暗柱纵筋的最小直径。规范二级约束边缘构件最小配筋面积为max（0.010Ac，6F16），并不要求钢筋直径大于等于16，只要求配筋面积不小于6F16，若有单位要控制，在此输入。 建议：输入12。
★构造暗柱钢筋最小直径	控制剪力墙构造暗柱纵筋的最小直径。规范二级构造边缘构件加强区最小配筋面积为max（0.008Ac，6F14），并不要求钢筋直径大于等于14，只要求配筋面积不小于6F14，若有单位要控制，在此输入。 建议：输入12。
★暗柱区箍筋最小直径	程序自动按规范要求控制，有特殊要求在此输入剪力墙暗柱区箍筋的最小直径。 建议：一二级输入8，三四级和非抗震输入6。
暗柱区最小配筋率	控制不同抗震等级下暗柱区最小构造配筋率。程序已按照规范要求控制最小配筋，该参数一般用于提高暗柱区的配筋率。 建议：一般不用设置。
★约束暗柱纵筋最大间距	控制剪力墙约束暗柱纵筋的最大间距。国标图集12G101-4中规定宜取100~200mm，规范中没有专门规定。 建议：一二级设置200mm，三四抗震等级设置300mm可以降低剪力墙含钢量。

续表

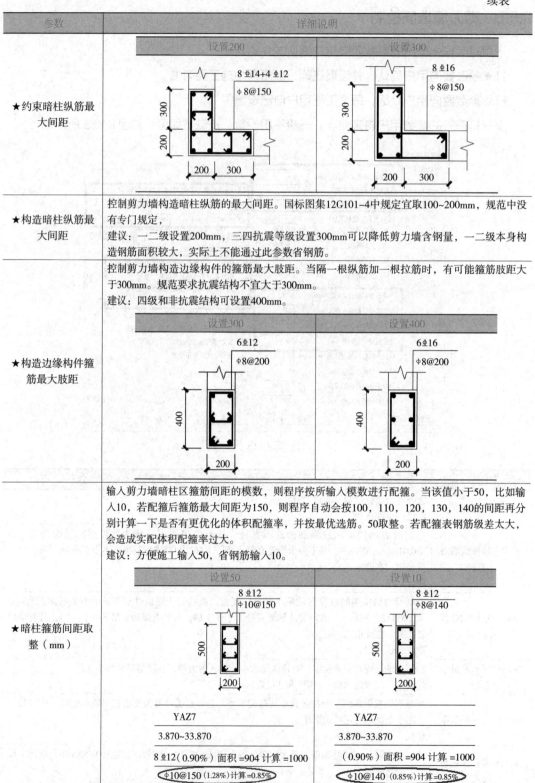

<table>
<tr><th>参数</th><th colspan="2">详细说明</th></tr>
<tr><td>★约束暗柱纵筋最大间距</td><td colspan="2">
<table>
<tr><th>设置200</th><th>设置300</th></tr>
<tr><td>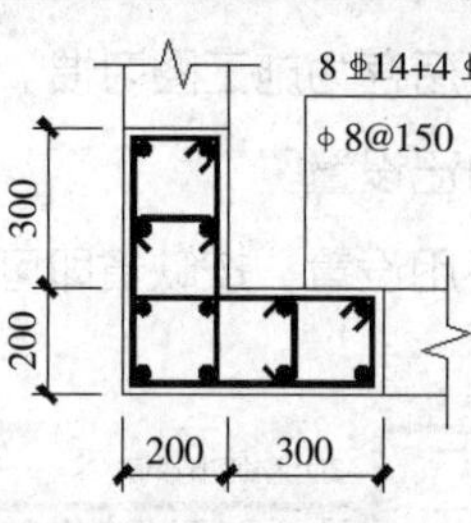
</td><td>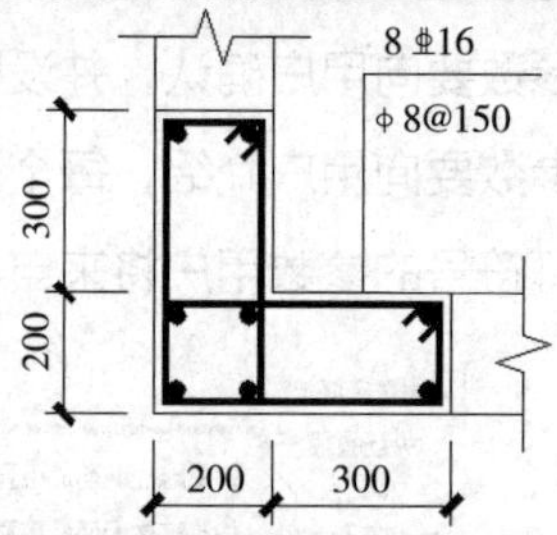
</td></tr>
</table>
</td></tr>
<tr><td>★构造暗柱纵筋最大间距</td><td colspan="2">控制剪力墙构造暗柱纵筋的最大间距。国标图集12G101-4中规定宜取100~200mm，规范中没有专门规定，
建议：一二级设置200mm，三四抗震等级设置300mm可以降低剪力墙含钢量，一二级本身构造钢筋面积较大，实际上不能通过此参数省钢筋。</td></tr>
<tr><td>★构造边缘构件箍筋最大肢距</td><td colspan="2">控制剪力墙构造边缘构件的箍筋最大肢距。当隔一根纵筋加一根拉筋时，有可能箍筋肢距大于300mm。规范要求抗震结构不宜大于300mm。
建议：四级和非抗震结构可设置400mm。
<table>
<tr><th>设置300</th><th>设置400</th></tr>
<tr><td>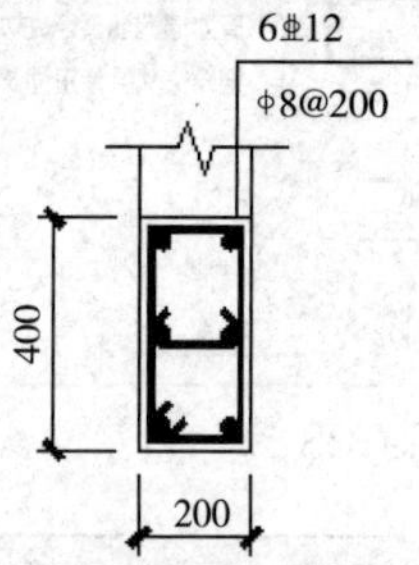
</td><td>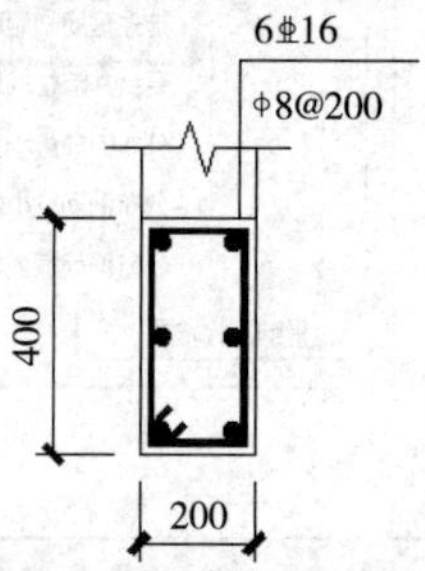
</td></tr>
</table>
</td></tr>
<tr><td>★暗柱箍筋间距取整（mm）</td><td colspan="2">输入剪力墙暗柱区箍筋间距的模数，则程序按所输入模数进行配箍。当该值小于50，比如输入10，若配箍后箍筋最大间距为150，则程序自动会按100，110，120，130，140的间距再分别计算一下是否有更优化的体积配箍率，并按最优选筋。50取整。若配箍表钢筋级差太大，会造成实配体积配箍率过大。
建议：方便施工输入50，省钢筋输入10。
<table>
<tr><th>设置50</th><th>设置10</th></tr>
<tr><td>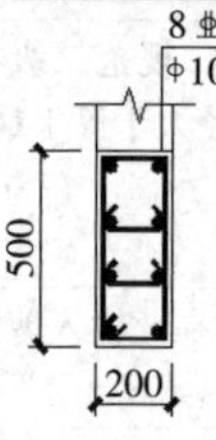

YAZ7
3.870~33.870
8 Φ12（0.90%）面积 =904 计算 =1000
φ10@150（1.28%）计算=0.85%</td><td>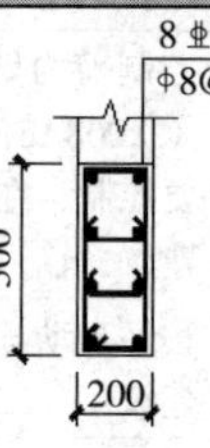

YAZ7
3.870~33.870
（0.90%）面积 =904 计算 =1000
φ10@140（0.85%）计算=0.85%</td></tr>
</table>
</td></tr>
</table>

续表

参数	详细说明
★要合并暗柱的最近距离	当相邻两个暗柱区的距离小于所输入的限值时，程序将合并两个暗柱区为一个。用于形成一内点暗柱时此暗柱覆盖相邻内点，初始形成的暗柱是比较简单的暗柱类型：矩形、L形、T形、十形和端柱暗柱。 GSRevit生成施工图时中还有一个参数“要合并暗柱的最大距离”，用于控制已形成的暗柱是否还要合并，形成任意形的复杂暗柱，一般与这里设置相同的数值。 建议：输入200mm。
★分布钢筋最小直径	控制剪力墙分布钢筋的最小直径。程序已按照规范要求控制剪力墙分布钢筋的最小直径，该参数一般用于提高剪力墙分布钢筋的最小直径。 建议：输入8。
分布钢筋最小配筋率	控制剪力墙分布钢筋的最小构造配筋率。程序已按照规范要求一二三级0.25和四级0.2控制最小配筋，该参数一般用于提高墙身分布筋的配筋率。 建议：输入0.2。
★分布钢筋最大间距	控制剪力墙水平分布钢筋的最大间距。 建议：输入300。
剪力墙轴压比限值	轴压比超过该值的墙肢，程序将在输出的超限超筋警告文件中提示该墙超限。该选项用于查找轴压比较大的墙，不代表该墙肢超过规范限值。
☆强行采用约束边缘构件的起始结构层号、强行采用约束边缘构件的终止结构层号	输入强行采用约束边缘构件的起始结构层号和终止结构层号（录入系统定义的层号），则无论程序判断这些层的剪力墙暗柱区是否为约束边缘构件，都强行指定这些结构层按照约束边缘构件配筋。若同一标准层有强行采用约束边缘构件，也有采用构造边缘构件，程序会自动细分成两标准层。 建议：一般按计算判定不需设置，要强行取消轴压比对约束边缘构件判定影响和SATWE软件判断约束边缘构件不对时，可在这强行设置。
★墙面外梁梁高大于等于（）mm设置暗柱	对于截面高度较大的非铰接墙面外梁布置暗柱，若旁边有其他暗柱，自动合并。 建议：设置700mm。 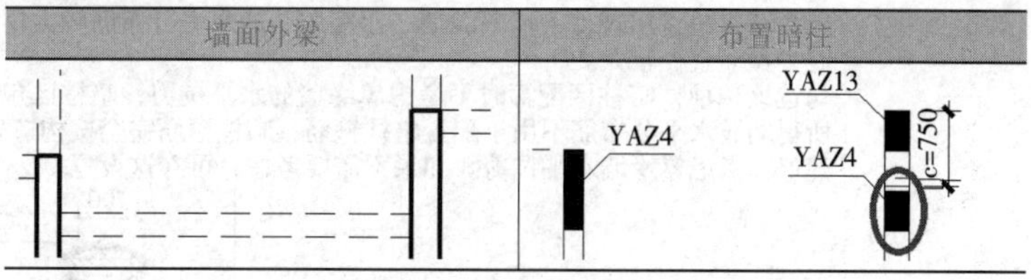
☆根据SATWE暗柱轴压比判断约束边缘构件	勾选该选项，根据SATWE暗柱轴压比重新判断约束或构造边缘构件。 建议：SATWE软件判断约束边缘构件不对时，请选择。
★暗柱纵筋角筋和非角筋直径可差一级	勾选该选项，选筋时剪力墙暗柱区纵向钢筋的角筋和非角筋的直径可相差一级，从而可降低剪力墙含钢量。 建议：施工容易时不选，省钢筋选。

续表

<table>
<tr><th>参数</th><th>详细说明</th></tr>
<tr><td>★暗柱纵筋角筋和非角筋直径可差一级</td><td>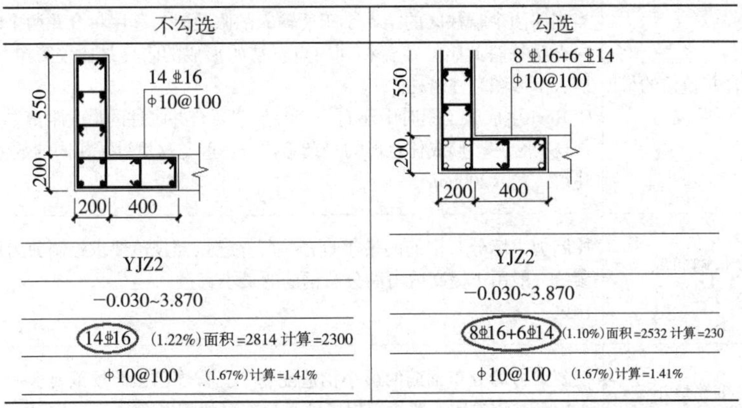
</td></tr>
<tr><td>★暗柱套箍和拉筋直径可差一级</td><td>勾选该选项，选筋时剪力墙暗柱区的套箍与拉筋的直径可相差一级，从而可降低剪力墙含钢量。
建议：施工容易时不选，省钢筋且暗柱箍筋间距取整大于等于50mm时选择，暗柱箍筋间距取整小于50mm时，实配和计算要求很接近，不需箍筋直径不同。
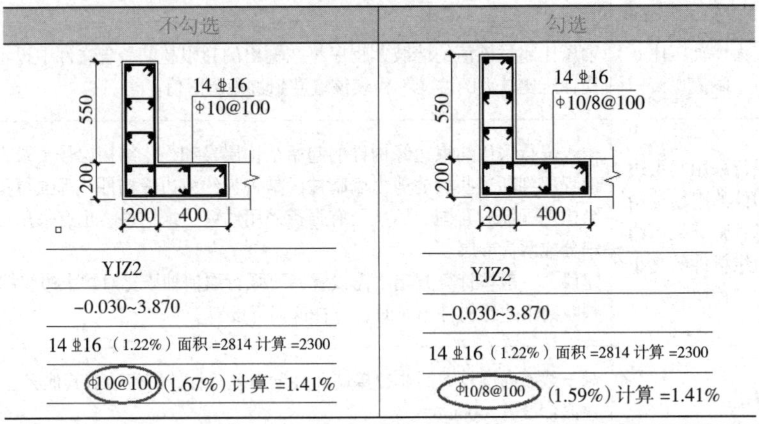
</td></tr>
<tr><td>★暗柱箍筋不需考虑翼缘墙水平抗剪</td><td>计算结果中常出现剪力墙翼缘墙（小墙肢）的水平分布筋较大情况，当作为暗柱区箍筋配置时，箍筋直径较大。
勾选该选项，暗柱区配箍时不考虑翼缘墙的水平抗剪，暗柱区包含整个翼缘墙肢，结构计算所得墙肢水平分布筋不用于配置暗柱箍筋，暗柱箍筋完全按构造处理。
建议：考虑翼缘墙水平抗剪。如果不需要考虑，可在这设置。
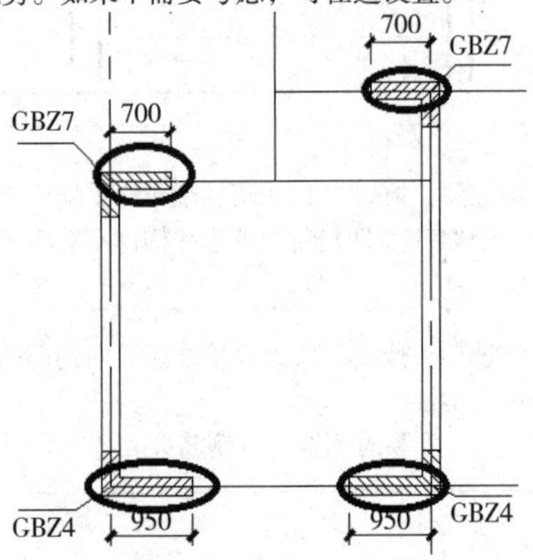
</td></tr>
</table>

续表

<table>
<tr><th>参数</th><th>详细说明</th></tr>
<tr><td>★构造边缘构件拉筋隔一拉一</td><td>勾选该选项，构造边缘构件的拉筋隔一拉一，程序会自动满足对话框中最大肢距的要求，不勾选则所有纵向钢筋均布置拉筋。
建议：施工容易时不选，省钢筋选。
<table>
<tr><th>不勾选</th><th>勾选</th></tr>
<tr><td>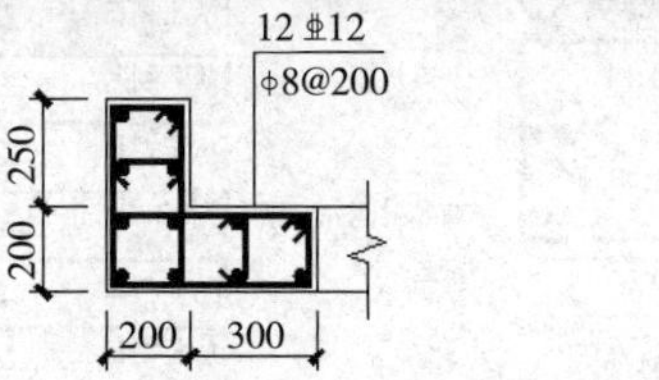

GJZ6
87.870~90.870
12 ⌀12（0.90%）面积 =1357 计算 1267
⌀8@200　（0.61%）</td><td>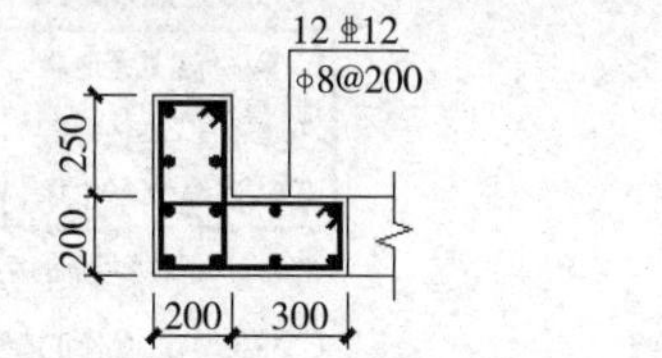

GJZ6
87.870~90.870
12 ⌀12　(0.90%) 面积 =1357 计算 1267
⌀8@200　（0.54%）</td></tr>
</table></td></tr>
<tr><td>墙水平筋计入暗柱箍筋</td><td>勾选该选项，在GSRevit中墙钢筋图各种暗柱求体积配箍率时自动考虑墙水平筋计入暗柱箍筋的情况，水平筋占箍筋按最高30%计算。</td></tr>
<tr><td>约束边缘构件墙宽300mm时拉3条箍筋</td><td>缺省拉2条，勾选该选项时，一、二级抗震约束边缘构件体积配箍率较大，多拉箍筋以利于降低箍筋直径。</td></tr>
<tr><td>墙端交叉梁修正墙长</td><td>交叉梁部分在墙上另一部分在墙外，缺省修正，当计算模型墙长准确时，可取消选择。</td></tr>
<tr><td>剪力墙中I级钢6按6.5计算面积</td><td>勾选该选项，梁中I级钢直径为6mm的钢筋按6.5mm计算钢筋截面积，生成施工图时计算钢筋面积自动按此设置考虑。
建议：一般不用考虑。</td></tr>
<tr><td>设置钢筋标准层</td><td>设置钢筋标准层，缺省同标准层。同一钢筋层的计算结果取大值，如3和6结构层剪力墙钢筋层相同，则3和6结构层在读取剪力墙配筋和内力时，3层同时读取了6层结果，6层同时读取了3层结果，3和6结构层对应的施工图与以往一样自动生成，设计人员自己选择采用哪层施工图。
建议：一般不用考虑，多个标准层暗柱和墙身施工图合到一个标准层时可设置为同一钢筋层。</td></tr>
</table>

9.5.6　施工图控制

下图对话框中框内的参数要向用户确认或介绍。

打★参数须向用户确认，并设置正确，最后存为施工图习惯。

打☆参数须向用户介绍，每个工程用户自己设置。

没有打符号的参数用户将来自学，一般不用设置，按缺省即可，如图 9-34 所示。

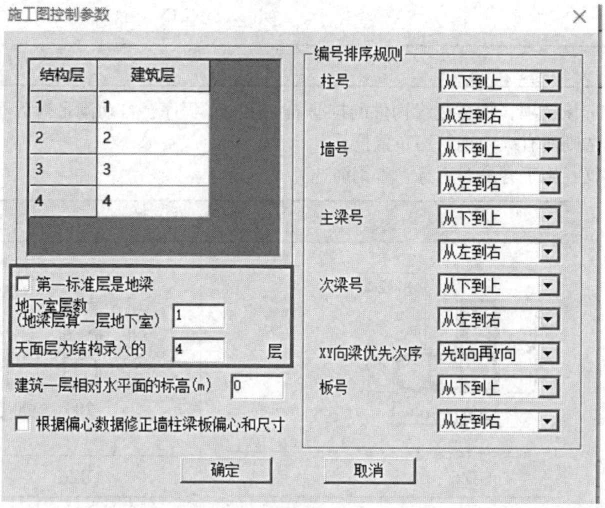

图9-34

参数	详细说明
☆第一标准层是地梁层	当结构模型中第1结构层梁是承台间拉接的地梁层时，勾选该选项，梁编号前加J符号，此层柱将不出钢筋图，按上一层柱钢筋图施工。
☆地下室层数	施工图的层号为建筑层号，计算的层号为广厦结构录入系统划分的结构层号（永远从1开始），通过输入地下室层数来确定它们之间的关系。如下图，地下室层数为4。地梁层算一层地下室。初始值为录入的地下室层数，建议一般不用设置。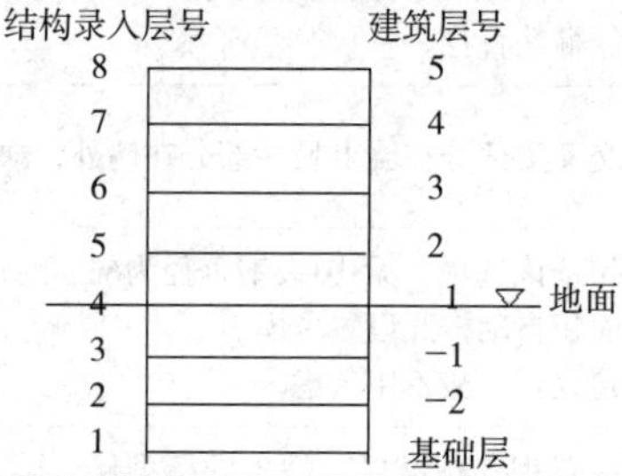
☆天面层为结构录入的（ ）层	输入天面层的结构层号，程序默认为结构最高层号。天面层梁、板的构造要求及裂缝验算与其他层不同，框架梁编号前加W字符。当录入结构模型中包含屋顶小塔楼时，该值应修改为结构最高层号减去小塔楼层数。
☆建筑一层相对水平面标高	建筑一层相对±0.000的标高，应根据建筑标高填写，程序默认标高为0。
编号排序规则	可以选择墙、柱、主梁、次梁和板施工图编号按从下到上、从上到下、从左到右或从右到左排号，XY向梁优先次序可选择先X向或先Y向。 当主梁次梁选择从左到右和XY向梁先Y向优先次序，而板选择从右到左时，可达到左右对称结构施工图中左边显示梁钢筋右边显示板钢筋的目的。

9.6 Revit 自动成图系统

9.6.1 自动生成施工图

下图对话框中框内的参数要向用户确认或介绍。

打★参数要向用户确认，并设置正确，最后存为施工图习惯。

打☆参数要向用户介绍，每个工程用户自己设置。

没有打符号的参数用户将来自学，一般不用设置，按缺省即可，如图 9-35 所示。

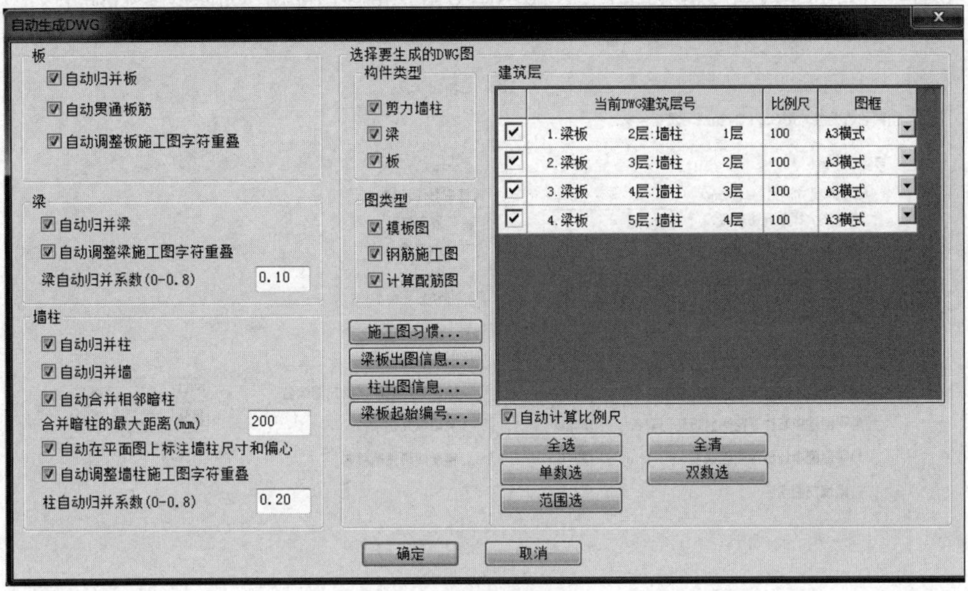

图9-35

参数	详细说明
构件类型	选择要生成施工图的构件类型，包括剪力墙柱、梁、板。大型设计单位不同设计人员负责不同构件的绘图，可在这选择需要的构件生成相应的施工图。 建议：全选。
图类型	选择要生成施工图的图类型，包括模板图、钢筋施工图、计算配筋图。初步设计时可只选模板图，可达到快速生成模板图的目的。 建议：全选。
☆选择输出施工图层号及比例尺	选择要生成施工图的建筑层号，以及相应楼层施工图的出图比例。缺省值按照“平法配筋系统”中的标准层划分施工图，若要进一步对建筑层细分，要进入“平法配筋—细分标准层—施工图标准层”控制中修改。 建议：一般按程序判断的，大型地下室平面程序通常判定为1∶200，需在这设置1∶150。
图框	设置本层施工图图框的大小。
合并暗柱的最大距离	用于控制已形成的暗柱是否还要合并，形成任意形的复杂暗柱，一般与“平法配筋—剪力墙选筋控制”中设置相同的数值。 建议：输入200mm。

9.6.2 设置出图习惯

GSRevit 同 AutoCAD 自动成图 GSPlot 公用一套施工图习惯，GSRevit 和 GSPlot 的设置互通。本电脑在 GSPlot 中已设置过施工图习惯，当打开 GSRevit 时 GSRevit 习惯同 GSPLOT。

如下对话框中框内的参数要向用户确认或介绍。

打★参数须向用户确认，并设置正确，最后存为施工图习惯。

打☆参数须向用户介绍，每个工程用户自己设置。

没有打符号的参数用户将来自学，一般不用设置，按缺省即可，如图 9-36 所示。

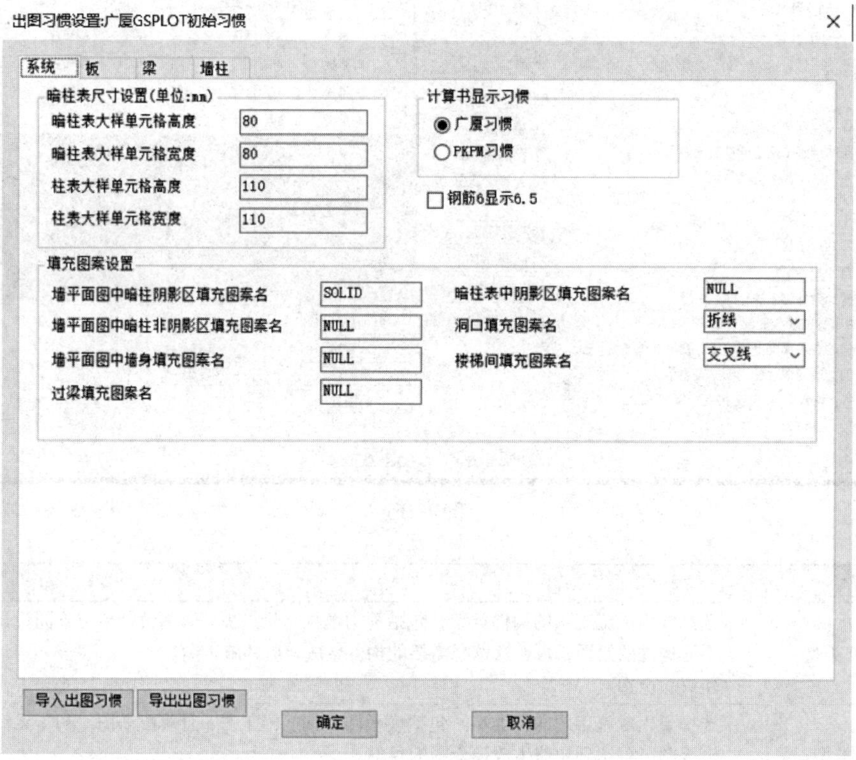

图9-36

<table>
<tr><th>参数</th><th>详细说明</th></tr>
<tr><td>填充图案设置</td><td>设置各类构件的填充图案名，“NULL”为不填充。
建议：按本单位的绘图规范设定。</td></tr>
<tr><td>★计算书显示习惯</td><td>计算书显示习惯分两种：广厦习惯和PKPM习惯。
建议：以前用PKPM的设置PKPM习惯，用广厦的选择广厦习惯。
<table>
<tr><th>PKPM习惯</th><th>广厦习惯</th></tr>
<tr><td>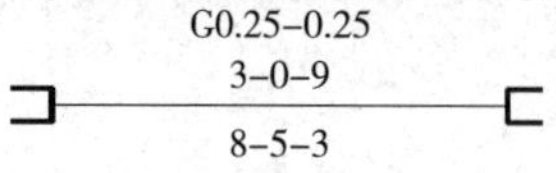
</td><td>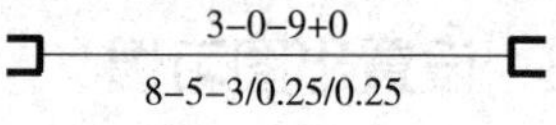
</td></tr>
<tr><td>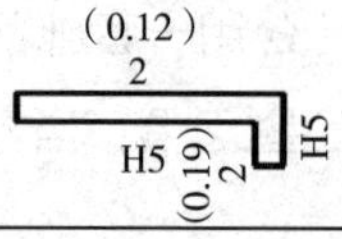
</td><td>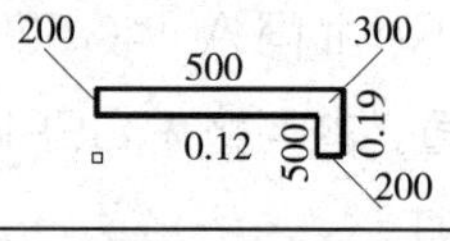
</td></tr>
</table></td></tr>
</table>

9.6.3　楼板施工图习惯

下图对话框中框内的参数要向用户确认或介绍。

打★参数须向用户确认，并设置正确，最后存为施工图习惯。

打☆参数须向用户介绍，每个工程用户自己设置。

没有打符号的参数用户将来自学，一般不用设置，按缺省即可，如图 9-37 所示。

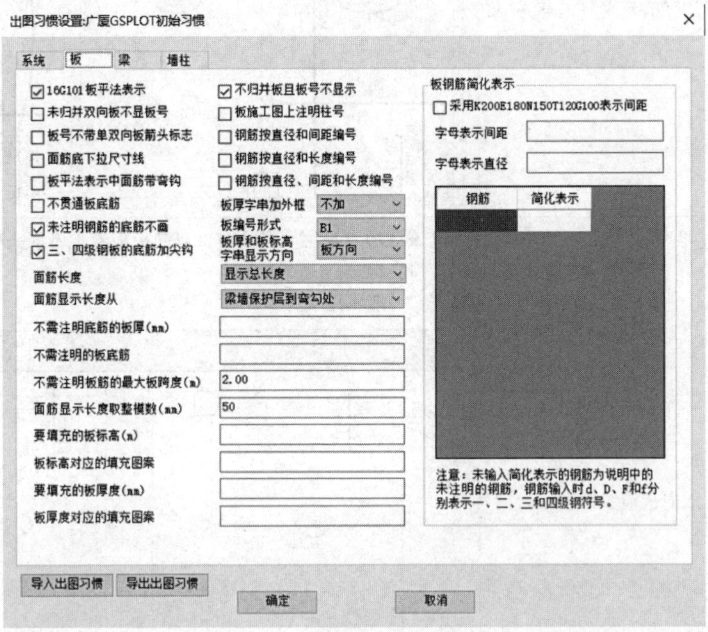

图9-37

参数	详细说明
★11G101板平法表示	勾选该选项，板配筋按11G101板平法表示，否则采用大样法。 建议：当板底筋按字串标注时，选择11G101板平法表示，当板底筋画PLine线时，采用大样法。 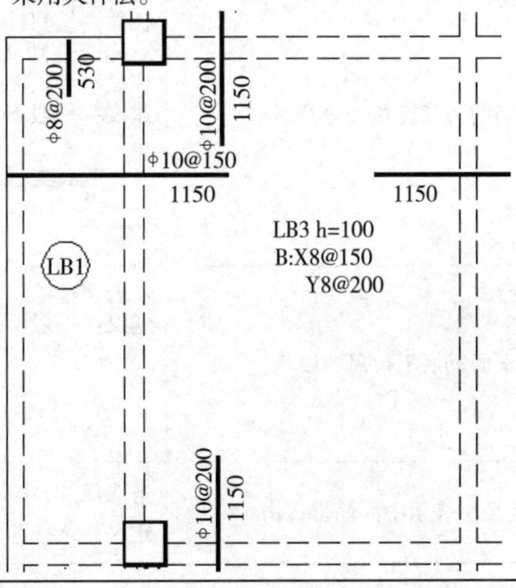

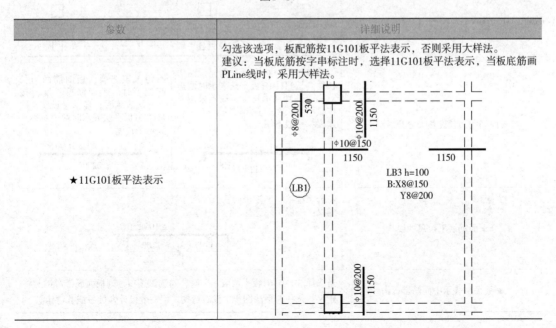

续表

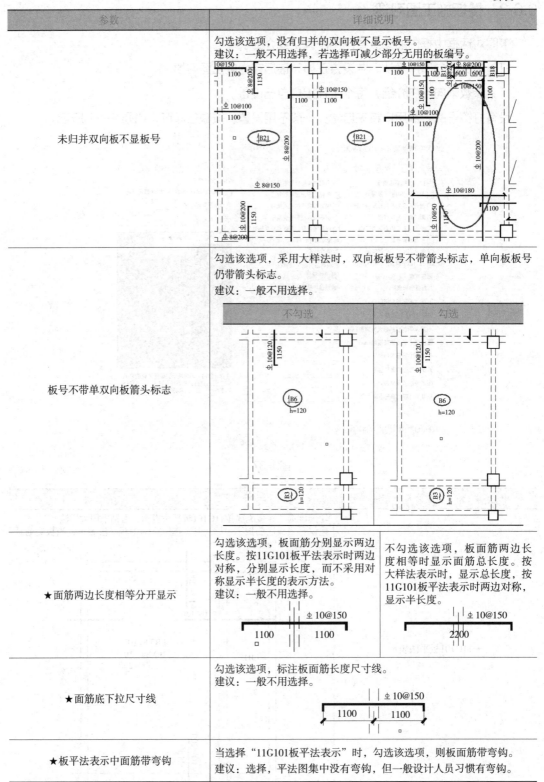

<table>
<tr><th>参数</th><th colspan="2">详细说明</th></tr>
<tr><td>未归并双向板不显板号</td><td colspan="2">勾选该选项，没有归并的双向板不显示板号。
建议：一般不用选择，若选择可减少部分无用的板编号。
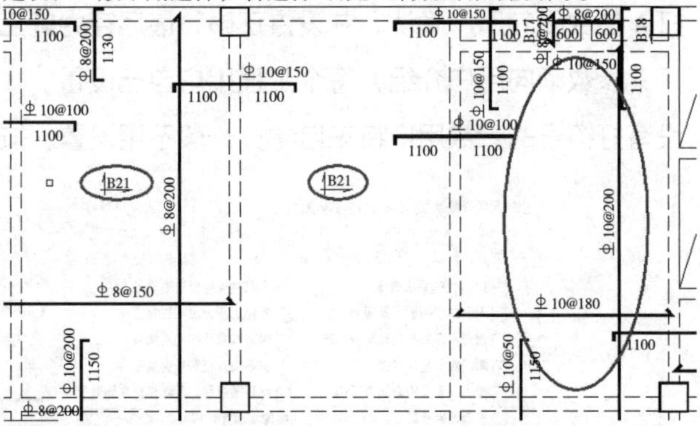
</td></tr>
<tr><td>板号不带单双向板箭头标志</td><td colspan="2">勾选该选项，采用大样法时，双向板板号不带箭头标志，单向板板号仍带箭头标志。
建议：一般不用选择。
不勾选：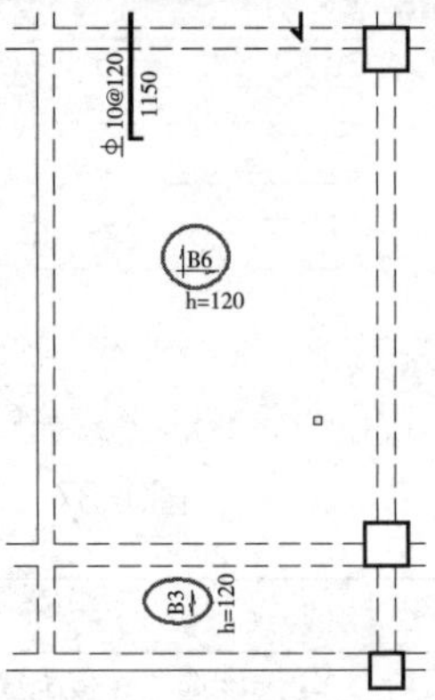

勾选：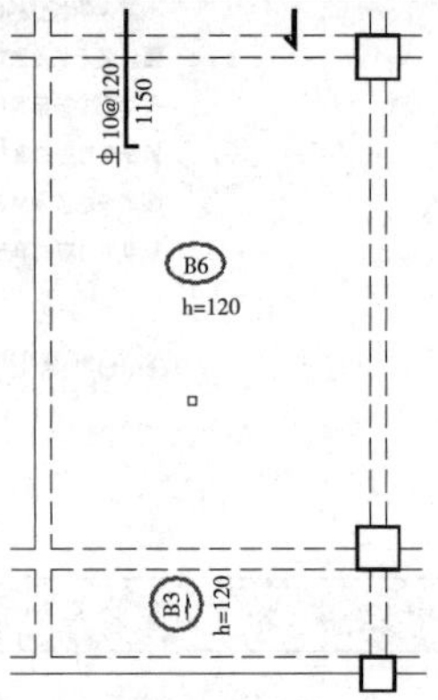
</td></tr>
<tr><td>★面筋两边长度相等分开显示</td><td>勾选该选项，板面筋分别显示两边长度。按11G101板平法表示时两边对称，分别显示长度，而不采用对称显示半长度的表示方法。
建议：一般不用选择。
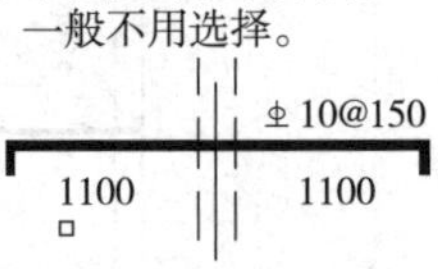
</td><td>不勾选该选项，板面筋两边长度相等时显示面筋总长度。按大样法表示时，显示总长度，按11G101板平法表示时两边对称，显示半长度。
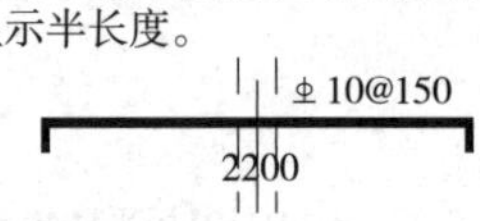
</td></tr>
<tr><td>★面筋底下拉尺寸线</td><td colspan="2">勾选该选项，标注板面筋长度尺寸线。
建议：一般不用选择。
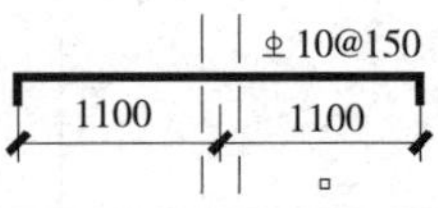
</td></tr>
<tr><td>★板平法表示中面筋带弯钩</td><td colspan="2">当选择“11G101板平法表示”时，勾选该选项，则板面筋带弯钩。
建议：选择，平法图集中没有弯钩，但一般设计人员习惯有弯钩。</td></tr>
</table>

续表

<table>
<tr><th>参数</th><th colspan="2">详细说明</th></tr>
<tr><td rowspan="2">★板平法表示中面筋带弯钩</td><td>不勾选</td><td>勾选</td></tr>
<tr><td>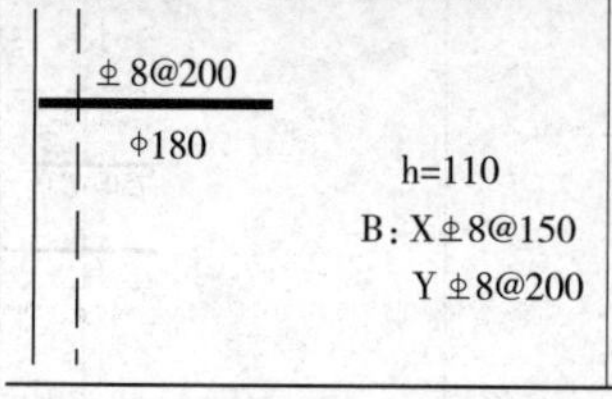
</td><td>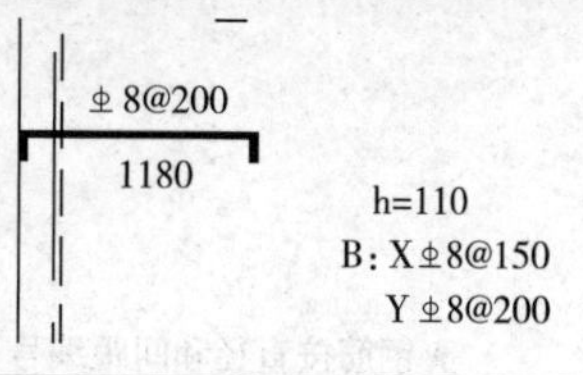
</td></tr>
<tr><td>未注明钢筋的底筋不画</td><td colspan="2">勾选该选项，程序自动统计较多的底筋，在说明中统一说明的板底筋，不在原位画钢筋线。
建议：一般不用选择。</td></tr>
<tr><td>★三级和四级钢板的底筋加尖钩</td><td colspan="2">勾选该选项，采用三级钢或四级钢的板底筋加尖钩表示。
建议：严格来讲三级钢或四级钢的板底筋不需要加尖钩，但很多设计人员习惯加尖钩，请选择。
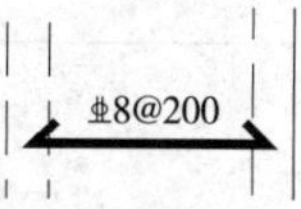
</td></tr>
<tr><td>不归并板且板号不显示</td><td colspan="2">勾选该选项，所有板都不进行归并操作，每一块板的钢筋都显示，且板钢筋平面图不显示板号。
建议：当采用大样法相同板较少时，不归并板且板号不显示图面整洁，11G101板平法表示时不同跨度板可归并，不应选择此参数。
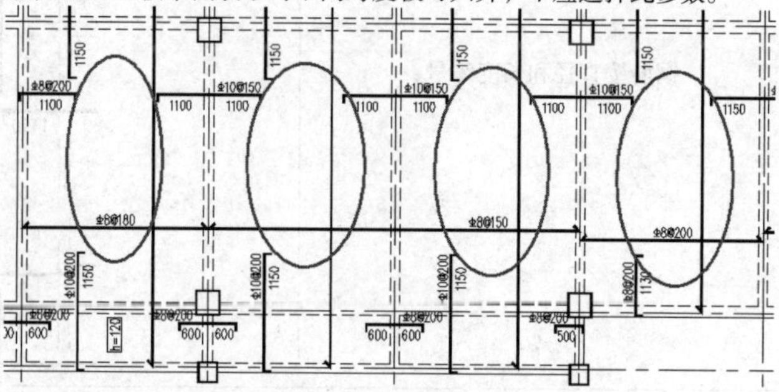</td></tr>
<tr><td>板施工图上注明柱号</td><td colspan="2">勾选该选项，在板施工图上同时显示柱号。
建议：一般不要选择。
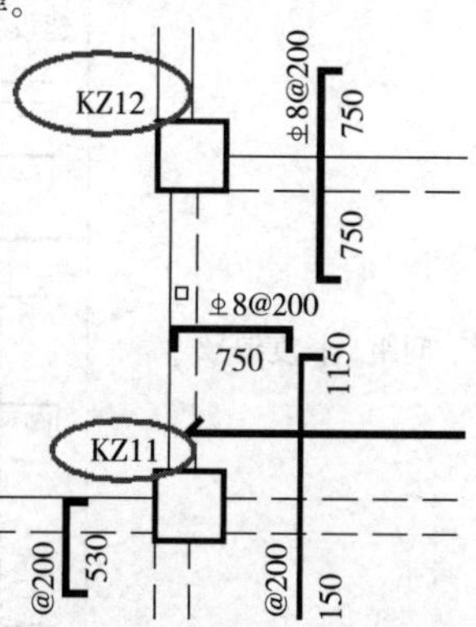
</td></tr>
<tr><td>★钢筋按直径和间距编号</td><td colspan="2">勾选该选项，板钢筋按不同直径和间距进行顺序编号，原位只标注编号，编号对应钢筋显示在图面右侧。</td></tr>
</table>

续表

参数	详细说明
★钢筋按直径和间距编号	建议：11G101板平法表示时要选择，在PLine线上显示钢筋F8@200，不好找，统一显示右边好找，大样表示法时一般不选择。 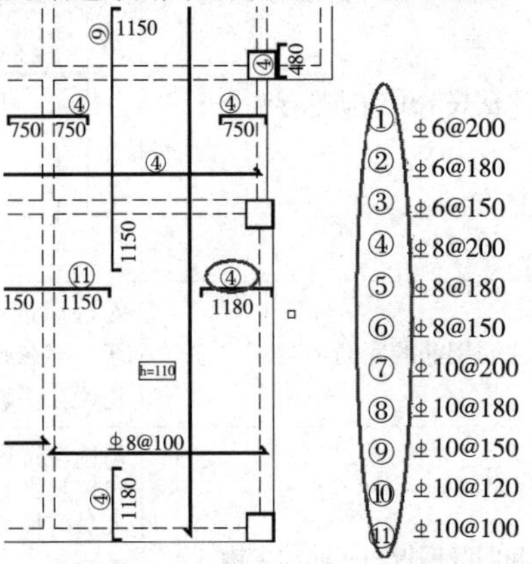
钢筋按直径和长度编号	勾选该选项，板钢筋按不同直径和长度进行顺序编号，原位只标注编号，编号对应的钢筋显示在图面右侧。 建议：一般不选择。 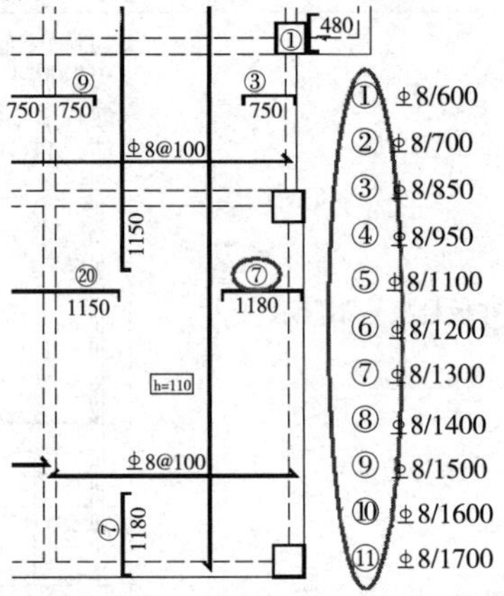
钢筋按直径、间距、长度编号	勾选该选项，板钢筋按不同直径、间距和长度进行顺序编号，原位只标注编号，编号对应的钢筋显示在图面右侧。 建议：一般不选择。 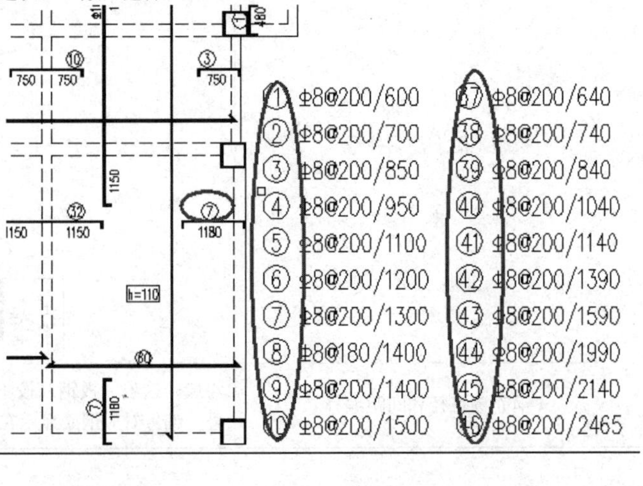

续表

<table>
<tr><th>参数</th><th>详细说明</th></tr>
<tr><td>★板厚字串加外框</td><td>所标注的板厚字串可加外框，有4种形式可选：不加、矩形、椭圆和下划线。
建议：一般不加。
<table>
<tr><th>不加</th><th>矩形</th><th>椭圆</th><th>下划线</th></tr>
<tr><td>h=110</td><td>h=110</td><td>h=110</td><td>h=110</td></tr>
</table></td></tr>
<tr><td>★板编号形式</td><td>板编号有3种形式可选，大样法时此参数起控制作用。11G101板平法表示时不起作用。
建议：大样法时选择B1。
<table>
<tr><th>B1形</th><th>LB1形</th><th>①形</th></tr>
<tr><td>B6</td><td>LB6</td><td>6</td></tr>
</table></td></tr>
<tr><td>★面筋显示长度从：</td><td>标注面筋向板内伸出长度时，选择从梁墙边到弯勾处，面筋长度标注值为梁或墙边到弯勾处距离。
标注面筋总长度时，选择从梁墙保护层到弯勾处，面筋长度标注值为总长度。
11G101板平法表示时，选择从梁墙中到弯勾处。
<table>
<tr><th>梁墙中到弯钩处</th><th>保护层到弯钩处</th><th>梁墙边到弯钩处</th></tr>
</table>
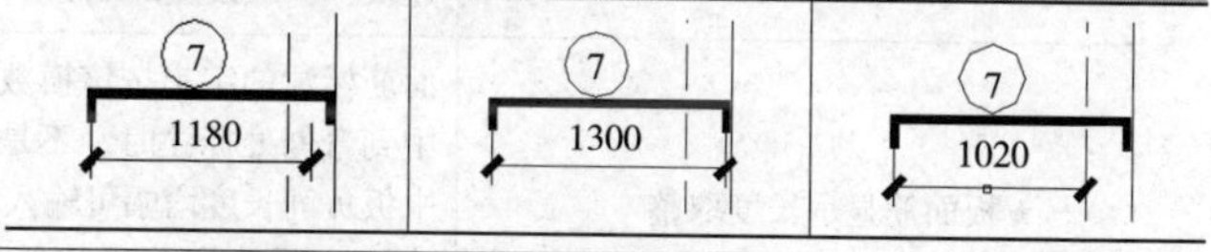
</td></tr>
<tr><td>☆不需注明底筋的板厚（mm）、
不需注明的板底筋</td><td>输入不需要标注板底筋的板厚度及对应的底筋，当板厚和底筋（如d10@200）与设定值相同时，底筋不显示，在说明中统一说明。
建议：一般不用设置。
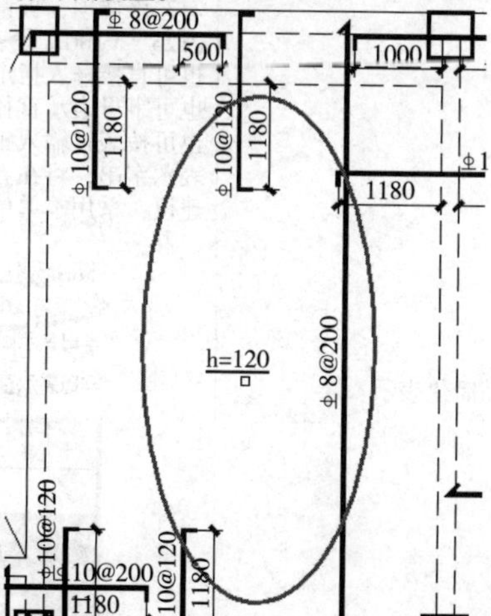

说明：
1. 楼面混凝土强度等级为C25
2. 图中未注明底钢筋板厚120mm接⌀8@100双向拉通</td></tr>
</table>

续表

参数	详细说明
☆要填充的板标高（m）、板标高对应的填充图案	输入要填充的板相对楼层的标高，例如－0.05，平面图右下角将增加相应的说明。 输入板标高对应的填充图案，例如ANSI31（见右图），平面图右下角将增加相应的说明。 建议：一般不用设置。 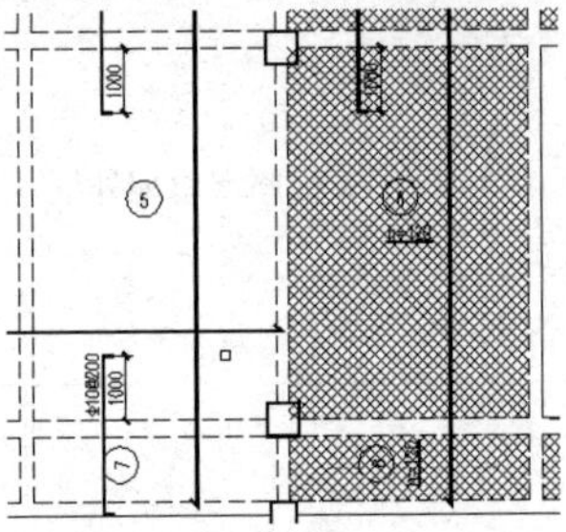
☆要填充的板标厚（mm）、板厚对应的填充图案	输入要填充的板厚，例如120mm，平面图右下角将增加相应的说明。 输入板厚对应的填充图案，例如ANSI37（见右图），平面图右下角将增加相应的说明。 建议：一般不用设置。 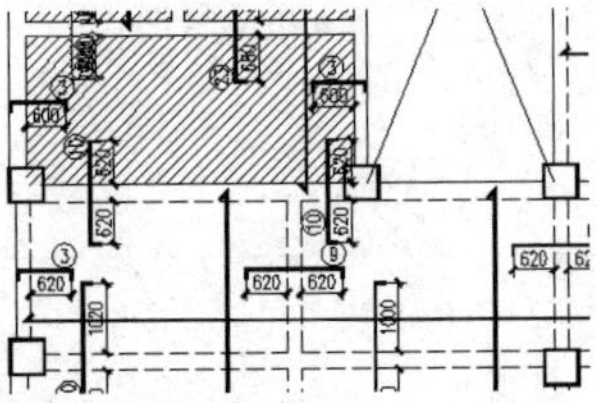
★不需注明板筋的最大板跨度（m）	输入不需要注明板筋的最大板跨（程序默认2.0m），板的长向小于该板跨值的楼板不显示配筋，统一按说明配置构造钢筋。例如输入5.0m，则小于5.0m板跨的板不注明配筋，见下图： 建议：一般设置2.0m。
★板面筋显示长度取整	面筋标注的字串按该模数的整数倍取值。从梁墙边到弯勾处或从梁墙中到弯勾处标注时，不是面筋总长度取整，此时平法配筋板选筋控制中板负筋长度增幅可输入10，这里输入50。 建议：平法配筋板选筋控制中板负筋长度增幅可输入10，这里输入50。
★板钢筋简化表示	勾选该选项，板钢筋按指定字母简化表示间距，K200、G180、E150、P125、V100，代表的字母后跟间距。 也可直接输入指定字母表示间距，如A120，A代表120mm间距； 也可字母表示直径，如B10，B代表钢筋直径10mm。 也可按表格输入钢筋及其对应的简化表示字串，如F8@200未输入简化表示字串，将在右下角说明中增加：未注明钢筋为F8@200。 建议：采用本单位习惯的简化表示法。 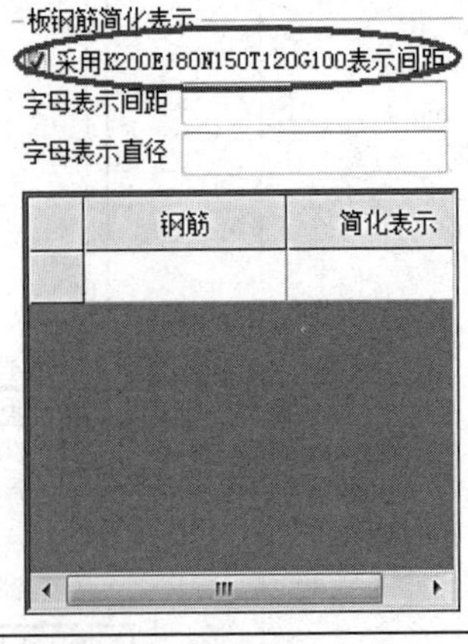 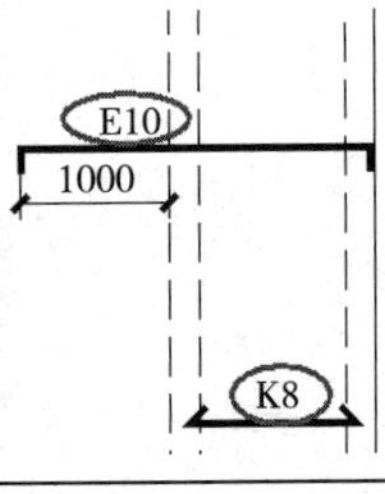

9.6.4　梁施工图习惯

下图对话框中框内的参数要向用户确认或介绍。

打★参数须向用户确认，并设置正确，最后存为施工图习惯。

打☆参数须向用户介绍，每个工程用户自己设置。

没有打符号的参数用户将来自学，一般不用设置，按缺省即可，如图 9-37 所示。

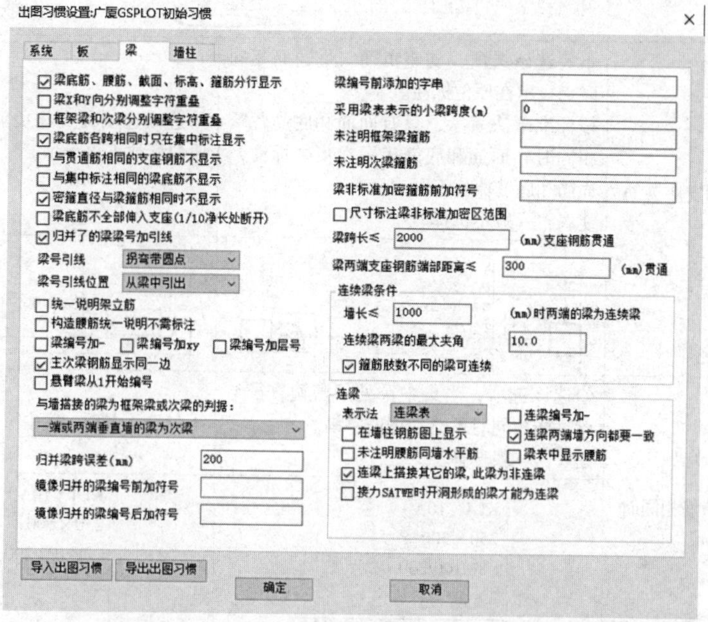

图9-37

<table>
<tr><th>参数</th><th colspan="2">详细说明</th></tr>
<tr><td rowspan="3">底筋腰筋、截面、标高、箍筋分行显示</td><td colspan="2">不选择时，底筋和腰筋同一行显示，截面、标高和箍筋同一行显示。选择时，分不同行显示。
建议：选择。</td></tr>
<tr><td>不勾选</td><td>勾选</td></tr>
<tr><td>2⌀18 N2⌀12
250×450 ϕ8@100/150（2）</td><td>2⌀20/3⌀25
N4⌀12
250×600
10@150/200（2）</td></tr>
<tr><td>梁X和Y向分别调整字符重叠</td><td colspan="2">勾选该选项，意味着出图是按X向梁和Y向梁分两张图出图，字符避让只考虑同向梁，不同向梁字符可能重叠；若不勾选，则X向和Y向梁同时考虑字符避让，避免重叠。
建议：一般不选择，X向梁和Y向梁分开出图时才选择。</td></tr>
<tr><td>框架梁和次梁分别调整字符重叠</td><td colspan="2">勾选该选项，意味着出图是按框架梁和次梁分两张图出图，字符避让只考虑同类型梁，框架梁和次梁的字符可能重叠；若不勾选，则框架梁和次梁同时考虑字符避让，避免重叠。
建议：一般不选择，框架梁和次梁分开出图时才选择。</td></tr>
</table>

续表

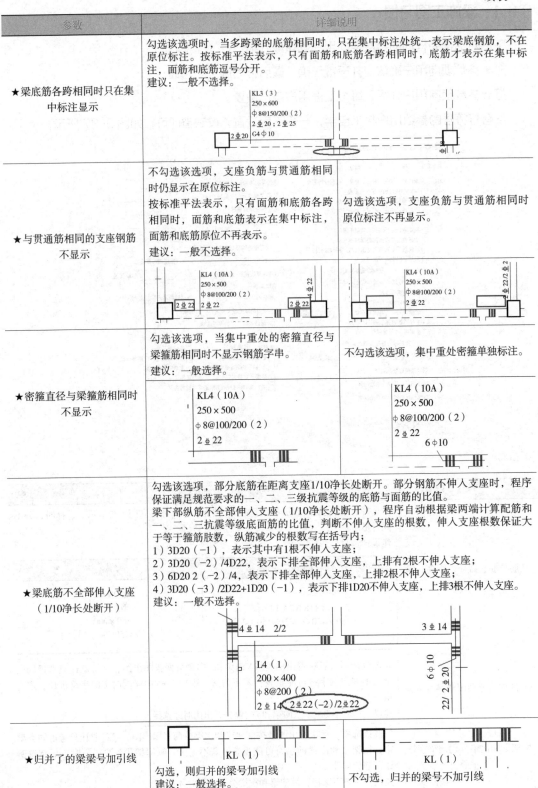

参数	详细说明	
★梁底筋各跨相同时只在集中标注显示	勾选该选项时，当多跨梁的底筋相同时，只在集中标注处统一表示梁底钢筋，不在原位标注。按标准平法表示，只有面筋和底筋各跨相同时，底筋才表示在集中标注，面筋和底筋逗号分开。 建议：一般不选择。 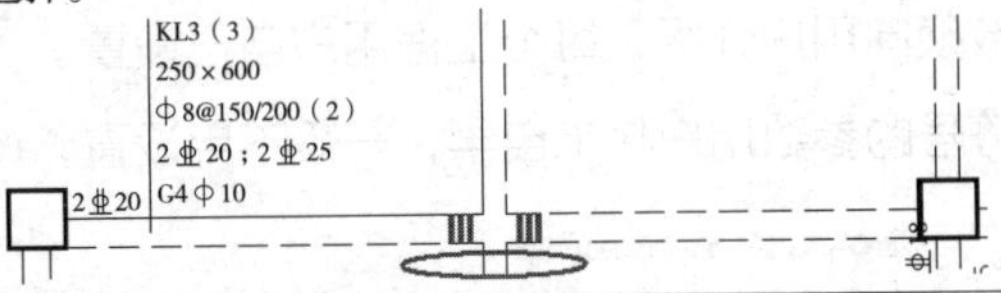	
★与贯通筋相同的支座钢筋不显示	不勾选该选项，支座负筋与贯通筋相同时仍显示在原位标注。 按标准平法表示，只有面筋和底筋各跨相同时，面筋和底筋表示在集中标注，面筋和底筋原位不再表示。 建议：一般不选择。	勾选该选项，支座负筋与贯通筋相同时原位标注不再显示。
	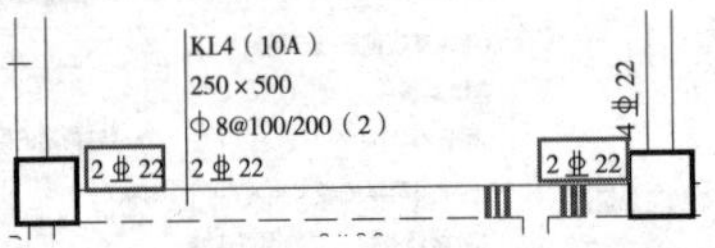	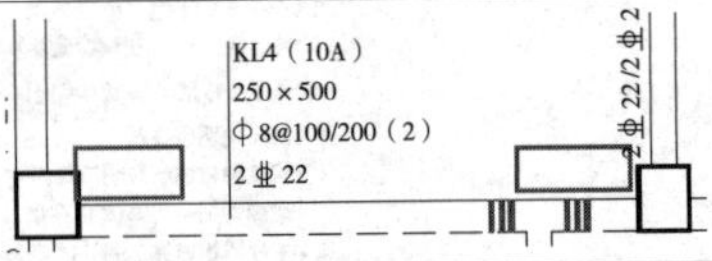
★密箍直径与梁箍筋相同时不显示	勾选该选项，当集中重处的密箍直径与梁箍筋相同时不显示钢筋字串。 建议：一般选择。	不勾选该选项，集中重处密箍单独标注。
	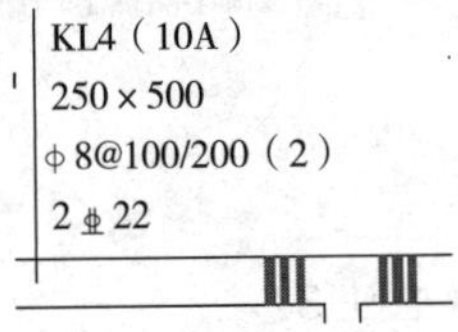	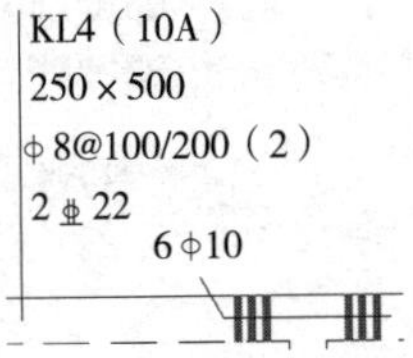
★梁底筋不全部伸入支座（1/10净长处断开）	勾选该选项，部分底筋在距离支座1/10净长处断开。部分钢筋不伸入支座时，程序保证满足规范要求的一、二、三级抗震等级的底筋与面筋的比值。 梁下部纵筋不全部伸入支座（1/10净长处断开），程序自动根据梁两端计算配筋和一、二、三抗震等级底面筋的比值，判断不伸入支座的根数，伸入支座根数保证大于等于箍筋肢数，纵筋减少的根数写在括号内； 1）3D20（−1），表示其中有1根不伸入支座； 2）3D20（−2）/4D22，表示下排全部伸入支座，上排有2根不伸入支座； 3）6D20 2（−2）/4，表示下排全部伸入支座，上排2根不伸入支座； 4）3D20（−3）/2D22+1D20（−1），表示下排1D20不伸入支座，上排3根不伸入支座。 建议：一般不选择。 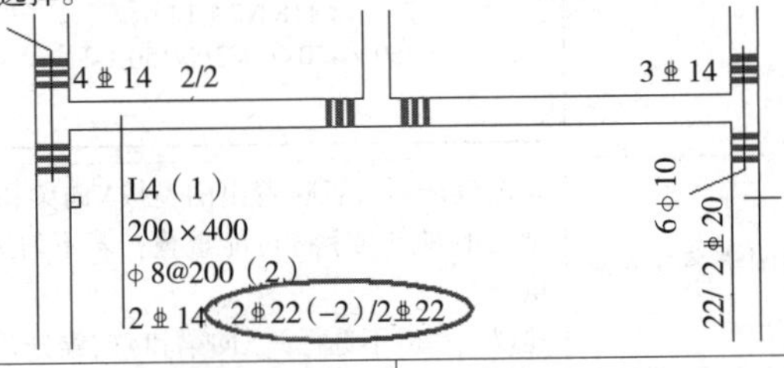	
★归并了的梁梁号加引线	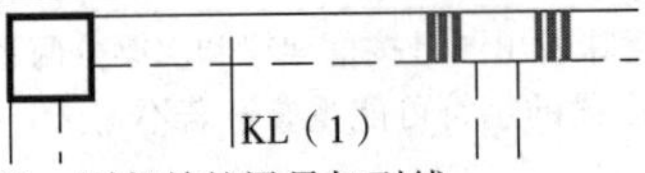 勾选，则归并的梁号加引线 建议：一般选择。	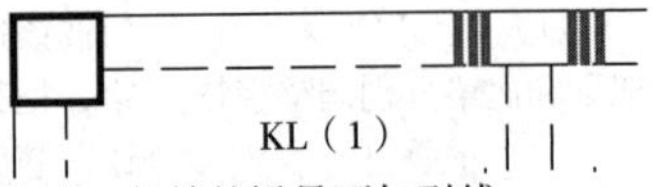 不勾选，归并的梁号不加引线

续表

<table>
<tr><th>参数</th><th>详细说明</th></tr>
<tr><td>统一说明架立筋</td><td>勾选该选项，统一说明架立筋，梁钢筋图右下角增加说明：图中未注明的架立筋L<4m取D12，4≤L<6m取D14，L≥6m取D16。
建议：一般不选择。
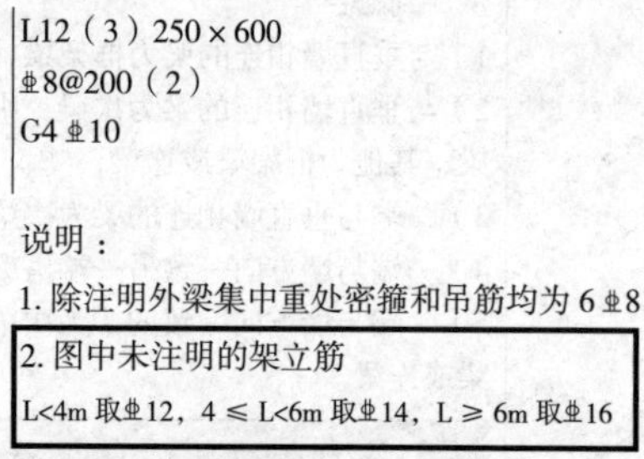
L12（3）250×600
Φ8@200（2）
G4Φ10
说明：
1. 除注明外梁集中重处密箍和吊筋均为6Φ8，2Φ12
2. 图中未注明的架立筋
L<4m 取Φ12，4 ≤ L<6m 取Φ14，L ≥ 6m 取Φ16</td></tr>
<tr><td>构造腰筋统一说明不需标注</td><td>勾选该选项，集中标注不显示构造腰筋，请在结构总说明中统一说明。
建议：一般不选择。
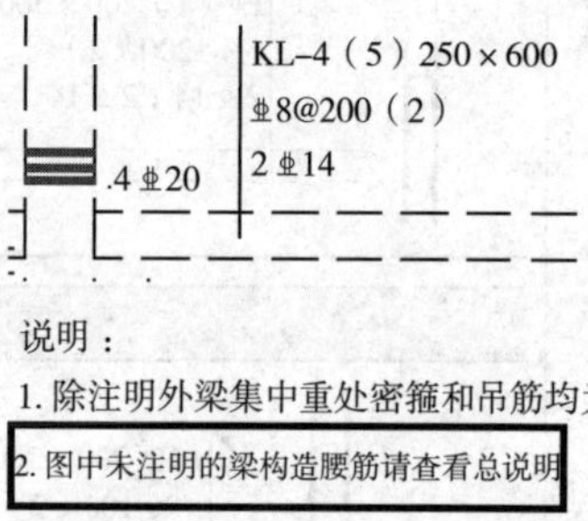
KL-4（5）250×600
Φ8@200（2）
2Φ14
4Φ20
说明：
1. 除注明外梁集中重处密箍和吊筋均为6Φ8，2Φ12
2. 图中未注明的梁构造腰筋请查看总说明</td></tr>
<tr><td>梁编号加-</td><td>勾选该选项，除连梁外的梁编号加“—”。
建议：一般不选择。
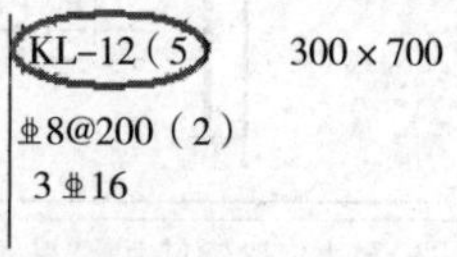
</td></tr>
<tr><td>梁编号加xy</td><td>勾选该选项，除连梁外的梁编号增加x或y，以区分X向、Y向梁，如KLx14（5）。
建议：一般不选择。
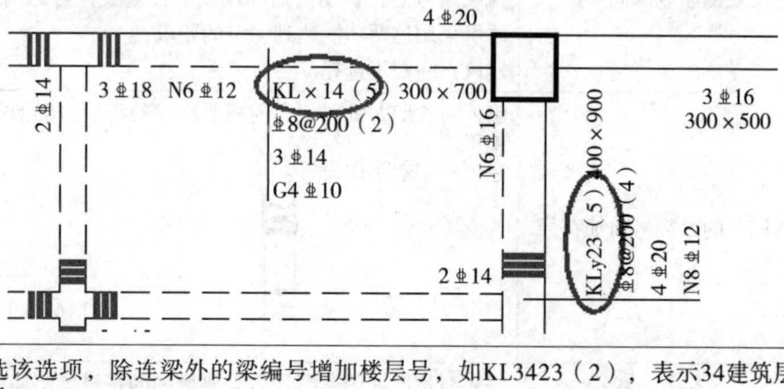
</td></tr>
<tr><td>梁编号加层号</td><td>勾选该选项，除连梁外的梁编号增加楼层号，如KL3423（2），表示34建筑层23号梁。
建议：一般不选择。
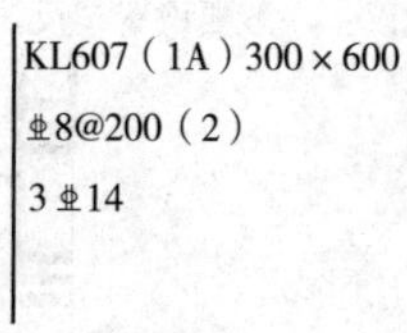
</td></tr>
</table>

续表

<table>
<tr><th>参数</th><th>详细说明</th></tr>
<tr><td>与墙搭接的梁是否为框架梁或者次梁的判断依据</td><td>在GSRevit梁习惯中增加选择：一端与墙方向垂直的梁为次梁，两端与墙方向垂直的梁仍为框架梁。目前关于与墙相连的梁是否为次梁GSRevit有5种选择，
从严到松：
1）与垂直墙相连的梁为框架梁，则除连梁外，所有与墙相连的梁为框架梁；
2）与垂直墙相连的梁为次梁，则当有关选择都不选时，缺省与垂直墙相连的梁为次梁，其他为框架梁或连梁；
3）一端与垂直墙相连的梁为次梁，则其他为框架梁或连梁；
4）一端与墙方向一致另一端搭梁的梁为次梁，则其他为框架梁或连梁；
5）一端与墙方向一致的梁为次梁，则不管另一端搭接条件，都为次梁，其他为框架梁或连梁。
<table>
<tr><th>勾选垂直墙相连的梁为次梁</th><th>勾选与垂直墙相连的梁为框架梁</th></tr>
<tr><td>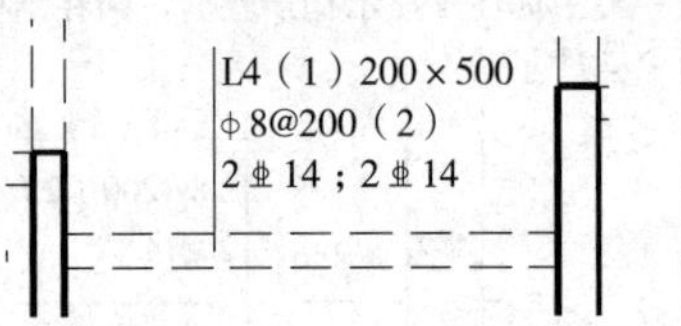
</td><td>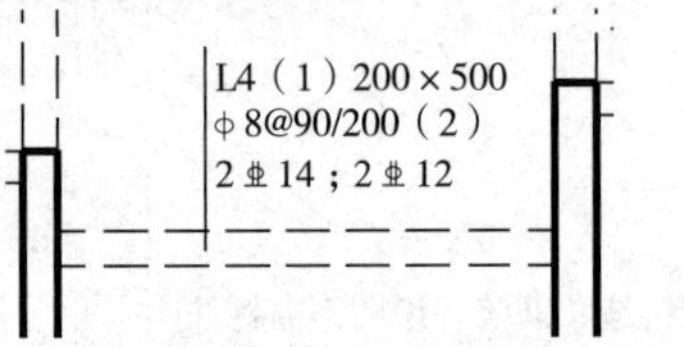
</td></tr>
<tr><th></th><th>勾选一端与墙方向一致的梁为次梁</th></tr>
<tr><td>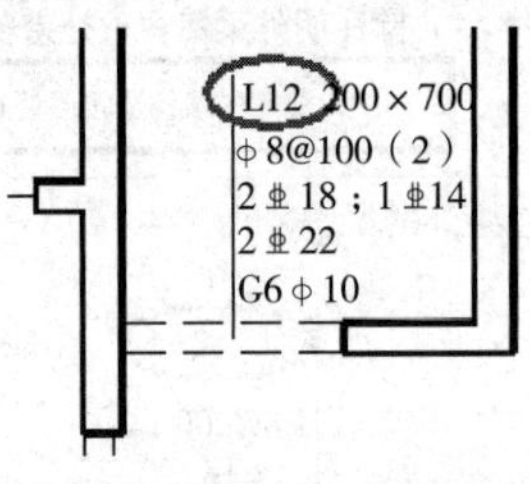
</td><td>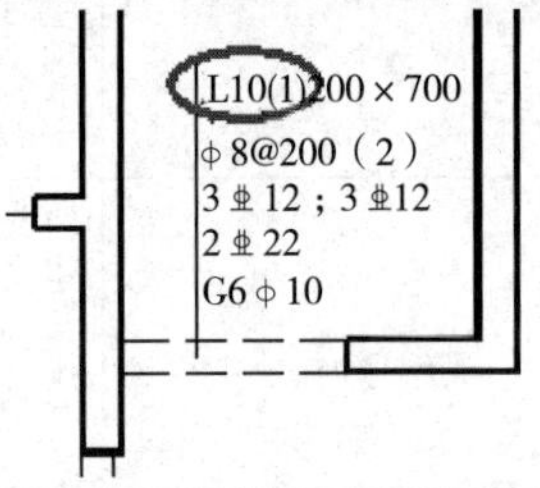
</td></tr>
</table></td></tr>
<tr><td>主次梁钢筋显示同一边</td><td>选择时，梁钢筋尽量显示在图左侧，右侧只显示梁编号，板钢筋图中，生成施工图图时不自动归并、不自动贯通和不调整字符重叠，采用“人工编号”命令，选择按荷载编号后，自动贯通和调整字符重叠，可达到类似功能。对称结构要求对称显示时可采用这两功能达到一定的要求；
建议：一般不选择。</td></tr>
<tr><td>对称归并的梁编号前加符号</td><td>输入对称归并的梁编号前需要增加的符号，例如“*”，表明梁两端面筋不同时如何施工。
建议：一般不用设置。
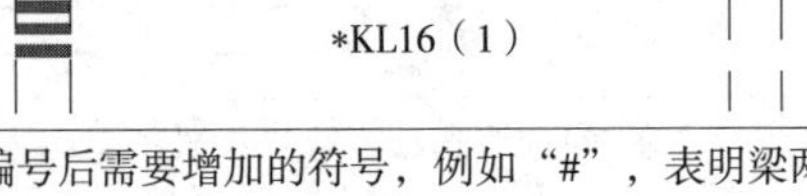
</td></tr>
<tr><td>★对称归并的梁编号后加符号</td><td>输入对称归并的梁编号后需要增加的符号，例如“#”，表明梁两端面筋不同时如何施工。
建议：一般要设置“反”。
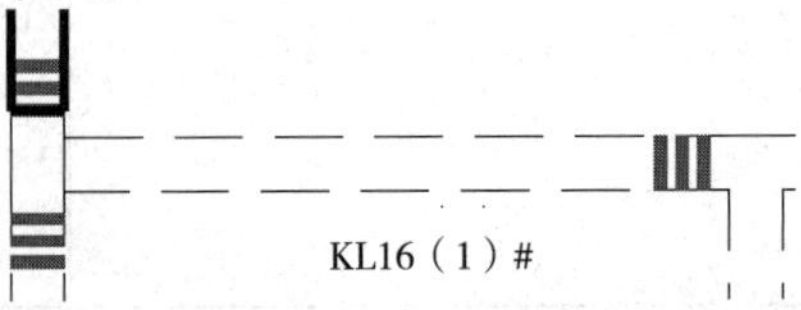
</td></tr>
</table>

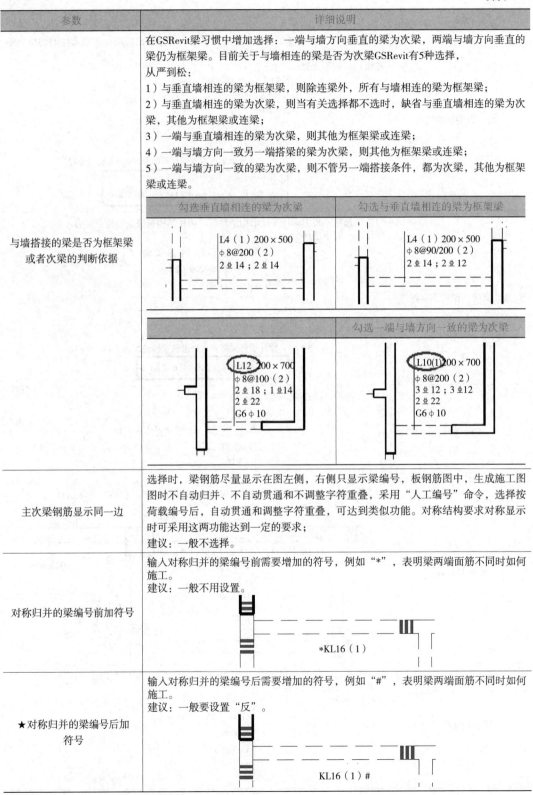

续表

<table>
<tr><th>参数</th><th>详细说明</th></tr>
<tr><td>★采用梁表表示的小梁跨度（m）</td><td>输入采用梁表表示的小梁的跨度，当单跨梁的长度小于等于该限值时，不在原位标注钢筋，而在图纸右上的梁表中显示钢筋，避免小梁的字符重叠，图面整洁。
输入0时，不出现小梁表。
建议：设置2.0。
<table>
<tr><th>编号</th><th>所在楼层号</th><th>梁顶相对标高高差</th><th>梁截面bxh</th><th>上部纵筋</th><th>下部纵筋</th><th>箍筋</th></tr>
<tr><td>KL3</td><td>3</td><td>0.000</td><td>200x400</td><td>3⌀18</td><td>2⌀20</td><td>⌀8@90/200(2)</td></tr>
<tr><td>KL11</td><td>3</td><td>0.000</td><td>200x400</td><td>3⌀14</td><td>2⌀16</td><td>⌀8@100(2)</td></tr>
<tr><td>KL25</td><td>3</td><td>0.000</td><td>200x400</td><td>3⌀14</td><td>2⌀14</td><td>⌀8@100(2)</td></tr>
<tr><td>L1</td><td>3</td><td>0.000</td><td>200x400</td><td>2⌀12</td><td>2⌀12</td><td>⌀6@200(2)</td></tr>
<tr><td>L3</td><td>3</td><td>0.000</td><td>200x600</td><td>2⌀16</td><td>2⌀16</td><td>⌀8@100/150(2)</td></tr>
<tr><td>L5</td><td>3</td><td>0.000</td><td>200x400</td><td>2⌀14</td><td>2⌀14</td><td>⌀6@200(2)</td></tr>
</table>
</td></tr>
<tr><td>未注明框架梁箍筋</td><td>输入不需要在集中标注说明的框架梁箍筋，如d8@100/200，由程序统一在说明中注明。常用在地下室大平面的梁施工图，利于图面整洁。
建议：一般不选择。
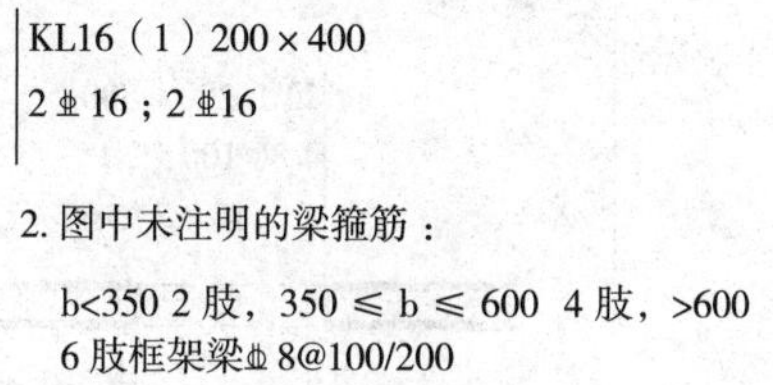

</td></tr>
<tr><td>未注明次梁箍筋</td><td>输入不需要在集中标注说明的次梁箍筋，如d8@200，由程序统一在说明中注明。常用在地下室大平面的梁施工图，利于图面整洁。
建议：一般不选择。
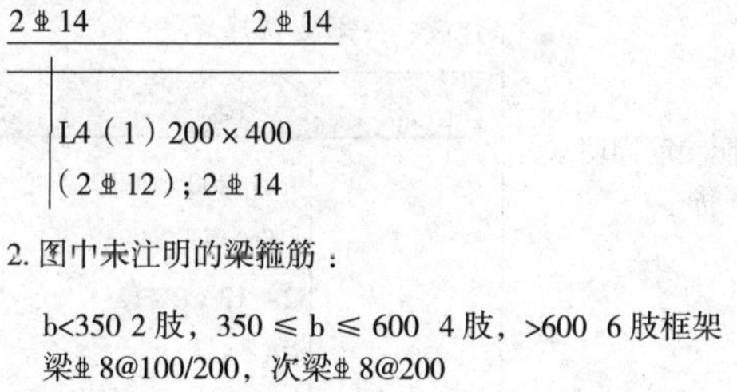

</td></tr>
<tr><td>★墙长≤（ ）mm时两端的梁为连续梁</td><td>指定短墙的长度，≤该长度的短墙两边的梁判断为同一连续梁，否则判断为不同的连续梁。在“楼板计算”形成连续梁时起作用。
建议：设置500mm。
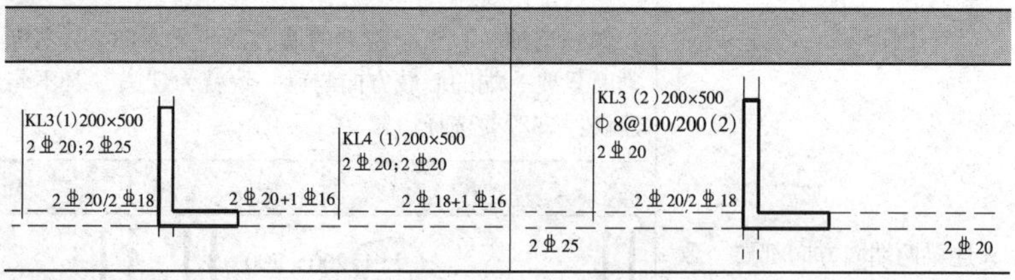

</td></tr>
<tr><td>连续梁两梁的最大夹角</td><td>判断两根梁连续的时候其最大夹角的设置，缺省10°。</td></tr>
<tr><td>窗体顶端
箍筋肢数不同的梁可连续
窗体底端</td><td>缺省不设置时自动不连续，如宽300mm和350mm的梁自动不连续。</td></tr>
</table>

续表

<table>
<tr><th>参数</th><th>详细说明</th></tr>
<tr><td>★连梁用平法表示/11G101梁表</td><td>
平法表示
LL2 250×600
φ8@100（2）
3Φ16；3Φ16
N4Φ10

11G101梁表
建议：采用梁表，简洁。

<table>
<tr><th>编 号</th><th>所 在 楼层号</th><th>梁顶相对 标高高差</th><th>梁截面 bxh</th><th>上部纵筋</th><th>下部纵筋</th><th>箍 筋</th></tr>
<tr><td>LL1</td><td>4~5</td><td>0.000</td><td>200x800</td><td>3Φ16</td><td>3Φ16</td><td>Φ8@100(2)</td></tr>
<tr><td>LL2</td><td>4~5</td><td>0.000</td><td>250x600</td><td>4Φ16</td><td>4Φ16</td><td>Φ10@100(2)</td></tr>
<tr><td>LL3</td><td>4~5</td><td>0.000</td><td>250x600</td><td>4Φ16</td><td>4Φ16</td><td>Φ10@100(2)</td></tr>
<tr><td>LL4</td><td>4~5</td><td>0.000</td><td>250x800</td><td>4Φ16</td><td>4Φ16</td><td>Φ8@100(2)</td></tr>
<tr><td>LL5</td><td>4~5</td><td>0.000</td><td>200x800</td><td>3Φ16</td><td>3Φ16</td><td>Φ8@100(2)</td></tr>
<tr><td>LL6</td><td>4~5</td><td>0.000</td><td>200x800</td><td>3Φ16</td><td>3Φ16</td><td>Φ8@100(2)</td></tr>
</table>
</td></tr>
<tr><td>★连梁在墙柱钢筋图上显示</td><td>
连梁可在梁钢筋图上显示或在墙钢筋图上显示，当勾选连梁在墙柱钢筋图上显示时，墙钢筋图尺寸标注时将自动标注连梁的长度。
建议：一般不选择。

<table>
<tr><th>不勾选</th><th>勾选</th></tr>
<tr><td>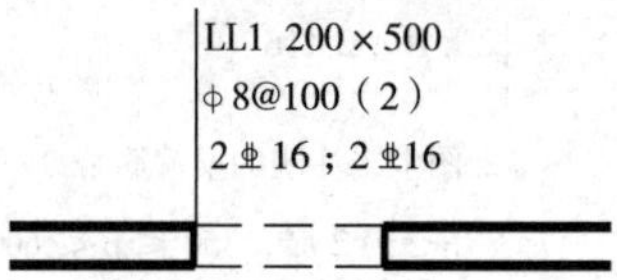
</td><td>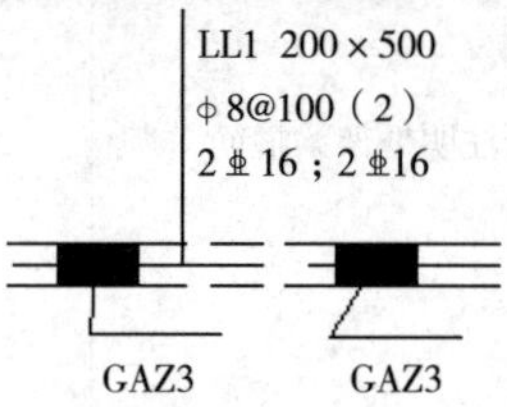
</td></tr>
</table>
</td></tr>
<tr><td>★连梁未注明腰筋同墙水平筋</td><td>
勾选该选项，连梁构造腰筋不表示，即与墙水平筋相同。
不勾选该选项，连梁标注构造腰筋。
建议：一般要选择。

<table>
<tr><th>不勾选</th><th>勾选</th></tr>
<tr><td>LL1 200×700
φ8@90（2）
2Φ12；2Φ12
G6φ8</td><td>LL1 200×700
φ8@90（2）
2Φ12；2Φ12</td></tr>
</table>
</td></tr>
<tr><td>★梁表中显示腰筋</td><td>勾选该选项，若采用11G101梁表，梁表中增加腰筋列。
建议：一般要选择。</td></tr>
<tr><td>★连梁两端墙方向都要一致</td><td>
勾选该选项，只有梁两端的墙肢都与梁同向，才按连梁编号。GSSAP和SATWE计算判断只要一端的墙肢方向与梁一致就为连梁，若不勾选，按此计算判断连梁。
建议：一般要选择。

<table>
<tr><th>不勾选</th><th>勾选</th></tr>
<tr><td>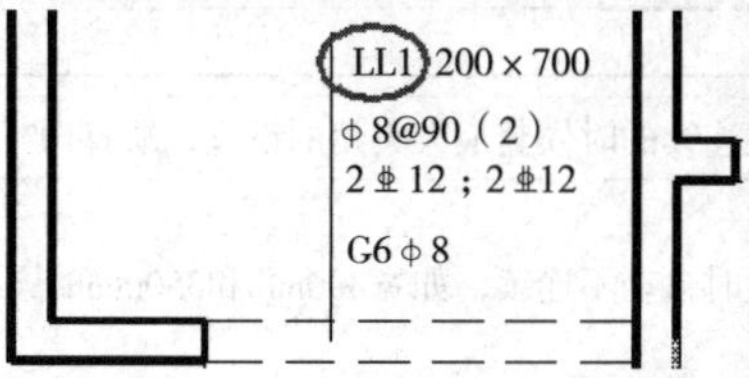
</td><td>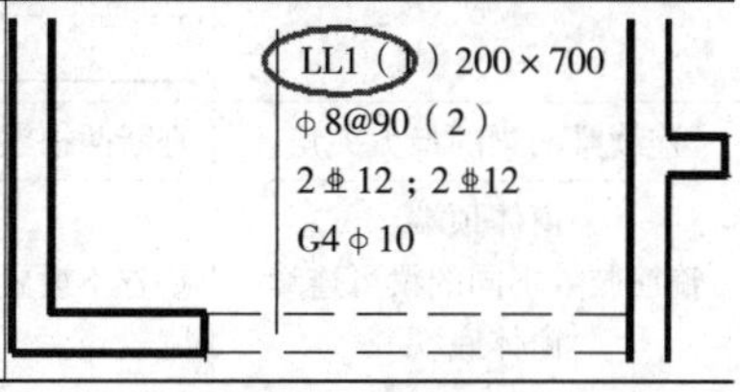
</td></tr>
</table>
</td></tr>
</table>

续表

<table>
<tr><th>参数</th><th>详细说明</th></tr>
<tr><td>连梁编号加-</td><td>勾选该选项，连梁编号加“—”。
建议：一般不选择。
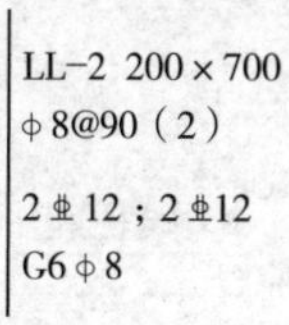
</td></tr>
<tr><td>★连梁上搭接其他的梁，此梁为非连梁</td><td>勾选该选项，两端搭接在剪力墙上且跨高比小于5的梁上搭接其他梁时该梁判断为非连梁。该选项不影响GSSAP和SATWE计算，只是为了与PKPM生成的梁图一致，在“平法配筋”生成施工图时起作用。
建议：一般要选择。
<table>
<tr><th>不勾选</th><th>勾选</th></tr>
<tr><td>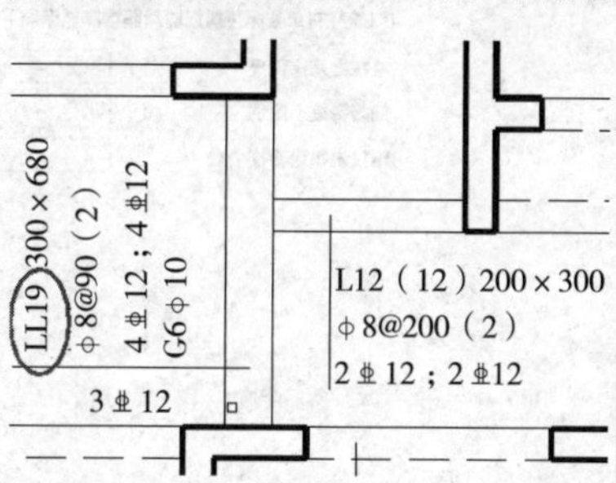
</td><td>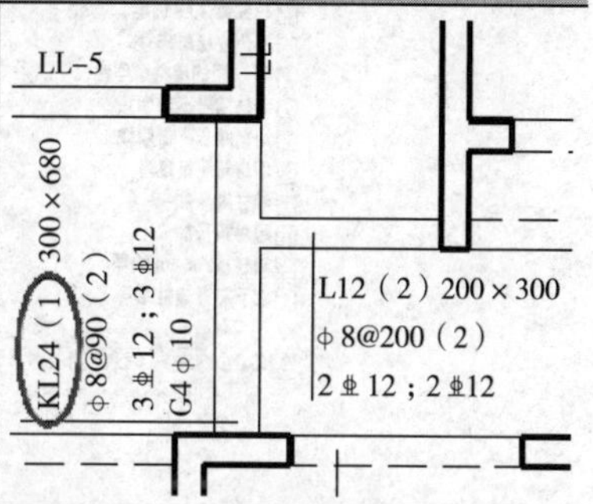
</td></tr>
</table></td></tr>
<tr><td>★接力SATWE时开洞形成的梁才能为连梁</td><td>不影响SATWE计算，只是为了与PKPM生成的梁图一致，在”平法配筋”生成施工图时起作用。
建议：一般要选择。
<table>
<tr><th>不勾选</th><th>勾选</th></tr>
<tr><td>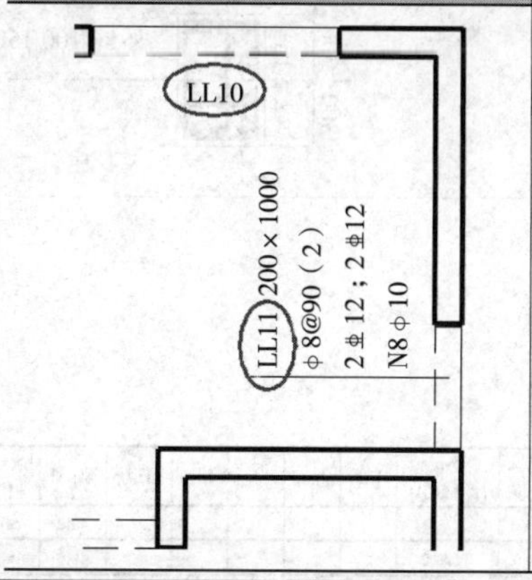
</td><td>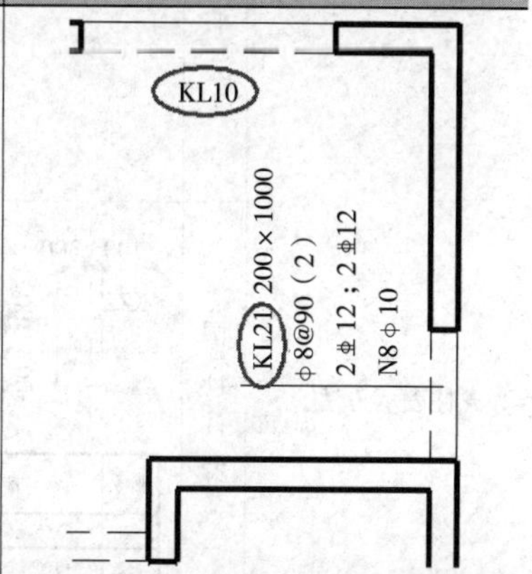
</td></tr>
</table></td></tr>
</table>

9.6.5　墙柱施工图习惯

下图对话框中框内的参数要向用户确认或介绍。

打★参数须向用户确认，并设置正确，最后存为施工图习惯。

打☆参数须向用户介绍，每个工程用户自己设置。

没有打符号的参数用户将来自学，一般不用设置，按缺省即可，如图 9-38 所示。

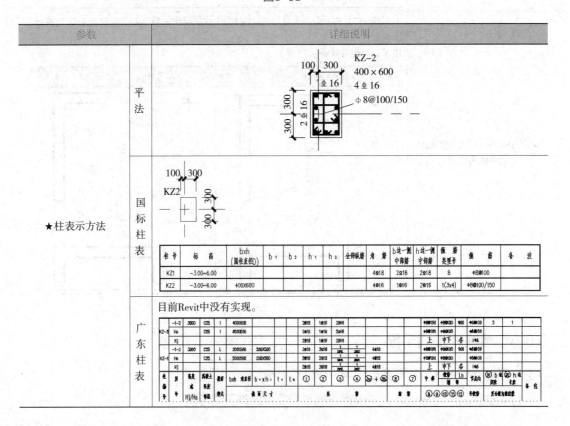

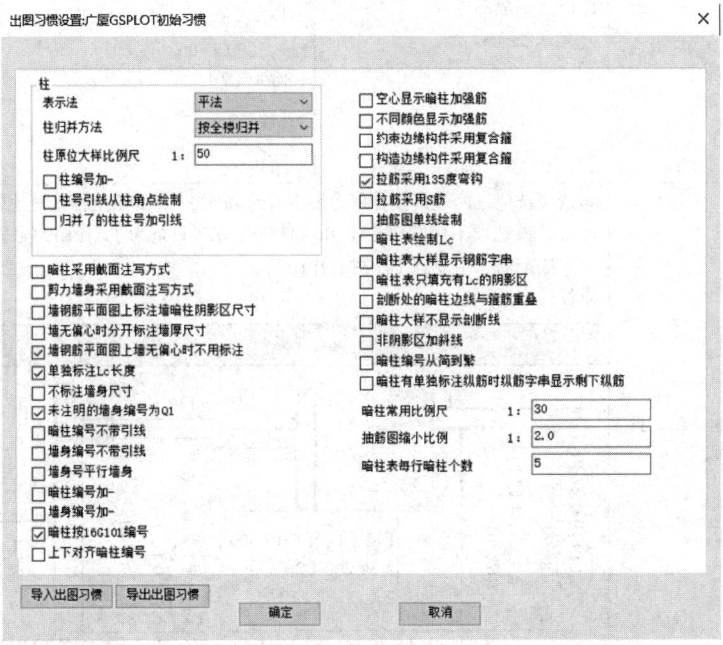

图9-38

<table>
<tr><th colspan="2">参数</th><th>详细说明</th></tr>
<tr><td rowspan="3">★柱表示方法</td><td>平法</td><td>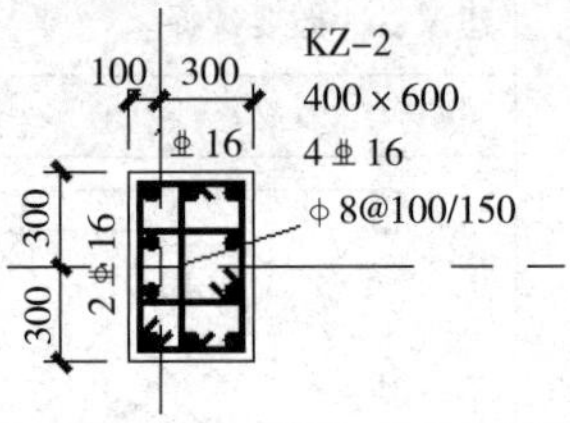
</td></tr>
<tr><td>国标柱表</td><td>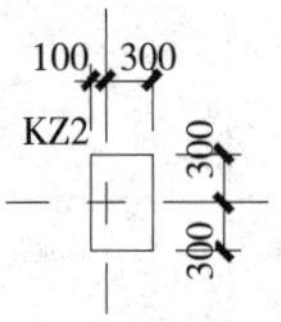

<table>
<tr><th>柱号</th><th>标高</th><th>bxh (圆柱直径D)</th><th>b1</th><th>b2</th><th>h1</th><th>h2</th><th>全部纵筋</th><th>角筋</th><th>b边一侧中部筋</th><th>h边一侧中部筋</th><th>箍筋类型号</th><th>箍筋</th><th>备注</th></tr>
<tr><td>KZ1</td><td>-3.00~6.00</td><td></td><td></td><td></td><td></td><td></td><td></td><td>4Φ18</td><td>2Φ18</td><td>2Φ18</td><td>8</td><td>Φ8@100</td><td></td></tr>
<tr><td>KZ2</td><td>-3.00~6.00</td><td>400X600</td><td></td><td></td><td></td><td></td><td></td><td>4Φ16</td><td>1Φ16</td><td>2Φ16</td><td>1(3x4)</td><td>Φ8@100/150</td><td></td></tr>
</table></td></tr>
<tr><td>广东柱表</td><td>目前Revit中没有实现。
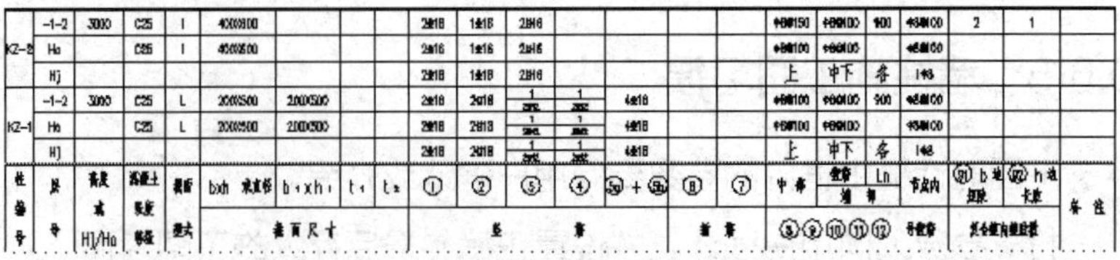</td></tr>
</table>

续表

<table>
<tr><th>参数</th><th colspan="2">详细说明</th></tr>
<tr><td>★柱表示方法</td><td>大样表</td><td>柱大样表表示法，常用于高层剪力墙结构，柱布置比较少时，柱画法同剪力墙暗柱表。
<table>
<tr><td>截面</td><td>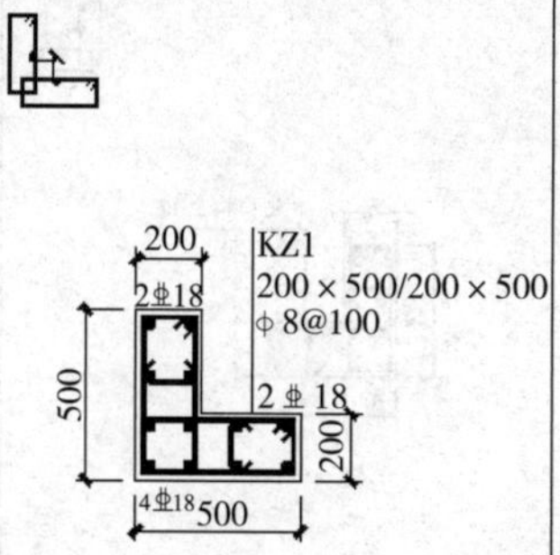
</td><td>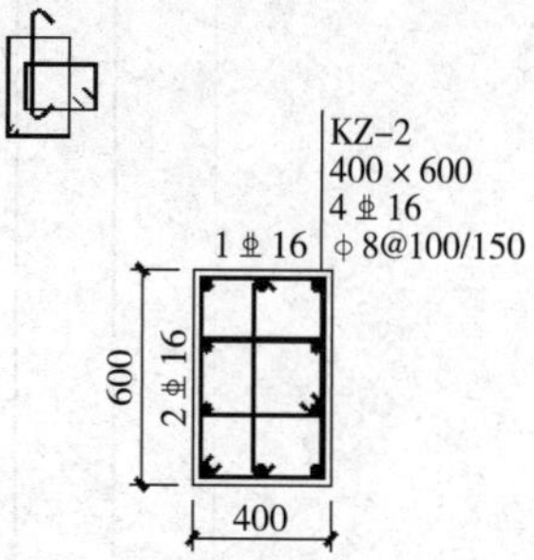
</td></tr>
<tr><td>编号</td><td>KZ-1</td><td>KZ-2</td></tr>
<tr><td>层号</td><td>-1-2</td><td>-1-2</td></tr>
<tr><td>纵筋</td><td></td><td></td></tr>
<tr><td>节点域箍筋</td><td>φ8@100</td><td>φ8@100/150</td></tr>
</table></td></tr>
<tr><td>柱归并方法</td><td colspan="2">缺省全楼归并，柱编号上下对齐，全楼对应相同的才归并。
柱按本层内归并的时候不强制柱对应相同。</td></tr>
<tr><td>柱编号加“—”</td><td colspan="2">勾选该选项，柱编号增加“—”。
建议：一般不选择。
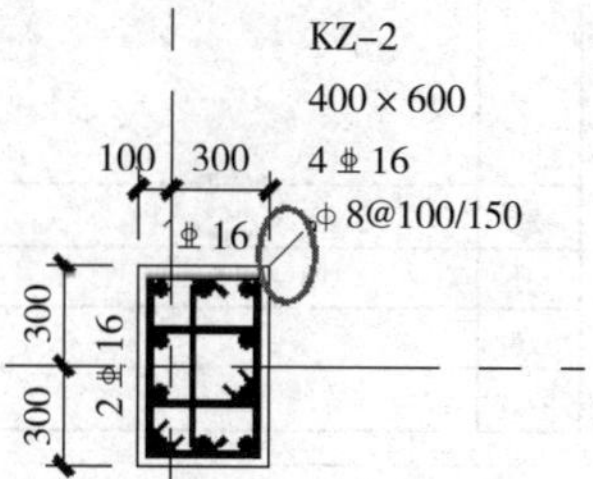
</td></tr>
<tr><td>柱号引线从柱角点绘制</td><td colspan="2">勾选该选项，柱号引线从柱角点绘制。
不勾选该选项，柱号引线从柱形心绘制。
建议：一般要选择。
<table>
<tr><th>不勾选</th><th>勾选</th></tr>
<tr><td>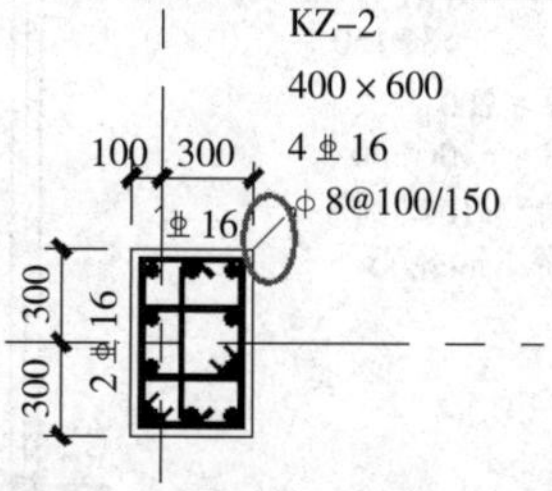
</td><td>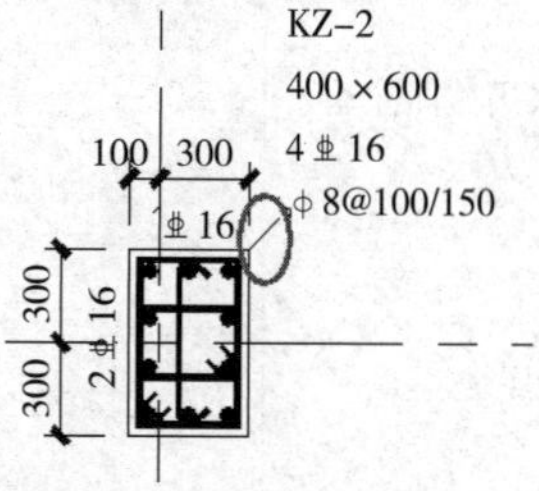
</td></tr>
</table></td></tr>
<tr><td>柱原位大样比例</td><td colspan="2">输入柱原位大样的比例尺。
建议：输入50。</td></tr>
</table>

续表

参数	详细说明
柱大样显示在暗柱表中	此参数内定，柱大样显示在暗柱表的中，在暗柱大样表后接着显示。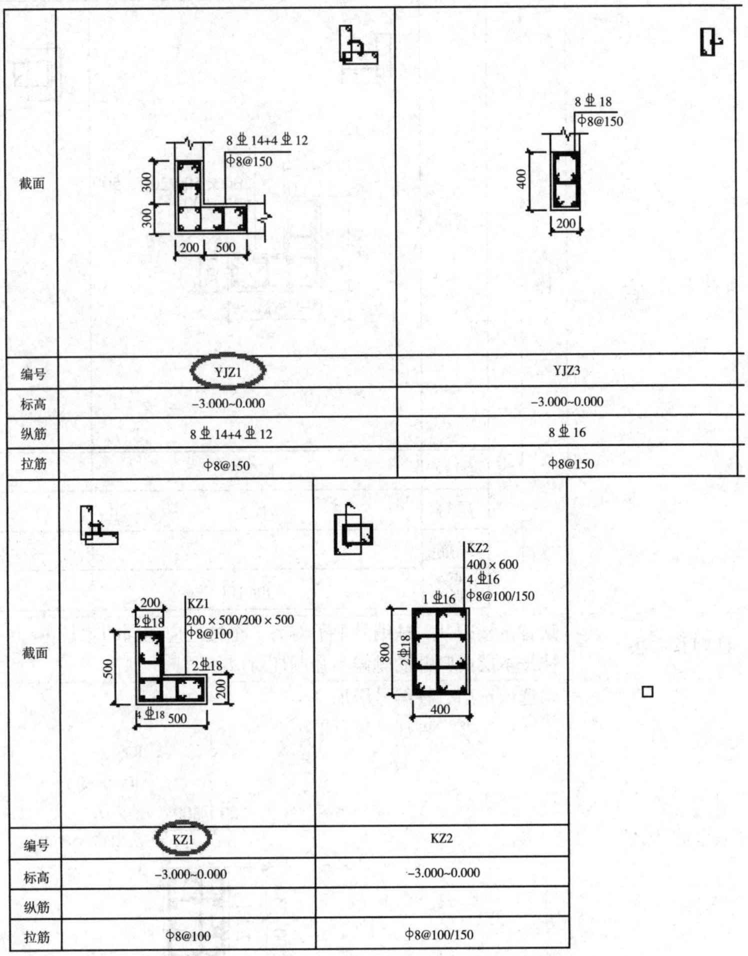
暗柱采用截面注写方式	勾选该选项，剪力墙边缘构件不生成暗柱表，暗柱配筋直接在截面上注写。 建议：一般不选择。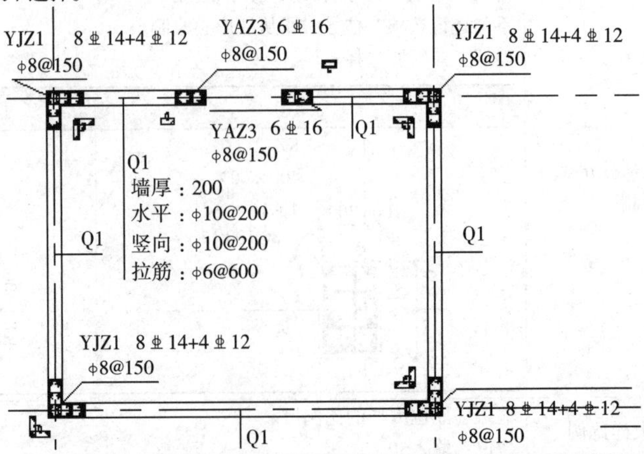

续表

<table>
<tr><th>参数</th><th>详细说明</th></tr>
<tr><td>剪力墙身采用截面注写方式</td><td>勾选该选项，剪力墙身的配筋在原位标注，不再生成剪力墙身表。
建议：一般不选择。
<table>
<tr><td>不勾选</td><td>
<table>
<tr><th colspan="6">剪力墙身表</th></tr>
<tr><td>编　号</td><td>标　高</td><td>墙　厚</td><td>水平分布筋</td><td>垂直分布筋</td><td>拉　筋</td></tr>
<tr><td>Q1（2 排）</td><td>−3.000~0.000</td><td>200</td><td>ϕ10@200</td><td>ϕ10@200</td><td>ϕ6@600</td></tr>
</table>
</td></tr>
<tr><td>勾选</td><td>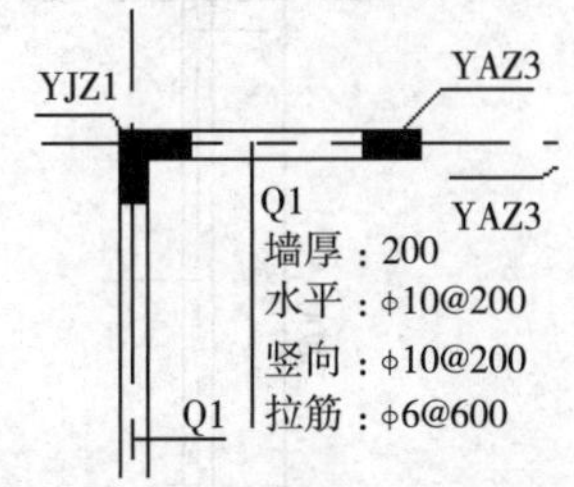
</td></tr>
</table>
</td></tr>
<tr><td>墙钢筋平面图上标注墙暗柱阴影区尺寸</td><td>目前墙施工图上的尺寸标注方法常见的有两种：标注暗柱阴影区尺寸和墙的定位尺寸。勾选该选项，标注剪力墙暗柱区阴影区尺寸；不勾选该选项，仅标注剪力墙定位尺寸。
建议：一般不选择，暗柱尺寸已在暗柱表中注明。
<table>
<tr><th>不勾选</th><th>勾选</th></tr>
<tr><td>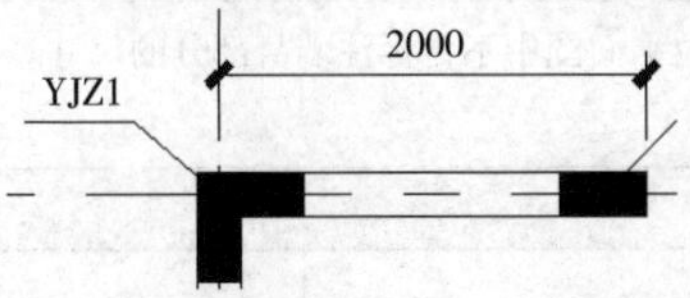
</td><td>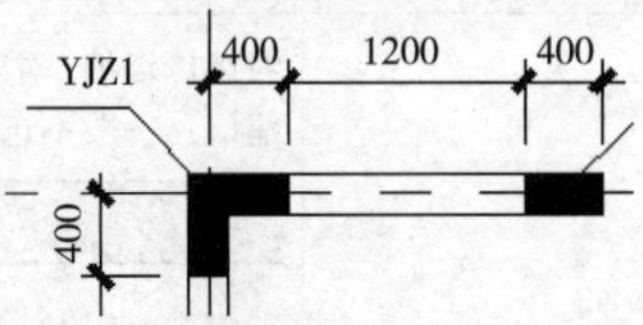
</td></tr>
</table>
</td></tr>
<tr><td>墙无偏心时分开标注墙厚尺寸</td><td>选择时，墙模板图中墙无偏心时分开标注墙厚尺寸，否则只标注总尺寸。
建议：一般不选择。
<table>
<tr><th>不勾选</th><th>勾选</th></tr>
<tr><td>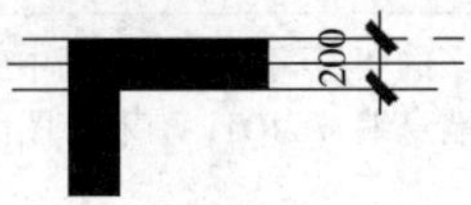
</td><td>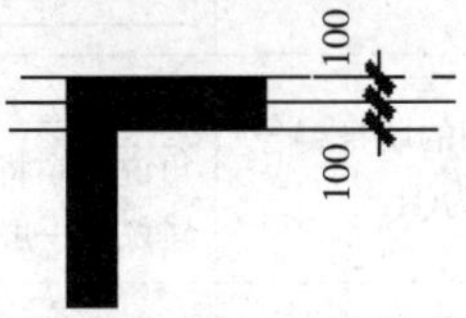
</td></tr>
</table>
</td></tr>
<tr><td>墙钢筋平面图上墙无偏心时不用标注</td><td>勾选该选项，无偏心的剪力墙不标注半墙厚。
不勾选该选项，无偏心的剪力墙也标注半墙厚。
建议：一般要选择。
<table>
<tr><th>不勾选</th><th>勾选</th></tr>
<tr><td>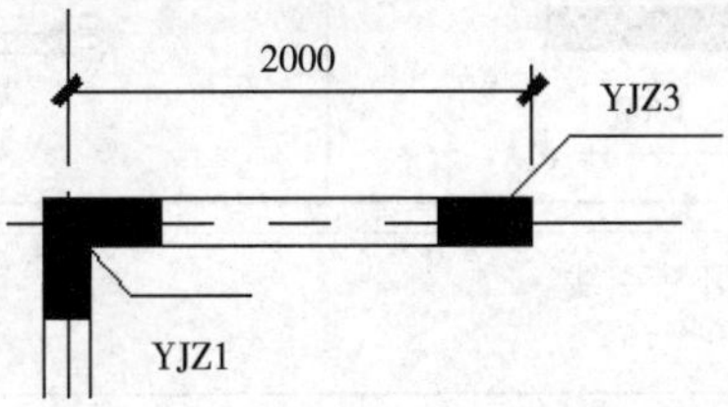
</td><td>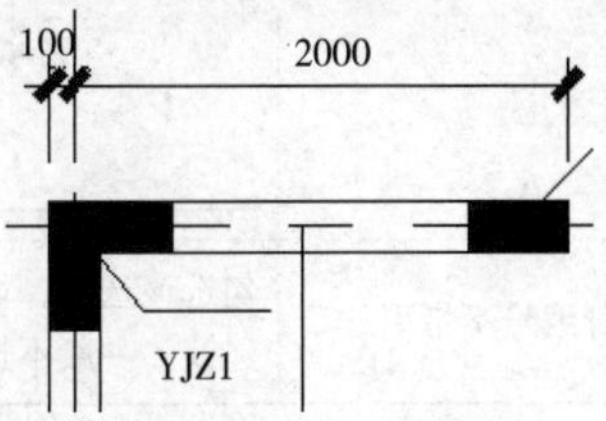
</td></tr>
</table>
</td></tr>
</table>

续表

<table>
<tr><th>参数</th><th>详细说明</th></tr>
<tr><td>单独标注Lc长度</td><td>勾选该选项，Lc位置单独标注，否则与墙定位尺寸一起标注。
建议：一般要选择。
<table>
<tr><th>不勾选</th><th>勾选</th></tr>
<tr><td>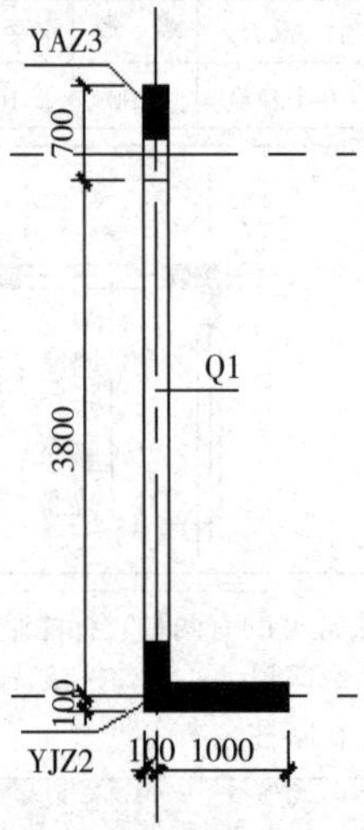
</td><td>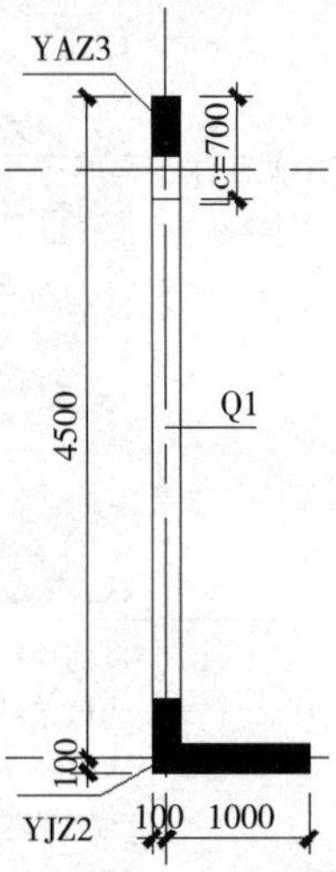
</td></tr>
</table></td></tr>
<tr><td>不标注墙身尺寸</td><td>勾选该选项，墙钢筋定位平面图中不再标注墙身部分的尺寸。
建议：一般不选择。
<table>
<tr><th>不勾选</th><th>勾选</th></tr>
<tr><td>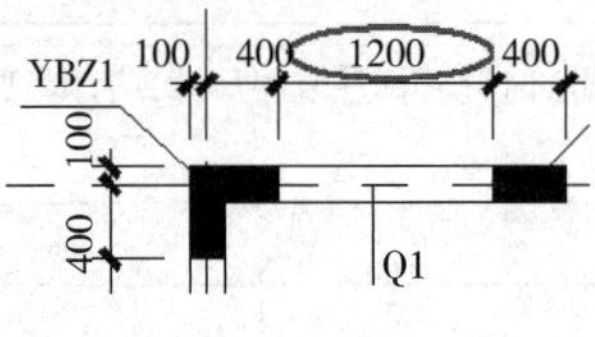
</td><td>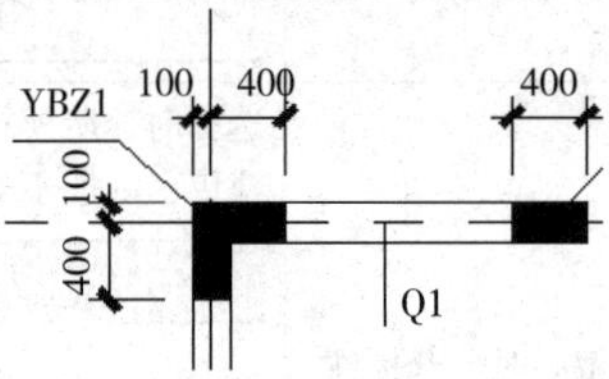
</td></tr>
</table></td></tr>
<tr><td>★未注明的墙身编号为Q1</td><td>勾选该选项，程序自动统计最多的墙身编号为Q1，图中剪力墙编号为Q1的不标注，在右下角说明中将自动增加未注明的墙身编号为Q1，有利于图面整洁。
建议：一般要选择。</td></tr>
<tr><td>暗柱编号不带引线</td><td>勾选该选项，暗柱编号不带引线。
建议：一般不选择。
<table>
<tr><th>不勾选</th><th>勾选</th></tr>
<tr><td>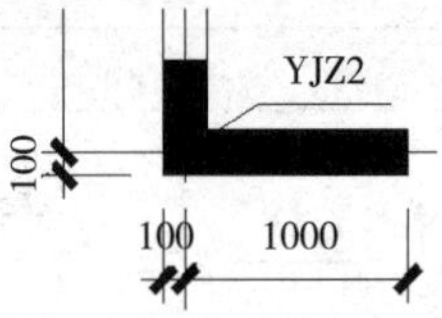
</td><td>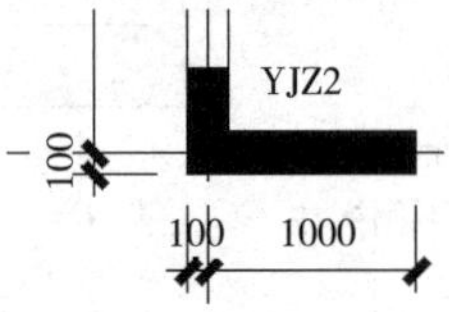
</td></tr>
</table></td></tr>
<tr><td>墙身编号不带引线</td><td>勾选该选项，墙身编号不带引线。
建议：一般不选择。</td></tr>
</table>

续表

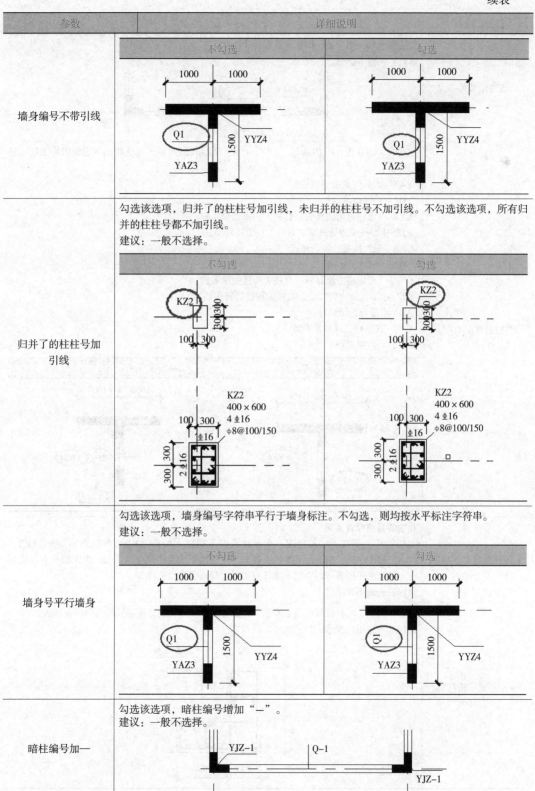

<table>
<tr><th>参数</th><th colspan="2">详细说明</th></tr>
<tr><td rowspan="2">墙身编号不带引线</td><td>不勾选</td><td>勾选</td></tr>
<tr><td>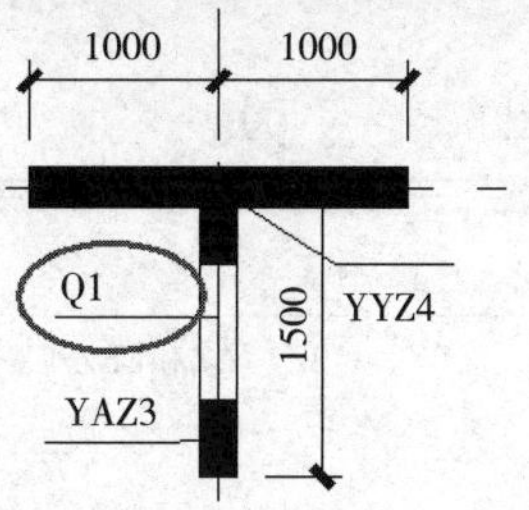
</td><td>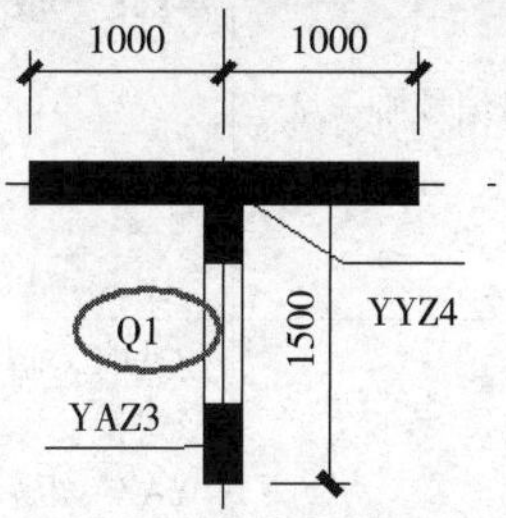
</td></tr>
<tr><td rowspan="3">归并了的柱柱号加引线</td><td colspan="2">勾选该选项，归并了的柱柱号加引线，未归并的柱柱号不加引线。不勾选该选项，所有归并的柱柱号都不加引线。
建议：一般不选择。</td></tr>
<tr><td>不勾选</td><td>勾选</td></tr>
<tr><td>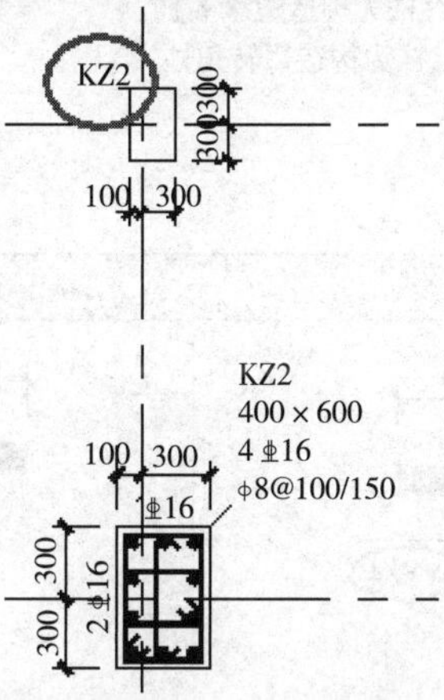
</td><td>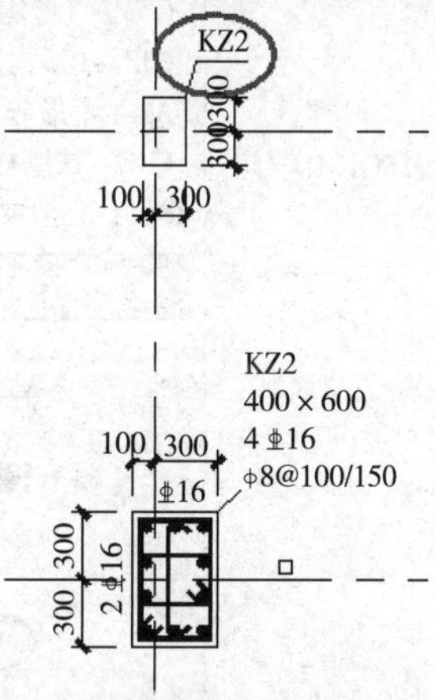
</td></tr>
<tr><td rowspan="3">墙身号平行墙身</td><td colspan="2">勾选该选项，墙身编号字符串平行于墙身标注。不勾选，则均按水平标注字符串。
建议：一般不选择。</td></tr>
<tr><td>不勾选</td><td>勾选</td></tr>
<tr><td>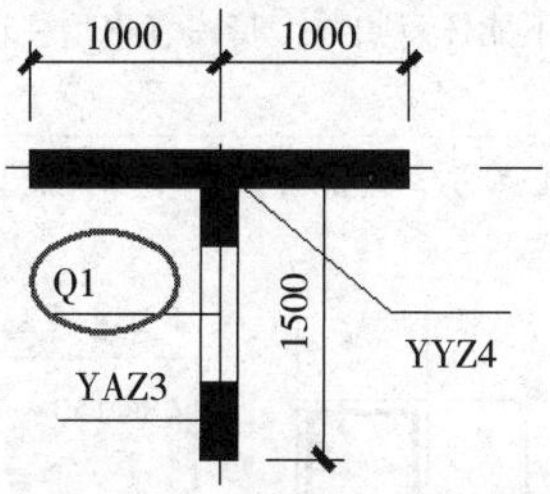
</td><td>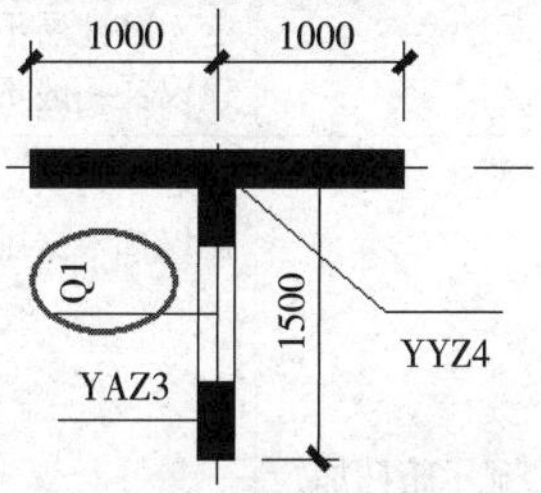
</td></tr>
<tr><td>暗柱编号加—</td><td colspan="2">勾选该选项，暗柱编号增加“—”。
建议：一般不选择。
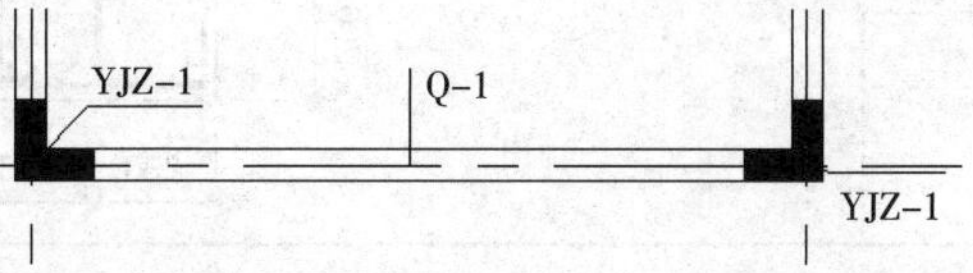
</td></tr>
</table>

续表

<table>
<tr><th>参数</th><th>详细说明</th></tr>
<tr><td>墙身编号加—</td><td>勾选该选项，墙身编号增加“—”。
建议：一般不选择。
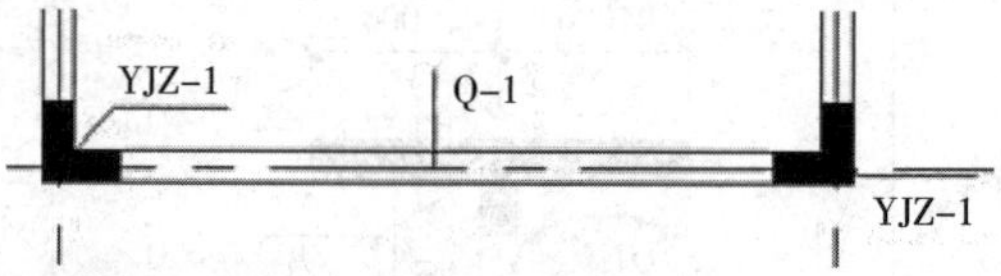
</td></tr>
<tr><td>暗柱按16G101编号</td><td>勾选时，暗柱按16G101编号（YBZ、GBZ、AZ和FBZ）；不勾选按如下旧版国标图集编号形式：
YAZ—矩形约束边缘暗柱；
YDZ—约束边缘端柱；
YYZ—T形约束边缘翼墙，有柱为约束边缘翼柱；
YJZ—L形约束边转角墙，有柱为约束边转角柱；
GAZ—矩形构造边缘暗柱；
GDZ—构造边缘端柱；
GYZ—T形构造边缘翼墙，有柱为构造边缘翼柱；
GJZ—L形构造边转角墙，有柱为构造边转角柱；
AZ—十形非边缘暗柱；
FBZ—扶壁柱，柱两端有墙。
建议：一般要选择。
<table>
<tr><th>不勾选</th><th>勾选</th></tr>
<tr><td>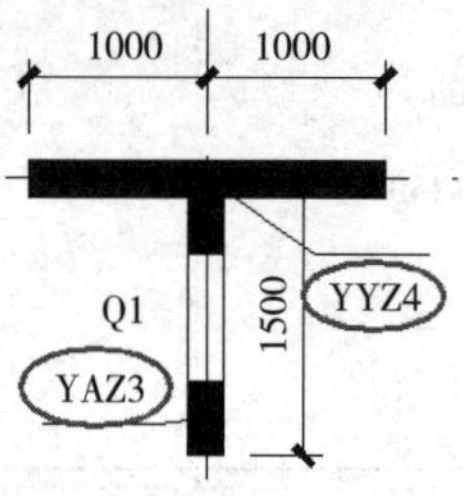
</td><td>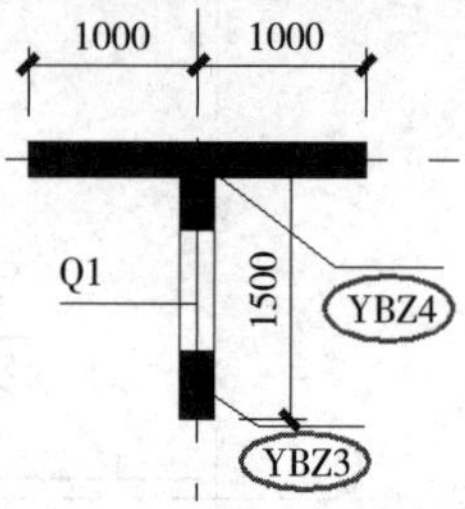
</td></tr>
</table></td></tr>
<tr><td>★暗柱编号上下对齐</td><td>此功能目前没有实现。
暗柱编号上下对齐，若出现一个暗柱对多个暗柱，如YAZ3上可能分别编号为GAZ3、GAZ3a和GAZ3b，为了上下编号对齐，一个标准层中会出现空号现象。由于编号由首层决定，其他层不同编号的暗柱不能任意归并，暗柱表中暗柱较多。
建议：一般不要选择。</td></tr>
<tr><td>★空心显示暗柱加强筋</td><td>勾选该选项，暗柱加强筋空心显示，是加强筋和非加强筋直径不同时的一种表示法。
建议：根据用户要求选择。
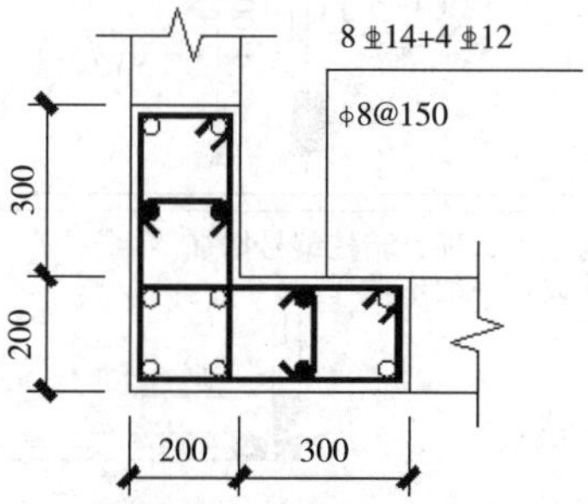
</td></tr>
</table>

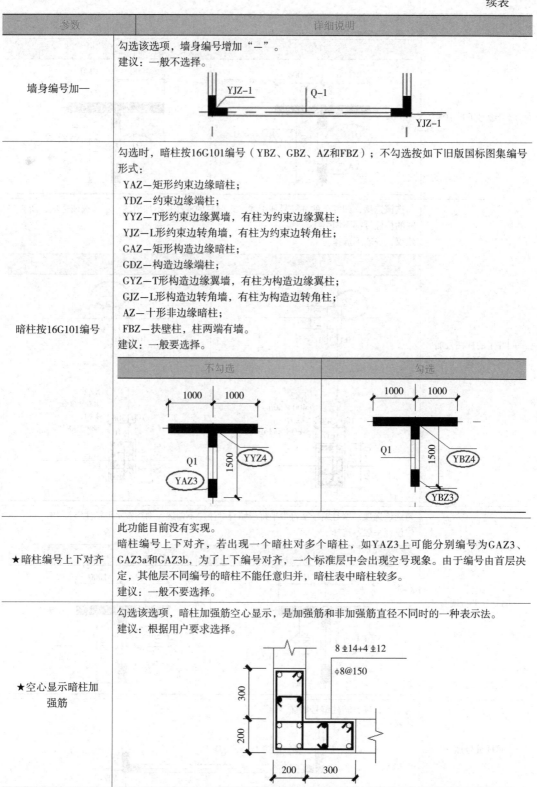

续表

<table>
<tr><th>参数</th><th>详细说明</th></tr>
<tr><td>★不同颜色显示加强筋</td><td>勾选该选项，不采用空心表示加强筋，加强筋用与非加强筋不同颜色显示，方便用户自己标注。
建议：根据用户要求选择。
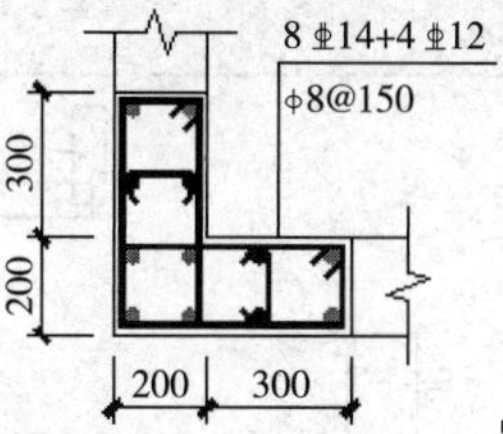
</td></tr>
<tr><td>★约束边缘构件采用复合箍</td><td>勾选该选项，约束边缘构件采用复合箍。
不勾选该选项，约束边缘构件采用拉筋。
建议：一般不选择。
<table>
<tr><th>不勾选</th><th>勾选</th></tr>
<tr><td>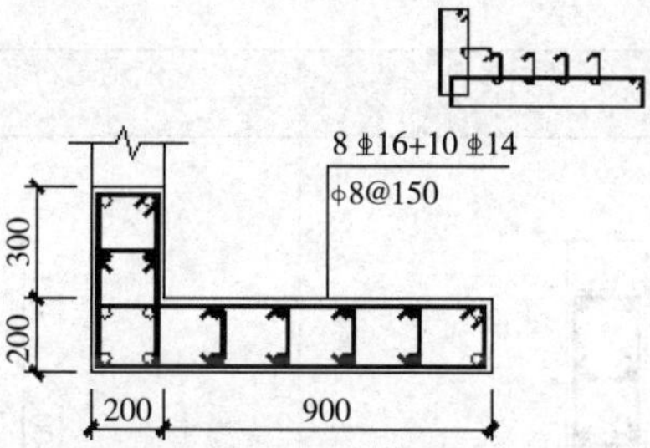
</td><td>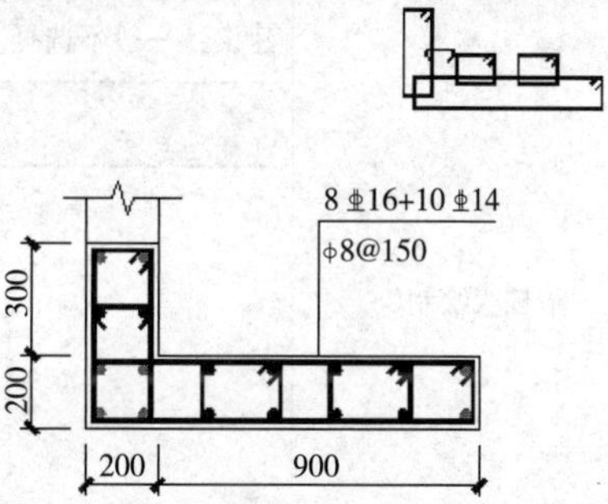
</td></tr>
</table></td></tr>
<tr><td>★构造边缘构件采用复合箍</td><td>勾选该选项，构造边缘构件采用复合箍。
不勾选该选项，构造边缘构件采用拉筋。
建议：一般不选择。</td></tr>
<tr><td>★拉筋采用135度弯钩</td><td>
<table>
<tr><th>不勾选</th><th>勾选</th></tr>
<tr><td>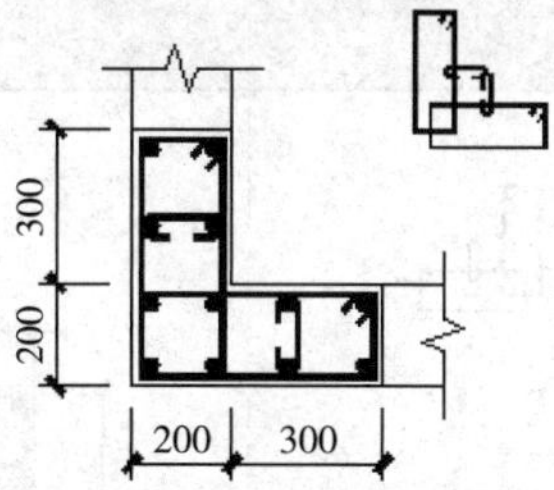
</td><td>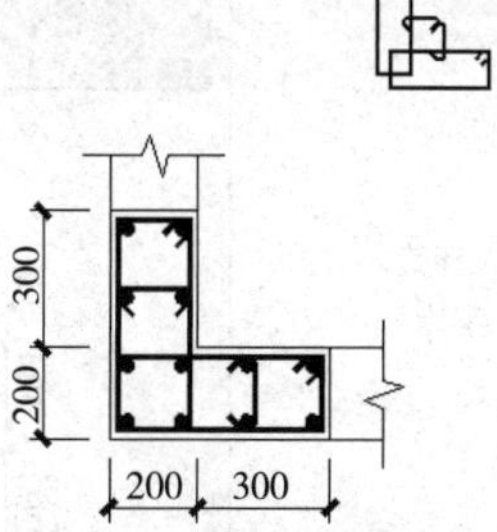
</td></tr>
</table></td></tr>
<tr><td>拉筋采用S筋</td><td>勾选该选项，拉筋采用S筋。
建议：一般不选择。
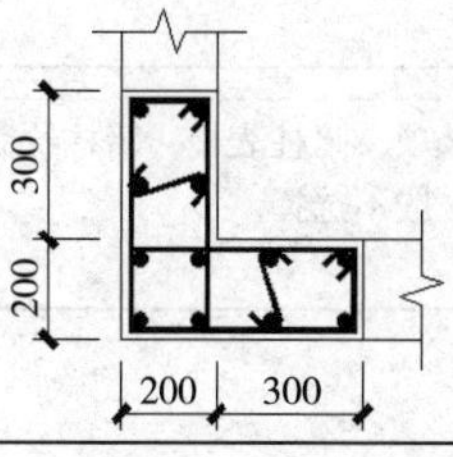
</td></tr>
</table>

续表

<table>
<tr><th>参数</th><th>详细说明</th></tr>
<tr><td>抽筋图单线绘制</td><td>勾选该选项，抽筋图钢筋用细线表示。
建议：一般要选择。
<table>
<tr><th>不勾选</th><th>勾选</th></tr>
<tr><td>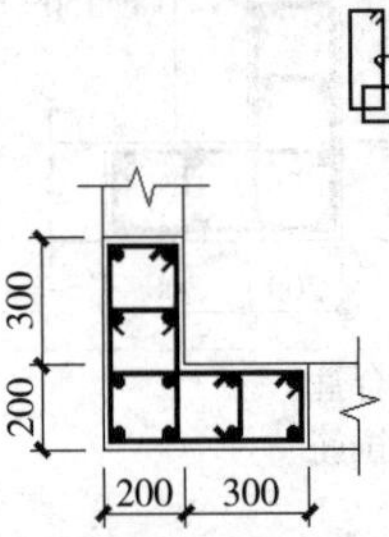</td><td>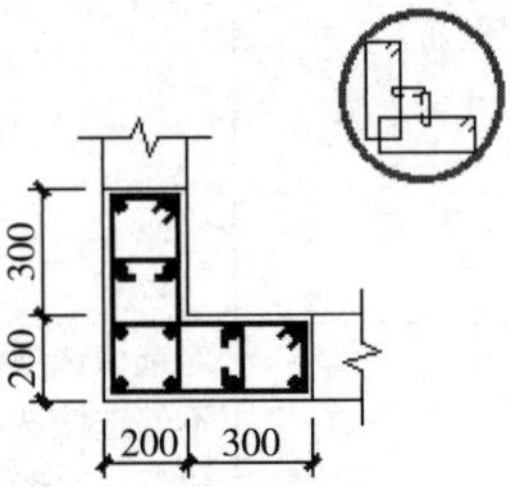</td></tr>
</table></td></tr>
<tr><td>暗柱表绘制Lc</td><td>若该暗柱有非阴影区时，在暗柱表中绘制相应的尺寸。
建议：一般不选择。
<table>
<tr><th>不勾选</th><th>勾选</th></tr>
<tr><td>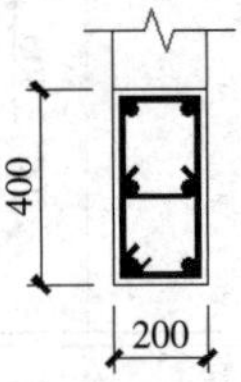</td><td>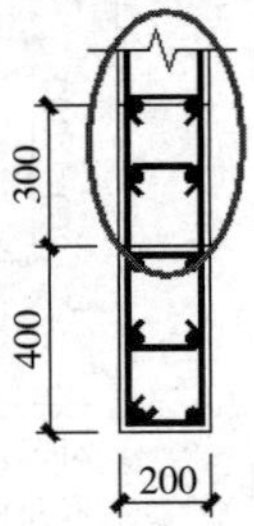</td></tr>
</table></td></tr>
<tr><td>暗柱表大样显示钢筋字串</td><td>勾选该选项，暗柱表大样显示纵筋和箍筋字串，方便不采用表格方式。
建议：一般不选择。
<table>
<tr><th>不勾选</th><th>勾选</th></tr>
<tr><td>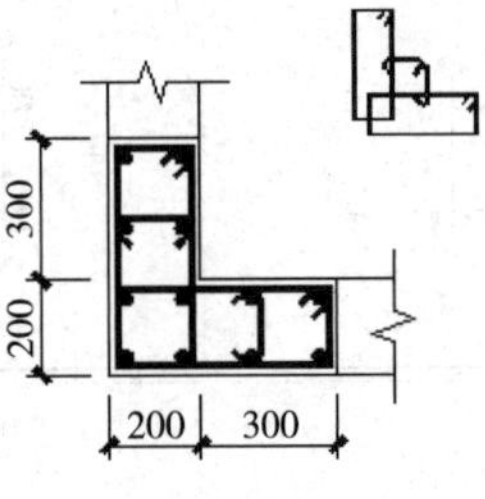</td><td>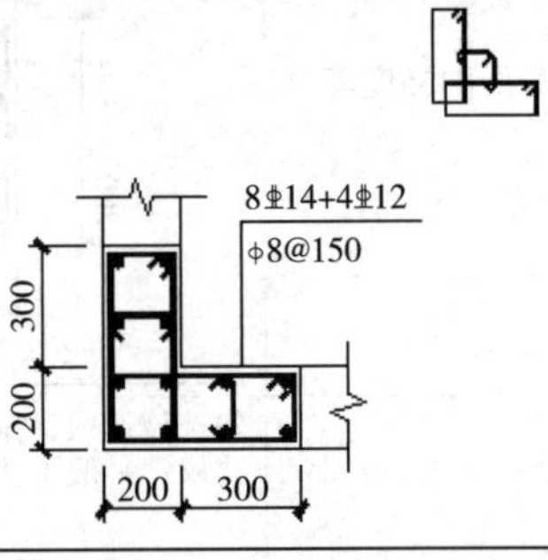</td></tr>
</table></td></tr>
<tr><td>暗柱表只填充有Lc的阴影区</td><td>勾选该选项，暗柱表中，暗柱绘制有非阴影区时，填充其阴影区，没有的不填充。
建议：一般不选择。</td></tr>
</table>

续表

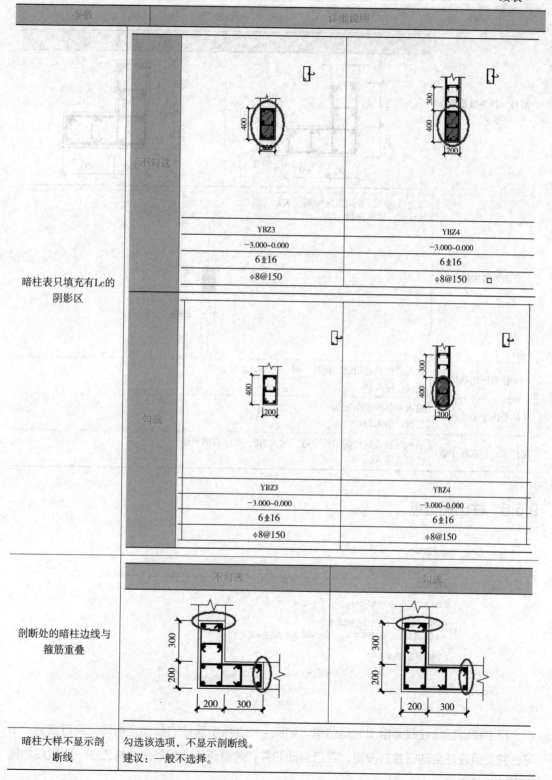

<table>
<tr><th>参数</th><th colspan="3">详细说明</th></tr>
<tr><td rowspan="2">暗柱表只填充有Lc的阴影区</td><td>不勾选</td><td>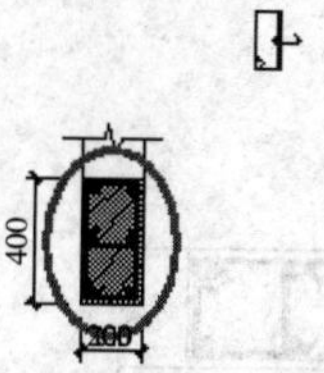
YBZ3
−3.000~0.000
6Φ16
Φ8@150</td><td>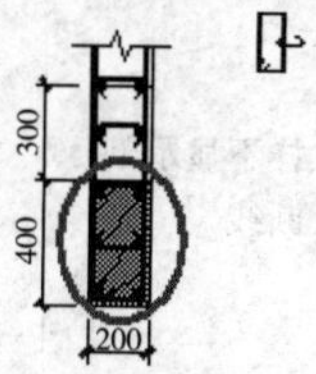
YBZ4
−3.000~0.000
6Φ16
Φ8@150</td></tr>
<tr><td>勾选</td><td>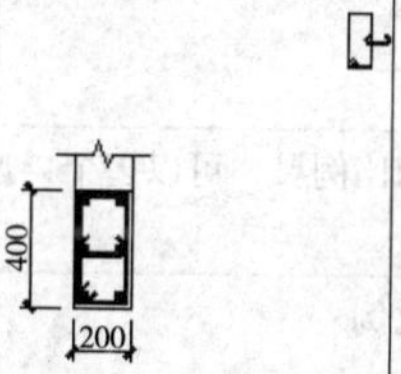
YBZ3
−3.000~0.000
6Φ16
Φ8@150</td><td>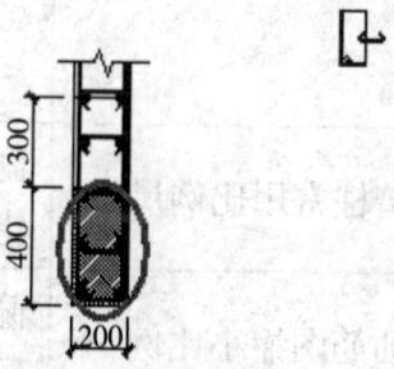
YBZ4
−3.000~0.000
6Φ16
Φ8@150</td></tr>
<tr><td rowspan="2">剖断处的暗柱边线与箍筋重叠</td><td colspan="2">不勾选</td><td>勾选</td></tr>
<tr><td colspan="2">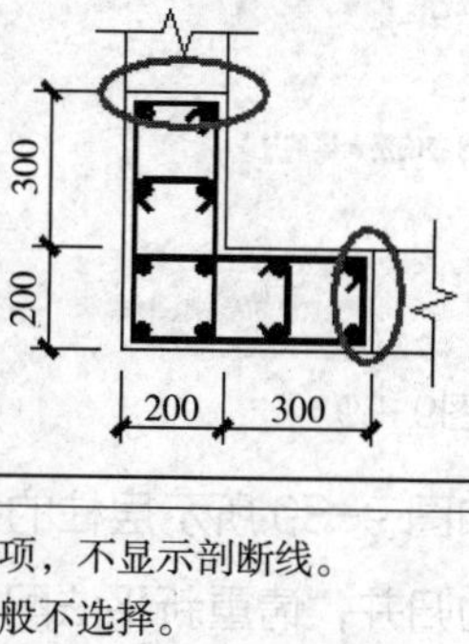</td><td>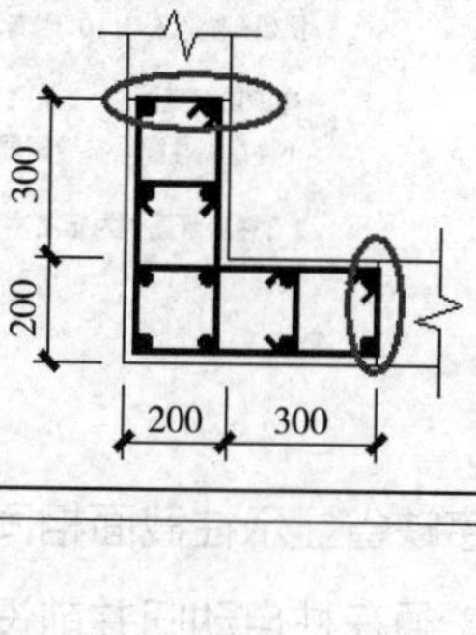</td></tr>
<tr><td>暗柱大样不显示剖断线</td><td colspan="3">勾选该选项，不显示剖断线。
建议：一般不选择。</td></tr>
</table>

续表

<table>
<tr><th>参数</th><th colspan="2">详细说明</th></tr>
<tr><td rowspan="2">暗柱大样不显示剖断线</td><td>不勾选</td><td>勾选</td></tr>
<tr><td>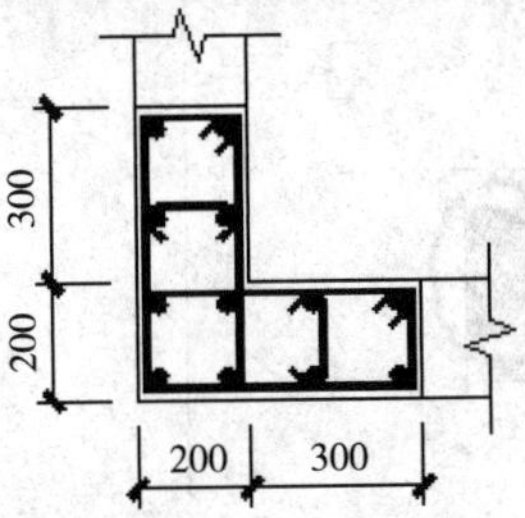</td><td>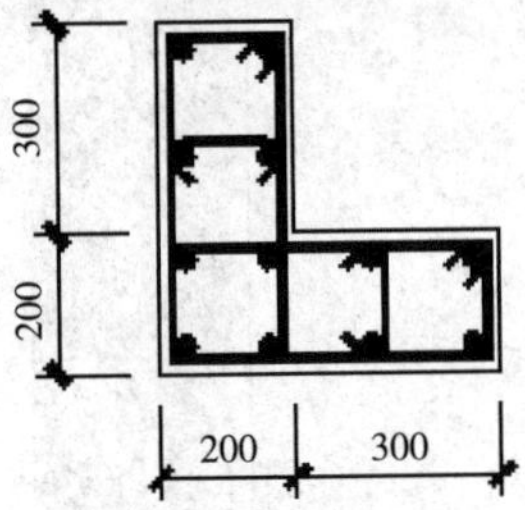</td></tr>
<tr><td>非阴影区加斜线</td><td colspan="2">勾选该选项，非阴影区加斜线表示。
建议：一般不选择。
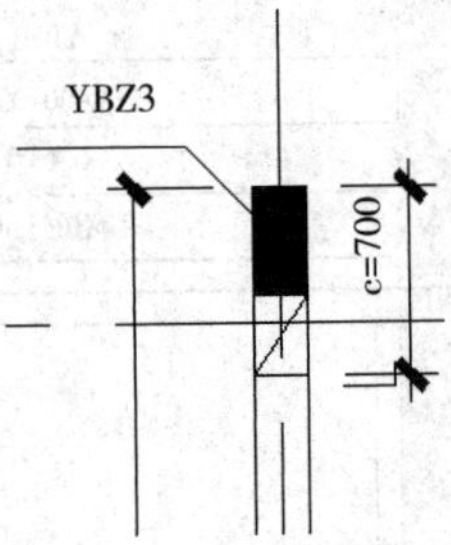</td></tr>
<tr><td>暗柱常用比例尺</td><td colspan="2">输入暗柱表常用的比例尺，可以多个，逗号分开。
建议：输入25。</td></tr>
<tr><td>抽筋图缩小比例</td><td colspan="2">输入抽筋图缩小比例。
建议：输入2.0。</td></tr>
<tr><td>暗柱表每行暗柱个数</td><td colspan="2">输入暗柱表每行的暗柱个数，输入为0，程序自动判断。
建议：输入0。</td></tr>
</table>

9.6.6 柱出图信息

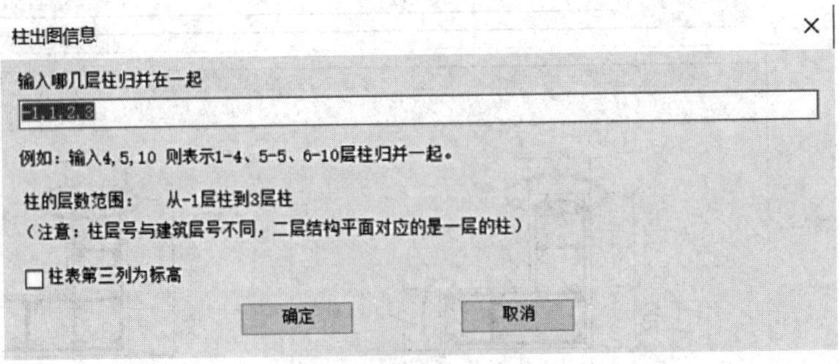

图9-39

程序缺省显示柱截面相同的层信息，如图 9-39 所示层柱的截面全相同，只可细分，不可合并。须在柱自动归并前设置，若已自动归并，请重新平法配筋生成施工图，刚生成的施工图没有归并。

柱表第 3 列为标高，不选择时显示层高，并且不同高度的层之间不能归并。一般选择柱表第 3 列为标高。

9.6.7　梁板起始编号

设置柱、次梁、框架梁、板的起始编号，程序默认均为 1，如图 9-40 所示。

9.6.8　导入和导出出图习惯

从文件中导入施工图习惯，把当前施工图习惯导出到文件，便于不同电脑设置相同的施工图习惯，如图 9-41 所示。

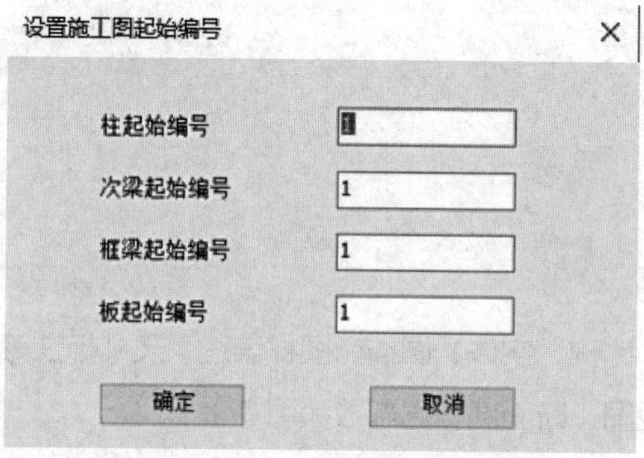

图9-40

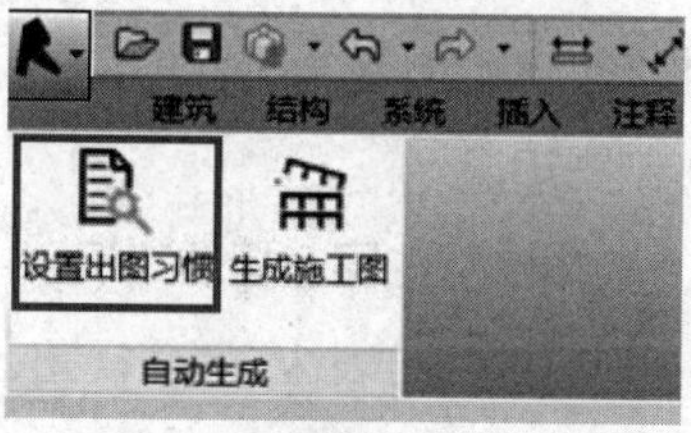

图9-41

附　录

1　全国 BIM 等级考试（中国图学学会）考试大纲及重难点

1）基本知识要求

（1）制图的基本知识；

（2）投影知识。

正投影、轴测投影、透视投影。

2）制图知识

（1）技术制图的国家标准知识（图幅、比例、字体、图线、图样表达、尺寸标注等）；

（2）形体的二维表达方法（视图、剖视图、断面图和局部放大图等）；

（3）标注与注释；

（4）土木与建筑类专业图样的基本知识（例如：建筑施工图、结构施工图、建筑水暖电设备施工图等）。

3）计算机绘图的基本知识

4）计算机绘图基本知识

（1）有关计算机绘图的国家标准知识；

（2）模型绘制；

（3）模型编辑；

（4）模型显示控制；

（5）辅助建模工具和图层；

（6）标注、图案填充和注释；

（7）专业图样的绘制知识；

（8）项目文件管理与数据转换。

5）BIM 建模的基本知识

（1）BIM 基本概念和相关知识；

（2）基于 BIM 的土木与建筑工程软件基本操作技能；

（3）建筑、结构、设备各专业人员所具备的各专业 BIM 参数化。

6）建模与编辑方法；

（1）BIM 属性定义与编辑；

（2）BIM 实体及图档的智能关联与自动修改方法；

（3）设计图纸及 BIM 属性明细表创建方法；

（4）建筑场景渲染与漫游；

（5）应用基于 BIM 的相关专业软件，建筑专业人员能进行建筑性能分析；结构专业人员进行结构分析；设备类专业人员进行管线碰撞检测；施工专业人员进行施工过程模拟等 BIM 基本应用知识和方法；

（6）项目共享与协同设计知识与方法；

（7）项目文件管理与数据转换。

7）考评要求

（1）BIM 技能一级（BIM 建模师，表 1）

BIM建模师技能一级考评表　　表1

考评内容	技能要求	相关知识
工程绘图和BIM建模环境设置	系统设置、新建BIM文件及BIM建模环境设置。	（1）制图国家标准的基本规定（图纸幅面、格式、比例、图线、字体、尺寸标注式样等）。 （2）BIM建模软件的基本概念和基本操作（建模环境设置，项目设置、坐标系定义、标高及轴网绘制、命令与数据的输入等）。 （3）基准样板的选择。 （4）样板文件的创建（参数、构件、文档、视图、渲染场景、导入\导出以及打印设置等）。
BIM参数化建模	1）BIM的参数化建模方法及技能； 2）BIM实体编辑方法及技能。	（1）BIM 参数化建模过程及基本方法： 1）基本模型元素的定义； 2）创建基本模型元素及其类型： （2）BIM 参数化建模方法及操作； 1）基本建筑形体； 2）墙体、柱、门窗、屋顶、幕墙、地板、天花板、楼梯等基本建筑构件。 （3）BIM 实体编辑及操作： 1）通用编辑：包括移动、拷贝、旋转、阵列、镜像、删除及分组等； 2）草图编辑：用于修改建筑构件的草图，如屋顶轮廓、楼梯边界等； 3）模型的构件编辑：包括修改构件基本参数、构件集及属性等。
BIM属性定义与编辑	BIM属性定义及编辑。	（1）BIM 属性定义与编辑及操作。 （2）利用属性编辑器添加或修改模型实体的属性值和参数。
创建图纸	1）创建BIM属性表； 2）创建设计图纸。	（1）创建 BIM 属性表及编辑：从模型属性中提取相关信息，以表格的形式进行显示，包括门窗、构件及材料统计表等。 （2）创建设计图纸及操作： （3）定义图纸边界、图框、标题栏、会签栏； （4）直接向图纸中添加属性表。

续表

考评内容	技能要求	相关知识
模型文件管理	模型文件管理与数据转换技能。	1）模型文件管理及操作。 2）模型文件导入导出。 3）模型文件格式及格式转换。

8）考评内容比重表（表2）

BIM技能一级考评内容比重表　　表2

考评内容	比重
工程绘图和BIM建模环境设置	15%
BIM参数化建模	50%
BIM属性定义与编辑	15%
创建图纸	15%
模型文件管理	5%

2 全国BIM应用技能考试大纲及重难点

1）BIM基础知识及内涵

（1）BIM基本概念、特征及发展：

①掌握BIM基本概念及内涵；

②掌握BIM技术特征；

③熟悉BIM工具及主要功能应用；

④熟悉项目文件管理与数据转换方法；

⑤熟悉BIM模型在设计、施工、运维阶段的应用、数据共享与协同工作方法；

⑥了解BIM的发展历程及趋势。

（2）BIM相关标：

①熟悉BIM建模精度等级；

②了解BIM相关标准：如IFC标准、《建筑工程设计信息模型交付标准》、《建筑工程设计信息模型分类和编码标准》等。

（3）施工图识读与绘制：

①掌握建筑类专业制图标准，如图幅、比例、字体、线型样式 、线型图案、图形样式表达、尺寸标注等；

②掌握正投影、轴视投影、透视投影的识读与绘制方法，掌握形体平面视图、立面视图、剖面视图、断面图、局部放大图的识读与绘制方法。

2）BIM 建模技能

（1）BIM 建模软件及建模环境：

①掌握 BIM 建模的软件 、硬件环境设置；

②熟悉参数化设计的概念与方法；

③熟悉建模流程；

④熟悉相关软件功能。

（2）BIM 建模方法：

①掌握实体创建方法：如墙体、柱、梁、门、窗、楼地板、屋顶与天花板、楼梯、管道、管件、机械设备等；

②掌握实体编辑方法：如移动、复制、旋转、偏移、阵列、镜像、删除、创建组、草图编辑等。

（3）掌握在 BIM 模型生成平、立、剖、三维视图的方法：

①掌握实体属性定义与参数设置方法；

②掌握 BIM 模型的浏览和漫游方法；

③了解不同专业的 BIM 建模方法。

（4）标记、标注与注释：

①掌握标记创建与编辑方法；

②掌握标注类型及其标注样式的设定方法；

③掌握注释类型及其注释样式的设定方法。

（5）成果输出：

①掌握明细表创建方法；

②掌握图纸创建方法、包括图框、基于模型创建的平、立、剖、三维视图、表单等；

③掌握视图渲染与创建漫游动画的基本方法；

④掌握模型文件管理与数据转换方法。

3 Autodesk 全球认证 BIM 工程师证书考试大纲及重难点

考试知识点

（4%）Revit 入门　（2 题）

（4%）体量　（2 题）

（4%）轴网和标高　（2 题）

（8%）尺寸标注和注释　（4 题）

（12%）建筑构件　（6 题）

（10%）结构构件　（5 题）

(10%) 设备构件 (5题)

(2%) 场地 (1题)

(10%) 族 (5题)

(4%) 详图 (2题)

(8%) 视图 (4题)

(2%) 建筑表现 (1题)

(4%) 明细表 (2题)

(4%) 工作协同 (2题)

(2%) 分析 (1题)

(2%) 组 (1题)

(2%) 设计选项 (1题)

(8%) 创建图纸 (4题)

1) Revit 入门 (2道题)

(1) 熟悉 Revit 软件工作界面：功能区、快速访问工具栏、项目浏览器、类型选择器、MEP 预制构件面板、系统浏览器、状态栏、文件选项栏、视图控制栏等；

(2) 掌握填充样式、对象样式的相关设置；

(3) 了解常规文件选项、图形、默认文件位置、捕捉、快捷键的设置方法；

(4) 了解线型样式、注释、项目单位和浏览器组织的设置方法；

(5) 了解创建、修改和应用视图样板的方法；

(6) 掌握应用移动、复制、旋转、阵列、镜像、对齐、拆分、修剪、偏移等命令对建筑构件编辑的方法；

(7) 掌握深度提示的作用和操作方法；

(8) 了解基于 Revit 软件的 Dynamo 程序基本功能；

2) 体量 (2道题)

(1) 掌握使用体量工具建立体量模型的方法；

(2) 掌握概念体量的建模方法，形状编辑修改方法，表面的分割方法，及表面分割 UV 网格的调整方法；

(3) 掌握体量楼层等体量工具提取面积、周长、体积等数据的方法；

(4) 掌握从概念体量创建建筑图元的方法；

3) 轴网和标高 (2道题)

(1) 掌握轴网和标高类型的设定方法；

(2) 掌握应用复制、阵列、镜像等修改命令创建轴网、标高的方法；

(3) 掌握轴网和标高尺寸驱动的方法；

（4）掌握轴网和标高标头位置调整的方法；

（5）掌握轴网和标高标头显示控制的方法；

（6）掌握轴网和标高标头偏移的方法。

4）尺寸标注和注释（4道题）

（1）掌握尺寸标注和各种注释符号样式的设置；

（2）掌握临时尺寸标注的设置调整和使用；

（3）掌握应用尺寸标注工具，创建线性、半径、角度和弧长尺寸标注；

（4）掌握应用“图元属性”和“编辑尺寸界线”命令编辑尺寸标注的方法；

（5）掌握尺寸标注锁定的方法；

（6）掌握尺寸相等驱动的方法；

（7）掌握绘制和编辑高程点标注、标记、符号和文字等注释的方法；

（8）掌握基线尺寸标注和同基准尺寸标注的设置和创建方法；

（9）掌握换算尺寸标注单位，尺寸标注文字的替换及前后缀等设置方法；

（10）掌握云线批注方法；

（11）掌握Revit全局参数的作用及使用方法；

（12）掌握轴网和标高关系。

5）建筑构件（6道题）

（1）掌握墙体分类、构造设置、墙体创建、墙体轮廓编辑、墙体连接关系调整方法；

（2）掌握基于墙体的墙饰条、分隔缝的创建及样式调整方法；

（3）掌握柱分类、构造、布置方式、柱与其他图元对象关系处理方法；

（4）掌握门窗族的载入、创建、及门窗相关参数的调整方法；

（5）掌握幕墙的设置和创建方式；

（6）掌握幕墙门窗等相关构件的添加方法；

（7）掌握屋顶的几种创建方式、屋顶构造调整、屋顶相关图元的创建和调整方法；

（8）掌握楼板分类、构造、创建方法及楼板相关图元创建修改方法；

（9）掌握不同洞口类型特点和创建方法、熟悉老虎窗的绘制方法；

（10）掌握楼梯的参数设定和楼梯的创建方法；

（11）掌握坡道绘制方法及相关参数的设定；

（12）掌握栏杆扶手的设置和绘制；

（13）熟悉模型文字和模型线的特性和绘制方法；

（14）掌握房间创建、房间分割线的添加、房间颜色方案和房间明细表的创建；

（15）掌握零件和部件的创建、分割方法和显示控制及工程量统计方法。

6）结构构件（5道题）

（1）了解结构样板和结构设置选项的修改；
（2）熟悉各种结构构件样式的设置；
（3）熟悉结构基础的种类和绘制方法；
（4）熟悉结构柱的布置和修改方法；
（5）熟悉结构墙的构造设置绘制和修改方法；
（6）熟悉梁、梁系统、支撑的设置和绘制方式方法；
（7）熟悉桁架的设置、创建、和修改方法；
（8）熟悉结构洞口的几种创建和修改方法；
（9）熟悉钢筋的几种布置方法；
（10）熟悉结构对象关系的处理，如梁柱链接、墙连接、结构柱和结构框架的拆分等；
（11）熟练掌握钢筋明细表的创建；
（12）掌握受约束钢筋放置、图形钢筋约束编辑、变量钢筋分布；
（13）了解 Revit 钢筋连接的设置和连接件的创建。

7）设备构件（5 道题）

（1）掌握设备系统工作原理；
（2）掌握风管系统的绘制和修改方法；
（3）掌握机械设备、风道末端等构件的特性和添加方法；
（4）掌握管道系统的配置；
（5）掌握管道系统的绘制和修改方法；
（6）掌握给排水构件的添加；
（7）掌握电气设备的添加；
（8）掌握电气桥架的配置方法；
（9）掌握电气桥架、线管等构件的绘制和修改方法；
（10）了解材料规格的定义；
（11）熟练掌握管段长度的设置；
（12）了解 Revit 预制构件特点和功能；
（13）熟悉预制构件的设置方法；
（14）掌握预制构件的布置方法；
（15）掌握支架的特点和绘制方法；
（16）掌握设备预制构件优化方法；
（17）掌握预制构件标记的应用方法；
（18）掌握 Revit 中风管、管道和电气保护层系统升降符号的应用。

8）场地（1 道题）

（1）熟悉应用拾取点和导入地形表面两种方式来创建地形表面，熟悉创建子面域的方法；
（2）熟悉应用“拆分表面”“合并表面”“平整区域”和“地坪”命令编辑地形；
（3）熟悉场地构件、停车场构件和等高线标签的绘制办法；
（4）掌握倾斜地坪的创建方法。

9）族（5道题）

（1）掌握族、类型、实例之间的关系；
（2）掌握族类型参数和实例参数之间的差别；
（3）了解参照平面、定义原点和参照线等概念；
（4）掌握族创建过程中切线锁和锁定标记的应用；
（5）掌握族注释标记中计算值的应用；
（6）掌握将族添加到项目中的方法和族替换方法；
（7）掌握创建标准构件族的常规步骤；
（8）掌握如何使用族编辑器创建建筑构件、图形 / 注释构件，如何控制族图元的可见性，如何添加控制符号；
（9）了解并掌握族参数查找表格的概念和应用，以及导入 / 导出查找表格数据的方法。
（10）掌握报告参数的应用。

10）详图（2道题）

（1）掌握详图索引视图的创建；
（2）掌握应用详图线、详图构件、重复详图、隔热层、填充面域、文字等命令创建详图的方法；
（3）掌握在详图视图中修改构件顺序和可见性的设置方法；
（4）掌握创建图纸详图的方法；
（5）掌握部件和零件的创建方法。

11）视图（4道题）

（1）掌握对象选择的各种方法，过滤器和基于选择的过滤器的使用方法；
（2）掌握项目浏览器中视图的查看方式；
（3）掌握项目浏览器中对象搜索方法；
（4）掌握查看模型的6种视觉样式；
（5）掌握勾绘线和反走样线的应用；
（6）掌握隐藏线在三维视图中的设置应用；
（7）掌握应用“可见性 / 图形”“图形显示选项”“视图范围”等命令的方法；
（8）掌握平面视图基线的特点和设置方法；
（9）掌握视图类型的创建、设置和应用方法；
（10）掌握创建透视图、修改相机的各项参数的方法；

（11）掌握创建立面、剖面和阶梯剖面视图的方法；

（12）掌握视图属性中参数的设置方法，及视图样板、临时视图样板的设置和应用；

（13）熟悉创建视图平面区域的方法；

（14）掌握创建平立剖面的阴影显示的方法；

（15）掌握使用“剖面框”创建三维剖切图的方法；

（16）掌握“视图属性”命令中“裁剪区域可见”、“隐藏剖面框显示”等参数的设置方法；

（17）掌握三维视图的锁定、解锁和标记注释的方法。

12）建筑表现（1道题）

（1）掌握材质库的使用，材质创建、编辑的方法以及如何将材质赋予物体及材质属性集的管理及应用；

（2）掌握“图像尺寸”“保存渲染”“导出图像”等命令的使用；

（3）熟悉漫游的创建和调整方法；

（4）掌握“静态图像”的云渲染方法；

（5）掌握“交互式全景”的云渲染方法。

13）明细表（2道题）

（1）掌握应用“明细表/数量”命令创建实例和类型明细表的方法；

（2）熟悉“明细表/数量”的各选项卡的设置，关键字明细表的创建；

（3）掌握合并明细表参数的方法；

（4）了解生成统一格式部件代码和说明明细表的方法；

（5）了解创建共享参数明细表的方法；

（6）了解如何使用ODBC导出项目信息。

14）工作协同（2道题）

（1）熟悉链接模型的方法；

（2）熟悉NWD文件连接和管理方法；

（3）熟悉如何控制链接模型的可见性以及如何管理链接；

（4）熟悉获取、发布、查看、报告共享坐标的方法；

（5）熟悉如何设置、保存、修改链接模型的位置；

（6）熟悉重新定位共享原点的方法；

（7）熟悉地理坐标的使用方法；

（8）掌握链接建筑和Revit组的转换方法；

（9）掌握复制/监视的应用方法；

（10）掌握协调/查阅的功能和操作方法；

（11）掌握协调主体的作用和操作方法；

（12）掌握碰撞检查的操作方法；

（13）了解启用和设置工作集的方法，包括创建工作集、细分工作集、创建中心文件和签入工作集；

（14）了解如何使用工作集备份和工作集修改历史记录；

（15）了解工作集的可见性设置；

（16）了解 Revit 模型导出 IFC 的相关设置及交互方法。

15）分析（1 道题）

（1）掌握颜色填充面积平面的方法，以及如何编辑颜色方案；

（2）了解链接模型房间面积及房间标记方法；

（3）掌握剖面图颜色填充创建方法；

（4）掌握日照分析基本流程；

（5）掌握静态日照分析和动态日照分析方法；

（6）了解基于 IFC 的图元房间边界定义方法。

16）组（1 道题）

（1）熟悉组的创建、放置、修改、保存和载入方法；

（2）了解创建和修改嵌套组的方法；

（3）了解创建和修改详图组和附加详图组的方法。

17）设计选项（1 道题）

（1）了解创建设计选项的方法，包括创建选项集、添加已有模型或新建模型到选项集；

（2）了解编辑、查看和确定设计选项的方法。

18）创建图纸（4 道题）

（1）掌握创建图纸、添加视口的方法；

（2）了解根据视图查找图纸的方法；

（3）了解通过上下文相关打开图纸视图；

（4）掌握移动视图位置、修改视图比例、修改视图标题的位置和内容的方法；

（5）掌握创建视图列表和图纸列表的方法；

（6）掌握如何在图纸中修改建筑模型；

（7）掌握将明细表添加到图纸中并进行编辑的方法；

（8）掌握符号图例和建筑构件图例的创建；

（9）掌握如何利用图例视图匹配类型；

（10）熟悉标题栏的制作和放置方法；

（11）熟悉对项目的修订进行跟踪的方法，包括创建修订，绘制修订云线，使用修订标记等；

（12）熟悉修订明细表的创建方法。

参考文献

[1] 欧特克官方主页 . Revit 新特 [EB/OL].http：//www.atuodesk..com.cn/products/revit/overview.

[2] 中华人民共和国住房和城乡建设部 . 民用建筑热工设计规范：GB50176—2016[S]. 北京：中国建筑工业出版社，2017.

[3] 中华人民共和国住房和城乡建设部 . 建筑工程工程量清单计价规范：GB50500—2013[S]. 北京：中国计划出版社，2013.

[4] 中国工程建设标准化协会 . 建筑结构荷载规范： GB50009—2012. 北京：中国建筑工业出版社，2012.

[5] 中国建筑标准设计研究院 . 国家建筑标准设计图集工程做法：05J909[S]. 北京：中国计划出版社，2006.

[6] 匡敏玲 . 多层建筑组合结构设计 [M]. 北京：机械工业出版社，2005

[7] 刘建荣 . 高层建筑设计与技术（第二版）[M]. 北京：中国建筑工业出版社，2018.

[8] 樊振和 . 筑结构体系及选型 [M]. 北京：中国建筑工业出版社，2011.

[9] 潘景龙，祝恩淳 . 结构设计原理 [M]. 北京：中国建筑工业出版社，2009.

[10] 龚晓南 . 桩基工程手册（第二版）[M]. 北京：中国建筑工业出版社，2016.

[11] 潘秀珍 . 空间结构 [M]. 北京：中国建筑工业出版社，2013.

[12] 梦萍，张敏 . 建筑结构体系 [M]. 成都：西南交通大学出版社，2018.

[13] 傅学怡 . 实用高层建筑结构设计 [M]. 北京：中国建筑工业出版社，2010.

[14] 林同炎 . 结构概念和体系 [M]. 北京：中国建筑工业出版社，1999.